중국 건설산업의 현황과 진출전략

1판 1쇄 인쇄 2007년 12월 26일
1판 1쇄 발행 2007년 12월 31일

지은이 | 朴 寅 星 · 張 蕙 文 · 吳 宇 哲 · 한미파슨스
발행인 | 김병계
발행처 | 도서출판 보문당
등　록 | 1990년 6월 15일(제1-1066호)
주　소 | 서울시 마포구 신수동 448-6 우)121-110
전　화 | 704-7025 / 704-0635
팩　스 | 704-2324
홈페이지 | http://www.bomoondang.co.kr
전자우편 | bmdpub@empal.com

값 20,000원

ISBN 978-89-8413-144-6

중국 건설산업의 현황과 진출전략

중국 건설산업의 현황과 진출전략

朴寅星·張戀文·吳宇哲·한미파슨스 공저

普文堂

권 두 언

건설산업의 근본적인 변화와 혁신을 요구하는 목소리가 점점 높아져 가고 있다. 동시에, 건설산업과 여타 산업 간의 융합으로 인해 업(業)의 개념마저도 바뀌어 가고 있다. 또한, FTA로 대변되는 Globalization이 가속화 되면서, 건설 관련 업체들은 지금까지와는 전혀 다른 새로운 역량의 배양과 확충을 강요당하고 있기도 하다. 하지만 정작 건설산업 주체나 관련자들은 이러한 변화에 대한 상황인식이 매우 부족한 것으로 보인다. 어쩌면 스스로의 깨우침에 의한 능동적, 자발적인 변화를 기대하기란 어려울 지도 모른다. 우리 건설업계가 너무 오랫동안 정부에 의존해 왔고, 또 정부가 만들어 준 보호 장벽 속에 안주해 온 탓이다. 하지만 문제는 지금부터이다. 과거에는 전혀 경험해 보지 못한 완전히 새로운 패러다임의 시장과 경쟁구도가 우리를 기다리고 있기 때문이다.

이처럼 거대한 변화의 흐름에 대처함에 있어, 우리가 선택할 수 있는 여지는 매우 제한적이다. 변화의 필요성을 먼저 읽고 변화를 주도하거나, 혹은 최소한 그 흐름을 추종하려는 노력을 기울이는 것, 두 가지의 옵션이 있을 뿐이다. 변화의 필요성을 애써 부정하거나, 변화가 두려워 스스로를 고립시키려 하다가는 생존 자체가 어려울 수 밖에 없다. 전 세계의 건설시장이 하나로 통합되고 있고, 우리가 싫든 좋든 간에 세계 유수의 건설업체들과 경쟁해야 하기 때문이다. 그럼에도 불구하고 우리 정부나 건설업계는 어떠한 발전적 대안도 제시하지 못하고 있다. 작금의 환경을 너무도 안일한 시각으로 대하고 있는 듯 하다. 가끔 제시되는 개선책도 극히 근시안적일 뿐만 아니라, 국내 문제에만 초점이 맞추어져 있다.

결과적으로, 우리의 건설 관련 법과 제도는 글로벌 스탠다드(Global Standard)와는 너무나 거리가 멀다. 건설업계에 만연해 있는 각종 부정과 비리는 여전히 근절되지 않고 있다. 그 외에도 업역 분쟁과 이기주의, 전근대적인 발주방식, 설계 및 엔지니어링 산업의 낙후, 법이나 제도를 집행하는 과정에서의 편법과 왜곡, 발주자의 역할과 기능에 대한 열악한 인식, 건설 행정 조직의 난맥상 등 일일이 나열하기도 힘들 정도로 많은 부정적 이슈들이 난마처럼 얽혀있음에도 불구하고, 이를 개선하려는 의지나 노력은 좀처럼 찾기 힘들다.

한미파슨스는 이처럼 심각한 상황에 처해 있는 한국 건설산업에 대해 경종을 울림과 동시에 향후 나아가야 할 지향점을 제시하기 위한 목적으로 2001년부터 우리나라 건설산업의 선진화 방안에 대한 연구를 지속적으로 수행해 오고 있다.

정부나 학계가 아닌 민간기업의 힘으로, 이러한 성격의 연구과제를 수행하는 것이 쉬운 일이 아니었음은 분명하다. 하지만, 객관적인 입장에서 우리 건설산업이 안고 있는 여러 문제점들에 대한 심층적인 분석을 통하여 대안을 도출하고, 그 결과를 정부 및 업계에 제안함으로써 한국 건설산업의 변화와 혁신을 위한 실마리를 찾을 수 있을 것이라는 믿음을 버팀목 삼아 지금까지 꾸준히 연구를 계속해 오고 있다.

한미파슨스는 이와 같은 연구의 성과들을 정리하여 「미국 건설산업 왜 강한가?」, 「영국 건설산업의 혁신전략과 성공사례」, 「한국 건설산업 대해부」, 「미국의 설계경쟁력 어디에서 오나?」, 「코리안 스탠다드에서 글로벌 스탠다드로」, 「발주자가 변하지 않고는 건설산업의 미래는 없다」, 「일류 발주자가 일등 건설산업 만든다」, 「일본 건설산업의 생존전략」 등 총 8권의 책자를 발간한 바 있다.

최근 들어 이러한 노력들이 결실을 맺으면서, 건설업계 일각에서나마 우리 건설산업에 대한 자성의 목소리가 높아지고 있음은 매우 바람직한 현상이라 할 수 있을 것이다.

우리 건설산업의 선진화와 경쟁력 강화를 위한 한미파슨스의 아홉 번째 연구는 중국을 대상으로 삼았다. 이번에 발간되는 "중국 건설산업의 현황과 진출전략"은 지난

10년간 두 자리수의 거침없는 성장을 통해, "팍스 아메리카나(Pax Americana)"에 도전하고 있는 중국의 거대한 건설시장을 연구, 분석한 책자이다.

보다 구체적으로는, 중국 건설산업에 대한 개괄적인 현황과 전망, 중국 노동력 시장 구조, 중국 건설업의 법체계와 공정 항목별 발주 및 수주체계 등을 먼저 조사, 분석한 다음, 건설자문기업의 현황과 미래 전망, 중국 건설산업의 발전 전략 등을 차례로 살펴 보았으며, 이와 함께 중국 건설시장 진출 시 고려하여야 할 유용한 전략 또한 제시하고자 하였다.

지금까지 중국 건설사업의 한 부분이나 특정 단면만을 기술한 서적은 있었지만, 전체적인 구조나 얼개를 파악할 수 있도록 체계적으로 정리된 서적은 좀처럼 찾기 힘들었다. 이런 관점에서 이번에 발간되는 "중국 건설산업의 현황과 진출전략"이 중국 건설산업의 생산시스템에 대한 이해를 높임은 물론, 더 나아가서는 한국 건설산업의 중흥에 필요한 전략을 수립하고, 또한 우리나라 건설기업들이 중국시장에 진출하는데 작은 보탬이 될 수 있기를 진심으로 희망한다.

끝으로, 연구를 주도한 저장대학교 장웨이엔 교수, 박인성 교수, 유유체 교수께 깊은 감사를 드린다. 또한 본 책자의 발간을 위해 번역 및 감수에 수고를 아끼지 않은 한미파슨스의 권오경 상무, 심미루 대리, 그리고 건설전략연구소 구성원 여러분들께도 심심한 감사의 말씀을 드린다.

2007년 12월

한미파슨스 사장 김 종 훈

저자서문

개혁개방 이후 근 30년간 중국 경제는 산업화와 도시화과정을 수반하며, 고도의 성장을 지속하고 있으며, 이와 함께 중국 건설 및 부동산시장도 급속하게 확대 및 발전하고 있다. 이러한 추세 속에서, 중국의 건설 및 부동산시장, 투자환경에 대한 관심이 고조되고 있고, 적지 않은 정보와 자료들이 발표 · 유통되고 있으나, 대부분 총체적 동향과 국부적 동향이 뒤섞여서 혼란스럽게 소개되고 있고, 체계와 심도 모두 부족한 상태이다.

건설산업은 국민경제의 중요한 물질생산부문이며, 국가의 경제발전, 특히 공업화와 도시화 진전과정 중 장기간 지주산업의 역할을 하기도 하고, 수많은 연관산업부문의 공동발전을 촉진시킨다. 이 같은 건설산업의 특성은 개혁개방 이후의 중국에서 더욱 돌출되고 있다.

2007년 10월에 개최된 중국공산당 제17차 대회에서는, 향후 중국공산당의 국정 목표와 과제로서, 첫째, 과학적 발전관을 심화 · 구체화, 둘째, 소강사회(小康社會) 전면건설, 셋째, 국민경제의 양호하고 빠른 발전을 채택하고, 중요한 하위 목표와 과제로서, ① 발전을 당의 집정과 국가부흥의 제1의무로 견지한다. ② 인간본위를 견지한다. ③ 전면적인 지속가능발전에 협조한다. ④ 통일적이고 고르게 고려한다(統籌兼顧). ⑤ 양호하고 빠른 경제발전을 실현한다. ⑥ 외개방의 폭과 깊이 확대와 개방형 경제수준 제고 등을 채택 · 보고하였다.

개혁개방정책이 결정된 중국공산당 11차 당 대회 이후 매 5년 마다 개최되어 17차 당 대회까지의 대회 보고문건의 내용을 보면, 중국공산당은 개혁개방 이전에도 내걸었던 “생산력 해방”이라는 목표를 견지하면서, 다시 “사상 해방”의 기치를 내걸고 그

폭을 지속적으로 넓히고 있음을 알 수 있다. 즉, "국가발전"을 위해서라면, 그 어떤 이념과 사상도 융통성 있게 해석하고 소화해 내고 있다. 한편으로는, "국가발전"의 개념과 이념적 지향 자체가 이미 변했다는 걸 확실하게 인식하고 있지만, 공산당의 집권 유지를 위해서, "중국식 사회주의" 또는 "중국 특색의 시장경제" 등의 용어와 개념을 고수하고 있을 뿐이라는 생각도 든다. 이제 중국공산당은 "공산당"이라는 이름 보다는 차라리 "국가발전당"이라고 부르는 게 더 어울릴 것 같다는 생각도 든다.

이러한 추세 속에서 중국 경제는 향후에도 상당기간 동안 총량적으로나 부문별로 고도성장을 지속할 것이며, 건설 및 부동산시장도 급속하게 성장 · 발전할 것으로 전망된다. 한편, 이 같이 급속한 발전과 확장과정 중에, 이전의 계획경제체제하에서의 전통적 사고방식들이 급속하게 바뀌고, 건설시장의 공급과 수요환경과 조건에 적응하는 방향으로 진행되고 있다. 따라서 중국 건설시장 및 부동산시장의 구조와 투자환경을 올바르게 이해하기 위해서는, 중국 건설산업의 성격과 특성, 그리고 이러한 변화의 전반적 맥락에 대한 올바른 이해가 전제되어야 할 것이다.

본서에서는 이 같은 문제인식하에, 중국 저장대학(浙江大學) 토지관리학과 교수 및 동대학 중한부동산연구소(中韓不動産研究所) 연구원들이 현지의 관련자료를 활용하여 중국 건설 및 부동산시장의 형성과정과 특성, 주요 동향과 문제점, 건설시장의 특성, 우리기업의 진출경험 등을 개괄하고, 중국시장 진출 개척을 위한 전략방향을 정리하였다. 본서의 주요 저자는 다음과 같다.

박인성(朴寅星): 浙江大學 토지관리학과 교수/중한부동산연구소 소장(주저자)
張蔚文(Zhang, Wei-Wen): 浙江大學 토지관리학과 부교수/중한부동산연구소 연구위원
吳宇哲(Wu, Yu-Zhe): 浙江大學 토지관리학과 부교수/중한부동산연구소 연구위원

그리고 중국인 저자의 중국어 원고를 번역해 준 저장대학 중한부동산연구소 연구원

신승호(저장대학 토지관리학과 석사), 허진영(동제대학 토지관리과 석사), 한상필(동제대학교 건축과 석사)군에게 감사드린다. 끝으로 중국 건설산업의 구조와 현황에 대하여 체계적으로 정리된 자료와 저서가 부족한 국내 상황에서 해외건설산업 이해 및 벤치마킹이라는 목적으로 주요 국가의 건설산업에 대한 연구를 기획 · 지원해 주고, 연구결과의 총서출판을 추진해 준 한미파슨즈 김종훈 대표님과 권오경 상무님께 진심으로 감사드린다.

2007년 12월

중국 浙江大學 華家池校園 연구실에서

저자를 대표하여 朴 寅 星

추 천 사

건설산업의 총체적인 경쟁력 상실을 우려하는 목소리가 점점 높아져 가고 있다. 건설생산 프로세스와 시스템 전반을 새로운 틀로 재구성해야 한다는 요구도 증폭되고 있다. 동시에, 건설산업 내에 잔재해 있는 불필요한 절차와 규제를 혁파하고, 그 동안 기득권 세력들이 향유하던 각종 특혜규정이나 조치들을 철폐함으로써 전도된 가치규범들을 바로 세워야 한다는 사회적 요구도 점증하고 있다. Globalization에 의해 빠른 속도로 재편되고 있는 세계 건설시장은 정부의 보호와 육성정책이라는 온실 속에서 자라 온 우리나라의 건설산업에 대해 보다 근본적인 변화를 강요하고 있는 것이다.

오늘날 한국의 건설산업이 처해 있는 현실은 우리 모두의 책임이며, 따라서 재중흥을 위한 방도 또한 우리 스스로 찾아 내야만 한다. 다만, 현재의 상황은 경기의 부침에 의한 일시적인 것이 아니라, 과거 수십 년 동안 누적된 구조적인 문제들이 수면위로 드러난 것이라는 점에서, 부분적인 제도 보완이나 기존 제도의 테두리 안에서 찾아낸 처방은 일시적인 미봉책에 그칠 가능성이 높다. 이미 노출되어 있는 문제점들을 확대 재생산함으로써 종국에는 더 큰 문제점을 야기할 수 있기 때문이다.

특히, Global Standard와는 동떨어진 건설관련 법과 제도, 업역 구분에 의해 얻어진 진입장벽이나 이에 편승한 업역 이기주의, 정부 관련부처간의 이해관계 등이 난마처럼 얽혀 있는 현 상황에서는 더욱 그러하다.

우리 건설산업이 경쟁력을 확보하기 위해서는 종전과는 전혀 다른 새로운 룰을 필요로 한다. 다시 말해 내적으로 안고 있는 문제점과 급변하는 외부 환경에 대한 치밀하고도 종합적인 분석을 통해서 문제점들을 밝혀내고, 파악된 문제들을 포괄적으로, 그리고 근원적으로 해소할 수 있는 게임의 법칙을 만들어내야 하는 것이다. 업계 종사자들의 의식 변화와 새로운 가치관의 정립이 뒤따라야 함은 물론이다. 하지만 문제는 방법론이다. 총체적인 위기를 극복하기 위해서는 보다 근원적이면서도 심층적인 대책을 필요로 하지만 국내에서는 그 해답을 찾기가 어렵다. 그렇다면 외부로 눈을 돌려야 한다.

한미파슨스는 민간기업임에도 불구하고 우리나라 건설산업의 문제점을 파헤치고, 선진 외국으로부터 그 해결책을 찾으려는 연구 노력을 수 년간에 걸쳐 지속적으로 전개해 오고 있다. 미국의 건설 경쟁력이 왜 강한지를 분석하였고, 영국의 건설산업 혁신전략을 벤치마킹(Benchmarking)함으로써 우리 건설산업에 대한 시사점을 찾고자 하였으며, 버블(Bubble)붕괴라는 아픔을 이기고 과거의 경쟁력을 되찾아 가고 있는 일본의 건설산업으로부터 우리 건설산업의 새로운 활로를 찾으려는 연구활동을 전개하기도 했다. 뿐만 아니라, 우리나라 건설산업을 심층적으로 해부하여 우리 건설산업의 병폐와 문제점들을 명쾌하게 밝혀 내기도 했으며, 우리나라 건설산업 발전의 전제 조건 중의 하나로 공공발주자의 바람직한 역할 모델을 제시하기도 했다.

이처럼 국내와 해외를 아우르며 전 방위적으로 전개된 한미파슨스의 연구 결과는 지금까지 8권의 책으로 발간되어 한국건설산업의 경쟁력 강화와 선진화에 소중한 밑거름이 되고 있다.

그칠 줄 모르는 한미파슨스의 연구 노력이 이번에는 무서운 속도로 성장을 거듭하고 있는 중국의 건설산업을 대상으로 삼았다. 한중 간의 긴밀한 협력과 공동연구의 결과물인 "중국 건설산업의 현황과 진출전략"은 지금까지 단편적으로만 알려져 있던 중국의 건설산업 현황과 관련 법체계, 노동시장의 구조, 건설 발주제도, 향후 성장전망, 중국 건설시장 진출전략 등을 체계적으로 정리, 집대성한 것이다. 이 책이 거대한 시장과 성장 잠재력을 가진 중국 건설산업에 대한 우리의 이해도를 높이고, 무서운 속도로 우리를 추격하고 있는 중국 건설산업에 대해 지속적인 경쟁우위를 확보하기 위한 전략 수립에 필요한 단초를 제공해 주는 역할을 할 것으로 기대해 마지 않는다.

끝으로, 보다 밝고 희망찬 우리 건설산업의 미래를 위해 고군분투하고 있는 한미파슨스의 끊임없는 열정과 굳은 의지에 경의를 표하며, 한국 건설산업의 재도약과 중흥을 위해 건설산업비전포럼도 꾸준한 활동을 전개해 나갈 것임을 약속 드린다.

2007년 12월

사단법인 건설산업비전포럼 공동대표

장승필 · 김건호 · 이건영 · 이규방 · 김종훈

1

머리글

중국 경제는 향후 상당기간 동안, 총량적으로나 각 부문별로나 고도의 발전추세를 지속해 나갈 것이며, 이와 함께 중국 건설 및 부동산시장도 급속한 발전추세를 보일 것으로 전망된다. 또한 이 같은 급속한 발전과 확장과정 중에, 이전의 계획경제체제하에서의 전통적 사고방식도 급속하게 바뀌고, 건설시장의 공급과 수요환경과 조건에 적응하는 방향으로 진행될 것이다. 한편, 건설산업은 국민경제의 중요한 물질생산부문이며, 국가의 경제발전, 특히 공업화 진전과정 중 장기간 지주산업의 역할을 하기도 하고, 수많은 산업부문의 공동발전을 촉진시키는 역할도 하는 바, 이 같은 상황은 중국에서도 마찬가지이다. 따라서, 중국 건설산업의 성격과 특성, 그리고 이러한 변화에 대한 정확한 이해는 중국 건설시장 및 부동산시장의 구조와 투자환경을 올바르게 이해하기 위한 기초가 된다. 한편, 최근에, 국내에서 중국의 건설 및 부동산시장, 투자환경에 대한 관심이 고조되고 있으나, 총체적 동향과 국부적 동향이 뒤섞여서 혼란스럽게 소개되고 있고, 체계와 심도가 부족한 상태이다.

개혁개방 이후 이제까지 이룩한 중국 경제의 성과와 향후 방향을 전망해 볼 때, 중국식 사회주의는 "중국 특색의 시장경제" 또는 "사회주의 초급단계"라는 수식어를 달며 조심스럽고 신중하게 실험을 하던 단계와 문턱은 이미 넘어섰고, 바야흐로 본격적으로 중국 특색의 시장경제체제를 형성해 나가고 있으며, 그 속도가 점차 빨라지고 있다. 개혁개방 초기에는 홍콩, 마카오와 인접한 광둥성 션젼(深圳) 경제특구를 중심으로 하는 경제특구 거점개발방식에 성공하였고, 1990년대에는 이 같은 경제개혁 실험의 성과를 상하이를 중심으로 하는 장강삼각주 지역으로 북상시키면서, 베이징을 비롯한 전국의 대도시지역으로 확산시켜 나가고 있다. 이러한 추세 속에서 중국 경제는 향후 상당기간 동안 총량적으로나 부문별로 고도성장을 지속할 것이며, 이에 따라서 중국의 건설 및 부동산시장도 급속하게 성장, 발전할 것으로 전망된다. 또한, 건설 및 부동산 개발절차에도 계획경제체제로부터 이어져 오는 전통적인 사고방식과 관습에 시장의 수요 공급을 둘러싼 환경과 조건에 맞추고 적응하기 위한 변화가 가속화될 것이다.

한편, 한중 수교이래 14년을 경과하고 있는 현재까지, 중국 건설시장에 대한 우리 기업의 투자진출 실적은 매우 저조하다. 이제까지의 시행착오적 경험을 통해서 우리 기업은 중국 건설시장 개척이 결코 만만치 않다는 사실을 확인하고 있을 뿐이다. 이러한 상황 속에서 일부 업체에서는 중국시장 진출과 개척의 어려움을 제기하면서, 상응하는 비용과 노력으로 중동이나 동남아 건설, 부동산 진출, 개척함이 보다 효율적이라고 주장하고 있기도 하다.

그러나 우리에게 중국이라는 대상과 마찬가지로, 중국 건설시장 진출과 개척이라는 과제는 어렵고 힘들다고 포기하거나 피해갈 수 있는 선택사항이 될 수 없다고 생각한다. 중국시장 개척은 우리나라가 지속적 발전을 유지하기 위한 돌파구이므로, 어떠한 난관이 있다 해도 기필코 개척해 나가야만 하는 필수과제, 보다 강하게 표현한다면 숙명적 과제라고 까지 말할 수 있다.

이 같은 문제의 인식하에 다시 짚어보아야 할 문제는, '우리가 이제까지 과연 얼마나 체계적이고 전략적으로 접근하였는가?' 하는 점이다. 이와 관련하여 투자진출경험이 있는 우리 건설업체들 스스로, 성과가 부진한 중요한 원인으로 현지 투자환경에 대한 정확한 이해와 현지화 노력이 미흡했다는 점을 지적하고 있다는 점을 되새겨 보아야 할 것이다.

중국 건설시장의 투자환경을 올바로 이해하기 위해서는, 경제체제 전환과정 중에 나타는 과도기 경제체제하의 관련정책과 제도 개혁의 맥락과 흐름, 특히 토지사용제도 및 주택소유제 개혁을 통한 토지 및 주택시장의 형성과정과 주요 동향에 대한 맥락적 이해를 기초로 하여야 한다. 즉, 중국식 사회주의 시장경제체제로 불리는 계획경제에서 시장경제로 전환하는 과도기 경제체제의 특성과, 그러한 틀 속에서 진행되고 있는 토지사용 및 주택소유 관련제도의 개혁상황, 그리고 주요 지역 및 분야별 건설 및 부동산 시장과 건설기업의 구조와 동향 등 관련 투자환경을 체계적으로 파악 · 분석하고, 이를 기초로 기업 및 정부 차원에서 보다 체계적이고 상호연관된 진출전략을 수립 · 추진하여야 할 것이다.

본서에서는 이 같은 문제인식하에, 중국 저장대학(浙江大學) 중한부동산연구소 소속 교수들의 공동 연구작업을 통하여, 현지 자료를 분석, 정리하여, 중국 건설 및 부동산시장의 형성과정과 특성, 주요 동향과 문제점, 건설시장의 특성, 우리 기업의 진출경험 등을 개괄하고, 중국시장 진출 개척을 위한 전략방향을 모색하였다. 서론과 결론 부분을 생략하고, 본 연구의 범위 및 내용을 정리, 요약하면 다음과 같다.

제 2장에서는 중국 건설산업의 현황을 고찰 · 정리하였다. 세부내용은, 건설산업의 발전연혁, 건설산업의 분류와 상품 분류체계를 고찰하고, 이어서 전체적, 유형별, 지역별 운영상황에 대한 분석을 통한, 건설산업의 최근동향을 상세하게 분석 · 고찰하였다. 또한, 주요 건설기업의 경쟁력 현황분석, 산업의 집중도, 소유제 구조 등의 문제와 같은 산업특징을 분석, 고찰하고, 건설산업의 관리체계를 고찰, 정리하였다.

제 3장에서는 중국 노동력 시장의 현황과 구조를 고찰 · 정리하였다. 세부내용은 건설산업 노동력 구성과 노동력 비용현황, 농민공(農民工)의 역할과 문제, 건설제도, 건설안전 문제, 건설보험의 발전, 그리고 건설노동력 수급의 문제점과 가능한 대안을 고찰, 정리하였다.

제 4장에서는 중국 건설업 법제도 체계를 고찰 · 정리하였다. 세부내용은, 중국의 법제도체계 개황, 건설산업의 제도체계와 운영사례, 건설기업의 자격 및 등록절차, 건설기술자 자격증 체계, 그리고 건설 담합, 보증, 보험 절차의 제도 발전현황을 고찰 · 정리하였다.

제 5장에서는 건설 프로젝트 발주 · 수주 체계를 고찰하였다. 세부내용은, 건설 프로젝트 발주 · 수주 체계의 특성 및 구조, 건설 프로젝트 발주 · 수주 체계의 활용현황과 전망, 설계 및 엔지니어링 분야의 프로젝트 발주 · 수주 체계, 그리고 민간 및 半민간 기반시설 투자건설방식(BOT, BOO) 등을 고찰 · 정리하였다.

제 6장에서는, 건설업 및 컨설팅 기업의 현황을 고찰하였다. 세부내용은, 중국의 건설업 및 컨설팅 기업의 현황 및 향후 전망(국유 및 민간 계약자, 엔지니어 회사, 설계기구 포함), 외국 건설 및 컨설팅기업의 현황 및 향후 전망, 그리고 한국 건설 및 컨설팅기업의 현황 및 향후 전망(설계회사, PM회사 등)을 고찰 · 정리하였다.

제 7장에서는, 중국 건설시장 진출을 위한 유효전략을 고찰하였다. 세부내용은, 외국기업 성공사례 분석을 통한 진출전략, 한국기업에 적실한 중국 건설산업 진출 전략을 고찰 · 정리하였다.

제 8장에서는 중국 건설산업의 연구개발 현황을 고찰하였다. 세부내용은, 중국 건설산업의 연구개발 현황, 건설 및 컨설팅 기업의 연구개발 활동, 주요 연구단체(협

회)기관의 연구개발활동을 고찰 · 정리하였다.

제 9장에서는, 중국 건설산업의 발전전략을 고찰하였다. 세부내용은, 중국 건설산업의 전망, 중국 건설산업의 발전전략(해외진출 정책, 건설안전정책, 에너지 보호정책 등)을 고찰 · 정리하였다.

제 10장에서는, 중국 건설산업 및 시장현황을 미국, 서유럽, 일본, 한국 및 발전중인 아시아 국가의 건설산업과 비교 고찰하였다.

2

중국 건설산업의 현황과 전망

2.1 중국 건설산업의 발전역사

2.1.1 건설산업의 발전단계

중국건설업의 발전단계는 기반조성시기, 고속발전시기, 대약진 및 조정시기, 문화대혁명시기, 재진흥기의 다섯 단계로 나눌 수 있으며 단계별 특징은 아래와 같다.

1. 건설업의 기반조성시기(1949 ~ 1952년)

1949년 10월 1일 중화인민공화국 설립 후 국민당의 관료자본이 운영하던 건설기업을 접수하고, 상하이(上海), 베이징(北京) 등 도시의 구 건설업을 정비하여 국유건설기업을 설립하고 동시에 8개 중국인민해방군 공병대(工程部隊)의 8만 명을 건설업으로 전출함으로써 건설업 발달의 동력으로 삼았다. 중앙정부는 1952년 8월 "건축공정부"를 설립하여, 전국의 건설업을 주관하기 시작했고, 각 성(省)과 직할시, 자치구에서도 "건축공정국"을 설립하기 시작하여, 건설인력이 1949년 약 20만 명에서 1952년에는 100만 명에 육박하게 되었다. 1952년 달성한 건설업의 순생산액은 21억 위안으로 국민수입의 3.6%를 차지했다.

2. "제1차 5개년 계획"시기의 고속발전(1953 ~ 1957년)

1953년부터 1957년까지는 중국정부가 국민경제 제1차 5개년 계획(國民經濟第一個五年計劃, 이하 1 · 5계획)을 실시한 시기였다. 이 계획의 기본목표는 역량을 집중해서 구 소련 연방이 실시한 "156계획"을 바탕으로, 694개의 중대형 건설프로젝트로 이루어진 공업건설을 통해 사회주의 공업화의 초석을 마련하고자 하는 것이었다. 이러한 프로젝트는 중국 건설업계에 막대한 역사적 임무를 부여함과 동시에 건설업의 발전을 위해서 더 없이 좋은 기회를 제공해 주었다.

대규모 건설임무를 완성함과 동시에 건설업계의 면모에 근본적인 변화가 일어났다. 제1자동차제조장(第一汽車制造廠), 위먼유전(玉門油鑛), 란저우석유화학공업기지

(蘭州石油化工基地), 길림화공기지(吉林化工基地), 우한제철(武鋼), 빠오토우제철(包鋼), 안산제철(鞍鋼)과 대규모 발전소의 건설 혹은 투자가 시작되었다. 1·5계획기간 동안 주택 9,454만㎡, 학교 2,385만㎡, 의료시설 583만㎡를 건설하였다.

이 시기 동안에 건설인력이 1952년 100만 명에서 1957년 264.6만 명으로 증가하였고, 선제작조립 23%, 기계화정도 30%, 콘크리트교반 81%, 양중설치 80%, 수직운송 36%에 달하였다.

교육과 과학기술 방면에서, 1954년 "총칭(重慶)건축공정학원"과 "하얼빈건축공정학원"이 설립되고, 1956년 "건축공정부 건축과학연구원"이 설립되었다. 1953년에는 "중국토목공정학회"와 "중국건축학회"가 연이어 설립되면서 적극적으로 국내외 학술교류활동을 시작하였다. 1954년 6월 "건축공정출판사"가 설립되었으며, 1954년 전후로 잡지 "건축", "토목공정학보", "건축학보", "건축경제연구(후에 건축경제로 개명)" 등이 창간되었다.

요약하자면 "제1차 5개년 계획" 기간은 중국건설업이 발전의 길로 접어든 시기였고, 1957년의 건설업 순생산액은 45억 위안에 달해 국민수입의 5%를 차지했다.

3. "대약진"과 "조정"시기의 기복(1958 ~ 1965년)

경제정책상의 극좌풍조가 건설업에도 부정적인 영향을 끼치던 시기로 전체 건설업이 크게 퇴보하였다. 1958년부터 1960년까지의 대약진운동 기간 동안 건설업 종사인원수는 1957년 200만 명에서 1960년 722.8만 명으로 증가하여, 국민경제와 전체 건설업에 대해서도 구조조정의 진행이 필요하게 되었다. 기초건설투자금액이 1960년의 388.7억 위안에서 1962년 71.3억 위안으로 감소했고, 전민소유제(全民所有制) 직공이 577.3만 명에서 193.3만 명으로 감소했다. 일부 성(省)과 직할시의 경우 "건축공정국"을 폐지했고, 건축설계·과학연구·교육에도 대규모 구조조정이 진행되어서 대학정원을 감축하고, 전문학교 학생들을 휴교·귀향조치 하였다. 이처럼 대약진운동은 건설업 전반에 매우 부정적인 영향을 미치면서 건설업수준을 전반적으로 퇴보시켰다.

1962년부터 새로운 방침이 추진되고 국민경제가 회복되기 시작하여 건설업도 점진적으로 침체기를 벗어날 수 있게 되었다. 건설 순생산액은 1961년의 25억 위안에서 1965년 53억 위안으로 점진적으로 상승, 국민수입의 3.8%를 점했고, 건설인력 역시 1965년 약 400만 명으로 회복되었다.

4. "문화대혁명"시기 건설업의 후퇴(1966 ~ 1976년)

1966년 5월 시작된 문화대혁명이 10년가량 지속되면서, 건설업이 "조정"시기를 거쳐 얻었던 적극적인 성과들이 물거품이 되었다. 문화대혁명으로 인해 "해방군을 배우자"는 구호 아래 기업편제가 군조직화되고, 군대식으로 시공하며, 현물공급제, 평균분배(大鍋飯)방식으로 도급제가 철폐되고, 여러 제도가 취소되는 등 건설업 전반에 낭비가 초래되었다.

문화대혁명 중에는 조업정지 · 무장투쟁으로 건설업 노동생산율이 급격히 하강하여 가장 낮았을 때 노동생산율은 1,000위안 정도였는데, 이는 문화대혁명 전의 3분의 1 수준에 불과한 것이었다. 1 · 5계획시기에 중대형 프로젝트의 평균 공기가 6년을 넘지 않았던 반면에, 문화대혁명 기간 동안은 대부분 10년 이상이 소요되었다.

5. 건설업의 재진흥기(1977년 이후)

1976년 10월 "4인방" 세력을 분쇄한 후, 특히 1978년 12월 "중앙 11차 3중전회(中央十一屆三中全會)"의 개최 이후, 전국의 중심이 사회주의 4대 현대화 건설 문제로 옮겨 오면서, 건설업 재진흥의 앞날이 열리게 되었다.

1980년 4월2일, 덩샤오핑(鄧小平)이 담화시 장기 계획 중 건설업의 지위문제와 주택문제에 대해 지도적 의견을 제출했는데, 이는 건설업의 발전에 중요한 역사적 의의를 가지고 있다. 덩샤오핑의 담화는 그때까지 건설업을 중시하지 않았던 잘못된 관점을 지적하고, 건설업의 진흥을 위해서 방향을 제시하였다. 이후 1992년 개최한 14회 인민대의회에서 건설업은 기계전자 · 석유화공 · 자동차제조와 함께 국민경제 4대 지주(支柱)의 하나로 지정되었다.

1984년 국무원 비준을 거쳐 건설업은 국민경제 중에서 농업 · 공업 · 교통운수업 · 상업과 같은 반열에 들어섰고, 공업과 동일한 '직접 물적 재화를 생산' 하는 중요한 산업부문으로 확립되었다. '건설업은 가치를 창조하지 않는다', '건설업은 기본건설을 위하여 단순히 노동을 제공하는 종속된 지위이다', '건설업의 이윤은 자본이 공회전한 결과이다' 등 이전의 잘못된 관점들도 수정되었다.

개혁 이후, 건설업 내부적으로 현장소장 책임제를 실시하고, 생산요소(노동 · 토지 · 자본)시장을 건립하고, 입찰 · 감리제도를 적극 추진하고, 현대적 기업제도의 보급을 진행함으로써, 산업 전반적으로 소질이 향상되고, 나아가 국민경제의 지주산업으로 발전하는데 기초를 공고히 하였다.

2.1.2 건설산업의 발전역사

1. 건설산업의 주요지표 변천 현황

표 2-1에서 알 수 있듯이, 중국건설산업은 최근까지 줄곧 빠르고 안정적인 성장 추세를 유지해 오고 있다. 건설업 총생산액이 1980년 286.93억 위안에서 2005년의 34,745.8억 위안으로 120배 증가했다. 건설기업의 수는 1980년대 6,604개에서

표 2-1 1980 ~ 2005년 중국건설산업의 주요지표

년도	건설업 총생산액 (억 위안)	건설업 부가가치증가분 (억 위안)	건설기업 수(개)	건설업 종사인원수 (만 명)	주택건설면적 (㎡)	
					시공면적	준공면적
1980	286.93	–	6,604	–	–	–
1985	675.10	–	11,150	–	35,491.8	17,072.7
1990	1,345.01	–	13,327	–	37,923.0	19,552.5
1995	5,793.75	–	24,133	1,497.9	89,862.8	35,666.3
2000	12,497.60	3,341.1	47,518	1,994.3	160,141.1	80,714.9
2001	15,361.56	4,023.6	45,893	2,110.7	188,328.7	97,699.0
2002	18,527.18	3,822.4	47,820	2,245.2	215,608.7	110,217.1
2003	23,083.87	4,654.7	48,688	2,414.3	259,377.1	122,827.6
2004	27,745.38	5,665.9	53,309	2,557.9	291,938.5	128,162.6
2005	34,745.80	–	55,962	2,593.4	–	–

자료출처 : 중국통계연감 2005.
注 : 2005년 자료는 重慶中經網에 근거함.

2005년의 55,962개로 연평균 1,898.39개씩 증가했다.

종사인원수도 1992년의 1,157.5만 명에서 2005년의 2,593.4만 명으로 증가했다. 주택시공면적도 1985년의 35,491.8만㎡에서 2004년의 291,938.5만㎡로 7.23배로 증가했고, 준공면적은 1985년의 17,072.7만㎡에서 2004년의 128,162.6만㎡로 6.51배 증가했다.

2. 건설업의 이윤현황

1998년이래, 건설업은 빠른 속도로 이윤의 증대를 실현해 왔다. 1998년 건설업의 이윤세금(利稅)[1]과 이윤총액이 각각 419.26억 위안과 117.33억 위안이었는데, 2004년에 이르러 이윤세금 총액은 1,580.37억 위안, 이윤총액은 621.23억 위안으로 1988년에 비해 각각 2.77배, 4.29배 증가했다(그림 2-1).

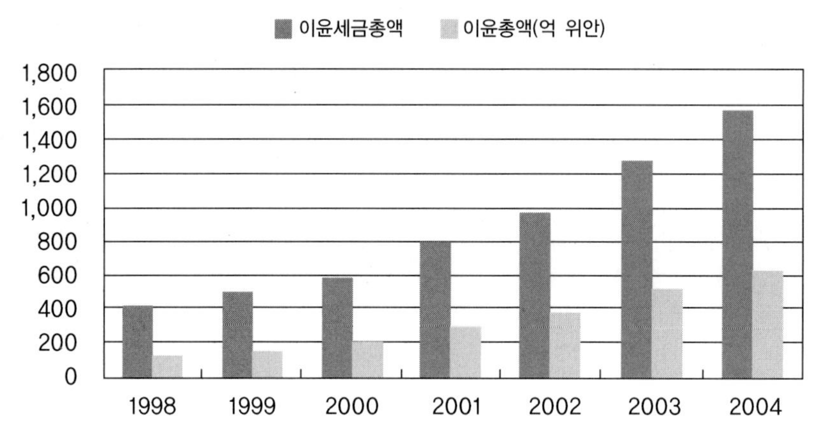

그림 2-1 1998～2004년 건설업 이윤현황

1) 이윤세금(利稅)은 순이윤(利潤)과 세금(稅金)의 복합개념으로 순이윤(淨利潤)과 상부에 납부하는 모든 세금의 합계이다. 이윤(利潤)은 세금 납부 후의 이윤을 가리킨다. 상부에 납부하는 주요 세금은 가치증가세(增值稅) · 소비세(消費稅) · 자원세(資源稅) · 영업세(營業稅) · 인지세(印花稅) · 도시건설세(城建稅) 등이 있다. 이윤세금(利稅)은 기업의 경제효과이익(經濟效益)과 국가세수에 대한 공헌을 가리킨다.

3. 건설업의 GDP에 대한 공헌

표 2-2의 자료는 건설업의 중국경제에 대한 공헌도를 나타내고 있다. 표 2-2에서 알 수 있듯이, 1978년에서 2004년까지 GDP와 건설산업가치는 안정적인 증가를 보여왔다. 이 기간 GDP는 36.77배 증가했고 건설산업가치는 68.26배 증가했다.

표 2-3에서 볼 수 있듯이 건설업이 GDP에서 차지하는 비중은 1978년의 3.8%에서 2004년의 7.0%로 상승했다. 하지만 1988년, 1989년 두 해 동안은 하강추세가 나타났는데, 이는 1988년 중국정부가 경제과열과 통화팽창을 억제하기 위하여 강력한 조치를 실시하였기 때문이다. 1992년 덩샤오핑의 남방순시강화로 시작된 부동산 열기는 개혁과 경제발전을 촉진했는데, 그 결과 1992년, 1993년 두 해 동안 건설업이 특히 빠르게 성장 발전하였다.

표 2-2 1978 ~ 2004년 GDP와 건설업 비교

년도	GDP (억 위안)	GDP 지수	건설업 GDP (억 위안)	건설업지수
1978	3,624.1	100.0	138.2	100.0
1980	4,517.8	116.0	195.5	129.2
1985	8,964.4	193.5	417.9	218.7
1990	18,547.9	283.0	859.4	298.8
1995	58,478.1	489.1	3,819.6	597.4
2000	89,468.1	730.0	5,888.0	799.3
2001	97,314.8	782.6	6,375.4	853.7
2002	105,172.3	852.3	7,005.0	928.8
2003	117,251.9	939.2	8,181.3	1,041.2
2004	136,875.9	1,032.2	9,572.1	1,125.5

자료출처 : 중국통계연감 2005.
注 : 본 표의 GDP는 해당 년도의 가치임.

표 2-3 1978～2004년 주요 경제부문의 GDP공헌에 대한 비율

년도	농업 (%)	광산, 제조 에너지, 가스 수자원(%)	건설업 (%)	운수, 체신 및 통신(%)	도소매업 및 음식서비스업 (%)
1978	28.1	44.3	3.8	4.8	7.3
1980	30.1	44.2	4.3	4.5	4.7
1985	28.4	38.5	4.7	4.5	9.8
1986	27.1	38.9	5.2	4.7	9.2
1987	26.8	38.3	5.6	4.6	9.7
1988	25.7	38.7	5.4	4.4	10.8
1989	25.0	38.3	4.7	4.6	10.0
1990	27.0	37.0	4.6	6.2	7.7
1991	24.5	37.4	4.7	6.5	9.7
1992	21.8	38.6	5.3	6.3	10.3
1993	19.9	40.8	6.6	6.1	8.9
1994	20.2	41.4	6.4	5.7	8.7
1995	20.5	42.3	6.5	5.2	8.4
2000	16.4	43.6	6.6	6.0	8.2
2004	15.2	45.9	7.0	5.6	7.4

자료출처 : 중국통계연감, 2005.

2.2 건설산업의 유형과 분류체계

2.2.1 중국 건설기업의 유형과 특성

중국의 건설기업은 그 소유제 형식에 따라 국유기업(全民所有制) · 도시집체기업(城鎮集體企業: 집체소유제) · 농촌건축대(農村建築隊)로 구분되며, 그 중 국유기업의 비중이 크다. 국유기업은 중앙이나 지방정부기관에 소속되어 있으므로 행정적인 간섭을 많이 받는다. 많은 기업들이 여전히 정부기관 사업단위의 신분으로 계획 · 행정적 수단을 이용하여 업무를 배분 받고 있다.

건설공정 프로젝트 관리는 프로젝트 전반에 걸쳐 종합적으로 진행되어야 하지

만, 계획경제체제의 영향으로 단계별 · 부문별로 공정관리가 이루어지고, 행정부문이 간섭하는 관행이 상존하고 있다. 국유제 부문의 건설사업을 실행하는 조직 · 기구는 부처별 또는 처(處)급 전문분야별 전업공사별 다원화되어 있다. 즉, 각 산업과 업종을 주관하는 중앙정부 부처나 전업공사별로 건설공사와 건설업체, 건설인력을 자체 관리하는 체제이다. 중국 건설부 뿐만 아니라, 철도부 · 교통부 · 수리부 · 기계공업부 · 전자공업부 · 임업부 · 야금공업부 · 우전부(郵電部) 및 처(處)급 전문분야별 기업들도 각각 자체적으로 건설관리 및 시공조직을 운영하고 있다.

한편, 중국 건설기업의 자격은 시공총도급(施工總承包) · 전문도급(傳業承包) · 노무도급(勞務分包)의 3개 서열로 구분된다. 첫째, 시공총도급 자격을 획득한 기업은 공정 전체와 주요 공정을 수주할 수 있으며, 수주한 공정을 스스로 시공할 수도 있고, 주요 공정이 아닌 부분과 노무작업은 상응한 자격을 가진 기타 건설기업에 하도급을 줄 수도 있다. 둘째, 전문도급자격을 획득한 기업은, 시공총도급 기업으로부터 전문공정을 하청을 받을 수 있고, 또는 건설기업이 규정에 의하여 발주하는 전문공정을 수주할 수 있다. 전문도급기업은 수주한 공정 전부를 스스로 시공할 수 있으며, 노무작업은 상응한 자격을 가진 기업에 하청을 줄 수 있다. 셋째, 노무도급 하도급자격을 획득한 기업은 시공총도급기업이나 전문도급기업의 노무작업 하도급을 수주할 수 있다.

한편, 중국 건설부가 공포한 건설기업자격등급표준(建築業企業資質等級標準: 2001년 7월 1일부터 시행)의 규정에 의거한 건설기업 자격등급에 의하며, 시공총도급기업(施工總承包企業), 전문도급기업(專業承包企業), 건설업노무하도급기업(建築業勞務分包企業)별로 자격등급표준이 있으며, 각각의 명칭은 시공총도급기업자격등급표준(施工總承包企業資質等級標準), 전문도급기업자격등급표준(專業承包企業資質等級標準), 건설업노무하도급기업자격급표준(建築業勞務分包企業資質標準)이다. 상술한 각 유형별 기업별로 다시 건물, 도로, 철도, 항만, 수리(水利) 등 공정별로 특급 · 1급 · 2급 · 3급 자격등급 구분하는 기준이 있다. 그 중 건물건설공정[2] 시공총도급기업의 등급별 기준의 주요내용을 소개하면 표 2-4와 같다.

2) 건물건설공정(房屋建築工程)은 공업 · 민용 · 공공건축(건축물, 구조물)을 가리킨다. 공정내용은 지반 · 기초공정, 토목 · 석재공정, 구조공정, 옥상공정, 내외부장식공정, 상하수, 난방, 전기(電器), 위생용기, 통풍, 소방, 피뢰시설 등 설비공정을 포함한다.

표 2-4 시공총도급기업 건물건설공정 자격등급표준

[특급기업 자격등급표준]

기업등록자본금 3억 위안 이상, 기업순자산 3.6억 위안, 최근 3년간 기업의 연평균 공정결산수입 15억 위안 이상, 그리고 기업의 기타조건이 모두 1급 자격기준에 도달하여야 한다.

[1급기업 자격등급기준]

1. 최근 5년간 아래의 6항 중 4항 이상 공정의 시공총도급 혹은 주요공정 도급실적이 있고, 공정품질 합격한 기업.
   ① 25층 이상의 건물 건설공정.
   ② 고도 100m 이상의 구조물 또는 건축물.
   ③ 단일건물 건축면적 3만㎡ 이상의 건물 건설공정.
   ④ 단일건물 넓이 30m 이상의 건물 건설공정.
   ⑤ 건축면적 10만㎡ 이상의 주택단지(住宅小區) 혹은 건물군(建築群體).
   ⑥ 단일 프로젝트 계약액 1억 위안 이상의 건물 건설공정.
2. 기업 경영자인 경리(經理)는 10년 이상 공정관리업무에 종사했거나 고급직급 경력이 있어야 한다. 총공정사(總工程師)는 10년 이상 건설시공기술관리업무에 종사한 경력이 있어야 하고 본 전문분야의 고급직함(高級職稱)이 있어야 한다. 총회계사(總會計師)는 고급회계(高級會計) 직함이 있어야 하고, 총경제사(總經濟師)도 고급직함이 있어야 한다.
   기업에 직함(職稱)이 있는 공정기술 및 경제관리 인원이 300인 이상, 그 중 공정기술인원이 200인 이상이어야 하고, 공정기술인원 중 고급직함 보유인원이 10인 이상, 중급직함 보유인원이 60인 이상이어야 한다. 기업에 1급자격을 가진 항목경리(項目經理·현장소장)가 12인 이상이어야 한다.
3. 기업 등록자본금 5,000만 위안 이상, 기업순자산 6,000만 위안 이상.
4. 최근 3년 이내 가장 높았던 년도의 기업의 연간 공정결산수입이 2억 위안 이상.
5. 도급공정범위에 상응한 시공기계 및 품질검사 설비를 구비한 기업.

[2급기업 자격등급표준]

1. 최근 5년간 아래 6항 중 4항 이상 공정의 시공총도급 혹은 주요공정 도급 실적이 있고 공정품질(質量)이 합격한 기업.
   (1) 12층 이상의 건물건축공정.
   (2) 고도 50m 이상의 구조물 혹은 건축물.
   (3) 단일체 건축면적 1만㎡ 이상의 건물건축공정.
   (4) 단일 건물 폭 21m 이상의 건물건축공정.
   (5) 건축면적 5만㎡ 이상의 주택단지 또는 건물군.
   (6) 단일 프로젝트 계약액 3,000만 위안 이상의 건물건축공정.
2. 기업 경리(經理)는 8년 이상 공정관리업무에 종사했거나 중급이상 직함(職稱)이 있어야 한다. 기술담당자는 8년 이상 건설시공기술관리업무에 종사한 경력이 있어야 하고, 본 전문분야의 고급직함(高級職稱)이 있어야 한다. 재무담당자는 중급 이상의 회계직함이 있어야 한다.
   기업에 직함(職稱)이 있는 공정기술 및 경제관리 인원이 150인 이상, 그 중 공정기술인원이 100인 이상이어야 하고, 공정기술인원 중 고급직함 보유인원이 2인 이상, 중급직함 보유인원이 20인 이

표 2-4 (계 속)

상이어야 한다.

기업에 2급자격 이상의 항목경리(項目經理:현장소장)가 12인 이상이어야 한다.

3. 기업 등록자본금 2,000만 위안 이상, 기업순자산 2,500만 위안 이상.
4. 최근 3년 이내 가장 높았던 년도의 기업의 연간 공정결산수입이 8,000만 위안 이상.
5. 도급공정범위에 상응한 시공기계 및 품질검사 설비를 구비한 기업.

[3급기업 자격등급표준]

1. 최근 5년간 아래 5항 중 3항 이상 공정의 시공총도급 혹은 주요공정 도급 실적이 있고 공정품질이 합격한 기업.
   (1) 6층 이상의 건물건축공정.
   (2) 고도 25m 이상의 구조물 혹은 건축물.
   (3) 단일체 건축면적 5,000㎡ 이상의 건물건축공정.
   (4) 단일 건물 폭 15m 이상의 건물건축공정.
   (5) 단일 프로젝트 계약액 500만 위안 이상의 건물건축공정.
2. 기업 경리(經理)는 5년 이상 공정관리업무에 종사했고, 기술담당자는 5년 이상 건설시공기술관리업무에 종사한 경력이 있어야 하고, 본 전문분야의 중급 이상 직함(職稱)이 있어야 한다. 재무담당자는 초급 이상의 회계직함이 있어야 한다.

   기업에 직함(職稱)이 있는 공정기술 및 경제관리 인원이 50인 이상, 그 중 공정기술인원이 30인 이상이어야 하고, 공정기술인원 중 중급 이상의 직함을 보유한 인원이 10인 이상이어야 한다.

   기업에 3급자격 이상의 항목경리(項目經理:현장소장)가 10인 이상이어야 한다.
3. 기업 등록자본금 600만 위안 이상, 기업 순자산 700만 위안 이상.
4. 최근 3년 이내 가장 높았던 년도의 기업의 연간 공정결산수입 2,400만 위안 이상.
5. 도급공정범위에 상응한 시공기계 및 품질검사 설비를 구비한 기업.

[도급공정 범위]

특급기업은 모든 유형의 건물 건설공정의 시공을 도급할 수 있다.

1급기업은 단일 프로젝트 계약액이 기업등록자본금의 5배를 초과하지 않는 범위 내에서 아래와 같은 공정을 도급 받을 수 있다.

① 40층 이하 모든 유형의 건물구조 공정.

② 높이 240m 이하의 구조물.

③ 건축면적 20만㎡ 이하의 주택소구 또는 건축군(建筑群體).

2급기업은 단일 프로젝트 계약액이 기업등록자본금의 5배를 초과하지 않는 범위 내에서 아래와 같은 공정을 도급 받을 수 있다.

① 28층 이하 단일 구조보 길이가 36m 이하의 건물건설공정.

② 높이 120m 이하의 구조물.

③ 건축면적 12만㎡ 이하의 주택소구 또는 건축군(建筑群體).

3급기업은 단일 프로젝트 계약액이 기업등록자본금의 5배를 초과하지 않는 범위 내에서 아래와 같은 공정을 도급 받을 수 있다.

표 2-4 (계 속)

① 14층 이하 단일 구조보 길이가 24m 이하의 건물건설공정. ② 높이 70m 이하의 구조물. ③ 건축면적 6만㎡ 이하의 주택소구 또는 건축군(建筑群體).

한편, 중국의 건설 및 부동산개발기업의 보편적인 특징은 기업수가 많고 규모가 작으며 경영기술 수준이 낮다는 점이다. 또한 대다수 부동산기업의 자산 대비 부채 비율이 70~90%에 달하고 있다. 1990년대 이전에 설립된 기업은 대부분 국가행정 사업단위가 전환한 기업, 즉 관상(官商)들이며, 이들 기업은 대부분 업종의 독점과 정책적 보호를 받아 성장하였다. 따라서 시장기제(市場機制)하의 경쟁력이 매우 취약하다.

2.2.2 건설산업의 분류체계

1. 국민경제의 업종 분류

중국은 1984년 12월 국가표준 ≪국민경제기업분류와 코드번호≫(GB4754-84)를 반포한 후 1993년 수정을 거쳐서 1994년 8월 13일 국가기술감독국이 ≪국민경제기업분류와 코드번호≫(GB/T4754-94)를 반포했는데, 국민경제업종에 대하여 아래 16개 부문으로 나누고 있다.

표 2-5 국민경제기업분류와 코드번호(분류)

(GB/T4754-94)			
분 류	대분류	중분류	소분류
A 농, 임, 목축, 어업	5	14	16
B 채굴업	7	18	53
C 제조업	30	172	544
D 전력, (석탄)가스 및 수자원 생산 및 공급업	3	7	10
E 건설업	3	8	8
F 지질조사업, 수리관리업	2	8	15
G 교통운수, 창고 및 체신전화통신업	9	21	22
H 도소매무역, 음식업	6	32	67
I 금융, 보험업	2	8	11
J 부동산업	3	3	3
K 사회서비스업	9	29	36
L 위생, 체육 및 사회복리업	3	11	17
M 교육, 문화예술 및 광고, 영화, 방송업	3	18	25
N 과학연구 및 종합기술서비스업	2	12	12
O 국가기관, 정당기관 및 사회단체	4	5	5
P 기타업종	1	2	2
합 계	92	368	846

자료출처 : 《중화인민공화국국가표준》GB/T4754-94.

2. 건설산업분류

국가표준(GB4754-94)에서 건설업의 내부 구성에 대하여 세분하고 명확한 범위 구분을 진행하였는데, 아래의 3개로 크게 분류된다.

(1) 조사 · 설계업은 공정조사 · 공정설계자격증서를 가지고 각 기업의 공정조사와 설계에 종사하는 독립경영기업을 포함한다.

(2) 건축설치업은 각종 "토목공정건설업", "선로 · 관도 · 설비 설치업" 및 "인테리어업"에 종사하는 독립경영기업을 포함한다.

(3) 건설공정관리 · 감독 및 자문업은 공정감리 · 공정도급 · 공정품질감독과 공정자문에 종사하는 독립경영기업을 포함한다.

표 2-6 건설업분류 및 코드번호

대분류	중분류	소분류	분류명칭	설 명
47			건설업	각 부문, 각 지구가 설립한 행정, 경제상 독립적으로 계산한 건설계획기구는 포함하지 않는다.
			토목공정건설업	광산, 철도, 도로, 터널, 교량, 제방, 발전소, 항구, 공항, 운동장, 건물(예: 공장, 극장, 여관, 상점, 학교, 주택) 등의 건설활동을 포함한다. 또한 전문적으로 토목건축물의 수선과 폭파 등 활동에 종사하는 것도 포함한다. 건물관리소(房管所)가 겸영(兼營)하는 건물소량수리는 포함하지 않으며, 이는 부동산관리업(7300)에 포함된다.
	471	4710	건물건설업	
	472	4720	광산건설업	
	473	4730	철로, 도로, 터널, 교량 건설업	
	474	4740	제방, 발전소, 항구건설업	
	479	4790	기타토목공정건설업	
48			선로 · 관도 · 설비 설치업	전문적으로 전력, 통신선로, 석유, 천연가스, 급수, 배수, 난방 등의 관도계통과 각종 기계설비, 장치의 설치활동에 종사하는 것을 포함한다. 하나의 시공기업이 토목공정에 종사하면서 공정내부에서 부설하는 전선, 관도, 설비를 설치하는 경우 토목공정건설업(47)에 포함되고 본 분류에는 포함되지 않는다.
	481	4810	선로 · 관도 설치업	
	482	4820	설비설치업	
49	490	4900	인테리어업	건축물 내외장공사와 인테리어의 시공 · 설치활동에 종사하는 것을 포함하고, 차, 선박, 비행기 등의 장식활동도 포함한다.

자료출처 : 《중화인민공화국국가표준》GB/T4754-94.

중국국민경제기업분류국가표준(GB4754-2002)에 따르면 건설업의 부문은 건축 및 토목공정건설업, 건축설치업, 건축장식업, 기타건설업의 4개 부분으로 이루어지는데 그 구체적인 내용은 아래와 같다.

(1) 건축 및 토목공정건설업

터파기에서 골조준공(또는 지붕공사)까지의 활동과정을 가리키며, 내부설치와 장식활동은 포함하지 않는다. 그 중 건물공정건설(건물골로공정의 시공활동)에 있어서는 골로공사시공 전공전의 공정준비활동은 포함하지 않는다. 또한 토목공정건설업(토목공정골조의 시공활동)에 있어서는 시공전의 공정준비활동은 포함하지 않는다. 다만, 그 중 ① 철도, 도로, 터널 및 교량공정 건설, ② 수리 및 항구공정 건설, ③ 공장 · 광산공정 건설(공장건물 외, 광산 · 공장 생산시설 · 설비의 시공과 설치, 시추선의 시공), ④ 전선가설과 관도공정 건설(건축물 외의 전선가설 · 관도 · 설비의 시공), ⑤ 기타 토목공정 건설 등은 포함한다.

(2) 건축설치업

건축물 골조공사 준공 후 건축물 내 각종 설비의 설치활동, 선로부설 및 관도설치 등을 가리킨다. 공사 마무리 단계의 장식－예를 들어 벽면 · 바닥 · 천장 · 창호 등의 처리활동－은 포함하지 않는다.

(3) 건축장식업

건축공사후기의 내장공사 및 정리정돈, 실내 인테리어공사 등을 가리킨다.

(4) 기타건설업

① 건물 · 토목공정건축시공 전의 준비활동, ② 시공설비제공서비스(건설공사를 위해 조작인원이 배치된 시공설비를 제공하는 서비스), ③ 위에 상술하지 않은 기타 건설활동을 가리킨다.

3. 건설생산품의 분류체계

넓은 의미의 생산품 대상(對象)은 하나의 물질생산부분 혹은 하나의 기업노동생산물의 총칭이다. 건설업의 생산품 대상은 각 류의 건축물과 구축물이다. 사용기능구분에 따라 아래와 같이 4가지 종류로 나눌 수 있다.

제1분류는 공업건축 및 구축물, 주로 공업생산 자료로 쓰이는 고정자산(A류)

제2분류는 농업건축 및 구축물, 주로 농업생산자료로 쓰이는 고정자산(B류)

제3분류는 공용건축 및 구축물, 주로 제3차 산업과 사회공공서비스에 쓰이는 고정자산(C류)

제4분류는 주택건축(D류)

다음은 건설업의 생산품대상이다.

표 2-7 공업건축 및 구조물(A류)

코드번호	공정종류	범 위
A01	생산공장건물	주요 생산공장건물, 보조 생산공장건물, 부속 생산공장건물, 각종 생산장치 및 기타 생산시설
A02	철도공정	철도선로, 역, 창고, 터미널, 매표소, 수화물 처리 및 기타 관리시설 등
A03	도로공정	각종 구간도로, 도시도로, 향촌도로, 터미널, 정차장, 톨게이트, 하역장 등
A04	터널공정	광산갱도, 철도터널, 도로터널, 하저터널, 방공터널, 지하창고공정 및 각종 지하공정
A05	교량공정	철도교량, 도로교량, 보행교량, 하천교량, 케이블카 등
A06	제방공정	수리제방, 방호제방, 광산제방, 교통제방 등
A07	발전소공정	화력발전소, 수력발전소, 원자력발전소, 풍력발전소, 태양열발전소 등
A08	항구공정	항만공사, 수상부두, 육상부두, 항공부두, 창고시설 등
A09	시정공정	도시도로, 상수도공사, 배수공사, (석탄)가스공사, 난방공사, 오수처리공사, 환경위생시설, 입체교차로, 지하도, 지하철, 공원 등
A10	송전선로	송전소, 변전소 및 선로공사 등
A11	석유 · 천연가스 수송관공사	석유 및 천연가스관선, 가압실, 감압실 및 관리시설 등
A12	기타	

표 2-8 농업건축 및 구조물(B류)

코드번호	공정종류	범 위
B01	관개시설	인공저수지, 관개수로, 배수로, 양수장, 축대 등
B02	홍수방지시설	홍수방지제방, 수문, 배수로 등
B03	창고저장건축	곡식창고, 양식지하저장고, 채소지하저장고, 과일냉장실, 담배건조장, 면화창고, 식물유창고 및 기타 저장시설
B04	목축건축	양계장, 축사, 방목장
B05	생장촉진건축	온실, 모종실 등
B06	기타	

표 2-9 공용건축 및 구조물(C류)

코드번호	공정종류	범 위
C01	과학연구건축	실험실, 표본실, 측량센터, 천문대, 기상대 등
C02	문화교육건축	각종학교, 문화센터, 박물관, 영화관, 도서관, 공연장, 교육센터, 열람실 등
C03	행정건축	사무실, 제도실, 인쇄실, 자료실, 컴퓨터센터, 정보센터, 회의센터 등
C04	우편전자통신건축	육상통신공정, 해저통신공정, 위성통신공정, 방송송신탑, 방송국, 우편전신국 등
C05	의료건축	병원, 진료소, 응급실, 방역센터, 보건소, 요양원 등
C06	상업건축	상가, 상점, 쇼핑센터, 무역창고, 시장 등
C07	서비스건축	식당, 주점, 초대소, 욕실, 이발소, 미용실, 댄스홀, 커피숍, 수리점, 세탁소 등
C08	관광건축	여관, 호텔, 오락장, 리조트, 오락센터 등
C09	공항건축	비행활주로, 관제탑, 대기실, 수리장, 비행기격납고 등
C10	탁아시설건축	탁아소, 유아원, 수유실, 아동활동센터 등
C11	체육건축	운동장, 체육관, 헬스장, 수영장, 스키장, 선수촌, 경마장, 골프장 등
C12	기념성건축	기념당, 기념패, 기념탑, 능원, 공공묘지 등
C13	관상건축	조각, 패루(牌樓), 종루(鐘樓), 광장, 관상용저택, 방고(仿古)건축 등
C14	원림건축	공원, 궁정, 성벽, 동물원, 식물원, 명승고적 등
C15	종교건축	사원, 사당, 암자, 사리탑, 전당, 장경루(藏經樓) 등
C16	기타	

표 2-10 공용건설 및 구조물(D류)

코드번호	공정종류	범 위
D01	저층주택	도시 및 농촌의 1~3층 주택, 정원식 및 비정원식 주택 포함
D02	다층주택	도시 및 농촌의 4~6층 주택
D03	중고층주택	도시 및 농촌의 7~9층 주택
D04	고층주택	10~30층 주택
D05	별장	도시 및 농촌의 독립식 별장 및 연립식 별장을 포함

2.3 건설산업의 운영 현황

2.3.1 전체적인 운영 현황

2004년 중국정부가 대출과 토지공급을 조절하면서, 부동산업과 밀접한 관계가 있는 건설업에도 뚜렷한 영향을 끼쳤다. 통계에 의하면 2004년 전국 건설업총생산액은 27,745.38억 위안으로, 2003년에 비교해 20.19% 증가했고, 전사회(全社會) 건설업의 부가가치는 5,665.89억 위안에 달했다. 전국의 시공총도급과 전문도급자격을 구비한 건설기업은 53,309개이며, 종사자수는 2,559.9만 명에 달하고 있다.

2004년 전국의 주택시공면적은 29.19억㎡이고, 전년에 비해 3.26억㎡가 증가해서 12.55%의 증가율을 나타내고 있다. 주택건설준공면적은 12.82억㎡로 전년에 비해 0.53억㎡ 증가했고 4.34%의 증가율을 보이고 있다. 실현한 이윤총액은 621.23억 위안이고, 세금총액은 959.14억 위안이다. 노동생산율은 총생산액 계산에 따르면

표 2-11 2003～2005년 중국건설업의 주요지표

지　표	2003	2004	2005
기업수(개)	48,688	5,3309	55,962
종사인원수(만 명)	2,414.3	2,557.9	2,593.4
건설업 총생산액(억 위안)	23,083.87	27,745.38	34,745.80
건설업 부가가치(억 위안)	4,654.71	5,665.89	-
주택건설 시공면적(만㎡)	259,377.13	291,938.52	-
주택건설 준공면적(만㎡)	122,827.61	128,162.56	-
이윤총액(억 위안)	519.87	621.23	-
세금총액(억 위안)	758.65	959.14	-
노동생산율			
총산가 계산법(위안/人)	86,666	10,1939	-
부가가치 계산(위안/人)	17,476	20,817	-
주택건설 면적 준공률(%)	47.4	43.9	-
생산액 이윤율(%)	2.3	2.2	-
생산액 이윤세금률(%)	5.5	5.7	-

자료출처 : 중국통계연감 2005.
注 : 2005년 자료는 총칭(重慶)중경망(中經網)에 근거함.

101,939위안/人이고, 부가가치계산에 따르면 20,817위안/人이다. 주택건설면적 준공률은 43.9%, 생산액 이윤율 2.2%, 생산액 이윤세금률은 5.7%이다.

2005년 건설업은 안정적인 성장을 유지하고 있으며 건설기업수는 55,962개, 종사인원은 2,593.4만 명, 실현한 건설업총생산액은 34,745.80억 위안으로 전년에 비해 25.23% 증가했다.

2.3.2 분류별 운영 현황

1. 업계별 현황

중국건설업의 채산범위의 분류에 따르면, 2003년 건설업총생산액 중, 건축 및 토목공정건설업의 생산액은 20,138.59억 위안, 건축설치업 생산액은 1,840.28억 위안, 건축장식업은 809.18억 위안, 기타 생산액 295.81억 위안으로 증가세를 유지하고 있다(그림 2-2).

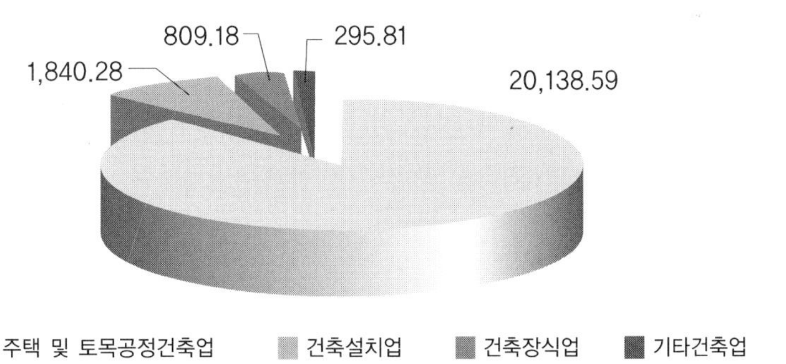

그림 2-2 2003년 건설업 업종별 총생산액 현황(단위:억 위안)

2003년 건축 및 토목공정건설업의 부가가치는 4,013.33억 위안, 건축설치업의 부가가치는 427.08억 위안, 건축장식업의 부가가치는 152.07억 위안, 기타 건설업은 622.16억 위안이었다. 기타 건설업 업종별 주요 경제지표는 표 2-12에 나타나 있다.

표 2-12 2003년 건설기업 업종별 주요 지표

업 종	건설업 부가가치 (억 위안)	기업수 (개)	노동생산 (부가가치계 산법에 의해) (위안/人)	기업영업 (억 위안)	건물시 공면적 (만㎡)	건물준 공면적 (만㎡)
건물 및 토목공정건설업	4,013.33	31,989	16,849	21,389.13	254,473.6	120,570.6
건축공정건설	2,931.54	24,278	15,370	15,140.85	248,150.7	117,699.2
토목공정건설	1,081.80	7,711	22,792	6,248.28	6,322.8	2,871.4
철도, 도로, 교량, 터널	631.44	3,317	22,383	3,962.98	2,401.8	1,057.4
수리 및 항구	172.27	1,206	22,723	844.76	643.8	375.2
공장 및 광산	80.79	337	22,224	439.84	1,216.6	521.2
전설가설 및 관도	125.09	1,316	27,954	553.22	424.7	199.9
기타	72.21	1,535	20,272	447.48	1,635.8	717.7
건축설치업	427.08	6,235	25,337	1,987.94	4,301.3	1,957.7
건축장식업	152.07	8,662	19,339	849.29	57.9	32.9
기타 건설업	622.16	1,802	20,684	343.32	544.4	266.4
합계	4,654.71	48,688	17,476	24,569.68	259,377.1	122,827.6

자료출처 : 중국건설업통계연감 2004.

2. 자격 등급에 따른 분류

기업 자격등급에 의한 분류에 의한 각 등급별 기업의 생산액 현황을 보면, 2003년 총도급 건설기업의 총생산액 중 특급기업 생산액은 1,842.54억 위안, 1급기업은 7,639.27억 위안, 2급기업은 5,570.54억 위안, 3급 이하 기업의 생산액은 4,691.22억 위안을 각각 차지하고 있다(그림 2-3).

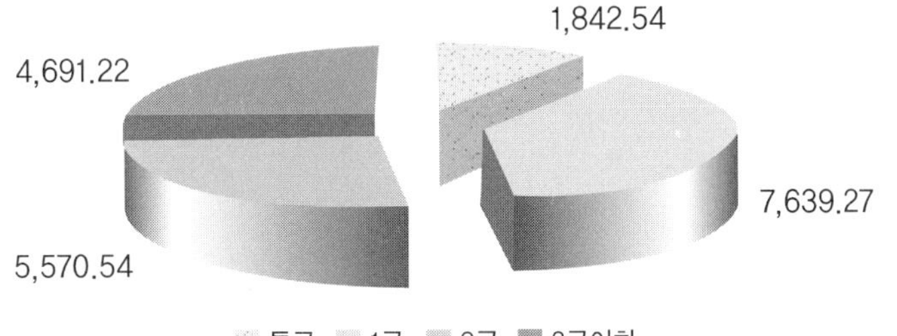

그림 2-3 2003년 건설업 업종별 총생산액 현황(단위:억 위안)

자격등급의 분류에 따르면, 2003년 전문도급건설업의 총생산액 중, 1급기업 생산액은 1,074.25억 위안, 2급기업은 1,129.36억 위안, 3급 이하 기업의 생산액은 1,136.68억 위안을 차지하고 있다(그림 2-4).

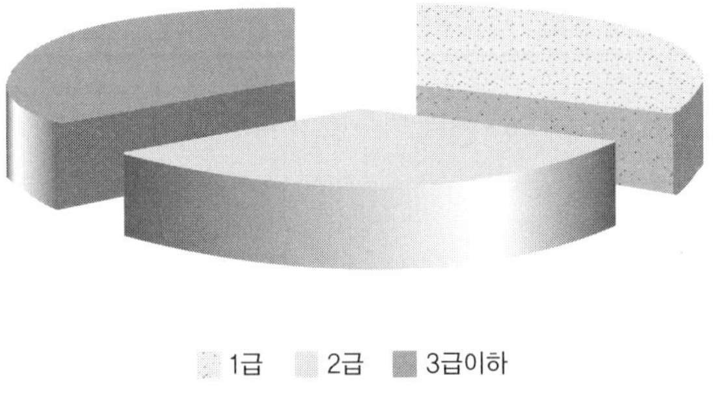

그림 2-4 2003년 자격등급별 전문도급건설총생산액 현황(단위:억 위안)

3. 건설유형에 따른 분류

2004년 새로 기공한 건설면적에서 주택은 47,949.01만㎡, 비주택은 12,464.85만㎡를 차지하고 있다. 건설업시공면적에서 주택은 217,580.5만㎡, 비주택은 158,914.6만㎡를 점하고 있다. 건설업준공면적에서 주택은 124,881.1만㎡, 비주택이

82,138만㎡를 점하고 있다. 부동산개발 투자총액에서는 주택이 8,836.95억 위안, 비주택이 4,231.30억 위안을 차지하고 있다. 위 자료를 종합하면 주택이 주요한 건설상품임을 알 수 있다(그림 2-5).

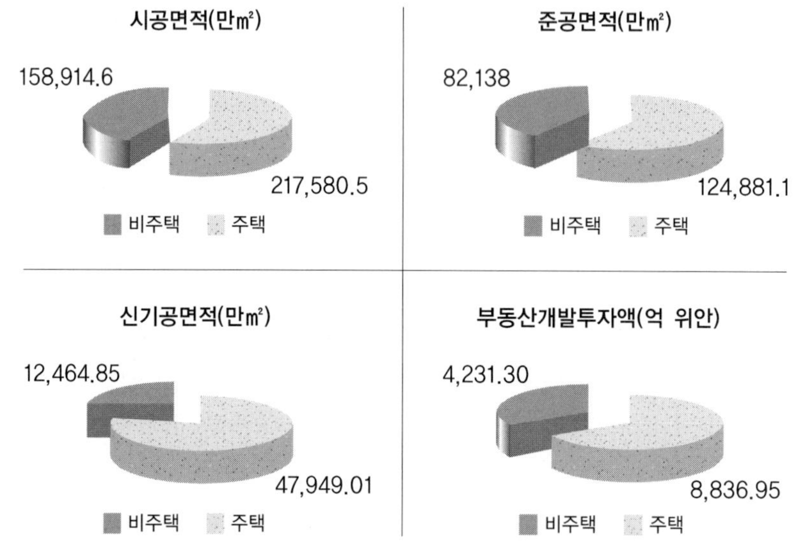

그림 2-5 2004년 건설유형(주택과 비주택)에 따른 건설업 주요 지표

표 2-13 2003년 주요 건설업 건물용도별 준공면적과 생산액

	합계	주택	공장	오피스 용도	도소매 및 음식	숙박
준공면적 (만 ㎡)	122,827.6	69,039.1	19,794.8	10,682	3,458.9	1,980.6
준공 생산액 (억 위안)	9,011.74	4,743.75	1,389.7	933.89	262.64	171.01

자료출처 : 중국건설업통계연감 2004.

표 2-13에서 알 수 있듯이, 2003년 준공면적이나 생산액에서 주택이 단연 돋보이고, 이어서 공장, 오피스, 도소매용도, 숙박 및 요식업의 순서를 보인다.

4. 소유제 유형별 건설기업운영 현황

(1) 국유건설기업 경영현황

등록유형에 따라 구분하면, 2003년 전국에서 자격등급을 구비한 총도급과 전문도급의 국유건설기업은 6,638개로 기업총수의 13.6%을 점하고 있다. 종사인원은 약 524.32만 명으로 총 종사인원의 21.7%이다. 전체 건설업 총생산액은 6,060.23억 위안으로 건설업 총생산액의 26.3%를 점하고 있다. 총생산액 계산에 의한 노동생산율은 100,409위안/人으로 전국 평균수준보다 15.9% 높은 수준이다.

2003년 국유건설기업 총수입은 6,410.63억 위안으로 이윤총액 54.03억 위안을 실현하였다. 국유건설기업 공정결산수입은 6,158.33억 위안이고 공정결산이윤은 441.65위안이다. 준공완료 생산액은 4,266.70억 위안으로 전년에 비해 5.61% 증가했고, 건물준공면적은 18,774.1만㎡로 전년에 비해 4.35% 감소했다. 건물시공면적은 46,803.7만㎡로 전년에 비해 5.02% 증가했다. 2003년 국유건설기업 자산은 7,845.66억 위안으로 2002년에 비해 239.54억 위안 증가했다. 자산부채비율은 69.82%이다.

(2) 집체건설기업 경영현황

등록유형에 따라 구분하면, 2003년 전국에서 총도급 및 전문도급 자격등급을 보유한 집체(集體)건설기업은 총 10,425개로 기업총수의 21.41%를 점하고, 종사인원은 약 505.57만 명으로 총 종사인원의 20.94%를 점하고 있다. 전체 건설업 총생산액은 3,270.73억 위안으로, 건설업 총생산액의 14.17%를 점하고 있다. 총생산액 계산에 의한 노동생산율은 62,670위안/人으로 전국 평균수준에 비해 23,996위안 낮다.

2003년 집체건설기업 총수입은 2,874.78억 위안으로 이윤총액 785.77억 위안을 실현하였다. 집체건설기업 공정결산수입은 2,841.11억 위안이고 공정결산이윤은 231.67억 위안이다. 준공완료 생산액은 2,580.95억 위안으로 전년에 비해 0.23% 증가했고, 건물준공면적은 26,727.6만㎡로 전년에 비해 11.12% 감소했다. 건물시공면적은 50,488.9만㎡로 전년에 비해 3.95% 감소했다.

2003년 집체건설기업 자산은 3,041.26억 위안으로 2002년에 비해 259.19억 위안 감소했다. 자산부채비율은 58.07%로 국유건설기업보다 낮은 수준이다.

(3) 민영 및 기타 내자(內資)건설기업 경영현황

2003년 전국 민영 및 기타 내자건설기업(이하 민영건설기업)은 30,503개로 건설기업총수의 63%를 점하고 있고 종사인원은 1,371.3만 명으로 건설업 총종사인원의 57%를 점하고 있다. 실현한 총생산액은 13,499.83억 위안으로 전체건설업 총생산액의 58%를 점하고 있다. 민영건설기업은 시장에서 국유건설기업보다 낮은 수준에 위치해 있지만, 강한 발전 추세를 보이며 건설업 각 분야의 조사자료 수치도 끊임없이 증가하고 있다.

최근 몇 년 동안 광둥(廣東), 저장(浙江), 푸젠(福建), 산둥(山東), 허난(河南), 허베이(河北) 등 성(省)에서 먼저 사영(私營)건설기업이 생겨난 후, 전국 각지에서 많은 사영건설기업이 생겨났다. 상하이(上海), 베이징(北京), 광둥(廣東) 등지에서는 많은 사영 설계, 감리기업도 생겨났다. 2003년 초 베이징주총집단6공사(北京住總集團六公司) 직공들이 스스로 자금을 출자하여 베이징주육콘크리트유한공사(北京住六混凝土有限公司)를 정식 설립했다. 이처럼 기업의 자금 참여없이 직원들의 지분참여만으로 순수 민영건설기업이 성립된 것은 베이징 건설기업에서는 첫 번째 사례이다. 2003년 6월30일, 저장성 보업건설집단유한공사(宝業建設集團有限公司)가 홍콩 증시에 상장했는데, 이것은 중국 최초로 민영건설 기업이 홍콩증시에 상장한 것이다.

2003년 사영건설기업의 발전은 아래와 같은 추세를 보이고 있다. 첫째, 기업제도형식이 더욱 규범화되고, 기업규모가 끊임없이 확대되고 있다. 둘째, 일련의 기업은 국유기업과 협력을 진행하고 있다. 이러한 협력의 목적은 주요하게 시장을 개척하고, 기업의 지명도를 높이고, 기업발전을 위한 인재, 관리능력 등 부족한 자원을 해결하는 것이다. 셋째, 다원화 발전의 실현, 주업무를 견지하는 동시에 부동산업 · 제조업 · 문화 · 체육 등의 신흥산업을 개척하는 등의 다원화 발전을 실현하고 있다.

(4) 외상(外商) 투자건설기업의 경영 현황

최근, 중국에서 도급자격을 취득한 외국기업은 홍콩기업이 제일 많고, 그 다음이 일본기업이며, 미국 · 프랑스 · 호주 · 말레이시아 · 한국 · 독일에서도 소수의 기업이

들어와 있다. 이러한 외상(外商)기업이 도급한 공정은 주요하게 ① 전액 외국투자 혹은 차관으로 건설한 프로젝트, ② 국제금융조직에서 대출, 국제공개입찰방식을 채용한 프로젝트, ③ 중외합자로 건설하는 프로젝트, ④ 연합도급방식을 채용한 국내투자 프로젝트 등에 집중되어 있다. 이 중 ①, ② 자금출처에 의한 공사가 전체 도급공정의 70% 정도에 이른다. 최근 외국기업의 공정도급계약총액은 중국건설시장의 1~2%를 점하고 있다.

등록유형에 따른 분류에 의하면, 2003년 전국에서 총도급 및 전문도급 자격을 보유한 외상투자건설기업(홍콩 · 마카오 · 대만 투자기업 포함)은 총 822개로 기업총수의 1.7%를 점하고, 종사인원은 13.08만 명으로 총 종사인원의 0.5%를 점하고 있다. 전체 건설업 총생산액은 253.1억 위안으로 건설업 총생산액의 1.1%를 점하고 있다. 총생산액계산에 의한 노동생산율은 134,876위안/人으로 전국평균수준에 비해 55.6% 높은 수준으로 중국건설기업 중 노동효율이 가장 높다.

지역으로 보면 상하이(上海), 베이징(北京), 광둥(廣東), 랴오닝(遼寧), 장쑤(江蘇), 산둥(山東), 푸젠(福建), 저장(浙江) 등 성(省)의 외자건설기업이 비교적 발달해 있다.

2.3.3 지역별 운영 현황

1. 생산액 상위 8개 지역

2004년 전국 건설업생산액 상위 8개 성(직할시) 지역은 저장(浙江), 장쑤(江蘇), 산둥(山東), 광둥(廣東), 상하이(上海), 베이징(北京), 쓰촨(四川), 랴오닝(遼寧)이다. 이 8개 성(직할시)의 생산액은 16,780.96억 위안으로 건설업 총생산액의 60.48%를 점하고 있다. 기업수는 28,098개로 전국 총수의 52.71%를 점하고 종사인원은 1,403.36만 명으로 전국 건설업 취업인원 총수의 54.86%를 점하고 있다. 기업평균 규모는 499명으로 전국평균보다 19명이 많다. 그 중 저장(浙江), 장쑤(江蘇) 두 성의 총생산액이 각각 전국 총생산액의 14.3%와 12.15%를 점하고 있다(표 2-14).

표 2-14 2004년 전국 최상위 8개 성(직할시) 건설업 운영 현황

지역	생산액 (억 위안)	비중 (%)	기업수	비중 (%)	종사인원 (만 명)	비중 (%)	평균 기업규모	전국평균수주 상대비율
浙江	3,966.77	14.30	3,642	6.83	272.54	10.66	748	1.56
江蘇	3,370.57	12.15	4,802	9.01	280.65	10.97	584	1.22
廣東	1,749.56	6.31	3,714	6.97	152.03	5.94	409	0.85
山東	1,902.11	6.86	5,261	9.87	217.97	8.52	414	0.86
四川	1,366.46	4.93	3,786	7.10	257.28	10.06	680	1.42
北京	1,464.54	5.28	2,107	3.95	51.95	2.03	247	0.51
上海	1,738.00	6.26	2,009	3.77	54.81	2.14	273	0.57
遼寧	1,222.95	4.41	2,777	5.21	116.13	4.54	418	0.87
합계	16,780.96	60.48	28,098	52.71	1,403.36	54.86	499	1.04

2004년 전국 건설업 생산액이 가장 작은 5개 성(자치구)은 티벳(西藏), 하이난(海南), 칭하이(青海), 닝샤(寧夏), 간쑤(甘肅) 성으로 건설업 생산액과 점유율이 각각 20.79억 위안(0.07%), 47.07억 위안(0.17%), 81.91억 위안(0.30%), 109.42억 위안(0.39%), 206.13억 위안(0.74%)이다.

2. 2004년 각 지역별 건설업 발전 현황

2004년 동부지구(北京, 天津, 河北, 上海, 江蘇, 浙江, 福建, 山東, 廣東, 廣西, 海南)의 건설업 총생산액은 16,618.27억 위안으로 전국 건설업 총생산액의 59.90%를 점하고, 각 성(직할시, 자치구)의 평균생산액은 1,510.75억 위안이다. 중부지구(山西, 內蒙古, 河南, 安徽, 湖北, 湖南, 江西)의 건설업 총생산액은 5,111.59억 위안으로 전국 건설업 총생산액의 18.42%를 점하고, 각 성(자치구)의 평균생산액은 730.23억 위안이다. 서부지구(重京, 四川, 貴州, 雲南, 西藏, 陝西, 甘肅, 青海, 寧夏, 新疆)의 건설업 총생산액은 3,954.82억 위안이고 전국 건설업 총생산액의 14.25%를 점하고, 각 성(직할시, 자치구)의 평균생산액은 395.48억 위안이다. 동북지구(遼寧, 吉林, 黑龍江)의 건설업 총생산액은 2,060.69억 위안으로, 전국 건설업 총생산액의 7.43%를 점하고, 각 성의 평균생산액은 686.90억 위안이다(그림 2-6).

이로 볼 때 동부지구의 건설업 발전이 명확하게 다른 지역에 비해 앞서 있고, 중

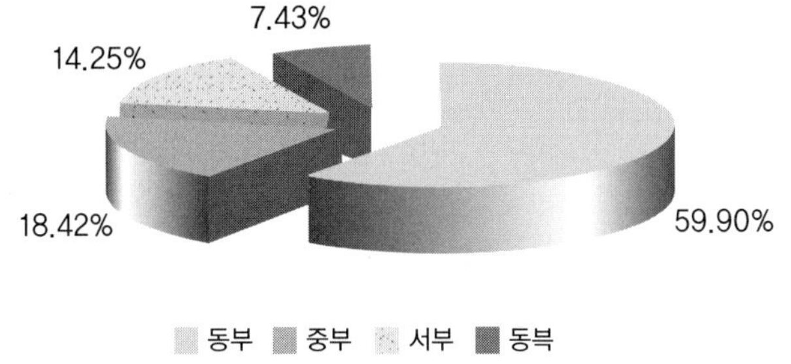

그림 2-6 2004년 각 지구 건설업생산의 전국 점유 비중

부지구와 서부지구는 비교적 비슷한 수준으로 볼 수 있으며, 동북지구의 발전추세가 양호하다는 것을 알 수 있다.

이상의 중국 여러 지역의 평균생산액과 저장성 건설업 총생산액을 비교해 보면, 저장성 건설업 총생산액이 동부지구 각 성(직할시, 자치구) 건설업 평균생산액의 2.63배, 중부지구 각 성(직할시, 자치구) 건설업 평균생산액의 5.43배, 서부지구 각 성(직할시, 자치구) 건설업 평균생산액의 10.03배, 동북지구 각 성 평균생산액의 5.77배로 크게 앞서 있음을 알 수 있다.

3. 각 지역별 소유제 차이에 따른 건설기업 운영 현황

(1) 국유기업

2003년 국유건설기업은 연해지역에 비교적 집중되어 있지만, 민영경제가 비교적 발전한 지역에서는 이미 중요한 위치를 점하지 못하고 있다. 전국 국유건설기업이 달성한 생산액 상위 8개 성(직할시)은 베이징(北京), 광둥(廣東), 산둥(山東), 쓰촨(四川), 장쑤(江蘇), 후베이(湖北), 후난(湖南), 랴오닝(遼寧) 순인데 총생산액은 2,955.38억 위안으로 국유건설기업 총생산액의 48.77%를 점하고 있다. 이 지역 국유건설기업 수는 3,012개로 전국 국유건설기업총수의 45.38%를 점하고, 종사인원은 256.3만 명으로 전국 국유건설기업취업인원 총수의 48.88%를 점하고 있다. 기업 평균규모는 851명으로 전국평균수준보다 355명 많다. 그 중 베이징(北京), 광둥(廣

표 2-15 2003년 전국 국유건설기업 최상위 8개 성(직할시) 운영 현황

지역	생산액 (억 위안)	비중 (%)	기업수 (개)	비중 (%)	종사인원 (만 명)	비중 (%)	자산 (억 위안)	준공생산액 (억 위안)
北京	468.78	7.74	260	3.92	16.8	3.20	733.57	328.10
廣東	448.96	7.41	541	8.15	36.1	6.89	809.10	326.07
山東	362.93	5.99	431	6.49	31.6	6.03	445.46	273.77
四川	362.46	5.98	334	5.03	53.8	10.26	468.64	251.46
江蘇	359.33	5.93	380	5.72	30.0	5.72	428.26	273.86
湖北	333.68	5.51	402	6.06	34.2	6.52	427.45	214.82
湖南	309.72	5.11	273	4.11	30.4	5.80	302.32	223.17
遼寧	309.53	5.11	391	5.89	23.4	4.46	338.80	236.75
합계	2,995.38	48.77	3,012	45.38	256.3	48.88	3,953.60	2,128.00

東) 두 성(직할시)의 업적이 탁월한데, 총생산액이 각각 전국 국유건설기업의 총생산액의 7.74%, 7.41%를 점하고 있다(표 2-15).

상위 8개 성(직할시)의 평균기업규모는 쓰촨성(四川省)이 가장 크고 랴오닝성(遼寧省)이 가장 작다. 준공생산액은 베이징시(北京市)가 가장 높고 후난성(湖南省)이 가장 낮은 것으로 조사되었다.

(2) 집체기업

2003년 전국 집체건설기업이 달성한 생산액 상위 8개 성(직할시)은 장쑤(江蘇), 산둥(山東), 광둥(廣東), 저장(浙江), 쓰촨(四川), 후난(湖南), 베이징(北京), 랴오닝(遼寧) 순으로 총생산액은 2,007.94억 위안으로 집체건설기업 총생산액의 61.39%를 점하고 있다. 이 지역 집체건설기업의 수는 5,214개로 전국 집체건설기업 총수의 50.01%, 종사인원은 288.81만 명으로 전국 집체건설기업 취업인원 총수의 57.13%를 점하고 있다. 기업의 평균규모는 554명이다. 이 중 장쑤(江蘇), 산둥(山東) 두 성의 업적이 탁월한데 총생산액이 각각 전국 집체건설기업 총생산액의 13.52%, 10.15%를 점하고 있다(표 2-16).

상위 8개 성(직할시)의 평균기업규모는 저장성(浙江省)이 802명으로 가장 크고 베이징시(北京市)가 가장 작다. 준공 생산액은 장쑤성(江蘇省)이 가장 높다.

표 2-16 2003년 전국 건설업집체기업 최상위 8개 성(직할시) 운영 현황

지역	생산액 (억 위안)	비중 (%)	기업수 (개)	비중 (%)	종사인원 (만 명)	비중 (%)	자산 (억 위안)	준공생산액 (억 위안)
江蘇	442.31	13.52	737	7.07	53.14	10.51	309.01	350.21
山東	331.94	10.15	1141	10.94	59.80	11.83	319.96	249.55
廣東	282.23	8.63	728	6.98	42.40	8.39	333.40	220.26
浙江	270.20	8.26	329	3.16	26.37	5.22	180.68	194.65
四川	201.77	6.17	773	7.41	41.79	8.27	171.74	168.92
湖南	174.78	5.34	537	5.15	31.77	6.28	126.88	140.78
北京	155.39	4.75	366	3.51	11.36	2.25	182.36	126.74
遼寧	149.33	4.57	603	5.78	22.18	4.39	147.35	124.42
합계	2,007.94	61.39	5,214	50.01	288.81	57.13	1,771.37	1,575.53

2003년 전국 집체건설기업이 달성한 건설업생산액 비중이 가장 작은 5개성(자치구)은 네이멍구(內蒙古), 칭하이(靑海), 티벳(西藏), 닝샤(寧夏), 하이난(海南) 순으로, 건설업생산액이 각각 6.92억 위안, 7.04억 위안, 7.29억 위안, 7.43억 위안, 7.55억 위안으로 전국 집체건설기업 총생산액의 0.21~0.23% 정도를 점하고 있다.

2.4 중국 건설업의 경쟁 구조

현재 중국건설업 경쟁의 초점은 여전히 가격에 집중되고 있다. 시장에서 공급이 수요보다 크기 때문에 그 경쟁은 점점 더 격렬해지고 있다. 가격 경쟁이 격화되면서 산업규모가 빠르게 확장되고 있다. 반면에 생산액 이윤은 계속 저하되고 있는 실정이다. 중국 전역의 각 지역 및 전문시장도 모두 이러한 추세를 보이고 있다. 전체 산업의 산업 집중도와 전문화 정도의 방면에서는 중국 건설기업이 동일한 무대에서 경쟁하고 실력의 차이가 크지 않기 때문에 결국에는 가격경쟁으로 치닫고 있는 상황을 반영한다고 할 수 있다. 중국 내 주요 건설기업의 경쟁력 현황은 표 2-16에 나타나 있다.

표 2-17 중국 주요 건설기업의 경쟁력 현황

기업명칭	경쟁력 현황
중국건설공정총공사 (中國建築工程總公司)	중국건설공정총공사(이후 중건총공사로 호칭)는 1982년에 설립된 국유기업으로 건설업과 부동산업을 핵심업무로 하며, 중국 전역에 활동기반을 가지고 있는 중국 최대의 국제도급기업이다. 중건총공사는 1984년부터 세계 225개 최대도급기업에 포함되기 시작했고 국내외에서 지명도가 있는 건설기업 브랜드이다. 1982년 설립 이후 2002년 6월말까지 도급계약액은 5,026억 위안, 달성영업액은 4,347억 위안으로, 전국 대비 점유율 각각 28%, 30%를 점하고 있다.
상하이 건공주식유한회사 (上海建工股份有限公司)	상하이 건공주식유한회사는 상하이 건공집단이 발기한 상장회사로서, 전신은 상하이시 건설공정관리국이다. 1994년 1월 상하이 시정부의 비준을 거쳐서 설립되었고 국무원이 확정한 전국 120곳 대형기업집단 시범단위이고 건설부와 상하이(上海)시가 중점적으로 지지하는 기업이다. 공사의 주 업무범위는 각종 건설공사 총도급, 설계, 시공, 자문과 설비 · 재료 · 부재의 생산 · 경영 · 판매 그리고 건설기술개발 및 양도, 기계설비임대, 실업투자, 국내무역 등이다.
중국철도건설총공사 (中國鐵道建築總公司)	중국철도건설총공사(이하 중철건)의 전신은 중국인민해방군철도병인데 중앙군위원회 직속의 대군구급(大軍區級) 공정기술병종으로 1948년 7월에 설립되었고, 국공내전, 베트남전쟁, 중월전쟁에 참여했다. 건설한 철도신간선 및 복선은 전국에서 새로 건설한 철로의 1/2을 점하고 있다. 1984년 철도병이 철도부에 병합되어 설립된 것이 현재의 중국철도건설총공사이다. 2000년 9월, 중철건과 철도부의 분리로 중앙기업공업위원회에 의해 관리되었고, 현재는 국자위(國资委)에서 관리하고 있다. 2003년 말, 철도부 부속의 20개 기업과 중국토목공정집단공사가 중철건에 병합되어서, 회사의 자산총액이 524.9억 위안에 달했고, 부채총액은 392.32억 위안, 자산부채비율이 74.7%, 소유자권익이 94.08억 위안이다. 현재 종사직원은 22만 명이고, 부속기업이 27개인데, 그 중 중철 11～25국의 집단유한공사, 중국토목공정집단공사, 중철건설집단유한공사와 철도제1 · 제4감찰 설계원, 상하이성시궤도교통설계연구원, 철도건설연구 설계원이 핵심기업들이다. 중철건은 공사총도급 특급자격과 대외경영권을 보유한 국유대형종합건설기업집단이다. 주요 업무는 국내외 철도, 도로, 시정, 수리, 전력, 공항, 항구, 광산, 공업 및 민용건설 등의 설계, 시공, 설비설치, 기술자문을 도급하는 것뿐만 아니라 동시에 공업생산, 기계설비, 건설기재의 임대, 무역, 금융투자, 부동산, 철도운수 등의 다원화된 경영을 추구하고 있다. 이 외에 국무원, 중앙군사위원회의 결정에 근거해 중철건은 여전히 전국 각지 군사지역의 철도정비 임무를 담당하고 있는데 전국철도의 일급 보안선의 72%를 점하고 있다.

표 2-17 (계 속)

기업명칭	경쟁력 현황
중국철로공정총공사 (中國鐵路工程總公司)	2003년 말, 철도부 산하 22개 기업과 중국해외공정총공사가 중국철로공정총공사(이하 중철총)에 병합된 이후, 중철총은 자산 120억 위안이 증가하여 자산규모가 670억 위안에 이르렀다. 중철총은 감찰설계, 시공설치, 공업제조, 과학연구자문, 공사감리, 자본경영 및 대외경영무역이 집합된 다기능을 가지고 있는 특대형의 기업집단으로 국무원국유자산관리감독위원회가 직접 관리하는 중앙기업이다. 총공사의 본부는 철로공사시공총도급의 특급자격과 도로공사시공총도급 1급자격, 시정공용공사총도급자격 등 전문자격, 그리고 대외경제합작경영자격증서와 수출업 기업자격증서 등을 구비하고 있다. 중철총은 현재 45개의 산하기업들이 있으며 중철 1국～10국, 대교국(大橋局), 전기화국(電氣化局), 터널(隧道), 건공집단(建工集團) 등 14곳의 특대형 시공기업과 철도 제2 · 제3 감찰설계원 등 15곳의 대형 · 특대형 감찰설계기업, 중철서북 · 서남 · 공정기계과학연구원 3곳의 대형과학연구개발기업, 중철산교(山橋) · 보교(寶橋) 등 4곳의 대형 공업제조기업을 가지고 있다. 총공사 본부와 산하기업은 110여 개의 특급 및 1급공사시공총도급자격 및 전문자격을 가지고 있고, 18곳의 기업은 감찰설계 갑급(甲級)자격을, 20개 기업은 공사자문 갑급자격을 구비하고 있다.
루챠오집단 국제건설 주식유한회사 (路橋集團國際建設 股份有限公司)	루챠오집단 국제건설주식유한회사는 1999년 3월 18일 베이징에서 설립되었다. 2000년 7월 25일 상하이 증권교역소에 정식 상장했고 등록자본은 4.08억 위안이다. 2002년 12월 31일까지 총자산 30.11억 위안, 순자산 13.78억 위안이다.
	2002년 6월 28일, 건설부의 비준을 거쳐 도로공사시공 총도급 특급자격을 중국 최초로 취득하였다. 주요 업무범위는 국내외 도로, 교량, 공항, 항구, 터널, 급배수 및 기타 토목공사건설의 총도급이고 이외에도 건설기계개발, 제조, 판매, 도로톨게이트 경영, 첨단기술상품개발, 교통공사관리자문, 부동산자문, 부동산임대, 컴퓨터시스템, 인텔리전스빌딩의 설계와 설치, 실업투자, 리스크 투자와 벤처투자 등의 사업도 수행하고 있다.
상하이터널공정 주식유한공사 (上海隧道工程 股份有限公司)	상하이터널공정주식유한공사는 1965년 설립된 중국 최초의 터널전문공사 건설기업이다. 중국 최초 하저(河底)터널인 상하이 다푸루(打浦路)터널, 황푸강 상류 양수펌프장 공정, 상하이 지하철 1호선 확대시험공사 등 상하이시 주요 건설프로젝트를 수행했다. 1974년 상하이시 터널공정공사는 국내에서 처음으로 침관법을 응용하여 항조우만에 진산석화총공장(金山石化總廠)의 배수터널을 건설했다. 시공영역은 초기의 지하철과 하저터널공사에서 점진적으로 오수배수, 발전소취배수터널, 시정관도공사, 지하기초보호공사, 기초처리공사 등의 영역으로 확장했다. 90년대 후반부터 점진적으로 도로, 공항, 고속도로, 고가도로, 입체교차

표 2-17 (계 속)

기업명칭	경쟁력 현황
상하이터널공정 주식유한회사 (上海隧道工程 股份有限公司)	로, 고층건설, 기전설비설치 등 공사영역을 확장했으며 시공생산액도 증가하고 기업이윤도 제고되었다. 상하이터널공정주식유한회사는 여러 차례 전국선진시공기업, 중국건설시공기업 100강으로 평가되었다.
거조우댐 주식유한회사 (葛洲坝 股份有限公司)	거조우댐 주식유한회사는 국가체제개혁위원회의 비준을 거쳐, 중국 거조우댐 수리수전공정집단회사에서 독자적으로 발기한 회사이며, 공사도급, 기전설비, 시공관리 및 건설공사에서 산샤(三峡)건설 도급공사, 란창장(瀾滄江)건설도급공사, 칭장(清江)건설도급공사, 기전 설비공사, 폭파공사공사, 시공과학연구소, 입찰공사, 시멘트공장을 포함하는 10개 단위에서 경영성 자산의 개편으로 공모주를 모집해서 주식회사를 설립하였고 주요업무는 건설공사도급시공과 시멘트 생산판매이다.
총칭루차오 주식유한회사 (重庆路橋 股份有限公司)	총칭대교건설총공사(重庆大橋建設總公司)가 독자적으로 발기해서 설립했고, 1997년 6월3일 상하이(上海) 증권교역소에서 공모주 9,000만주를 발행하였다. 등록자본은 3.1억 위안이다. 회사의 경영범위는 쟈링쟝니우쟈오투오대교(重庆嘉陵江牛角沱大橋), 창쟝스싀반포대교(长江石板坡大橋), 자링쟝싀먼(嘉陵江石門)대교, 난산(南山) 관광도로의 경영, 수리, 관리에서 각종 공업, 에너지, 교통, 민용 프로젝트의 시공도급과 부동산개발(2급), 건설자재, 인테리어재료, 금속재료, 목재, 건설기계 등을 포괄하고 있다.
중국항만건설 (그룹)총공사 (中國港湾建設 (集團)總公司)	중국항만건설(집단)총공사는 중앙이 직접 관리하는 대형기업집단이다. 주요 업무는 연해와 내륙 수상교통 운수중심지 항구공사 설계건설을 주로 하는 수상운송건설업, 해양과 강하의 대형교량도로 건설을 주로 하는 교량건설업, 항구 하역기계 제조를 주로 하는 중공업제조, 국제공사도급과 대외기술무역을 주로 하는 대외경제무역이다. 감찰설계, 시공도급, 과학연구자문, 공업제조와 대외무역이 집중된 일체형의 국유대형기업집단이다. 항구 및 항로 공사, 도로공사 시공총도급 특급자격 및 공사총도급 1급자격을 가지고 있고 동시에 대형 프로젝트 총도급 관리능력과 BT, BOT 프로젝트 파이낸싱 능력도 구비하고 있다.
션전시 텐졔(그룹) 주식유한회사 (深圳市 天健(集團) 股份有限公司)	원래 기업명칭은 션전시톈졔실업주식유한회사이고 1993년 4월 12일 션전시인민정부의 비준을 거쳐서 션전시건설공사가 발기인으로 션전시시정공정공사, 션전시향밀공정개발공사, 션전시무화장식공정공사 등 6개 기업이 전액 출자한 자회사의 합병 및 개편을 거쳐 공모주를 통해 주식유한회사를 만들었다. 주요 영업범위는 대형 시정공사 및 도시기초시설 건설의 청부, 부동산개발 및 주택관리, 교통운수 및 건자재생산, 재료공급판매업 및 음식서비스업이다.

자료출처 : 中國行業發展报告(건설업) 2004.

2.5 중국건설업의 산업 특징

2.5.1 산업 집중도

1. 전문화 발전 수준 비교적 낮음

선진국 건설기업 유형 구성 중, 설치 및 인테리어시공 전문건설기업의 비중이 종합건설기업이 차지하는 비중보다 훨씬 높다. 1999년 미국의 경우, 전문건설기업이 전체 건설기업의 72.6%를 점하였고, 일본은 71.4%, 영국은 65%였다. 중국 건설업의 유형 구성은 이와는 상반되는데, 2003년 중국의 건설기업 중 총도급 건설기업이 전

표 2-18 2003년 부분 성(직할시)의 건설기업조직구조(단위 : 개, %)

기업분류	베이징(北京)		랴오닝(遼寧)		상하이(上海)		쓰촨(四川)		전국(全國)	
	수량	비중	수량	비중	수량	비중	수량	비중	수량	비중
총도급	674	32.39	1,195	46.53	927	46.14	2,332	68.59	27,359	60.30
전문도급	1,407	67.61	1,373	53.47	1,082	53.86	1,068	34.41	19,329	39.70
합계	2,081	100	2,568	100	2,009	100	3,400	100	48,688	100

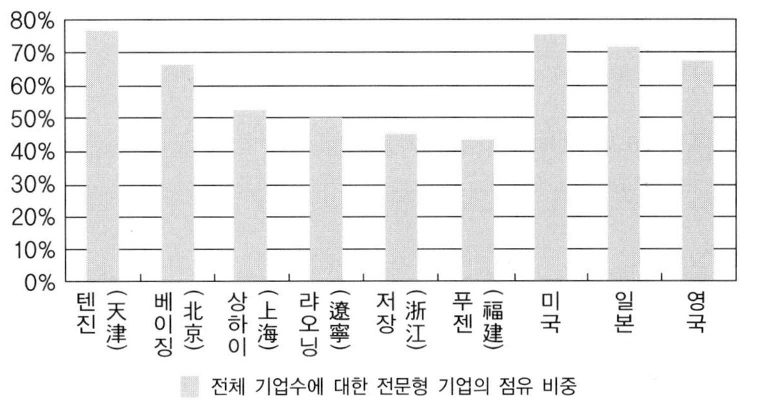

그림 2-7 중국 건설업 전문화 발전수준의 최고지구와 세계발전수준 비교

注: 미국, 일본, 영국은 1999년 데이터.

체 건설기업수의 60.3%를 점하고 있고, 전문도급기업은 40%에도 미치지 못하고 있다. 이는 중국건설업의 종합형과 전문형 기업의 비율이 극히 불합리한 기업유형구조임을 보여준다(표 2-18, 그림 2-7 참조). 지역별로 보면 중국에서 건설업이 발달한 지구일수록 전문화 정도도 높다.

2. 자격등급구조의 완만한 조정

중국 건설기업은 새로운 자격관리정책이 자리를 잡은 이후, 등급 내 기업총수가 증가하고, 기업 격차는 확대되었다. 또한, 전문도급기업의 비중이 증가하고, 조직구조가 점진적으로 합리화되어 가고 있다. 하지만 전체적으로 보면 자격등급구조조정은 여전히 완만한 실정이다. 2003년 중국 각 자격등급의 총도급 건설기업은 29,359개로 그 중 특급기업이 112개로 0.38%를 점하고 있으며, 1급 기업은 2,023개로 6.89%를 점하고 있으며, 2급 기업은 7,232개로 24.63%를 점하고 있다(그림 2-8).

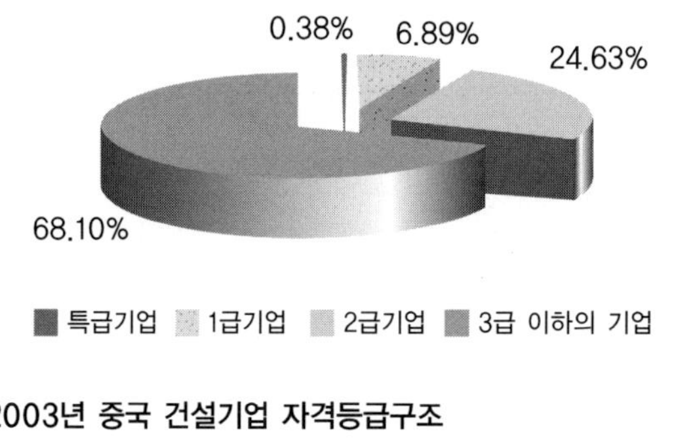

그림 2-8 2003년 중국 건설기업 자격등급구조

3. 건설업조직구조의 계통간 분할 엄중

중국의 건설시장은 여전히 계획경제에서 시장경제로 전환하는 변화의 단계에 있고, 시장주체의 행위가 불합리하다. 독과점 · 부문분할과 지역봉쇄 등이 통일 · 개방 · 공평경쟁의 건설시장 형성을 방해하고 있다. 장기간의 계획경제체제와 개혁개방과정 중 형성된 지방보호 · 부문보호주의는 계통 분할형 건설업조직구조를 형성하였다. 이 구조는 지역과 건설업분포상에서 3가지 특징을 나타내고 있다. 첫째, 대부분의 기업은 지방에 속하여 업무활동이 주로 그 지방에서 이루어지고 외지시장으로 진입하기가 매우 힘들다. 중앙에 속한 기업도 그 실체는 전국 각지에 분산된 관할 공정국이다. 업무범위로 보면 모두 지방형 기업이다. 둘째, 부문보호로 인해 전문분야를 넘어서 업무를 발전시키는 것이 매우 힘들어졌기 때문에, 많은 대형기업들이 단순히 한 전문분야의 기업이고 종사업무 영역이 비교적 협소하여 종합적 기업이 부족하다. 셋째, 어떤 분야의 기업이던 일반적으로 건설업 산업사슬 중 어떤 한 부분의 능력만 구비하여, 프로젝트 총괄관리 능력이 결핍되어 있다.

2.5.2 기업소유제 구조

중국 건설업의 기업소유제 구조에 심각한 변화가 발생하고 있다. 기업수 측면에서 보면 기업총수의 증가속도가 점차 완만해지고 있다. 국유기업수는 줄어드는 추세를 보이고, 집체기업(集體企業)이 명확히 감소하고, 비공유제(非公有制) 기업수는 빠르게 증가하고 있다. 저장(浙江), 광둥(廣東), 푸젠(福建), 산둥(山東), 허난(河南), 허베이(河北) 등 성에서 많은 사영(私營)건설기업이 생겨났으며, 상하이(上海), 베이징(北京), 광둥(廣東) 등지에서는 많은 사영 설계, 감리기업들도 나타났다.

2003년 전국의 총도급과 전문도급 자격등급을 보유한 기업 중, 국유건설기업은 기업총수의 13.63%를 점하고 종사인원수는 총 종사인원수의 21.72%를 점하고 있으며 생산액은 건설업총생산액의 26.25%를 점하고 있다. 민영기업은 30,803곳으로

표 2-19 2003년 중국건설기업 소유제 구조

지표	국유 기업	집체 기업	홍콩, 마카오, 대만투자기업	외상 자기업	민영 및 기타	합계
건설업총생산액 (억 위안)	6,060.23	3,270.73	123.71	129.39	13,499.81	23,083.87
기업수(개)	6,638	10,425	535	287	30,803	48,688
종사인원수(만 명)	524.3	505.6	7	6	1,371.3	2,414.3

자료출처 : 중국통계연감 2004.

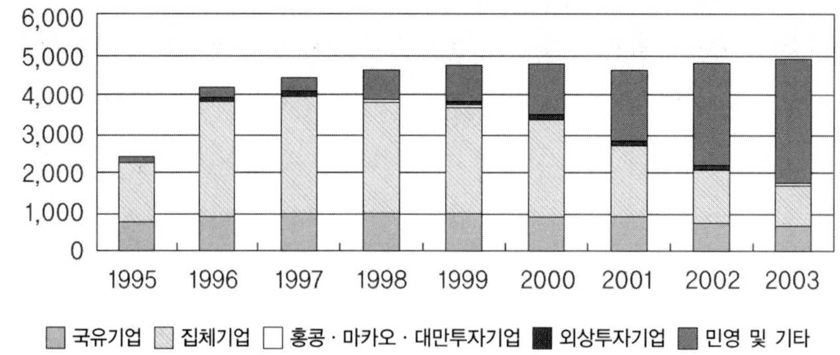

그림 2-9 건설업 소유권등록유형별 기업수의 변화 추세

기업총수의 63.27%를 점하고 종사인원수는 1,371.3만 명으로 전체 종사인원수의 56.80%를 점하고 있으며 생산액은 13,499.81억 위안으로 건설업총생산액의 58.48%를 점하고 있다(표 2-19). 1995년 이래 집체기업의 비중은 빠르게 줄어들고 있으며, 반면에 민영기업의 비중은 빠르게 상승하고 있다(그림 2-9).

내자기업의 자산구조로 보면, 국유기업자산은 7,846억 위안으로 내자기업총자산의 33.8%, 집체기업은 3,041억 위안으로 내자기업총자산의 13.1%, 민영 및 기타 기업은 12,349억 위안으로 53.1%를 점하고 있다(그림 2-10).

건설업종사인원수로 보면, 국유기업종사인원은 점차 감소하고 있고, 집체기업은 감소속도가 비교적 빠르며, 비공유제 기업은 빠르게 증가하고 있다. 전체적으로는 증

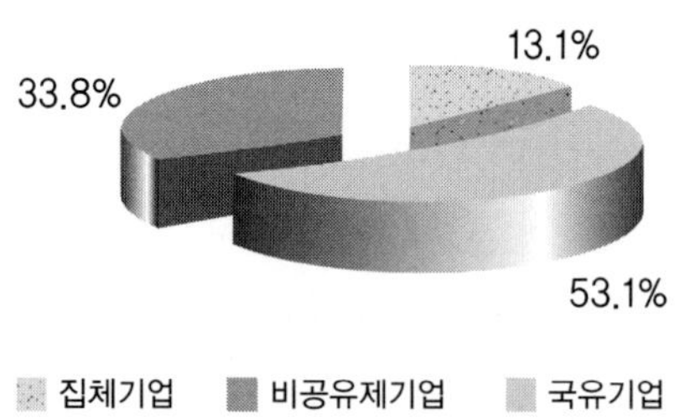

그림 2-10 2003년 건설업 소유제별 내자기업 자산구조

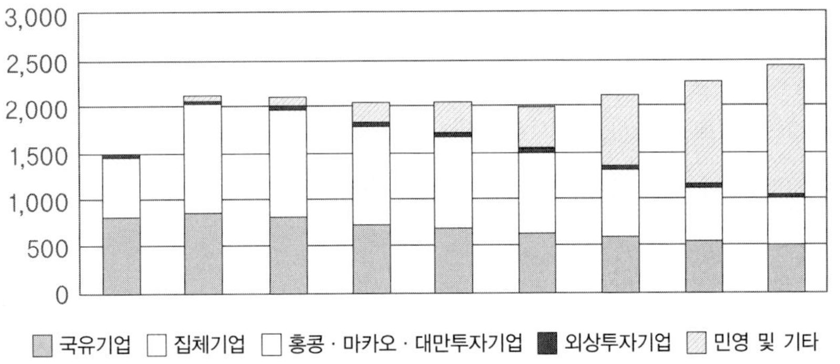

그림 2-11 건설기업 소유제등록유형별 종사인원수 변화 추세

가추세에 있다(그림 2-11).

총생산액으로 보면, 건설업총생산액은 전체적으로 빠른 증가세를 보이고 있다. 국유기업 생산액의 증가속도는 느리고, 집체기업 생산액은 하락세를 보이고 있다. 반면, 비공유제 기업은 빠르게 증가하며 생산액 증가에 주요한 공헌을 하고 있다(그림 2-12).

전체적으로 얘기하자면, 건설시장의 소유제 구조에 본질적인 변화가 발생하고 있으며, 공유제기업과 비공유제 기업이 유기적 협조, 공동 발전하는 국면을 형성하고 있다.

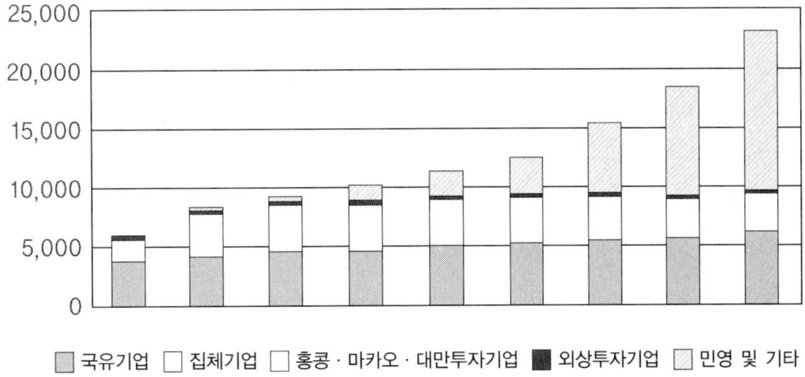

그림 2-12 건설기업 유형별 생산액변화 추세

2.5.3 건설업 기계화 수준 기술지표

최근 몇 년 중국건설업 생산력이 빠르게 발전하여, 건조 능력이 끊임없이 향상되어, 초고층·장스팬건축 설계·시공, 장스팬 교량 설계 및 시공, 지하공정 터널 시공, 콘크리트 대량타설, 복잡한 대형설비 설치 등에서 모두 국제 선진 수준에 가까워지고 있다.

장강삼협(長江三峽)댐·서기동수(西氣東輸)·서전동송(西電東送)·남수북조(南水北調)·링아오(岭澳) 핵발전소 등 에너지원 및 수리공정, 칭장(青藏)철도·항조우만(杭州灣)대교·상하이동해대교 등 투자규모가 크고 기술요구가 높고 세계가 주목하는 특대형 건설공정 프로젝트를 높은 품질과 빠른 속도로 수행하여 국민경제의 빠른 발전을 후원하고 있다. 주 스팬이 550미터로 세계 제일의 아치형 다리인 루푸(盧浦)대교, 주 스팬이 1,490미터로 세계 제3의 현수교인 룬양(潤楊)장강대교, 주 스팬이 1,088미터로 세계 제일의 사장교(斜張橋)인 쑤통(蘇通)장강대교, 세계 최대의 터널직경(14.5미터)인 상하이 상중로(上中路) 하저터널 등 많은 중대 기초시설 프로젝트를 중국 자체의 설계와 시공역량으로 건설하였다. 이러한 공정 프로젝트의 건설은 중국 건설업 기술능력과 건조수준을 충분히 반영하고 있다.

건설업 기계화 수준을 측정하는 지표는 주요하게 동력장비율과 기술장비율이다. 최근 십여 년간, 중국건설업의 기계화 수준은 크게 제고되었는데, 건설업 동력장비율이 1989년 3.74KW/人에서 2003년 4.9KW/人으로 상승했으며, 건설업 기술장비율이 1989년 2,341위안/人에서 2003년 9,957위안/人으로 상승했으며, 건설업 기술동력이 1989년 625.94위안/KW에서 2003년의 2,032.04위안/KW로 상승했다(그림 2-13). 그러나 건설업 연간 총생산액규모에 비해서, 기술장비수준이 매우 낮고, 제조업 등 제2차산업 기타부분에 한참 뒤떨어져 있다. 중국 건설업은 여전히 노동집약적이고 공장생산수준이 낮은 업종이다.

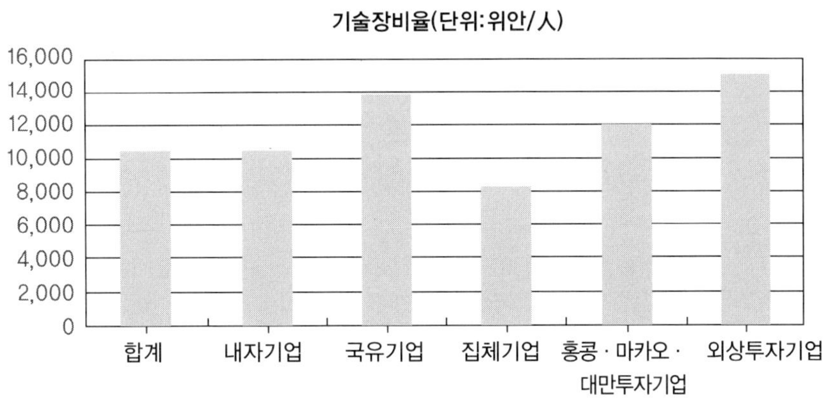

그림 2-13 2003년 중국 각 유형별 건설기업 기술장비율

2.6 중국 건설산업 관리체제

2.6.1 건설산업관리기구

1. 행정감독기구 및 직책

국무원의 삼정방안(三定方案 - 定職能, 定機構, 定編制)에 근거하여 확정한 직능(職能)분업에 따라, 중앙 1급 건설업종의 관리감독은 국무원 여러 부서에서 분담해서 완성한다. 건설부는 국무원의 건설행정 주관부문으로서 건물과 도시기반시설의 관리감독을 담당하고, 관련업무부서와 건설업종 사찰반에서 협조한다. 교통, 철도, 수리, 국가자원위원회 등 부서는 각 직권 범위 내의 기업관리직책을 책임진다. 성급(省級), 지방시급(地方市級) 건설행정 주관부서 역시 상응하여 건설업종 관리감독기구를 설립하였는데, 종합관리와 전문관리감독 두 개의 기구와 인원으로 구성되어 있다. 대부분 성급(省級), 지방시급(地方市級) 건설행정 주관부서는 모두 건설프로젝트에 대한 직접 관리감독을 실시하고 있는데, 프로젝트의 투자출처에 따라 각자의 관리감독영

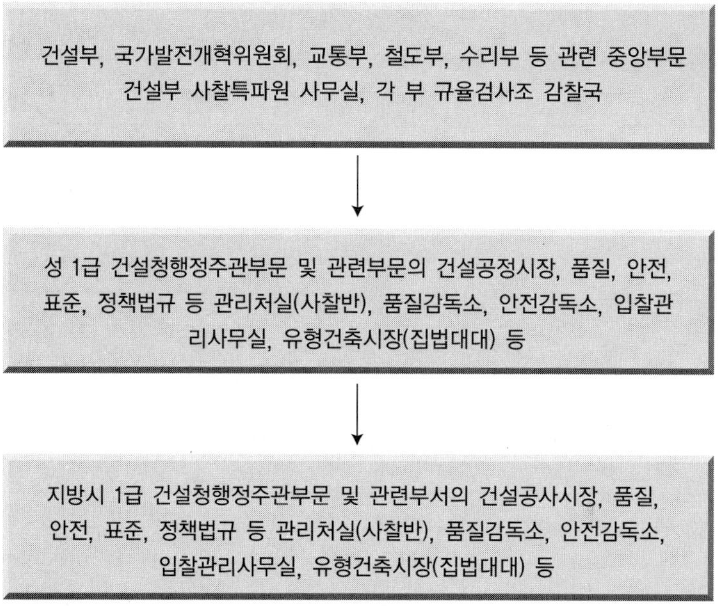

그림 2-14 현행 건설활동 및 기업관리체제 설명도

역이 나누어진다(그림 2-14).

최근, 중국건설업의 관리체제는 종합화, 전문화, 규범화, 정보화, 국제관례, 관리감독사무연동 등의 방향으로 발전하고 있다.

2. 중국 건설부의 조직 구조

수 년간의 개혁과 발전을 거쳐서 중국은 건설부를 수장으로 하고 아래로 성(省), 시(市), 현(縣) 건설청(국)의 다층 관리구조를 형성하였다. 직책과 분업에 근거한 건설부 12개 직능사(청)(職能司(聽))의 업무 분업은 표 2-20과 같다.

표 2-20 건설부 조직 구조

기업명칭	경쟁력 현황
사무청(辦公廳)	기관행정업무의 조직협조, 문서처리 및 대외연락업무, 언론선전담당, 중요회의의 조직 협조, 기관문서안건관리, 행정재무, 건설부 기관 및 직속기관의 보안업무, 도시건설서류관리.
종합재무사(綜合財務司)	건설부 관할 기업의 발전전략 및 중장기계획편성, 기업기술도입계획편성, 기업관리의 통계, 정보업무, 본부의 자금 및 국유자산관리.
정책법규사(政策法規司)	건설부 관할 기업방침, 개혁방안 계획, 중요 종합성 정책문제에 대한 연구 초안을 작성, 계획한 건설입법계획을 수립하여 법률법규 및 규칙의 초안·심사·비준을 조직, 건설법규의 해석·정리·편집업무, 건설행정의 법집행 지도, 행정의 법집행 감독 지도, 행정 재심의와 행정소송 지도.
과학기술사(科學技術司)	건설부 관할 각 기업의 과학기술발전전략·계획의 조직, 기업의 중점과학기술발전프로젝트계획의 편제 및 조직, 중요과학기술프로젝트연구개발조직, 기술도입계획의 조직편제, 국제과학기술합작프로젝트의 실시와 도입 프로젝트의 소화·흡수·개발작업, 기업의 과학기술성과 관리, 중대과학기술성과 전파.
표준정액사(標準定額司)	공사건설국가표준·전국통일품셈·건설프로젝트평가방법·경제계수와 건설표준·건설공기품셈·건설용지지표 작성, 공사견적관리 규칙제도의 작성, 건설부 관할 기업의 공사표준 및 상품표준 작성과 상품품질인증업무 지도, 각 공정건설표준품셈의 준수를 관리감독, 공사견적자문기구의 자격기준 및 감독 집행, 공사견적전문기술인원의 영업자격표준의 제안.
건설시장관리사(建築市場管理司)	전국건설시장 지도, 공사입찰·건설감리·계약관리·공사 리스크 관리 및 공사감찰설계자문시장의 규칙제도 작성 및 관리감독, 건설시공기업·건설설치기업·건설제품기업·건설감리기구·감찰설계자문기구의 자격기준 설정 및 관리감독, 각 건설프로젝트의(입찰대리업무에 종사하는) 입찰대리기구의 자격인정, 건설기업의 국제공사도급·건설노무합작 참여의 협조와 조직, 시공, 감리 및 감찰설계자문 등 전문기술이원의 영업자격표준의 제의.
공사품질안전감독 및 기업발전사(工程質量安全監督與行業發展司)	건설업발전전략·중장기계획·개혁방안·규칙·기술정책을 제의, 공사감찰설계자문업의 중장기계획·개혁방안·산업정책·규칙제도·기술정책 제의, 건설공사품질 관리감독, 건설현장 안전관리 관련 규칙 및 제도입안과 감독, 중대한 품질사고·안전사고의 조사처리, 전국공사건설표준설계의 심의, 각 주택건설 및 부속시설·도시시정시설의 건설공사 방진설계모법(防震設計模法) 작성.
도시농촌계획사(농촌건설사무실) 城乡劃司(村镇建設辦公室)	전국도시발전전략 및 도시·농촌계획의 방침·정책·규칙제도 연구 작성, 전국도시 및 농촌체계계획의 조직편성과 관리감독실시, 국무원이 위임한 도시전체계획, 성과 도시체계계획의 심사비준을 책임, 토지이용전체계획의 심사 참여, 역사문화도시의 심사비준과 보호감독작업의 담당, 전국도시계획의 법집행 감찰지도, 도시와 농촌계획의 지도, 도시지하공간의 개발이용 지도,

표 2-20 (계 속)

기업명칭	경쟁력 현황
도시농촌계획사 (농촌건설사무실) 城乡劃司 (村镇建設辦公室)	도시감찰과 시정공사측량업무, 농촌건설의 방침 · 정책 · 규칙 제의, 건설부 농촌건설지도위원회의 일상업무 담당, 계획기구의 자격표준을 작성하고 관리감독 집행, 도시계획전문기술인원의 영업자격표준 제의.
도시건설사 (城市建設司)	도시건설 및 시정공용사업의 발전전략 · 중장기계획 · 개혁조치 · 규칙을 연구작성, 도시급수절수 · 가스 · 난방 · 시정시설 · 공공여객운송 · 조경 · 환경위생업무를 지도, 도시계획지역의 녹화업무지도, 국가 중점 풍경 명승구 및 계획의 심사비준과 보호관리감독업무를 담당. 도시계획지역 내 생물다양화 작업지도, 도시계획지역 내 지하수의 개발이용 및 보호 지도, 도시환경정리와 도시건설감찰.
주택 및 부동산업사 (주택제도개혁사무실) (住宅與房地産業司)	부동산 시장의 규범화 지도, 도시토지사용권유상양도 및 개발이용업무 지도, 주택건설 및 부동산업의 중장기계획과 과학기술발전전략 · 산업정책 및 규칙을 제의, 주택건설 · 주택철거이전 · 부동산개발 · 부동산시장 · 부동산감정평가 · 물업관리의 규칙제도 작성 및 관리감독, 전국주택건설과 주택공급정책의 실시를 지도, 부동산개발기업 · 물업관리기업 · 사회중개서비스기구의 자격표준을 작성, 부동산감정평가전문기술인원의 영업자격표준을 제의, 국가의 도시 농촌 주택제도개혁의 방침 · 정책과 조치를 구체화, 도시농촌주택제도개혁업무를 지도, 주택공동적립금과 기타부동산개혁 자금의 정책을 지도하고 그 사용내역을 관리감독.
외사사(外事司)	건설부의 대외업무의 규칙제도를 작성, 년도의 대외계획을 편제, 분쟁 경비관리, 외국정부 · 민간 · 국제조직 · 홍콩특별행정구 및 마카오 · 대만과의 합작과 교류를 체계적으로 관리.
인사교육사 (人事敎育司)	건설부 기관 · 직속사업단위의 인사 · 노사 · 기구의 편제관리를 담당, 건설부 관할 기업공사의 노동보장비 표준과 직업기술표준 · 규범을 작성하고 실시지도, 건설부 관할 각 기업의 전문기술인원의 영업자격표준을 작성실시 지도, 과학기술인재의 업무지도.

2.6.2 주요 기업 관리감독 수단

최근 건설업의 관리감독에 주로 심사비준, 등록, 보고 등의 방법을 이용하고 있다(표 2-21). 이외 행정주관부문은 정기 · 부정기적으로 여러 검사를 실시하는데, 예를 들면 건설시장검사, 품질안전검사, 법률 · 법규 실시상황 검사 및 대중의 고소, 고발, 소송경로 건립 등이다. 이들 모두 정부가 행하는 구체적 관리감독 방법이다. 건설

표 2-21 2003 ~ 2005년 중국건설업의 주요지표

허가와 심사비준	등기(备案)	수 속
• 건설공정시공허가 • 건설시공기업, 감사기업, 설계기업 및 공사감리기업영업허가 • 건설활동에 종사하는 전문기술인원 영업허가 • 입찰대리기구 자격인정 • 품질감독 심사기구 • 시공도 · 설계문건심사 • 요청입찰 진행이 필요한 프로젝트의 심사비준 • 입찰범위 내 공정의 시공입찰 비진행 심사비준	• 입찰인은 15일 내 낙찰자를 확정하고, 입찰현황의 서면보고를 제공 • 건설기업이 건설공정 준공검사 합격일로부터 15일 내 준공검수 보고 및 관련부문사용허가문건을 건설행정주관부문 및 관련부문에 등기 • 품질사고 발생 후 24시간 내 관련기업이 건설행정주관부문과 관련부문에 등기	• 공정품질관리감독수속 • 건설프로젝트 보존서류(檔案) 제출

행정주관부서는 건설시장의 위법 · 위규문제에 대해서, 법률 · 법규 규정에 의거하여 상응하는 행정처벌과 행정처분을 진행한다.

언급할 가치가 있는 점은, 현 상황하에 건설행정주관부문이 추진하는 유형 건축시장 역시, 건설시장의 집중 관리감독을 진행하는 유효한 방식이라는 것이다.

3

중국 노동력시장의 현황과 구조

본 장에서는 중국 건설업 노동력 시장의 기본상황에 대해서 소개하고자 한다. 우선 건설시장 노동력의 구조와 자본금 현황을 고찰하고, 농민공(農民工: 농민노동자) 문제, 업종협회, 안전문제와 보험업 등의 현황과 전망, 건설업 노동력시장 환경에 대한 고찰을 통하여 현재 중국 건설산업 노동력시장이 당면한 문제와 그에 대하여 제기되는 대응방안 등을 고찰 · 정리하고자 한다.

3.1 건설산업 노동력의 구성과 노동자본의 현황

3.1.1 건설업 노동력 구조

1. 종사자 수

개혁개방 이후, 국민경제의 지주산업인 건설산업은 빠르게 발전하고 있으며, 종사인원 수도 끊임없이 증가하여 2005년 말에는 2,593만 4천명에 이르렀다. 건설산업은 국민경제에 큰 물질적 기여를 함과 동시에 다량의 농촌 잉여노동력을 흡수하였

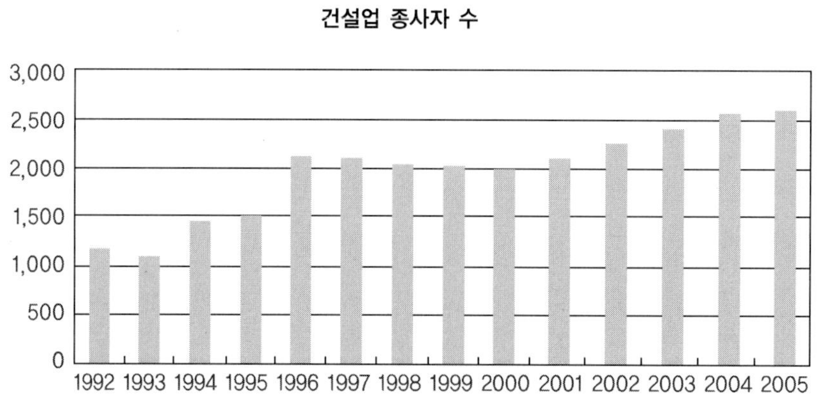

그림 3-1 1992 ~ 2005 중국 건설업 기업 종사자 수(단위:만 명)

다. 건설업의 발전은 사회에 많은 취업기회를 제공하여, 사회의 안정성을 높였다.

2. 종사자 구조 분석

(1) 산업분포구조

표 3-1 2004년 건설기업 종사자 수(단위:만 명)

	합 계	국유기업	집체기업	민영 및 기타
건설업	777.7	260.6	183.9	333.3
건축 및 토목공정건설업	673.1	223.5	164.4	285.2
건축설치업	73.9	29.5	14.1	30.2
건축 인테리어	19.2	3.1	3.1	13.0
기타 건축업	11.5	4.4	2.3	4.9

자료출처: 중국통계연감 2005.

2004년의 상황을 보면 건축 및 토목공정 종사자가 673만 1천명 86.55%로 전체 대다수를 점하고 있다. 다음으로 건축 설치업 종사자가 73만 7천명으로 9.5%를 차지하고, 건축 장식업 종사자가 19만 2천명으로 2.47%를 차지하고 있다. 기타 건설업 종사자는 11만 5천명으로 1.48%를 차지하고 있다(표 3-1, 그림 3-2 참조).

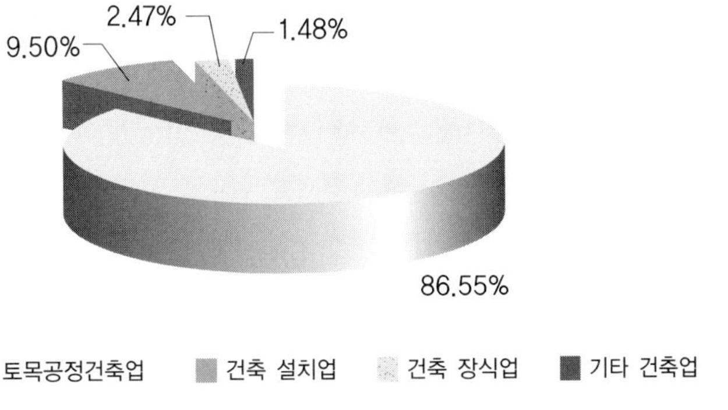

그림 3-2 2004년 건설기업 종사자 수 산업분포

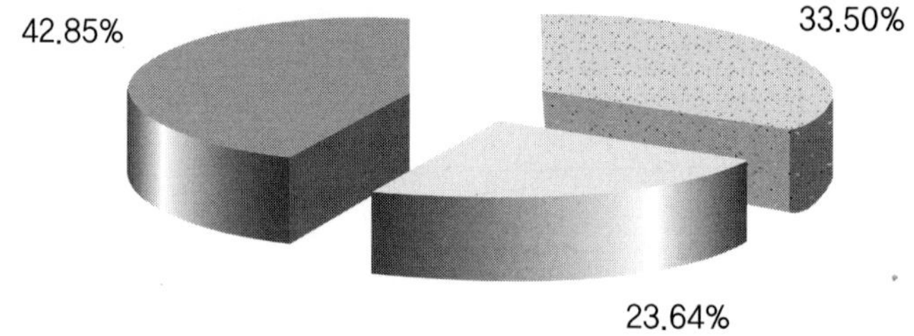

그림 3-3 2004년 소유제도에 따른 기업의 종사자 수의 분포

(2) 소유제별 기업의 종사자 구조

통계상으로 2004년 건설기업 종사자 수 중 국유기업은 260만 6천명으로 건설산업 전체인원의 33.5%를 차지하고 있고, 집체기업은 183만 9천명으로 전체인원의 23.64%를 차지하고 있다. 또한 민영 및 기타 기업은 333만 3천명으로 전체인원수의 42.85%를 차지하고 있다(표 3-2, 그림 3-3 참조). 최근 민영경제의 급속한 발전에 따라, 민영기업 및 기타 기업의 점유율이 점차 높아지고 있다.

(3) 종사자의 직업구조

건설업 종사자의 직무에 따라 직업구조를 나누면, 장인과 그 도제, 공사기술자, 관리자, 서비스인력 및 기타 인력으로 구성된다. 통계자료의 한계로 국유기업의 자료를 바탕으로 분석하자면, 각종 건설업 종사자 중 기술자의 비율이 점차 증가하고 있으며, 1980년대 후반부터 그 증가속도가 빨라지고 있다. 1997년 말까지 공사기술자의 비율은 이미 10%에 달하고, 제조업의 6.6%와 광업 4.8%, 전국 평균 7.1%의 수준에 비해 높은 위치를 차지하고 있다. 1993년 이후 기타 인력(서비스인력을 포함) 비율의 감소가 비교적 큰데, 이는 국유기업의 직무구조 합리화에 따른 결과이다. 공사기술자의 증가는 국유기업 인력 전체의 소양과 기술수준이 계속 높아지고 있음과, 현재 점차 기술집약형 및 관리자형으로 발전하고 있음을 의미한다. 또한 최근 국유기업의 심도있는 개혁을 통한 관리자층과 노무자층의 분리, 지속적인 기업보유 노동자집단의 감소와 밀접한 관계를 갖고 있다.

3.1.2 건설업 노동비용 현황

1. 전체 노동비용 현황

중국 개혁개방 이후 중국건설업은 빠른 발전을 이루었다. 노동비용 역시 그에 따라 증가하였는데, 조사에 의하면 1980년의 건설업 직원의 총 월급총액은 59억 7천만 위안이며, 2004년 1,011억 6,000만 위안으로 증가하여 15.94배 증가하였다(표 3-2 참조).

표 3-2 1980~2004년 건설업 직원 임금현황

년도	임금총액 (억 위안)	평균임금 (위안)	건설총생산액 (억 위안)	임금총액의 건설 생산액의 비중(%)
1980	59.7	855	286.93	20.81
1985	120.0	1,362	675.10	17.78
1989	196.2	2,166	1,282.98	15.29
1990	211.5	2,384	1,345.01	15.72
1991	244.5	2,649	1,564.30	15.63
1992	300.2	3,066	2,174.40	13.81
1993	433.4	3,779	3,253.50	13.32
1994	527.1	4,894	4,653.30	11.33
1995	609.8	5,785	5,793.75	10.53
1996	647.5	6,249	8,282.25	7.82
1997	673.3	6,655	9,126.48	7.38
1998	635.0	7,456	10,061.99	6.31
1999	633.4	7,982	11,152.86	5.68
2000	669.6	8,735	12,497.60	5.36
2001	713.4	9,484	15,361.56	4.64
2002	790.3	10,279	18,527.18	4.27
2003	905.2	11,478	23,083.87	3.92
2004	1,011.6	12,770	27,745.38	3.65

자료출처: 중국통계연감 2005.
주의: 농민공의 수입은 포함되지 않음.

건설업 종사자의 수입은 빠른 속도의 증가 추세를 이루고 있다. 조사에 의하면, 건설업 종사자의 평균 임금은 1978년의 877위안에서 2004년의 12770위안으로 증가했으며, 26년 동안 13.94배 증가하였다(그림 3-4 참조).

이와 함께 건설업 노동자 비용은 지속적으로 줄어들었는데 그림 3-5에서 알 수 있듯이 1980년부터 비록 임금 총액은 줄곧 상승하는 경향을 보였지만, 건설 총생산

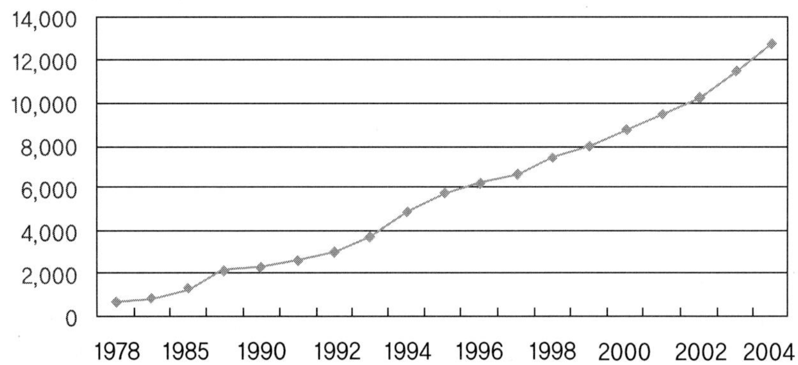

그림 3-4 1978 ~ 2004년 건설업 직원평균임금(단위:위안)

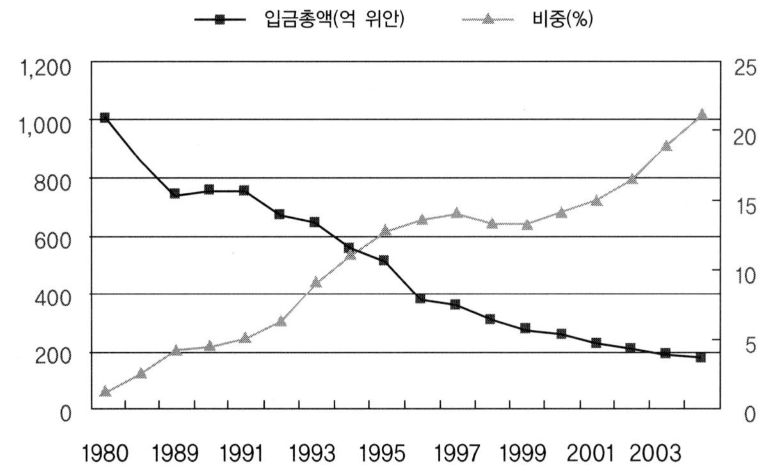

그림 3-5 1980 ~ 2004년 건설업 직원 임금총액 및 비중

량에 대한 노동비용은 오히려 감소하고 있다. 1980년의 20.81%에서 2004년 3.65%로 감소하였다(표 3-2 참조).

이로써 건설업 종사자의 수입은 계속 증가하고 있지만, 건설업 총생산량의 빠른 상승에 따라 건설업 종사자의 수입비중은 계속 감소하고 있음을 알 수 있다. 이는 곧 건설업 노동력 전체비용의 감소추세를 나타내는 것이다.

2. 소유체계에 따른 기업의 노동력 비용현황

2004년 건설업 직원은 총 777만 7천명이며, 그 중 국유기업이 260만 6천명으로 전체의 33.5%를 차지하고 있다. 집체기업은 183만 9천명으로 전체의 23.64%를 차지하고 있으며, 민영기업은 333만 3천명으로 42.85%를 차지하고 있다. 전반적인 수입상황을 보면 국유기업의 직원임금은 14,400위안이며, 집체기업은 9,240위안으로

표 3-3 1988～2004년 건설기업 종사자 수 및 평균임금

년도	연말 종사자 수(만명)			평균임금(위안)		
	국유기업	집체기업	민영및기타	국유기업	집체기업	민영및기타
1988	568	385	1.3	2,192	1,597	4,000
1989	541	357	1.5	2,419	1,763	5,000
1990	538	357	1.6	2,667	1,935	3,571
1991	557	380	2.6	2,924	2,216	4,641
1992	577	414	4.01	3,406	2,554	5,061
1993	663	479	11.11	4,182	3,182	4,464
1994	629	427	16.27	5,498	3,936	5,766
1995	605	427	20.96	6,512	4,677	6,798
1996	595	412	28.2	6,992	5,092	6,937
1997	577	393	33.72	7,388	5,466	7,517
1998	444	311	91.49	8,171	5,941	8,983
1999	399	278	101.38	8,734	6,296	9,540
2000	372	261	111.43	9,512	6,873	10,391
2001	336	243	153.95	10,299	7,260	11,139
2002	302	218	236	11,231	7,745	11,358
2003	278.7	201.1	293.8	12,739	8,375	12,345
2004	260.6	183.9	333.3	14,400	9,234	13,405

자료출처: 중국통계연감 2005.

표 3-4 1978～2004년 건설업 직원 임금과 기타산업의 비교

년도	건설업		제조업		전력, 가스 및 수력		전체	
	임금 총액 (억 위안)	평균 임금 (위안)	임금 총액 (억 위안)	평균 임금 (위안)	임금 총액 (억 위안)	평균 임금 (위안)	임금 총액 (억 위안)	평균 임금 (위안)
1978	43.6	714.0	214.8	597	9.1	850	568.9	615
1980	59.7	855	289.7	752	11.9	1,035	772.4	762
1985	120.0	1,362	504	1,112	17.1	1,239	1,383	1,148
1989	196.2	2,166	983.8	1,900	40.0	2,241	2,618.5	1,935
1990	211.5	2,384	1,089.3	2,073	49.4	2,656	2,951.1	2,140
1991	244.5	2,649	1,230.2	2,289	57.7	2,922	3,323.9	2,340
1992	300.2	3,066	1,443	2,635	70.9	3,392	3,939.2	2,711
1993	433.4	3,779	1,796.3	3,348	96.5	4,319	4,916.2	3,371
1994	527.1	4,894	2,292.3	4,283	146.5	6,155	6,656.4	4,538
1995	609.8	5,785	2,760.4	5,169	197.0	7,843	8,100	5,500
1996	647.5	6,249	2,939.5	5,642	234.8	8,816	9,080	6,210
1997	673.3	6,655	2,993.4	5,933	268.8	9,649	9,405.3	6,470
1998	635.0	7,456	2,724.3	7,064	293.4	10,478	9,296.5	7,479
1999	633.4	7,982	2,758.9	7,794	324.1	11,513	9,875.452	8,346
2000	669.6	8,735	2,882.609	8,750	361.2	12,830	10,656.19	9,371
2001	713.4	9,484	2,990.597	9,774	414.2	14,590	11,830.85	10,870
2002	790.3	10,279	3,219.009	11,001	467.4	16,440	13,161.07	12,422
2003	905.2	11,478	3,621.4	12,496	547.6	18,752	14,743.51	14,040
2004	1,011.6	12,770	4,125.9	14,033	640.5	21,805	16,900.17	16,024

자료출처: 중국통계연감 2005.

소유체제에 따라 건설기업간에 상당히 큰 격차가 존재한다. 이를 통해 알 수 있듯이 서로 다른 소유체제 유형에 따라 건설기업의 노동력 비용 역시 불평등하다.

3. 노동력 비용 비교

중국 경제의 전반적인 발전에 따라서, 각종 산업의 발전속도가 빨라졌고 이에 따라 노동자의 임금도 상승했다. 하지만 1978년부터 2004년까지 건설업과 기타 공업 부문(예: 제조업과 전력, 천연가스 및 수자원) 직원들의 임금을 비교해서 봤을 때(표 3-4 참조) 건설업 종사자의 수입은 비교적 낮은 수준이고 국가 전체의 임금평균에도

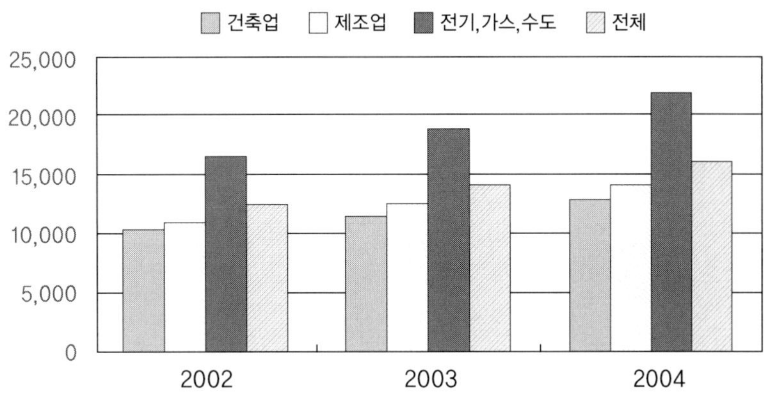

그림 3-6 2002～2004년 건설업 직원 평균임금 비교(단위:위안)

못 미치는 상황이다. 건설업 종사자의 임금총액이 전체 노동자 임금 총액에서 점유하는 비율도 1978년 7.66%에서 2004년 5.99%로 조금 하락하였다. 이는 건설업의 노동력 비용 수준이 상대적으로 낮다는 것을 보여준다.

2002년부터 2004년까지의 상황을 살펴보면(그림 3-6 참조), 비록 각 산업별 종사자 평균임금이 안정적으로 증가되는 추세를 보이고 있지만, 건설업 종사자의 평균임금과 기타 공업부문(제조업, 전력, 천연가스 및 수자원 산업)을 비교했을 때, 건설업 종사자의 평균임금은 여전히 낮은 수준에 있다. 2004년 건설업 평균임금은 12,770위안으로 전국 평균의 80% 정도이다. 즉, 전국적으로 살펴보았을 때에도 건설업의 노동자 비용은 비교적 낮은 수준임을 알 수 있다.

3.2 농민공 문제

3.2.1 건설업 농민공 현상

1. 기본구성 및 조직현황

2003년 중국 전국 총노동조합(中華全國總工會)이 발표한 "건설업 농민공(農民工) 현황 조사에 관한 개황"에 의하면, 중국 건설업은 약 4,000만 명의 농민공 조직을 가지고 있는데, 이는 전국 농민공 총수의 30% 이상을 차지하며, 건설업 일선인원의 90% 이상을 차지하고 있다. 이들은 중국 건설업 생산일선의 주력군으로서, 중국 건설업 발전에 없어서는 안 될 중요한 구성부분이다. 농민공은 주로 건설활동이 빈번한 성(省)과 일부 경제미발달지역 출신으로 연령은 보통 18~50세 사이인데, 그 중 30세 전후의 청년이 약 60% 이상을 차지하고 있다. 중학교 졸업자가 40~60% 정도이며, 고등학교 졸업자가 3% 정도이다. 농민공 조직은 기본적으로 '긴밀한(緊密)' 집단과 '느슨한(松散)' 집단으로 구성된다. 그 중 노무감독(包工頭)과 친근한 관계를 맺고 있거나 일정한 기술능력이 있는 인원은 일반적으로 긴밀한 집단으로 관리직종에 종사하며, 임금이 비교적 높고, 직책이 안정적이며, 그 중 일부는 사회보장의 혜택도 향수하고 있다. 그러나 대부분의 농민공은 느슨한 집단으로서, 그들은 작업의 유무에 따라 집합 · 해산하는 식으로 일하며, 각 도시와 현장을 떠돌아 다니면서 작업을 한다. 그들은 교육 정도와 도덕의식이 낮고 조직화 정도도 열악하여, 자기보호 의식이 부족하고, 대다수가 법적인 보호를 받지 못하고 있는 실정이다.

2. 주요 고용 형식

최근 건설기업의 노무인원 고용형식은 크게 세 가지 방식으로 나눌 수 있다. 첫째, 건축공정총도급기업 또는 전문하도급기업이 직접 농민공을 모집 · 채용하는 방식이다. 둘째, 건축총도급기업 또는 전문하도급기업이 노무감독(包工頭)[3]을 통해 농민

3) "包工頭"는 노무공정을 도급한 우두머리라는 뜻으로, 우리 건설공사 현장에서 쓰이는 "십장", 또는 "오야지"와 같은 개념이다. 본서에서는 "노무감독"이란 번역용어로 통일한다.

공을 사용하는 방식이며, 셋째, 일정한 자질이 있는 노무기업이 농민공을 사용하는 방식이다.

3. 노동계약의 체결

농민공의 노동계약 체결 현황은 지방별로 차이가 크다. 베이징(北京) · 톈진(天津) · 저장(浙江) · 다롄(大连)등지의 농민공 노동계약 체결률은 이미 60% 이상에 달하고 있다. 그러나 기타 대다수 지역은 노무기업의 수가 적고, 고용이 비규범적이고, 농민공의 노동계약 체결률이 일반적으로 10~20% 정도 또는 그 이하이다.

대부분 지역의 농민공 노동계약 체결 상황을 유형별로 분석하면, 고용기업(用工單位) 유형에서 보면, 대형기업 · 국유기업은 직접 고용하여 노동계약서 체결비율이 비교적 높다. 일정한 자질을 갖춘 노무기업이 고용할 경우, 일부만 노동계약을 체결할 수 있다(여건이 된다). 건축총도급기업이나 전문하도급기업은 노무감독(包工頭)을 통해서 노무자를 고용하고, 노동계약을 체결하지 않는다.

인원 유형별로 보면, '긴밀한 집단'의 기술 · 시공관리인원은 대다수가 노동계약을 체결하지만, '느슨한 집단' 농민공 대다수는 노동계약 체결이 되어 있지 않다. 이미 체결한 노동계약 중에서도 계약의 규범화 정도 역시 차이가 있다.

어떤 성 · 시(省市)는 고용 및 노동계약서의 규범관리업무를 중시하여, 기업들이 농민공과 노동계약을 체결할 때 규범서류를 사용하고, 작업임무 · 노동보수 · 사회보험비의 납부 · 안전생산책임 등 필요한 조항에 대하여 명확하게 약정한다. 반면 어떤 지역은 관리가 소홀하고, 규범계약서류를 사용하지 않을 뿐 아니라, 자체심사도 엄격하지 않고, 심지어 노무계약 또는 노무협의로 노동계약을 대체하게 해 주어, 계약내용과 "노동법" 요구 사이에 상당한 차이가 있다.

어떤 기업은 '긴밀한 집단' 농민공과 체결한 계약은 비교적 규범적이지만, '느슨한 집단' 농민공과의 계약은 내용이 지나치게 간단하거나 구두계약이 큰 비중을 점하고 있다. 이외에 노동계약의 체결이 쌍방의 협상일치를 거치지 않았거나, 일괄 대리계약하는 현상도 매우 보편화 되어 있어, 많은 농민공들은 계약서를 본 적도 없고, 또한 계약서 안에 어떠한 약정이 있는지도 모르고 있다.

4. 노동시간제도의 실시

중국 "노동법"은 세 종류의 노동시간 제도를 규정하고 있는데, 표준 노동시간 작업제, 노동시간 종합계산 작업제, 비규범 노동시간 작업제가 있다. 현재 건설현장에서 보편적으로 실행되는 것은 비규범 노동시간 작업제인데, 매일 작업시간은 약 10~11시간 정도이고, 평시 공종간 작업전환시 또는 기후조건 영향시에만 단기 휴식이 있을 뿐, 정해진 휴식일이 없으며, 법정휴일 중 작업하는 것도 초과수당을 계산하지 않는다. 휴식과 휴가의 권리는 당연한 보호를 받지 못하여, 농민공들은 장기 초과시간 노동과 과도한 피로로, 잦은 신체상해 · 안전사고에 노출되어 있다.

5. 임금지불방식

농민공들의 월급수준은 기술능력과 현지 임금수준에 따라 차이가 많다. 기본적으로 500위안에서 1,500위안 정도이나, 기술함량이 비교적 높은 공정에서는 2,000위안 이상이다. 하지만 현지 노동부문에서 규정한 최저 임금표준보다는 높다.

농민공의 임금지불방식은 대략 직접지불과 간접지불로 나뉘는데, 직접지불은 총도급회사 또는 자질을 갖춘 노무용역 회사가 약정된 시간에 직접 현금을 농민공에게 지급하는 방식이다. 이에 반해 간접지불은 총도급회사가 노무대오를 통하여 고용한 경우, 먼저 임금을 노무감독(包工頭)에게 지불하고, 노무감독이 각 농민들에게 나눠주는 방식이다. 관리가 엄격하지 않은 기업에서는 노무감독이 임금을 횡령 · 체불 · 도주할 기회를 가질 수 있다.

이 밖에 건설업 생산결산의 특유한 방식으로 인하여 80% 이상의 기업이 매월 월급의 일부만 기본 생활비로 지불하고 기타 잔액은 연말 또는 준공검수 합격 후 결산하는 방식을 쓰고 있다. 실제로는 연말 또는 준공검사 합격 후에도 각종 자금의 수납이 보장되지 않아, 농민공 임금이 재차 미지급되는 원인이 되고 있다.

6. 사회보험의 가입

현재 95% 이상 건설업 농민공들은 사회보험 혜택을 받지 못하고 있다. 최근 중국 노동 및 사회보장부문에서 기업의 산재사회보험(工傷社會保險) 가입을 적극 추진하고 있다. 의외상해보험금(意外傷害保險金)은 공사면적 또는 공사총비용의 일정비율을 납부하는데, 보험비용이 비교적 적어 다수의 기업들이 쉽게 받아들일 수 있다.

이에 더하여 "건축법"이 시공기업의 의외상해보험 가입에 대하여 전문적인 규정을 만들어, 이러한 상업성 보험이 가지는 집행력은 비교적 크다. 현재 27개 성(省)에서 의외상해보험을 실행하고 있는데, 건설현장 적용 범위가 산재사회보험의 범위를 훨씬 넘고 있다.

7. 현장생산 · 생활환경

최근 건설주관부문은 시공현장 생활환경에 대하여 안전 · 선진시공관리를 요구하고 정기적인 감독을 진행하고 있다. 대부분 현장관리팀에서 농민공에게 필요한 보호장비와 안전보호설비를 제공하고 있고, 작업 전에 농민공에게 필요한 안전교육을 실시하고 있다. 90% 이상의 현장에서 농민공들에게 취사 · 숙소시설을 제공하고 있으며, 일부 협소한 현장에서는 현장외부에 농민공들에게 통일적으로 주택을 임대, 제공하고 있다. 현장까지 식사를 배달하고, 생활시설이 기본적으로 위생표준에 부합하여, 농민공들이 이에 대하여 만족을 나타내고 있다. 각지로부터 수집된 정황으로 볼 때, 랴오닝(遼寧) · 허베이(河北) · 후난(湖南) · 윈난(雲南) · 간쑤(甘肅) 등 성(省) 및 일부 경제가 낙후한 지역에서, 특히 규모가 작은 건설현장에서는 생활시설이 빈약하고, 현장관리 중 존재하는 문제 역시 비교적 많다. 일부 시공회사는 농민공의 안전교육에 소홀하고, 규정된 안전용구를 지급하지 않거나, 안전감독원이 자주 현장에 부재하여, 안전사고 발생의 원인이 되고 있다.

8. 직업교육

현재 건설업부문은 이미 기업주요현장과 기술공종에 자격증 소지제도를 실시하고 있다. 이와 함께, 농민공에 대한 직업기능현장교육과 평가작업실시를 건설업노동력 취업제도의 중요 구성부분으로 포함시켰다. 농공민의 교육작업은 일부 지역에서 중시되기 시작했으나 전국 범위의 보급에는 못 미치고 있다. 자료에 의하면, 현재 중국 건설업 농민공 중 단지 약 70여 만 명이 2주 또는 1개월 이상의 정식교육을 받고 있으며, 북경에서조차 4.3%의 농민공만 인격소양교육이나 전문지식교육을 받고 있다. 원인을 분석해 보면, 24%의 농민공들은 교육비가 너무 비싸 받을 수 없다고 지적했고, 33%의 농민공은 작업시간이 너무 길어 교육받을 시간이 없다고 답했으며, 34%의 농민공은 건설 시공지식을 공부하고 싶지만 기회가 없다고 지적했다.

9. 노동조합의 조직

최근 농민공조합이 건설계통 조합과 행정부문의 높은 중시와 사회의 보편적인 주목을 받고 있다. 절반 이상의 성(省)급 건설청(건설위원회)은 “농민공조합 조직에 관한 지도의견”을 전달했고, 관련 실시 세칙을 제정하였다. 약 1/3 정도의 지역에서는 전문적으로 현장회의를 소집하여 적극적으로 농민공조합 작업을 추진하고 있다. 조합과 행정부문의 공동 노력에 따라 일부 성시(省市)에서 조합에 가입한 농민공의 수가 확연히 증가하였다.

다만 전체적 상황으로 봤을 때 건설업농민공조합의 진척 속도는 비교적 완만하여, 칭하이(青海) · 신장(新疆) · 장시(江西) · 쓰촨(四川) · 헤이룽장(黑龍江) · 랴오닝(遼寧) 등의 지역에선 아직 시작되지 못하고 있다. 심지어 조합의 기초가 비교적 양호한 대형국유기업에서도 농민공조합 조직작업이 신속하게 전개되지 못하고 있다. 현재 중국 건설업 농민공의 대다수는 아직 조합조직 밖에 있어, 조합의 권익보호작업을 받지 못하고 있다.

3.2.2 건설업 농민공 권익보호 문제

현재 건설업 농민공 권익 보장문제는 여전히 많은 부분이 흡족하지 못하다. 사상상의 인식 요소 외에 정책법규 · 산업제도 및 관리 등 방면에 존재하는 문제가 농민공 권익상황이 철저히 개선되는데 영향을 미치는 중요한 원인이라고 생각한다. 이러한 문제를 정리해 보면 아래 4가지 방면으로 귀결할 수 있다.

1. 법규정책 실시의 장애와 업종관리 규범화의 어려움

(1) 노동계약 체결문제

농민공의 유동(流動)은 노동계약의 체결 및 관리업무에 큰 어려움을 주고, 계약 중 농민공의 권익과 밀접히 관련된 일부 필수조항의 실행을 어렵게 한다. 농민공과 노동계약을 체결하는 방면에서, 기업은 두 가지 어려움이 있는데, 첫째, 임시고용의 계약조건이 장기고용의 계약조건과 같은가 하는 것이다. 같다면, 계약 체결한 작업량과 계약내용에 따른 비용을 기업이 부담하기는 사실 어렵다. 같지 않다면, "노동법"이 규정한 필수조항에서 어느 조항들을 계약에 포함시키지 않아도 되는지 관련 법률에 명확한 설명이 없다. 둘째, 계약 중 부분조항이, 법률규정과 업종특징 사이에, 상호 적합하지 않은 부분이 존재한다.

(2) 월정액 임금지급문제

현재 대부분의 건설기업은, "노동법"이 규정한 "월정액" 농민공 임금지불을 시행하지 않고 있다. 그 원인은 기성체납 외에도, 시공과 품질검수의 단계성으로 인하여 자금결산을 월 단위로 진행하기가 불가능하다는 것이다.

농민공 스스로의 고려도 있다. 그들은 기업이 월정액으로 임금을 지급해 주기를 바라는 동시에, 소비의 억제와 자신들의 생활구역 치안현황이 염려가 되기 때문에, 돈을 전부 수중에 지니고 있으려 하지 않는다. 따라서, 대부분의 기업이 매월 생활비만을 지급하고, 나머지 부분은 연말에 정산하는 방법을 채택하고 있다. 이는 양측이 모두 받아들일 수 있는 방식이나, 노동법규정에 부합되지 않는다. 농민공의 생활보장을 위해 어떤 지방에서는 기업이 매월 지급하는 생활비 액수에 대한 명확한 규정을 하고 있지만, 규정자체가 불법으로 구속력이 없기 때문에, 기업의 고용행위를 규범하는 역할을 할 수가 없다. 그러나 만일 규정을 만들지 않는다면, 이러한 임금지불행위를 방임하는 것이 되어, 농민공의 생활은 보장이 없게 된다. 관련부문의 관리업무는 진퇴양난의 상황에 처해 있다 하겠다.

(3) 농민공 사회보험가입문제

농민공의 사회보험 가입은 기업이 처리 곤란하다고 느끼는 문제이다. 그 원인은, 첫째, 보험 가입비용이 너무 비싸다고 생각된다. 둘째, 기업이 사회보험금을 납부한 후, 농민공이 회사를 떠날 경우, 기업에서 혜택을 계속 받을 방법이 없다. 셋째, 농민공들이 돈을 아끼려고 사회보험에 가입하기를 원하지 않는다. 결국 사회보험 가입문제는 건설업 농민공 권익보장문제 중 하나의 공백이고, 기업과 농민공이 노동계약을 체결하는 데 주요하게 장애가 되는 문제이기도 하다.

(4) 시공현장 생활시설의 열악함

랴오닝(遼寧) · 허베이(河北) · 후난(湖南) · 윈난(雲南) · 간쑤(甘肅) 등 낙후 지역의 작은 건설현장의 경우 시공현장 생활시설은 보편적으로 열악한 편이다. 현장숙소는 어두침침하고 붐비며, 침구는 더럽고 낡아있고, 위생시설 또한 갖춰지지 못했고, 심각한 안전문제까지 존재하고 있다. 2004년 1월에서 8월까지 전국 건설산업에서 635건의 안전사고가 발생했는데 사망 745명 중 90%가 농민공이었다. 안전교육 문제도 형식적이며, 일부 시공회사는 불량 안전장비를 나눠주거나, 심지어 어떤 시공현장에서는 안전감독요원이 자주 현장에 부재하여, 빈번한 안전사고 발생원인이 되고 있다.

(5) 농민공 직업교육의 부실

4,000만 건축 농민공 중 단지 70만 명이 2주 또는 1개월 이상의 정규교육을 받는 실정이다. 베이징(北京)에서 조차 4.3%의 농민공만이 전문지식교육을 받은 실정이다. 농민공의 교육업무가 제대로 전개되지 못하거나 비정규적으로 이루어지는 원인은 책임자와 자금출처가 불명확하며, 교육결과에 대한 통일된 관리가 부족하기 때문이다.

2. 기성 체불 미해결

건설업에서 농민공 임금체납의 주요 원인은 첫째, 노무감독이 고의적으로 임금을 체불, 일부만 지급하는 경우이고, 둘째, 기성금의 체납이다. 최근 건설업 농민공 임금의 채무상환 작업이 효과를 보고 있는데, 과거 체납된 임금의 지급률이 86.89%

이상 달했으며, 그 중 2003년 체납된 임금 지급률은 98.4%에 이른다. 2003년 이전의 임금 체납금 지급률은 75.13%로, 이미 고의적으로 임금을 체납하는 행위는 어느 정도 통제를 받고 있다.

이와 함께, 체납 기성금을 처리하는 업무도 상당한 성과를 거두고 있는데, 국가통계국 최근 통계자료에 의하면, 2003년도 전국 체납된 임금 총액은 304억 위안 증가한 3,670억 위안으로, 이 증가수치는 전년도 대비 11.8% 감소한 수준으로 1996년 이래 증가 비율이 가장 낮은 일년이었다.

그러나 공사대금의 채무상환작업은 전국적으로 진행속도가 다르게 나타나고 있으며, 우리가 방문한 일부 성시(省市) 관련인사들의 반응에 의하면, 기성금 채무상환작업 진도는 빠르지 않은 반면, 새롭게 개설된 항목에서의 가격 후려치기, 자금 끌어쓰기, 기성 체납상황은 뚜렷한 변화가 없어, 기업생존이 여전히 힘들다고 느끼고 있다.

3. 노무회사의 후진성

현재 중국 건설업 각종 기업의 구성에서 총도급회사보다 노무도급회사가 적은 역삼각형 형상을 보이고 있다. 노무회사의 수량은 건설시장의 수요에 한참 부족하여, 총도급회사는 주로 자질이 부족한 농민공 대오에 의존하고 있다. 중국 건설업 노무회사의 발전은 매우 정체되어 있으며, 비록 각급 정부 및 건설부문이 자질이 부족한 노무대오의 사용을 금지하고 있지만 집행이 이루어지는 곳이 많지 않다.

자질을 갖춘 노무회사에서도 불법고용 현상이 효과적으로 제재되지 않는다. 예를 들자면, 일부 지방정부가 조직한 노무회사의 경우－실제로 노무 중개기구이다－이런 회사는 노무대오가 자신의 간판을 쓰도록 허락하여, 농민공들과 노동계약을 체결하지 않고, 교육도 책임지지 않으며, 임금지급 등 농민공 권익방면의 문제에는 더욱 관여하지 않는다. 노무대오 역시 공사과정에서 제멋대로 일하며, 노무회사는 단지 관리비만 받는다. 실제로 불법고용과 다른 것이 없다. 이런 상황에서, 농민공대오에 대해 건설업과 노동부문의 감찰이 미치지 못하고, 노동계약체결은 합법적인 주체가 없어서, 시공품질과 안전생산 작업에 불리할 뿐만 아니라 농민공의 권익이 쉽게 침해당할 수 있다.

4. 산업노조 조직의 불완전

현재, 건설기업의 민영화 비중이 증가하면서, 농촌 건축 무리 및 업종구분을 넘어서 경영하고 있는 건설기업들은 노동조합 업무범위에 들어오지 않았고, 농민공 위주의 노무기업 발전은 하나의 대세이므로, 노동조합의 조직과 권리유지 작업은 매우 중요하다. 그러나, 건설산업노조의 조직상황과 역할 요구 간에 큰 차이가 존재한다. 첫째, 조직이 완비되지 않았다. 시장(西藏:티벳) 외에, 전국 1/6의 지구에 성(省)급 산업노조가 건립되지 않았으며, 비교적 큰 도시의 산업노조 조직률이 50%에 못 미치며, 구현(區縣)급 산업노조의 조직은 거의 전무하다. 둘째, 인력 · 정력의 투입이 적다. 현재 성(省)급 건설산업노조 중 1/5은 산업연합사무기구 소속이고, 각 업무인원이 여러 산업의 업무를 맡고 있어서, 각 산업별 특색을 구분해 내기가 어렵다. 즉 건설산업노조의 현재 조직상황으로는 직면한 정세요구에 부응하기 어렵고, 노동조합이 건설업 농민공 권익을 보호하는 본연의 기능을 발휘하는 데도 불리하다.

3.2.3 건설업 농민공 안전문제

시장경제의 발전에 따른 도시화 · 공업화로 갈수록 많은 농민들이 농촌을 떠나 도시에 들어와 일하고 있다. 농민공 자신의 소질이 높지 않은 이유로, 안전이 효과적으로 보장받기 힘들고, 더욱이 상당수의 농민공이 종사하는 일들이 모두 위험성이 높은 업종(광산 · 건축 · 화학공업 등)이어서 안전문제가 더욱 심각하게 되었다.

1. 농민공 자신의 부주의

건설업에 종사하는 농민 대다수가 농촌자유경제의 영향을 받아서, 대규모 공업화 생산과정에서 실시되는 엄격한 규칙제도의 중요성에 대한 인식이 부족하고, 교육수준이 비교적 낮아서 시공과정에 대한 이해가 매우 낮다. 교육을 받지 못한 농민공들은 노동보호 지식에 대해서 깊이 이해하지 못하고, 자기 보호의식도 강하지 못하여, 안전사고에 대한 요행 심리가 존재하고, 그에 위법조작 · 불완전한 보호조치 등이 더해져 안전사고의 발생을 가져온다.

2. 일부 시공기업에 존재하는 문제

일부 기업들은 안전책임의식이 희박하여, 상부검사가 있으면 일회성으로 대응할 뿐이다. 평소 현장관리가 제대로 진행되지 않고, 현장소장은 안전생산책임과 무관하게 자주 현장을 비우며, 중요 부분공정에 대하여 안전교육이 실시되고 있지 않다.

3. 노동안전위생조건의 부실

경제여건으로 농민공들에게 "세 가지 안전도구"(안전모 · 안전띠 · 안전망)을 제공하지 못하는 건설시공기업이 많다. 경제여건을 갖춘 기업 중에도 안전모 · 안전망 등 노동보호용품을 검사용으로 구매하는 경우도 많다. 다음으로, 작업과 생활조건이 일반적으로 열악하고, 게다가 대다수 양호한 위생습관이 결핍되어 있다.

4. 농민노조의 미숙한 발전

농민노동조합은 타향에서 일하는 농민공들의 권익을 보호하는 단체이다. 그러나 지방보호주의정책 환경하에 이런 보호는 실현되기 어렵다. 당정기관 · 사업단위의 노동조합체계도 아직 성숙하지 못한 상황에서, 하물며 새로 생겨난 농민노동조합은 그 조직형식 · 운영방식 · 위상정립 · 목표정책 · 경비조달 모든 면에서 아직 미숙하다. 진정한 농민공 이익의 대변인이 되기 위해서는 아직 가야 할 길이 멀다.

5. 농민공 의료보험 발전속도 지체

"힘든 것도 피곤한 것도 두렵지 않지만, 병에 걸리는 것은 두렵다"는 말은 도시 대다수 농민공들의 가장 큰 걱정을 보여준다. 한 편으로 많은 수의 농민공들이 보험료 내는 것을 꺼리지만, 농민공들이 건설회사에 보험료를 지불하더라도, 사장들이 비용절감을 이유로 때로 보험료를 연납 · 부분납부 · 불납하여, 농민공들은 보험가입에 소극적이게 되었다. 다른 한 편으로 농민공 집단은 유동성이 크고, 위생보건의식이 낮아, 농민공 의료보험은 일반 도시문제가 되었다. 농민공들은 이로 인하여 "사회보장 밖의 집단"으로 전락했다.

6. 국가제도, 법률의 불완전함

안전생산에 대한 기본조건과 기업진입장벽을 고려하지 않아 시장진입에 대한 엄격한 제한이 없다. 기본 건설조항에 부합하지 않는 항목과 자금출처가 없거나 자금이 부족한 항목이 건설시장에 진입하고 있기 때문에, 농민공의 개인 안전에도 큰 문제가 되고 있다. 이와 함께 보고제도의 불완전함 역시 안전사고 사상자수의 증가를 가져오고 있고, 법률법규에서 완비해야 할 부분들이 많다.

7. 정부의 안전 감리 방면의 곤란 증가

경제의 고속발전에 따라 건설영역에 대한 투자가 증가하고 현장 수도 많아졌다. 공정대상이나 투자 주체가 다원화되고 공정건설의 방식 또한 변화하여, 안전관리감독에 새로운 문제를 가져왔고, 작업의 어려움을 증가시켰다.

3.3 건설업종협회

업종협회는 비영리성 조직으로서 회원기업 공동이익을 위한 민간자치조직이다. 업종의 자율적인 역할을 발휘하여 국가입법과 정책, 정부정책집행에 영향을 행사하는 쌍방의 통로이다. 1980년대 중반 중국 건설업 업종협회는 중국 건설업 업종의 구조조정, 관리체계의 개혁과 함께 건설행정 주관부문 관리기능의 전환으로 탄생되어 발전해 왔다.

그러나 선진국의 건설업종협회와 비교해 보면, 중국건설업 업종협회는 아직 초기단계로 많은 부족한 점을 가지고 있다. 그들이 실제적으로 대표하는 것은 정부와 각 국유기업(시공기업 · 지질조사 등 국유기업)의 이익으로, 업종자율 · 협조 · 서비스 기능을 발휘하기가 어렵다. 중국 건설업 업종협회는 진정한 의미의 업종협회와는 비교적 큰 차이가 있어서, 외국의 성공 경험을 습득하여 협회의 건강한 발전을 촉진해야 한다.

3.3.1 중국 건설업 업종협회의 발전현황

중국 건설업 업종협회는 건축과 토목공정건설 · 건축설치 · 건축장식시공 및 공정자문서비스활동 및 공정준비 · 시공설비제공서비스 등 공정건축활동에 종사하는 기업과 기타 관련경제조직이 자발적으로 조직한 자율적, 비영리 사회집단이다.

1. 건설업 업종협회의 현행 조직구조

중국 건설업 업종협회는 크게 다음 4종류로 나뉘는데, 전국성 업종협회, 지방성 건설업 업종협회, 원 국무원 공업부문 소속 시공기업을 주체로 구성된 각 산업의 건설업 업종협회, 작업 확장의 필요에 의해 특정 전문영역을 특화하여 설립한 분기기구로 이루어진다.

그들의 구조는 과거 정부가 기업에 행하던 부문관리의 형식을 답습하면서, 부문간 · 업종간 분할, "하나의 산업, 하나의 협회"제를 실행하고 있다. 이처럼 단일의 층층으로 나뉘어진 선형 업종협회 구조는 많은 정도 자신의 발전에 제약이 되고 있다. 중국 건설산업 업종협회는 본부문, 본계통의 국유기업이 가장 많고, 부문 · 지역 · 소유제를 초월하는 경우는 비교적 적다. 게다가 다수가 지역별 자생적으로 조직되어, 지역을 초월한 전국적인 업종협회가 종류와 수량 모두 부족하여 대표성을 가지기 힘들다. 게다가 동일 업종에서 층층이 설립한 지방성 협회가 서로 평등하고 수평적인 관계에 있고, 전국성 업종협회는 지방성 업종협회를 통제하지 않는다. 협회의 최고 권리기구는 일반적으로 협회의 주요 지도층으로 구성된 그룹이다. 이들 지도층은 보통 정부업종 주관부문의 추천이나 확정을 거치지만, 가끔 정부의 현직간부가 겸직하는 경우도 있다.

2. 현재 중국건설업 업종협회의 문제

중국 건설업 업종협회의 발전역사는 아직 짧다. 현재 정부가 업종관리의 행정기능과 업종조직의 사회관리 기능을 함께 겸하는 상황에서, 업종협회의 기능과 역할은 큰 제약을 받았다. 업종협회의 건설에 아래와 같은 많은 부족한 부분이 존재하는데,

(1) "제2정부"의 역할을 하는, 행정사업단위의 성질을 지니며, 업종자율조직이 아니다. 업종협회의 행정주관부문은 정부기구로, 이들 업종협회는 행정간섭으로부터 벗어나 진정한 민간자율기구가 되기 힘들고, 본 업종 다수기업의 이익을 대표하기 힘들다.

(2) 운영경비가 부족하다. 중국의 많은 건설업 업종협회는 상업활동을 통하여 경비를 마련하고 있다.

(3) 건설업 업종협회의 규칙 · 규약이 불완전하거나 역할을 발휘하지 못하고 있다.

현재, 중국 대부분의 건설업 업종협회는 규칙 · 규약이 없다. 일부는 규칙 · 규약을 제정했지만, 같은 업종의 광범한 인정을 못 얻었거나 불완전한 감독기제 등의 원인으로 업종의 자율적인 역할을 발휘하지 못하고 있다.

(4) 인력과 조직구조의 노령화

중국 건설업 업종협회의 종사인원 소질이 업종협회 업무요구를 만족시키기 힘들다. 협회는 지도층 중 정부 현직간부 겸직자가 많고 전업인원이 적으며, 퇴직인원이 많고 전문적인 인재부족 등의 문제가 있다.

(5) 낮은 인정도, 업종 내 권위의 부족

중국 건설업 업종협회의 영향 범위가 넓지 않으며, 많은 업종협회 회원기업수가 동일업종 기업총량에서 차지하는 비율이 낮고, 업종 내 주도적인 역할을 하는 기업을 회원으로 끌어 들이는데 소홀하다. 게다가 외자기업 · 민영기업 회원의 수가 적어서, 업종협회의 대표성과 권위성 모두 부족하다.

3.3.2 중국 건설업 업종협회의 정상 발전을 제약하는 원인 분석

1. 국가 정책법규의 미숙

업종협회의 발전을 제약하는 많은 원인들이 있지만, 가장 주요한 장애는 정책 법규의 미숙함과 업종협회의 합법지위 부족이다. 중국 현행 유일한 업종협회 관련 전문 법규는 국무원이 1998년 10월에 반포한 "사회단체등기관리조례"인데 조례 중 협회의 심사 · 등록에 대하여 규정을 작성했으나, 협회의 기능에 대해서는 규정을 작성하지 못했다. 이 제정에 의거하여 각지에서 구체적인 세칙을 제정해야 하는데, 이러한 국가정책법규의 심각한 공백은 업종협회의 생존공간을 점점 협소하게 만들고 있다. 업종협회가 실제활동 중 관련법규의 지지를 받지 못하여, 그 상응한 역할을 발휘하지 못하고 있다.

2. 정부 · 업종협회간 "예속" 관계의 제약

현행 "사회단체등기관리조례" 중 업종협회 성립시 반드시 하나의 "업무주관단위"가 있어야 함을 규정하고 있다. 이러한 체제하에서 업종협회는 많은 부분 행정주관부문이 부여한 기능과 위탁 업무작업을 해야 한다.

3. 역사적 원인

중국 건설업 업종협회는 1980년대 중반 생겨났다. 시장경제 초기단계에서 업종협회의 성장과 발전은 성숙되지 못했고, 발전의 방향과 역할조차 수립하지 못한 상황이었다. 따라서, 정부에 의지하여 정부의 관리기능을 빌려 협회의 제한적인 기능을 수행하다 보니 "정부와 분리 불가능한" 경직된 체제가 생겨났고 현재까지 지속되고 있다.

4. 업종협회 자체의 원인

업종협회는 자주성이 결여되어 있다. 자신의 역할에 대한 인식이 부족하여, 시장경제조건에 적응, 자신의 잠재력을 발굴하여 업종 내 기업의 발전을 촉진하지 못하고 있다. 행정명령을 듣는데 습관이 되어 개혁이나 창의력을 발휘하지 못하고 있다.

3.3.3 중국 건설업 업종협회의 발전대책

1. 국가 입법강화, 심사비준제도 변화

정부가 점차 업종협회의 입법을 강화하고, 현행의 행정심의비준체제를 변화시키는 것은 법률적인 관점에서 업종협회의 기구 · 기능 · 지위 · 역할 등을 정의하는 것이다. 입법과정에서 적극적으로 업종협회의 의견과 건의를 수렴하고, 업종협회가 관련 법률 · 법규 · 법령의 초안과 제정에 참여하도록 하는 것이다. 비록 지방입법은 국가 상위법에 대하여 특별한 규정을 할 권리가 없지만, 업종협회의 개혁발전을 진행하기 위해서 지방에 맞는 업종협회 임시조례를 시범적으로 시행하여 그 발전과 관리를 법제화 · 규범화 할 수 있다. 원조우(溫州)시는 일찍이 1999년 정부령으로 "원저우시 업종협회 관리법"을 발표했고, 상하이(上海)시는 2002년 "상하이시 업종협회 발전촉진 규정"을 제출한 바 있다. 션전(深圳)시는 2004년 11월 토론을 거쳐 "션전시 업종협회 민간화작업 실시방안"을 통과시켰고, "션전시 업종협회 임시법"을 제정했다.

2. 정부와 업종협회의 분리, 자주화

중국 건설업 업종협회는 정부와의 관계를 변화시켜 점차 정부소속, 국유대기업의 성격에서 벗어나, 협회의 정부 부속지위를 변화시켜, 협회의 행정화 경향을 해소하고 있다. 업종협회는 기업에서 자발적으로 조직하고, 자발적으로 입회하고 자금을 자급 마련하는 것을 원칙으로 한다. 관에서 민으로의 전환을 위해서는, 정부 부문의 업종관리로부터 기업과 업종의 발전을 위해 서비스를 제공하는 방향으로 전환하는 것이 필요하고, 응당 업종협회에 속해야 할 업종자율 등 사회 기능과 업종협회가 담당하기 적합한 업종관리기능을 업종협회로 이관해 와야 한다.

3. 업종자율기능의 충분한 발휘

업종자율은 업종협회 사회관리기능의 핵심내용이다. 협회는 자신의 규율 · 규칙 · 규범을 이용하여 정부행정관리가 관여하기 힘든 역할을 할 수 있다. 우선, 협회는 종사인원의 도덕성을 강화하고, 종사인원의 소질을 높여야 한다. 다음으로, 협회의 회원기업에 대하여 법규위반 · 위법경영사항을 발견하면 업종협회는 관여 및 처벌을 행해야 한다. 이런 처벌은 정부기구의 행정처벌과 달리 업종자율의 범주에 속하는 것으로, 회원자격을 취소하는 것 등이 있다. 협회에 가입하지 않은 기업에 대해서, 업종협회는 응당 그들의 지난 시장행위를 엄격히 심사해야 한다. 이렇게 하여 업종협회에 가입한 것이 기업이 양호한 신용을 가지고 있다는 표지가 되도록 하는 것이다.

다음으로, 업종자율의 실현을 위해 대외적으로 업종협회 회원기업의 이익을 대표하고, 업종의 권익을 보호해야 한다. 마지막으로 업종자율은 정보서비스부문에서 실현되어야 하는데, 업종협회는 시장정보의 제공을 통해 동 업종 내 기업이 시장의 위험과 불확정 요소를 식별할 수 있도록 도움을 줄 수 있다. 맹목적 행위를 줄이고, 기업간의 합작을 증진시킨다. 신용정보 시스템의 완성을 통하여 동 업종 내 기업과 종사인원의 경영업적과 작업실적을 공정, 객관적으로 반영한다.

4. 업종협회 영역의 확대와 네트워크 건설

업종협회는 전업종기업의 업종협회로 업종 내 국유기업 · 사유기업 · 혼합경제기업의 업종협회이며, 국내에서 국민 대우를 받는 모든 합법기업의 업종협회이다. 중국 건설업 시장경제가 현재까지 발전하면서 이미 비(非)국유제 경제요소가 포함되어 있으므로 업종협회는 국유기업만을 대표하는 것이 아니라 전업종기업을 향하여, 외국 건설업 업종협회가 들어와서 활동할 수 있는 조건을 제공할 뿐만 아니라 중국 건설업 업종협회가 해외로 진출하도록 더욱 격려하여야 한다.

5. 정부의 직접관리 · 감독소홀에서 규제완화 · 감독강화로

업종협회와 정부의 분리가 필요하다는 것이 정부가 업종협회에 대해 관여하지 말라는 의미는 아니다. 정부는 업종협회에 대한 감독과 거시조절역할을 담당해야 한다. 정부는 업종협회가 자율, 서비스와 협조책임을 적극 수행할 수 있도록 지원하되, 업종협회의 구체적인 사무에 대해서는 간섭하지 말아야 한다. 단지 정책 · 법규상 업종협회에 대하여 보조역할을 강화하고, 감독기능을 수행해야 한다.

3.4 건설안전문제

3.4.1 건설안전실태

최근 중국은 규모가 비교적 큰 기초시설 건설을 진행하고 있다. 2003년 중국 기초시설 투자액은 14,820억 위안으로 국민생산총액의 15.7%를 차지하고 있다. 종사인원은 3,669만 명으로 전국 공업기업 총 종사인원 수의 1/3을 차지하고 있다. 공정건설에 대한 막대한 투자와 종사인원 규모는 안전사고의 심각한 증가를 가져오고 있으며 손실 역시 막대하다. 중국의 공사건설 안전도는 줄곧 낮은 수준에 머물러 있는 실정으로 매년 안전사고로 상해를 입는 종사인원이 수천 명에 달하며 직접적 경제손실 역시 백 억 위안을 넘고 있다. 건설영역에서 발생하는 사고 수는 운수업과 광업에 이어 제3위이다. 2003년 1~10월 동안의 건설사고 발생은 1,001건으로 사망자 수가 1,174명에 이른다. 현재 건설사고 사망자수 증가치는 이미 전국 각종 사고 총사망자수 증가치의 60%이다.

건설안전생산의 관리를 강화하기 위해서 초보적으로 건설안전관리 감독체계가 형성되었다. 중국안전관리체제의 요구에 근거, 건설부는 1991년 13호령 “건설안전생산관리감독규정”을 반포하고, 명확하게 전국건설계통에서 건설안전생산관리감독기구를 건립하고, 건설안전생산의 업종관리작업을 전개하였다. 현재 전국적으로 이미 22개의 성(省)·직할시·자치구, 272개시와 천여개의 현(縣)에서 건설안전관리감독기구가 생겨났고, 12,000여명의 법집행 감독대오를 보유하여, 초보적인 건설안전생산관리체계를 형성하였다. 관리감독체제의 형성은 건설안전생산감독의 검사역량을 향상시켰고, 건설기업 안전생산의식을 강화하고, 대형사고 우려를 줄이고, 현장사상사고의 발생을 줄이는 등 건설안전생산을 위하여 큰 공헌을 하였다. 건설안전 관리의 다년간의 실천과정 중, 공사과정 중의 객관규율을 중시하고 건설안전관리를 강화하는 것은 매우 중요하다는 것을 알 수 있으며, 다른 한편으로 과학적 근거, 이론지도의 부족이 건설안전작업의 안정적 발전을 가로막는 원인이라는 것을 알 수 있다.

현재 시공현장에 다음과 같은 안전문제가 존재한다. 시공현장인력의 복잡성, 인원소질(quality)의 편차 등이 잦은 사고발생의 원인이다. 시공현장 시공과정 중 교차작업이 많아진 데 반하여, 개별 시공인력의 교육 정도가 낮고 안전의식이 부족하여, 규정을 어기고 무리하게 작업하는 경우가 자주 발생한다. 또 시공과정 중에 자신의 시공 부분만을 고려하고 주위 작업자의 생명안전에 대한 고려가 부족하여 일부 시공인원은 시공 편리를 위해 임의로 현장의 안전설비를 제거하거나, 함부로 전기시설을 사용하여 잦은 사고발생의 원인이 되고 있다.

시공현장은 옥외작업을 하는 경우가 많기 때문에 자연환경의 영향을 받는 경우가 비교적 많고 쉽게 사고가 발생한다. 특히 토목공사와 골조시공과정에서는 눈·비·혹한·혹서·바람 등의 자연환경의 영향을 많이 받기 때문에 작업자와 기계설비에 큰 영향을 미친다. 이는 곧 사고발생률이 높다는 것을 의미한다. 우천 또는 더운 날씨 중에 인간의 피부는 습하여 감전사고가 발생하기 쉽고, 전기설비 역시 자주 단락되거나 과열되는 사고가 발생하기 쉽다. 바람이 많이 부는 날에는 선반·비계 등의 실외설비 사용 안전에 주의해야 한다. 비오는 날에는 미끄럽기 때문에 특히 고공작업 중 추락사고의 발생 위험성이 높아진다.

3.4.2 건설 안전에 존재하는 문제

1. 안전관리감독기구의 불완전

완전한 안전생산관리감독기구의 건립은 "안전생산법"을 실현하는 중요한 사항이다. 각급 건설행정주관부문은 "법에 의거한 관리감독"의 직책 실시를 위하여 안전관리감독부문을 설립할 때, 상응하는 안전관리감독인원을 두고 안전관리직책을 명확히 하여, 법에 의거한 안전관리감독업무를 실시해야 한다. 비록 중국 대부분 성(省)·직할시 건설행정주관부문에서 안전생산감독기구를 설립했지만, 최근 시(市)현(縣) 건축시공안전작업조사 중, 전국 내 아직도 일부 시(市)현(縣)은 건설안전관리감독기구를 설립하지 못한 실정이고, 전업 안전관리 감독인원을 배치하지 않는 등 안전관리 작업이 방치된 상태라는 것을 알 수 있었다. 일부 시(市)현(縣)에서는 안전관리 감독기구를 설립하고 인원을 배치했지만, 안전관리 작업이 만족스럽지 못하다.

2. 안전 책임제도의 미숙

기업의 안전생산의 핵심은 책임제로, 관건은 최고책임자이다. 많은 시공기업 최고책임자는 시간과 정력을 모두 생산경영에 쏟고 있어, 안전생산은 구호에 머무는 수준이다. 29개 1급 시공기업상황의 조사로 보면, 최고책임자가 진정으로 안전작업을 중시하는 경우는 6개 회사로 20% 정도이다. 많은 기업의 최고책임자들은 "건축법", "안전생산법"에 무지하였고, 건축법 · 안전생산법의 관철 · 실행은 말할 것도 없이 미시행되었다. 기업과 시공현장의 안전검사기록의 조사를 통해 기업경영자 · 시공현장 관리자의 안전생산책임제의 실시에 대한 상황을 보면, 일부 기업경영자는 현장검사기록을 남기지 않았고, 일부 기업 또는 현장에는 안전검사기록대장이 없었다.

3. 업종발전수요에 못 미치는 안전관리인원소질

조사에 따르면, 중국건설안전관리인원은 대략 8,779명이고, 그 중 건설전문지식을 알고 안전관리기능을 보유한 인원은 60% 밖에 되지 않는다. 나머지 40%는 제대로 이해하지 못하는 상태이다. 많은 사람들이 안전관리전문기술교육이나 심사를 받아본 적이 없었다. 전국안전관리인원 중 보편적으로 건설기계전문가 · 전기전문가 등 전문인력이 부족한 문제가 있었다.

4. 발주처의 비규범적 시장행위

첫째, 공사대금을 낮추기 위하여 안전생산 · 선진시공비용을 취소하거나 책정하지 않을 뿐만 아니라, 반대로 시공기업에게 이윤을 낮추어 시공하게 하거나, 혹은 시공기업에게 컴퓨터 · 차량 등을 구입하게 한다. 더욱 심각한 것은 일부 시공기업이 입찰시 규정에 따라 발주처에 안전생산 · 선진시공비용을 지불해 줄 것을 요구했다가 낙찰자격을 취소당하거나 점수를 깎였다는 것이다. 둘째, 기성체불현상이 매우 심각하다. 어떤 도시는 조사 결과 6개월간 발주처에서 체불한 금액이 32.5억 위안에 달했는데, 지난해 같은 기간 대비 오히려 증가하여, 안전방호 · 안전시설 등의 투입에 지장을 초래하였다. 동시에 시공기업에 규정위반 · 위험감수 작업을 강권하는 현상도 존재하고 있다.

5. 엄격하지 못한 기업자질심사

정상적인 기업자질심사과정에 의하면, 새로 성립한 기업이든, 승진을 기다리는 기업이든, 우선 해당 기업의 안전자질에 대하여 엄격한 심사를 진행하고, "안전제일", "일표부결(一票否決)[4)]"의 요구에 의하여, 안전자질심사를 통과하지 못한 기업은 기업성립이나 승진을 비준 받을 수 없다. 1년 한 차례의 년도 심사에서 통과하지 못한 기업은 자질강등 · 경고 · 개정 · 입찰제한 등의 처벌을 고려해야 한다. 그러나 최근 통계조사를 보면 ① 10%의 건설시공기업은 성립 이후 현재까지 안전자질심사에 참여한 적이 없었고, ② 10% 이상이 유령회사와 같이 정식인원이 없이 공사가 있을 때만 임시로 관리 및 시공인원을 채용하였다. ③ 10%의 기업이 년도 안전자질심사에서는 통과하지 못했으나, 년도 기업자질심사에서는 오히려 통과되었다. 이상의 사실과 수치에서 알 수 있듯이, 상당한 비율의 기업이 시장규칙을 위반하고, 안전이라는 지극히 중요한 자격을 취득하지 않은 채 불법으로 건설시장에 진입하였다.

6. 선진시공 심층 발전의 제한요인

1996년부터 선진시공(文明施工)이 시행된 이래 꾸준한 노력으로 건설시공현장의 불결 · 무질서 · 낙후된 현상들이 대폭 개선되었다. 간과할 수 없는 것은 이들 변화들이 기업 자발적으로 일어난 것이 아니라, 정책유인 및 강제수단에 의해서 이루어졌다는 것이다. 이러한 작업은 많은 자금을 투입해야만 가능한 것으로, 만약 발주처의 시장행위가 규범화되지 않거나, 공사대금이 장기 체불된다면, 이러한 작업의 심층적 발전에 한계가 있을 것이다. 간과할 수 없는 문제는, 일부 규정 · 규범도 없고 자격미달인 시공기업들이 관시(關係)[5)] · 뇌물 등 불법수단을 통해서 건설시장에 진입, 부정당

4) 一票否決은 심사위원 중 한 표라도 반대가 있으면 부결된다는 의미임.
5) 관시: connection ; 관계, 친함.

한 경쟁을 하며 시장질서를 교란시키고 파괴하는 것이다. 만일 법과 규범을 준수하지 않는 이러한 기업들에 대하여 정돈과 규범화 작업을 진행하지 않거나, 시장 밖으로 퇴출시키지 않는다면 안전생산과 문명시공의 심층적 발전은 반드시 한계에 봉착하게 될 것이다.

7. 계획설계기업, 감리기업문제

계획설계단계에서 투자개발상의 입장에서만 생각하여, 주변 건축과 주민의 안위(安危)를 소홀히 할 수 있다. 최근 전국적으로 시공시 인접건물의 붕괴문제가 자주 발생하고, 전국적으로 매년 "일조권" 문제로 인한 주민소송이 늘어나고 있다. 이러한 주민안전 · 사회안정과 관련된 문제는 근원을 살펴 보면 대부분은 계획문제가 가져온 결과이다. 도심지역 일대에 새로운 건물을 계획할 때, 주위 건축물의 깊이 · 구조 · 지질 등의 요소를 충분히 고려하지 않거나, 새로운 건물의 높이와 인접건물과의 법정거리 등을 고려하지 않으면, 비슷한 문제들이 발생할 수 있다. 또한 일부 감리기업들은 발주처에 종속되어, 발주처의 위험한 지휘권 행사에 대해 어떠한 제약의 역할을 하지 못하고, 위험한 상황이 발생할 수 있다는 것을 알지만, 발주처의 압박에 밀려 협조하고 있는 상황이다.

8. 건축공정주체 분리하도급

건축법 제24조에서는 "건축공정분할하도급금지"를 규정하고 있다. 단 발주처는 스스로의 이익을 위해, 임의로 분할하여 공사하도급을 한다. 이것은 하나의 공사에 여러 시공기업들이 시공을 하는 것으로, 시공현장에 총책임자가 없어 안전 및 품질문제가 자주 발생한다. 이러한 행위는 공공안전에 해가 되는데다 뇌물수수를 불러오는 원인이 된다.

건축법 제26조에서는 "건설시공기업이 임의로 다른 기업 또는 개인에게 자질증서 · 영업허가증을 대여해 주어 공사의 수주를 돕는 것을 금지"하고 있다. 최근 이러한 문제는 일부 규모가 큰 시공기업 중에 많이 발생하고 있는데, 규모 확대를 위해, 또는 가치를 상승시키기 위해, 누가 의탁해 오든지 가리지 않고 행해지고 있다. 누구나 문하(門下)를 받는데 관리비만 받지 관리하지 않고 관리하기도 힘들다. 각종 감사시 간판을 빌려준 기업의 증명서류를 이용하지만, 실제 시공현장의 관리인원 · 기술인원과 서류상의 인물은 다르다. 이러한 문제는 기습 검사시 자주 발견되는데, 이들은 사건이 터지면 소속을 바꾸며, 기업 · 업종주관부문의 안전기술교육에도 참여하지 않아, 현장에서 자주 사고를 일으키는 원인이 되고 있다.

3.5 건설보험업의 발전현황

공정보험은 기원을 1930년대 영국에 두고 있다. 1929년 영국 템즈강 위에 지어진 람베스 대교에 대한 건축공정 일체의 보험을 제공한 것이 공정보험의 효시라고 할 수 있다. 2차 세계대전 이후, 유럽은 대규모의 생산 회복과 주거지 재건활동을 전개하였고, 공정보험업무는 신속하게 발전하였다. 현재 일부 국제조직은 개발도상국을 원조하여 댐 · 도로 · 교량 및 공업 · 민간건축을 건설하는 과정에서 공정보험을 통한 위험보장을 요구하고 있다. 특히 국제자문엔지니어연합회(FIDIC)에서 이를 시공계약조항에 넣을 것을 요구한 이후, 공정보험제도는 많은 국가에서 신속하게 발전하기 시작했다.

중국은 현재 기본건설의 절정기이다. 공정건설의 각측 당사자는 공정보험을 통해 위험을 분산 · 이전시키고, 의외 사고시 자신이 부담하기 어려운 손실을 방지할 필요가 있다. 이 밖에도 공정보험은 이미 국제공정교역에서 없어서는 안 될 조건 중 하나이다. 선진국과 비교했을 때 중국의 공정보험은 아직 초보적 단계에 있다. 1979년 중국인민보험회사(PICC)가 건축공정과 설치공정에 대한 일체 보험의 조항을 작성하였다. 같은 해 8월 중국 인민은행, 국가계획위원회 등 부문에서 연합으로 문서를 발표, 국내 기초시설 건설단위는 반드시 건설항목 보험비를 투자예산에 포함시키도록 규정했다. 당시 공정보험은 주로 외자 혹은 중외합자기업 프로젝트에서만 실시되었다. 최근 “담보법”, “보험법”, “건축법”, “계약법”, “입찰법”, “건설공정 품질관리 조례" 등의 법률 · 법규를 잇달아 발표하며, 공정보험제도 실행을 위한 중요한 법률근거를 제공하였다.

공정건설은 계획 · 설계 · 건설부터 준공까지 건설위험 · 시장위험 · 신용위험 · 환경위험 · 정치위험 · 법률위험 등 많은 위험요소가 항상 존재한다. 성숙한 시장경제국가에서는 모두 공정보험을 통해 이러한 위험을 피하고 있다.

3.5.1 건축건설공정 보험현황

1. 건축건설공정 보험의 현황 및 존재하는 문제점

개혁 · 개방은 중국의 경제 발전에 큰 기틀을 마련하였다. 대량의 자금은 왕성히 일어나는 부동산분야에 투입되었다. 중국 각지에서 고층 건물과 각종 프로젝트의 건설현장이 즐비하게 들어서고 있다. 그러나 역사적 · 사회적 요소에 의해 건축건설공정보험은 중국에서 아직 초보적인 단계에 머물고 있고 건설 중인 프로젝트의 보험가입률은 아주 낮다. 조사에서 나타난 외자공정의 보험가입률은 90%이고, 그 중 많은 부분이 국외의 보험회사를 통하거나 국내의 외국보험사를 끼고 보험에 가입한 것이다. 국내자본 프로젝트의 보험가입률은 30%가 되지 않고 보상액이 적을수록 가입률도 낮게 나타나고 있다.

일부 선진국과 비교하면 중국 건축건설공정보험의 출발은 비교적 늦은 편으로 1980년대 초에야 국외에서 도입되었다. 당시는 중국개혁개방초기로 세계은행의 융자를 이용한 경제건설을 추진하면서 건축건설공정보험은 공정건설프로젝트관리 국제관례의 하나로 중국에 들어왔다. 주로 일부 외자와 합자의 공정건설프로젝트 및 부분 주요 시정(市政)공정공사에 전개되었으며, 국내투자 항목에는 기본적으로 활용되지 않았다. 건설공정보험은 시장경제에서 위험관리의 중요한 수단이지만 공정건설과 건설업에서 아직 널리 쓰이지는 못하였다.

중국 "보험법"과 "건축법"의 제48조는 건축건설공정보험에 대해 명확히 규정 하여, 건설공정보험제도의 시행에 법률적 기반을 제공하고 있다. 그러나 중국의 건설공정보험제도를 시행하는데 아직 많은 문제점이 있으며, 주요 문제점은 다음과 같다.

(1) "보험법"과 연계되는 법률규정과 제도가 부족하고, 새로운 형태의 보험제도에 대한 규정이 부족하다. "보험법"의 규정은 지나치게 원칙적이고, 범위가 지나치게 크며, 건설업과 공정건설특성에 부합되는 연계된 법규가 없다.

(2) 보험계약의 표준 문건이 부족하고, 또한 현행 표준 문건과 건설공정보험의 조항이 지나치게 원칙적이어서 국제통용 문건과 부합되지 않는다.

(3) 광범위한 사회선전과 전문인력이 부족하다. 건설공정보험은 하나의 새로운 제도로서 전문특성을 갖추고 있을 뿐 아니라 관념의 변화와 지식의 갱신이 필요하다. 그러나 현재 건설업 보험업종 대부분의 인원은 공정보험 제도실시의 의의와 역할에 대한 인식이 부족하고 전문인력은 더욱 찾아보기 힘들다.

(4) 은행의 상업화 진전이 늦다. 중국 경제체제가 현재 계획경제에서 시장경제로 전환하는 과정에 있기 때문에, 은행은 진정한 독립경영, 스스로 책임지는 경제실체가 되지 못하고 있다. 은행은 여전히 계획에 따라 대출을 하고 있고, 프로젝트의 위험부담에 대해서는 그다지 고려하지 않는 편이다. 따라서 은행은 대출을 준 프로젝트에 반드시 보험가입할 것을 요구하지 않고 있다. 프로젝트 손실을 기본적으로 국가에서 맡기 때문에, 기업 역시 보험가입에 대한 적극성이 없다.

(5) 내자(內資) 보험회사의 수준이 낮다. 보험회사가 건축건설공정방면에서 개발한 보험상품의 종류가 부족할 뿐만 아니라, 각 보험상품의 실천과정에 대한 연구가 부족하다. 이와 함께, 보험회사가 건축공정보험을 개설하기 위하여 일정 수량의 건설공정보험전문인력의 참여가 필요하다. 이것은 건설공정 자체의 특성으로 전문보험업에 요구되는 것이다. 공정보험을 받는 보험기업의 전문인원은 보험전문지식이 필요할 뿐 아니라, 건설공정 방면의 전문지식도 구비해야 한다. 현재 보험전문인원에게 이러한 종류의 전문지식에 대한 높은 요구가 있지만, 전문보험인원의 배양이 하루 아침에 이루어지는 일은 아니다. 현재 많은 보험회사는 영업사원의 수가 부족하고 자질이 높지 않아서, 공정보험의 보급에 영향을 주고 있다. 동시에 현행의 공정보험은 형식이 단일하고 융통성이 부족하여 시장 다양화 요구에 적응하지 못하고 고객의 보험

가입에도 영향을 미치고 있다. 더욱 심각한 것은 보험판매 이후, 보험회사의 위험관리나 전문감독서비스 제공이 부족하거나, 아예 없다는 것이다.

(6) 보험중개조직과 기술서비스기구가 부족하다. 건축공정보험은 전문성이 매우 강한 업무이므로, 건설전문지식뿐만 아니라 보험전문 관련지식을 요구한다. 이것은 피보험자와 보험회사 모두에게 쉬운 일이 아니다. 보험가입자는 보험지식의 파악에 일반적으로 보험회사에 훨씬 미치지 못하므로, 만일 보험회사가 손실보상에 대해 책임을 회피하면 자신의 합법적인 권익을 보호하기가 어렵다. 보험회사도 현재 공정보험계약실시감독 능력이 부족하여, 공정진행 중 막대한 손실이 발생했을 때, 상응한 배상을 하기 어렵다. 공정보험의 분쟁과정에서 기술검증과 책임확인을 진행할 권위 있는 기구가 없다.

(7) 건축공정보험제도는 공사비용의 증가를 가져온다. 그러나 보험비용을 누가 지불하는가. "갑"인가 "을"인가, 혹은 "갑"과 "을"이 공동지불 하는가에 대해 현재 중국에는 아직까지 명확한 규정이 없다. 현재 정부는 하나의 공사에 대해 공정품질감독비, 시공안전감독비를 징수하는데, 이는 보험비용과 상호 중복된다. 이 역시 건축공정보험이 보급되지 않는 한 원인이다.

2. 건축건설보험시장 발전지체의 원인

(1) 현행 회계제도에서 보험료지불을 투자예산 안에 포함시키지 않으므로, 객관적으로 건설시장 관련 주체는 보험가입 자금출처가 없고, 보험가입 압력도 없는 상황을 만들고 있다. 특히 국가중점 프로젝트의 경우 위험손실의 보상을 대부분 재정대출이나 추가투자 방식으로 해결하고 보험비용이 예산 중에 근본적으로 산입되지 않아 공정보험의 발전을 제약하고 있다.

(2) 공정보험의 보험상품 종류가 단일하고, 사람들의 보험가입에 대한 인식이 부족하다. 하나의 새로운 보험업무는 신상품 생산과 같아서 개발에서 성장기 그리고 다시 성숙기에 도달하기까지 일정한 외부환경과 자신의 조건을 갖추어야 한다. 이와 함께 보험업의 성숙과 시장진입을 위해서는 부단한 자체 발전과 정비가 요구되고, 더욱 필요한 것은 시장의 인정을 받는 것이다. 그러나 건설공정보험 상품종류가 과도하게

단일화되어 있어, 건설기업과 업주에 대한 자극이 크지 않으며, 건설시장의 규범 · 감독역할을 실현하지 못하고 있다. 시공기업도 보험가입에 대한 실질적인 이해가 부족하고, 불필요한 지출이라고 여기고 있다.

(3) 법률상으로 또는 은행대출자격 · 입찰참가자격상으로도 공정보험가입에 대한 명확한 요구가 없다. 발주처와 하도급기업은 비용절약을 위해서 가능하면 보험에 가입하지 않으려고 한다. 그러나 외국에서 공정보험은 이미 국제공정교역 중 없어서는 안 될 조건 중의 하나이다. 하도급기업이나 설계, 자문업자를 막론하고 상응하는 보험에 가입하지 않으면 공사수주는 거의 불가능하다.

(4) 대형프로젝트에서 보험회사에 대한 무리한 가격압박은 중국 내 대형프로젝트 보험가격을 국제시장표준과 괴리시켜, 보험회사의 경영위험을 증가시킬 뿐만 아니라, 보험료율이 낮아서, 국제시장에서 보험분담 할 방법이 없고, 보험회사의 보증능력을 제한한다. 현재 중국 대형프로젝트의 보험료율 수준은 국제시장가격의 1/2, 심지어 1/3 정도이다. 이러한 상황으로 인하여 중국 내의 투자금액이 거대한 항목에서 특히 국가중점프로젝트의 중국시장의 보험료율은 국제보험시장의 유효한 지지를 얻어내기 어렵다.

(5) 보험회사는 건축공정업무에 대해 잘 알지 못하므로, 보험가입자에게 효과적인 재해방지 · 손실방지 서비스를 제공하기 어렵다. 대다수의 보험회사에서 보험과 공정을 모두 이해하는 인원이 매우 적기 때문에, 효과적인 위험방비 서비스를 제공하기 어렵다.

(6) 운영기술이 비교적 낙후되어 있다. 중국공정보험기술은 국외에서 도입된 것이고 일반적 조항만 도입했을 뿐, 관리기술의 도입이 비교적 적고 새로운 내용도 부족하다. 일부 보험조항은 표현이 서구화되어 있어 중국인의 사고방식 및 습관에 부합하지 않는다. 보험종류와 구조가 단일하여 적응성이 떨어지고, 보험조항 해석이 없으며, 서비스의 지식과 기술함량이 비교적 낮다. 신뢰성 있는 장기간의 공정보험 수치의 축적이 부족하다.

(7) 보험회사의 발전이 정체되었고, 공정보험에 종사하는 전문인재가 부족하다. 중국의 보험사업은 1980년도 초반에 다시 시작되었다. 시작단계 독점경영으로, 위험

관리수단이 낙후되고, 종사인원의 소질이 높지 않고, 보증기술도 조잡하고, 위험통제 수준도 낮았다. 시장경제의 발전에 따라 보험업 역시 적지 않은 시장주체들이 새로 탄생하여 점진적으로 경쟁국면을 형성하였다. 그러나 종사인원의 소질의 향상 · 보증기술의 성숙 · 위험관리능력의 강화는 순차적으로 향상되는 과정으로, 중국보험협회의 통계자료에 의하면 중국인민보험회사에서 공정보험에 종사하는 전문인력은 아직 1%에 이르지 못하고 있다.

(8) 경험있는 보험중개기구가 부족하다. 피보험자(공정보험으로 보면, 발주처 혹은 시공기업)가 보험에 가입하는 것은 위험을 이전하고 경제이익의 보장을 획득하기 위해서이다. 합리적인 결정을 위해서는, 보험가입자가 보험시장을 이해하고 풍부한 보험지식을 갖고 있어야 하며, 또한 공정기술방면의 전문지식도 가지고 있어야 한다. 그러나 현재까지 중국에는 공정보험에 종사하는 중개기구가 없어서, 공정보험의 사회화 · 규범화 · 과학화 실현을 어렵게 하고 있다.

3.5.2 건설업 인신의외상해보험(人身意外傷害保險)

1. 인신상해보험 관련규정

건설업 의외상해보험제도는 건설업 종사인원의 합법권익, 기업사고위험의 전이, 예방과 사고통제능력 향상, 기업안전생산을 촉진하는 중요한 수단이다. "중화인민공화국건축법 제48조 규정 "건설시공기업은 반드시 위험업무에 종사하는 근로자를 위하여 의외상해보험에 가입하고, 보험비를 지불해야 한다"는 다음과 같은 몇 항의 원칙을 명확히 하였다.

(1) "반드시" 강제 집행한다. 의외상해보험은 강제적인 것이다. 기업의 희망여부 · 경영상황에 상관없이 반드시 법에 의거 근로자를 위해 의외상해보험에 가입해야 한다.

(2) "위험업무에 종사하는 근로자"는 시공현장의 작업인원 · 관리인원을 나타낸다.

(3) 보험비용은 기업이 부담하고, 개인이 부담하지 않는다. 이 밖에도 "중화인민공화국안전생산법"(이하 "안전생산법"으로 약칭)은 상해보험에 대해 강제성 규정을

작성했다. 예를 들면 “안전생산법” 제43조 “생산경영기업은 반드시 법에 의거 산재사회보험에 가입해야 하고, 종업인원을 위해 보험료를 납부해야 한다”, 제44조 “생산경영기업과 종업인원이 체결하는 노동계약에는 종업인원의 노동안전보장, 직업위해(危害)방지에 관한 사항 및 법에 의거 근로자를 위하여 산재사회보험 사항을 명기해야 한다”, 제48조 “생산안전사고로 피해를 입은 종업인원은 법에 의거 산재사회보험을 향유하는 외에, 관련 민사법률에 의거 배상받을 권리가 있고 기업에 손해배상청구를 할 수 있는 권리가 있다”고 규정하고 있다.

“건축법”, “안전생산법”의 규정은 중국건설업이 인신의외상해보험을 실시하는데 법률상의 근거를 제공하고 있다.

2. 건설업 의외상해보험제도 해설

(1) 의외상해보험제도와 산재보험제도의 구별

① 의외상해보험제도는 건축법을 그 실시근거로 한다. 건축법 제48장에서는 ‘건축시공기업은 반드시 위험작업에 종사하는 근로자를 위하여 의외상해보험에 가입하고 보험료를 지불해야 한다’ 라고 규정하고 있다. “산재보험조례” 기초의 주요근거는 국무원이 반포한 “기업근로자 산재보험 시행방법”(1996년 10월 1일 실시)이며, 산재보험조례 중 건축시공 관련조항의 초안을 잡는데도 “건축법”의 관련규정을 충분히 참고해야 한다.

② 의외상해보험은 프로젝트를 단위로, 대상을 건설업에 국한하고, 그 관리감독 주체는 각급 건설행정주관부문이다. 이에 비해 산재보험은 법인을 단위로, 모든 업종을 대상으로 한다. 그 관리감독 주체는 각급 노동과 사회보장부문이다.

③ 건설업의 의외사고보험은 중국보험업의 특수상품이다. 생명과 신체에 대해 보상을 하며, 피보험자가 불의의 사고로 사망 · 불구 또는 근무능력을 상실했을 때, 보험회사는 보험계약약정에 따라 피보험자 또는 수익자에게 의료보험비나 보험금을 지불하는 강제적인 보험이다. 사회공조를 통해 위험작업 종사인원에게 경제적 도움을 준다. 산재보험은 국가가 실시하는 사회구조성 사회보험으로 일종의 공익사업이다.

(2) 위험작업종사

위험작업종사인원의 범위에 대하여, 단지 시공현장 작업인원만을 포함해야 한다고 주장하는 사람도 있으나, 실제로, 시공항목 관리인원도 자주 시공현장에 가서 검사·관리업무를 진행하므로, 관리인원 역시 피보험자 또는 수익자에 포함되어야 한다. 정규직이건 계약직이건, 작업인원이건 관리인원이건, 위험한 업무에 종사하고 자주 시공현장에 출입하는 인원은 모두 피보험자와 수익자이다.

(3) 건설업 의외상해보험의 보험기한

건설공정의 공기가 불확실한 특징을 가지는 것에 근거하여, "조례"는 보험기간을 명확히 규정하고 있는데, 즉 건설공정 개시일부터 준공검수 합격일까지로 정하고 있다. 공기 연장시에는 연장수속을 해야 하는데, 이것은 의외상해보험 범위가 프로젝트 전과정을 포함해야 함을 의미한다.

(4) 각 지역 의외상해보험 수취표준

지역마다 의외상해보험 수취표준이 다르다. 현재 주로 다음과 같은 몇 가지 방식을 취하고 있다. 첫째, 프로젝트의 총공사비로 계산한다. 현재 보편적인 방식으로, 구체적인 비율은 공정규모에 따라 등급을 나눈다. 상하이의 경우 공사비가 5,000만 위안 이하이면 공사비의 0.1%를 수취하고, 5,000만 위안 이상이면 0.09%를 수취한다. 둘째, 프로젝트의 시공면적으로 계산한다. 산둥성의 경우 1~1.5위안/㎡로 계산한다. 셋째, 피보험 인원수로 계산한다. 저장성 일부 도시의 경우 공정건축면적에 따라 피보험 인원수를 정한 다음에, 인원수에 따라 일회성으로 수취하고 있다. 베이징의 경우 시공절정기 현장인원수의 40~60%를 피보험 인원수로 하여 보험비를 수취한다. 시공과정 중 공종간 이동이 빈번하고 노동자의 유동성이 비교적 크기 때문에 보험가입은 구체적 인명이나 사람수에 관계없는 방식을 사용한다.

(5) 보험비의 지불

"건축법"과 "조례" 모두 시공기업에서 의외상해보험비를 지불할 것을 규정하고 있다. 시공총도급실행의 경우 총도급기업이 의외상해보험비를 지불한다. 이 종류의 보험은 강제성보험이므로 시공기업의 희망여부 · 경영상황 · 공사비에 관계없이 반드시 시공현장의 위험업무종사인원(피보험자)들을 위해 의외상해보험가입을 해야 한다.

(6) 의외상해보험은 공사비 포함여부

공사비의 구성 및 공정원가계산 특성에 근거, 강제성 조문에 규정하여, 의외상해보험비를 공사비에 포함하고, 발주처가 부담하도록 해야 한다. 특히 시공기업이 보편적으로 자금을 끌어서 시공하는 상황에서, 만약 강제적인 법률법규의 제약이 없다면, 보험비용을 진정으로 발주처에서 받아내기 어렵기 때문에, 의외상해보험비는 공사비에 포함되어야 한다.

(7) 의외상해보험은 업계 자생의 길을 갈 수 있나?

현재 미국과 독일의 건설업은 의외상해보험이 업계 자생의 길을 가고 있다. 그 장점은 다음과 같다. 관리비용이 상업보험보다 낮고, 동일한 위험에 집중하여 관리성이 좋다는 것이다. 또한 사고예방 주동성과 자체 안전상황에 대한 관심도를 높이고, 기업간의 경험교류 등에 유리하다는 점이다. 그러나 중국은 각 지방별로 상황이 다르고, 시공인력의 자질이 비교적 떨어지고, 시공기업의 신용제도가 건립되지 못하고 있기 때문에, 업계 자생적인 길을 걷기에는 아직 무리가 있다. 중국 건설업의 빠른 발전에 따라 시공인원들의 소질이 높아지고, 안전의식이 강화되는 것은 중국건설업이 장기적으로 발전하는데 있어 하나의 모형이라 할 수 있다.

3.6 건설업종 노동력의 문제와 가능한 대안

건설업은 국민경제발전 지주산업 중 하나이다. 그 노동력과 노동시장의 상황여하에 따라 건설산업의 안정적인 발전을 촉진하거나 저해할 수 있다. 현재 건설업은 가장 활발한 산업 중 하나이고, 앞으로도 역시 그러할 것이다. 그 발전은 풍부하고 규범화된 노동력과 노동시장의 존재를 필요로 하고, 이로부터 노동시장과 건설업의 지속적인 발전이 가능할 것이다.

3.6.1 건설업 노동력 발전 현황 및 존재하는 문제

1. 건설업 고용 현황

1990년대 중반부터, 도시건설 및 부동산이 건설업의 팽창발전을 이끌어, 건설회사가 나날이 증가하고, 규모가 대형화되고, 종사인원수도 기하급수적으로 증가하였다. 그 중 95% 이상의 새로 증가한 종업인원은 농촌의 잉여노동력이다. 이러한 사람들이 각종 공정건설의 진정한 실무조작인원이다. 이러한 실무조작인원(농민공)은 형식적으로 건축관련 노무회사에 예속되어 있다. 노무회사는 건설회사와 계약을 체결하여 공정의 노동용역을 하도급받지만, 노무회사는 피고용된 농민공과는 고용계약을 체결하지 않고, 농민공에게 교육의 기회를 주지 않고, 농민공도 모두 정식 교육을 받지 않는다. 통상적으로 노무회사는 모 공정의 노무계약을 체결한 후에, 즉시 고향부근에서 이전에 시공현장에 종사해 보았거나 혹은 전혀 일해 본 적이 없는 사람들을 모아서 공사를 시작한다. 아마 어떤 사람은, 오늘은 농사일을 하고, 내일은 농기구를 놓고 노무감독이나 친척·친구를 따라 도시에 들어가서 건설일을 할 것이다. 따라서 종사자의 기능 소질은 보편적으로 높지 않다. 그러나 건설회사나 노무회사에 의지하여 긴장된 공기(工期) 중에서 시간과 정력을 들여 농민공을 교육시킨다는 것도 비현실적이고 불가능하다. 더욱이 현재의 공정건설은 모두 현장관리팀 책임제를 시행하고 있는데, 그들은 이러한 문제를 고려할 수 없다. 농민공들은 공정시공 중 한편으로 일하면서 한편으로 성장하며, 대개 2~3개의 공정을 통해 기본적인 직무기능을 구비하게 된다. 이 밖에도 농민공의 유동성이 높기 때문에 노무회사의 대오는 매우 불안정적이다. 이것 역시 건설회사와 노무회사 모두가 농민공의 교육연수를 꺼리는 이유 중의 하나이다. 하나의 공사가 끝난 후 이들 농민공들은 다른 노무회사로 가거나, 고향에 돌아가 농사를 짓기 때문이다. 농민공과 노무회사간에 어떠한 관계도 없으며, 건설회사와의 관계는 더욱 그러하다.

건설회사가 노무회사를 관리하고, 노무회사가 농민공을 지휘한다. 이로써 전체 공정건설이 진행된다. 노무회사가 제공한 농민공들의 기능수준은 공사품질과 직접 연관이 있다. 많은 단계의 품질관리감독기구가 있지만 이러한 업종형태에서 공정품질은 항상 문제이다. 농민공의 기능은 반드시 일정 수준에 올라야 하고, 비록 건설위원회가 업종 중의 특수 공종(예로 전기용접, 선반공, 각종 기계설비 운전공 등)에 대하여 반드시 기능합격증을 소지하고 작업하도록 규정하고 있지만, 아직도 많은 공종(목공, 페인트공, 철근공 등)에서 자격증소지인원의 작업이 이루어지지 않고 있다. 실제 후자의 인원수가 매우 많기 때문에 건설품질에 미치는 영향도 역시 크다. 또한 교육과 심사방면의 경제적 부담 등 여러 요인으로, 현재 특수 공종에서 자격을 갖춘 자가 시공한다고 장담할 수 없다.

심지어 일부 노무회사는 노동시간에 비해 보수가 매우 적으며, 보편적으로 자격증을 대여하여 시공하고 있다. 많은 노무(심지어 건설)회사는 각종 자격증서로 행정검사에 대응하고 있지만, 이들 증서 중 절반 정도 인원은 아마 해당 현장에 존재하지 않을 것이다.

2. 건설업 노동력시장 및 존재하는 문제

(1) 농촌출신 노동력

현재 중국의 도시 기초시설의 건설이 최고조에 이르면서, 노동력 부족현상을 겪고 있다. 농민들의 근면성실함은 건설업 노동력의 요구에 대체적으로 부합하기에, 건설 현장은 농촌 잔여노동력의 집합지가 되었다. 농민의 건설업 노동자화 현상은 농민 일인당 경작 경지면적이 비교적 적은 지역과 농촌인구 밀집지역, 농촌 낙후지역에서 보편적으로 일어나고 있다. 허난성의 린조우(林州), 수이시엔(睢縣), 창위엔(長垣) 등지에서는 수만에서 수십 만의 건설인력이 형성되어서 “건축촌(建築之鄕)” “건축대현(建築大縣)”의 성격을 띠게 되었다. 농촌 잉여노동력 중의 청장년층은 전반적으로 교육수준이 떨어지고 농업 이외의 기술기능이 없어 작업능력이 떨어지지만, 농민공들은 노동보수 요구수준이 비교적 낮기 때문에 건설회사들은 비용을 낮추기 위하여 이들을 기꺼이 받아들여 활용하고 있다. 이러한 원인과 현재 건설업계의 현실로 인하여 건설업의 노동력에 대한 수요는 주로 농촌으로부터 제공된다.

(2) 낮은 교육 수준

건축은 하나의 복잡한 생산과정이다. 건축의 설계 · 시공 · 관리 등 생산단계로 보면, 농촌노동력은 주로 각종 건축공정의 시공생산에 종사한다. 경제의 발전과 국민 생활수준의 향상에 따라, 건축의 품질수준 요구는 더욱 높아지고 있다. 신 건축재료, 선진 건축구조, 현대화된 시공기계 및 시공기술, 전 방위의 품질의식 등 모든 면에서 건설에 대한 완전히 새로운 인식을 요구하고 있고, 건설시공은 이미 과거의 "벽돌을 옮기고 기와를 올리는" 수준을 탈피한 지 오래이다. 따라서 현재의 교육기술 · 자질수준이 낮은 노동력은 이미 현대 건설업의 노동력에 대한 새로운 요구를 만족시키기 어렵다.

(3) 무질서한 노동시장

노동시장의 체계적인 운영 및 규범화된 관리는 많은 부분에 영향을 준다. 단순히 노동력 자체로 말하자면, 노동력의 방향 · 교육수준 · 지식구조 등의 요소는 지극히 중요한 영향을 미친다. 현재 건설시공기업은 대량으로 농민노동자를 채용하고 있는데, 대부분 안정적인 계약관계를 맺지 않고 임시적으로 채용하는 실정이다. 이외에 농촌건축노동력의 교육수준이 전반적으로 낮고, 건설에 대한 기본지식과 기본기능이 부족하고, 이들이 건설업에 종사하는데 엄격한 자질심사도 없는 실정이다. 이처럼 노동력 생산수준의 저하 · 건설업 노동시장 운영의 무질서로, 관련부문의 노동시장에 대한 지도 · 관리에 어려움을 더하고 있다.

(4) 시장성장과 발전의 정체 및 상존하는 제도 장벽

시장경제 조건하에서 노동력은 단지 그 사용권만 양도할 수 있고, 소유권은 여전히 개인소유에 귀속된다. 그러나 오랜 기간 동안 노동력의 상품 속성에 대한 인식상의 모호함으로 인하여, 생산자료 · 자금 · 기술 등 생산요소가 상품으로서 시장에 진입하여 비교적 빠른 발전을 이룩한 상황과 비교하여 노동시장의 발육과 건설방면에서는 너무 많은 것을 고려하여, 건설노동시장을 포함한 사회노동시장의 건설이 명확히 기타 생산요소 시장보다 뒤쳐지게 되었다. 더군다나 계획경제체제하에 형성된 전통호적(戶籍) · 고용분배 · 사회보장제도 등 장애요인들 때문에, 도농간 · 지역간 · 소유제간에 아직도 벽이 존재하고, 노동력 가격의 조절역할이 효과적으로 발휘되지 못하고, 노동력의 자유로운 유동과 시장화 배치를 제한하고 있다. 따라서 건설노동력 고용분배제도 개혁은 비교적 일찍 시작되었지만, 시장화 정도는 아직도 기타 요소시장에 뒤쳐져 있다.

(5) 법규의 미완성과 거시조정역할의 부족

중국의 "노동법"과 "건축법"이 일찍이 반포 · 실시되었지만, 건설노동력 및 시장 운영의 관련법규는 여전히 완벽하지 못하다. 수요 방면에서 보면 지역 · 부문간 폐쇄성이 여전히 존재하고, 도시와 농촌간 노동력 취업기회가 여전히 불평등하다. 공급 방면에서 보면 노동력의 합법권익이 충분한 보장을 받지 못하고, 일부 지역 외에는 건설업종특징과 시장건설수요에 부합하는 교육근거지화 · 수출편제화의 건설노동력 자원 개발체계가 아직 발생하지 못하고 있다. 많은 지방 건설노동력은 여전히 맹목적 발전과 무질서한 유동의 성향을 보이고 있다. 거시적 조절방면으로, 법률법규가 아직 완벽하지 못하고, 구태적 행정관리 사고방식의 관성이 많이 남아 있다. 정부의 거시조정의 위치와 잣대는 정확한 파악이 어려우며, 시장에 대한 행정간섭과 구체 개입이 많다. 거시적이고 간접적인 조정기능이 부족해, 시장조절과 유기적인 상호보충 역할을 형성하기 힘들다.

(6) 유형시장과 중개서비스기구 건설 미비

유형건설노동시장(교역장소)은 건설노동력의 공개 · 공정 · 공평한 교역을 제공하는 매개체이며, 사회중개서비스체계는 수요와 공급 쌍방이 정보 · 직업교육 등 사회화 서비스를 제공하기 위한 매개체이다. 그러나 두 매개체의 발전 모두 시장의 수요에 뒤처져 있다. 현재 중국에서 건설노동력전문시장, 또는 건설노무하도급시장이 건립된 도시의 수는 매우 적고, 건설노동력자원을 효율적으로 배치하는 통로도 적절하지 않다. 부정당한 노무하도급과 불법고용 등을 효과적으로 감독, 제약하고 있지 못하다. 사회중개서비스 방면에서 건설노동력 공급자와 수요자 모두에게 정보 · 직업소개 · 직업교육 · 조직수출유동 등 서비스를 제공할 수 있는 합법적인 중개기구가 부족하고, 그 정보수집 · 전달방식이 단일하여, 서비스품질과 효과가 높지 못하다. 특히 절대 다수 농촌에서 온 건설노동자는 사회보장대상에 포함되지 못하여 실업 · 산업재해 · 의료 등의 합법적인 권익이 효과적 보장을 받지 못하고 있다.

(7) 자원개발투자 부족

국가통계국과 건설부조사에 따르면, 2001년 중국농촌노동력 중에서 중학교 이하 졸업이 전체의 87.8%이다. 그 중 초등학교 이하가 38.5%이다. 전국건설업에서 교육을 통하여 직업자격증을 획득한 농민공은 단지 74만 명이다. 이는 건설업종사 농촌노동력의 3.1% 정도이고, 단기교육을 받아 본 인원은 7.8% 정도이다. 이것은 주로 농촌 출신인 건설노동력의 전반적인 교육수준이 낮을 뿐만 아니라, 직업기능교육투자 역시 턱없이 부족하다는 것을 나타내고 있다. 새로운 기술 · 재료 · 기능 · 설비의 보급 · 응용에 따라, 건설시공기술함량은 점차 높아지고, 건설노동력 전체 교육수준과 직업기능수준의 낮음은 공정건설 수준향상을 제약하는 중요한 요인이 되었다.

3.6.2 건설업 노동시장 발전대책

1. 건설업 노동력자원의 개발

(1) 농촌을 중심으로 한 건설업 노동력시장의 개발

설계 · 시공 · 관리는 건설의 주요 생산과정이다. 시공은 생산의 주요한 부분으로, 가장 많은 노동력을 필요로 하는 부분이다. 건설의 생산특징을 근거로, 노동력자원을 그 구역으로 나누어 보면, 현재 노동력자원과 개발의 중점은 농촌에 있다. 주요 원인은 다음과 같다.

① 농촌경제개혁 이후, 농민들이 적극적으로 생산활동에 참여하고, 농업기계화가 광범위하게 전개되고 사용됨에 따라, 한 가구가 여러 농지를 경작할 수 있게 되어

노동력의 절감을 가져왔으며, 1인당 경지면적이 상대적으로 작은 지역에서 이러한 현상이 더욱 두드러졌고, 이에 따라서 농촌노동력의 과잉이 초래되었다. 이 같이 풍부한 노동력들이 새로운 투입처를 찾던 차에, 개인 노동력에 대한 교육수준과 기술요구가 상대적으로 낮은 건설업에서 노동력 수요가 발생하여, 농민이 건설시공 대오의 주력군이 되었다.

② 건설업 노동력의 주 특징은 육체노동에 저렴한 임금인데, 농민들이 도시인에 비해 상대적으로 이 조건에 부합된다.

③ 도시와 농촌의 사고방식이 다르고, 교육의 정도와 기회, 취업의 기회가 다르기 때문에, 농촌의 신생 노동력이 가장 많다. 농촌의 청소년은 진학에 대한 기대가 없고, 부에 이르는 기술이 없기 때문에, 더욱 건설업에 대한 생각을 하게 된다. 그러나 도시의 청소년은 직업의식의 편견으로, 건설업의 종사는 당초 생각도 하지 않고 있다.

④ 건설시공기업의 실제상황을 보면, 건설시공기업의 노동력은 주로 농촌으로부터 오고, 실제적으로 "농촌의 도시점령"을 형성하여, "건설대현(建設大縣), 건설촌(建設之鄉)"과 같은 건설업 노동력의 밀집구조가 조성되었다.

(2) 기술교육의 중요성

경제의 발전과 생활수준의 향상에 따라, 건축과 건축품질에 대한 요구가 갈수록 더욱 높아지고 있다. 새로운 건축재료의 끊임없는 등장과 새로운 건축구조와 구조형식의 다량운용은 건축에 새로운 개념을 부여하고 있으며, 건설노동력도 이미 "벽돌을 옮기고 기와를 얹는" 과거의 모형이 아니다. 건설노동력의 소질 여하는 바로 건축생산과정과 품질수준에 직접 영향을 미치고, 교육수준과 기술적 능력을 갖춘 노동력만이 현대 건축생산의 새로운 요구에 적응할 수 있다. 이상의 분석과 현재 건설노동력의 현황을 살펴보면, 그 소질과 수준은 비교적 낮은 수준에 있어, 현시대 건설생산요구 만족에 한참 못 미치고 있다. 따라서 건설직업기술교육은 노동력개발의 핵심이라 할 수 있다. 성실한 노동력 기술교육이 있어야 생산요구에 부합할 수 있고, 건전한 건설업 노동력과 노동시장의 발전을 이룰 수 있다. 과거의 "사용만 하고 교육은 하지 않는" 방식은 건축생산과정에서 이미 우리에게 심각한 경고를 보내고 있다.

2. 노무회사의 형성

공정건설규모의 비약적인 증가에 따라, 각 건설회사 초기의 정규노동자는 1980년대 말에 이미 공정상의 요구를 만족시키지 못하게 되었다. 도시경제의 발전에 따라 도시주민의 비교적 빠른 수입 증가로 건설예산에서의 "노무비" 임금기준도 도시 기타 업종의 노동자를 따라가지 못하였다. 따라서 공정노무 전체를 도시진입농민에게 하도급 주는 것은 건설회사의 입장에서는 놓칠 수 없는 좋은 기회였다. 이에 호응하여 노무회사들이 생겨났고, 규모 역시 점차 커져 갔다. 건설회사가 원래 보유했던 근로자는 점차 생산업무에서 벗어나 노동인력을 관리하는 위치로 이동하였다. 건설노무를 주업무로 하는 건설회사는 1990년대에 형성되었으며, 대다수는 외지의 시공기업으로, 통상적으로 1급 건축 총도급 자격을 갖추지 못하고 있다.

3. 건설노동력의 교육과 심사

교육이 부족한 다량의 농민공들이 직접 건설업에 들어서는 것은 공사품질상의 문제뿐만 아니라, 공사안전상의 문제도 초래하게 된다. 왜 건설업종 사고가 많은가? 업종의 특징 외에도, 그 중요한 원인이 어떠한 기능도 갖추지 않은, 심지어 안전상식조차 전무한 농민공들이 직접 현장에 들어오기 때문이다. 이들은 통상적으로 기본적인 자기보호의식도 결여되어 있다. 게다가 이러한 요인은 안전관리로 막아내기에 역부족이다. 따라서, 시 건설위원회가 통일적으로 각 구(區)현(縣)에 무상으로 기능연수반을 조직하여야 한다. 기능연수반은 실제적인 기능훈련을 주 내용으로 하고, 실습과 정위주, 공종별로 훈련실습을 한다. 목적은 건설시공업종에 종사하고자 하는 사람이라면 누구나 쉽게 교육을 받게 하고, 열심히 관련 시공기능을 습득하여 관련부문에 취업할 수 있도록 하는 것이다. 다음과 같은 두 가지 방식을 취할 수 있다.

(1) 학력 교육과 비학력 교육의 결합

현재 건설업 노동력의 교육수준과 학력수준이 상대적으로 낮으므로, 관련 종사자가 각종 학력교육을 받도록 적극 장려해야 한다. 건설의 전과정은 방대 · 복잡 · 계통적인 과정이기 때문에, 각 단계의 학력교육은 서로 다른 정도로 생산과정 중 전반적인 체계의 기본지식과 전문기능을 얻을 수 있게 해 준다. 이들 노동력은 건설생산 과정의 중심인력이 될 것이다. 학력교육의 형식은 주기가 길고 투자가 많기 때문에, 이러한 교육 형식을 마련하는 동시에, 다량의 노동력에 대해 작업특성과 기능요구에 근거하여 단계적이고 전문적인 단기 현장 기술교육을 실시하여야 한다.

(2) 현장과 현장 외 교육의 결합

일정한 기본지식과 기능을 구비하는 문제에 있어, 생산현장을 이탈하기 힘든 노동자에게 빠른 성장과 소질 향상을 위해 현장에서 기술교육을 실시할 수 있다. 반면, 기본 생산기술요구를 갖추지 못한 노동자는 반드시 현장을 벗어나 기본적인 지식과 기술교육을 실시해야 한다. 두 방식의 유기적인 결합으로 정상적인 생산활동에 영향을 미치지 않고, 노동력 소질의 향상을 가져올 수 있다.

각 기능평가에 대해서는, 교육이 끝난 후 통일적인 평가를 실시하되, 현장실무능력평가를 위주로 하고, 필기시험은 부차적 사항으로 한다. 수 년간 근무한 노동자도 현장기능수준은 높지만 문맹일 수 있기 때문이다.

4. 건설노동력 시장의 관리감독

건설시공업종에 종사하는 모든 인원은 기술증서 · 취업증 · 임시거주증 등을 건설위원회에 가서 무상 등록한 후, 합법적으로 어떠한 건설(노무)기업에 취업할 수 있고, 노무회사 간의 자유로운 이동이 가능하다. 동시에, 모든 시공회사와 노무회사 역시 기 등록한 합법노동력을 고용하고, 신상명세서를 건설위원회에 보내어 보관한다. 이것은 마치 ISO 9000인증을 통과한 상품에 합법라벨을 붙여 자유롭게 시장에서 유통시키고 시장기능부문의 관리를 받게 하는 것과 같다. 이와 함께 관련부문은 농민공에게 임시거주증 · 취업증을 발급할 때 일률 · 무상 제공하여 농민공이 자격을 취득하는 비용을 줄여 주면, 위법 취업의 위험도 줄어 들고, 정부의 관리감독도 기꺼이 받을 것이다. 정부의 효과적인 관리감독을 실현하는 것은 건설노동시장의 건전함과 건설노동자의 근본이익을 보장하는 것이다. 임시거주증 · 취업증의 비용수납을 취소하는 문제는 첫째, 정부가 노동자에게 증서를 발급하는 것이 정확히 통계관리하기 위한 것이지, 수입

창출이 목적이 아니기 때문이다. 둘째, 농민공들이 도시에서 노동하는 것 자체가 사회경제발전에 공헌을 하는 것인데, 그들의 부담을 증가시켜서는 안 되기 때문이다.

5. 질서 있는 건설노무시장의 건립

건설업과 사회노동력을 전체적 법률테두리 아래 둔다. 법규와 관리제도의 완비를 통해 건설노동력시장의 범위 · 규칙을 확정하고, 그 성격 · 지위 · 기능 · 역할을 명확히 하여 건설노동력자원개발의 개인소유와 사회사용제도 · 자원배치시장화제도 · 시장주체 위험분담제도 · 노동관계계약화제도 · 사회보장제도 등을 건립하여, 건설노동력의 개발 · 유동(流動) · 사용과 건설노동력시장의 운영을 법제의 규범과 보호 하에 두도록 한다.

4

중국 건설산업 법제체계

이 장에서는 중국의 법률 및 입법체계를 간략히 소개하고, 이를 바탕으로 중국의 건설법규 시스템에 대한 주요 내용을 기술하고자 한다. 특히, 건설허가제도(건설시공허가제도, 건설회사의 자질심사제도 및 건설전문기술자 업무집행 자격제도 포함), 건설감리법률제도 및 건설품질관리제도에 중점을 두고, 이 외에도 외상투자 건설회사와 관련된 관리규정 및 건설채권, 담보와 보험상품의 입법절차 등도 소개한다.

4.1 중국의 법제도체계

4.1.1 중국의 법률체계

중국의 법률체계는 헌법 및 헌법관련법을 포함, 크게 7가지로 나눌 수 있다.

1. 헌법 및 헌법관련법

헌법관련법은 헌법과 하나를 이뤄 헌법실행과 국정운영을 직접적으로 보장하는 법률규범의 총체이며, 주요하게 4개 부문의 법률을 포함한다. (1) 국가기구의 생산 · 조직 · 직권 · 기본업무제도에 관한 법률, (2) 소수민족구역 자치제도, 특별행정구제도, 기층군중(基層群衆) 자치제도에 관한 법률, (3) 국가주권유지, 영토보전, 국가안전보장에 관한 법률, (4) 공민(公民) 기본 정치권리 보장에 관한 법률이 있다.

2. 민상법

민사 · 상업활동을 규범하는 법률규범의 총체이며, 그 적용대상은 자연인 · 법인 및 기타 조직간 평등한 지위에서 발생하는 각종 법률관계로 수평적 관계라 할 수 있다. 중국이 채택한 것은 민상합일(民商合一)의 입법유형이다.

3. 행정법

행정관리활동을 규범하는 법률규범의 총체이며, 행정관리주체 · 행정행위 · 행정절차 · 행정감독 및 국가공무원제도 등에 관한 법률규범을 포함하는 것으로 수직적 관계라 할 수 있다.

4. 경제법

국가가 사회전체의 이익에서 출발하여 시장경제활동에 대해 관여 · 관리 · 조정을 실행하는데서 발생하는 법률관계를 조절하는 법률규범의 총체이다. 경제법은 수직적 법률관계를 조정하는 것도 있고 수평적 법률관계를 조정하는 것도 있다. 그러므로 상대적인 독립성을 가진다.

5. 사회법

노동관계 · 사회보장 · 사회복리 및 특수단체 권익보장을 규범하는 법률관계의 총체이다.

6. 형법

범죄 · 형사책임 및 형사처벌을 규범하는 법률규범의 총체이다.

7. 소송과 비소송 절차법

사회분쟁의 소송활동과 비소송활동 해결을 규범하는 법률규범의 총체이다. 중국의 소송제도는 형사소송 · 민사소송 · 행정소송의 3종류로 나뉜다. 경제분쟁의 해결에 있어 민사소송제도를 통해 "소송을 거는 것" 외에, 중재를 통한 비소송의 "대민 봉사"의 방법도 있다.

4.1.2 중국의 입법체계

입법체계는 헌법에 의거하여 국가가 제정하고 국가가 강제적으로 보장, 실시하는 규범성 문서체계이다.

1. 법률

법률은 법률체계의 최고단계로 최고의 법률효력을 가진다. 건설을 예로들면 건설법률일반은 건설관리활동에 대한 거시적 조정이며, 주요내용은 국가건설행정관리부처 및 그 업무 담당자의 조직, 기능, 권리와 의무등에 관한 규범, 건설상품생산의 조직관리와 생산의 기본절차 진행에 관한 규범, 건설활동참여자의 건설행위 및 그 건설활동 중에 발생하는 권리와 의무 관계에 관한 규범이 있다.

2. 행정법규

행정법규는 법률제도 중 두 번째 단계로 건설행정법규일반은 건설법률 조항에서 한 단계 더 세분화 된 것으로 법률과 함께 시행된다. 중국에서 건설행정법규일반은 법률의 권한부여조항에 의거하며 국무원 또는 국가 건설행정주관부처에 의해 제정된다. 건설행정법규는 건설업의 규범 및 건설영역에서의 중요한 방침 · 정책 또는 중대한 사항과 관련된 시험을 규정하고 있으며, 모든 관련부처과 위원회간의 문제, 지방정부간의 문제, 각 부처간의 문제 또는 외교행정과 관련된 문제는 국무원이 제정한 행정법규에 따라 조정되고 규범지어진다.

3. 부서규칙

국무원 각 부서 및 위원회는 법률 · 행정법규에 의거하여 행정규칙을 발표할 권리를 가진다. 규칙은 한편으로는 법률 및 법규를 좀 더 세분화한 것으로 법률 · 법규를 좀 더 효율적으로 실행할 수 있도록 하며, 다른 한편으로 법률 · 법규를 보충하는 역할을 하며 관련 정부부서의 법에 의한 행정 조치를 위한 법률적인 근거를 제공한다. 부서규칙은 전국의 관련 행정관리부문에 대해 구속력을 가진다.

4. 지방성 법규

성(省) · 직할시의 시민대표대회 및 그 상무위원회는 헌법 · 법률 · 행정법규와 상호 저촉되지 않는다는 전제하에 지방 성법규를 제정하여 전국인민대표 상무위원회와 국무원에 등록할 수 있다. 소수민족 자치구의 시민대표대회는 현지 소수민족의 정치 · 경제 · 문화적 특성에 의거하여 관련조례를 제정할 권리가 있다. 전국인민대표대회 상무위원회의 비준을 거쳐야 효력이 발휘된다.

5. 지방성 규칙

각 성(省) · 자치구 · 직할시의 시민정부 및 성(省) · 자치구 시민정부의 소재지와 국무원이 승인한 비교적 큰 도시의 시민정부는 법률 · 행정법규에 의거하여 지방성 규칙을 제정할 권리를 가지며 지방성 규칙은 그 행정구역내에서만 효력을 가진다. 법률적 효력은 지방성 법규보다 작다.

4.2 중국 건설법규체계

중국의 현행 사회제도와 법률제도의 조건하에, 건설법규체계는 헌법을 근본으로, 건설법률을 기본으로, 건설부문규정과 지방법규를 기초로 구성되는 건설활동에 대한 법률규범의 종합체이다. 건설법규체계는 다음의 세 부분으로 구성된다.

4.2.1 건설행정법규

건설행정법규는 국가관리기관이 총체적으로 건설활동에 대해 관리를 실시하는 법률규범으로, 아래와 같이 크게 6개의 법으로 규정되어 있다.

1. 계획법

계획법은 주로 지령성(指令性)계획제도와 지도성계획제도를 통해서 실행하는 것으로서, 국가의 건설시장에 대한 조정을 실현하여, 건설시장이 건강하고 질서있게 발전할 수 있도록 지도하는 것이다. 계획법의 건설업에 대한 조정작용은 한 국가의 건설 · 발전의 전망 · 운명에까지 영향을 미칠 수 있다. 건국이래 몇 차례 건설항목(項目: 프로젝트) 규모가 팽창한 원인으로 보니, 많은 정도 국가계획이 제대로 실시된 적이 없었다. 맹목적 건설, 중복 건설 등 국가가 부담할 수 있는 한계를 초과하였고, 좋은 투자효과를 얻지 못 했을 뿐 아니라, 국가재정에도 커다란 낭비를 초래하였다. 그런 까닭에 국가는 건설항목의 계획관리를 강화하였고, 국가가 비준승인하지 않은 고정자산 건설항목 투자계획은 설계나 시공을 할 수 없도록 명확히 규정하였다.

2. 세법

세법은 국가와 기업간의 분배관계를 안정시킬 뿐만 아니라, 사회의 축적과 소비관계를 조절하는 기능이 있어, 어느 정도 기업의 발전을 촉진하거나 제한한다. 국가 세법을 실행하는 것 역시 건설법규의 중요한 내용이다.

3. 도시계획법

도시계획법은 도시계획의 제정 및 실시, 그리고 도시계획구역 내 건설과정 중 발생하는 각종 사회관계를 조정하는 법률규범의 총칭이다. 입법 목적은, 도시의 성격 · 규모 및 발전방향 등을 확정함으로써 합리적으로 도시 내 토지를 이용하고, 도시 공간배치와 각 항 건설의 구체적 처리를 조절하여, 일정한 기간 내에 도시의 경제성장과 사회발전목표를 실현하는 것이다.

4. 건축법

건축법은 건설활동과정 중 형성되는 각종 건축 사회관계를 조정하는 법률규범의 총칭이다. 건축법의 입법 목적은 건설시장주체에 대한 자질관리 · 경영관리 · 공사하도급관리와 건축시장의 관리를 통하여, 공정시공품질을 보증하고 건축시장의 질서를 유지하며 건설업의 건강한 발전을 실현하는데 있다.

5. 건축공정지질조사설계법

건축공정지질조사설계법은 건축지질조사설계 중 형성되는 각종 사회관계를 조정하는 법률규범의 총칭이다. 건축지질조사설계법은 건축지질조사설계기관의 자질관리 · 지질조사설계관리 · 기술관리 및 설계문서의 심사비준관리 등을 통하여, 공정설계의 수준과 품질을 보증하고 사회경제발전의 수요에 적합하도록 하는 것이다.

6. 도시부동산관리법

도시부동산관리법은 부동산업과 각 항 부동산 경영활동 및 그 사회관계를 조정하는 법률규범의 총칭이다. 부동산관리법의 입법 목적은 도시부동산소유자 · 경영자 · 사용자의 합법권익을 보장하고, 도시부동산업의 발전과 사회주의현대화건설과 인민생활수준의 향상을 촉진시키는데 있다. 이외에도, 건설과 관련된 행정법률 · 법규는 건설활동에 대하여 부동산관리법과 동일하게 행정규범과 구속력을 가진다.

4.2.2 건설민사법규

건설민사법규는 평등한 주체인 시민간 · 법인간 · 시민과 법인간의 건설관계를 조정하는 법률규범의 총칭이다.

1. 민법

민법통칙이 규정한 일반민사법률 원칙 중의 법인제도 · 자연인제도 · 민사법률행위제도 · 대리제도 · 시효제도 등은 모두 건설활동에 대해 법률구속력과 규범성을 가진다. 민법통칙의 기본 법률원칙 역시 건설입법의 기본원칙과 입법근거이다.

2. 건설계약법

건설계약법은 건설활동 계약약정 과정에서 형성되는 각종 권리 · 의무관계를 조정하는 법률규범의 총칭이다. 건설계약법은 각종 건설계약 체결 · 변경 · 중지의 조건 및 계약쌍방의 권리 · 의무 · 위약책임 등을 규정하고 있다. 건설공정설계, 건설시공 및 설비, 부동산개발, 토지유통 등 과정 중의 채권 · 채무의 법률문제를 주로 해결한다.

3. 건축기업법

건설기업법은 건축기업이 건설활동에 종사하는 과정 중 형성되는 각종 법률관계를 조정하는 법률규범의 총칭이다. 건축기업법은 각종 건설기업의 설립 · 변경 · 중지의 권리와 의무를 규정하고 있으며, 건축업의 현대화관리를 위해 충분한 보장을 제공하고, 건축기업에 활력을 불어넣고 건설업의 발전을 촉진한다.

4. 주택법

주택법은 유지보수관리 과정 중 형성되는 각종 법률관계를 조정하는 법률규범의 총칭이다. 주택재산권 · 주택건설융자 · 주택매매 · 주택임대 · 주택관리 · 주택수리 등 활동에 대한 규범을 통해서, 공민의 주택소유권 및 각종 주택재산권리주체의 합법권익을 보장함으로써 주택건설의 발전을 촉진하고, 끊임없이 공민의 거주조건을 개선 · 향상시킨다.

4.2.3 건설기술법규

건설기술법규는 건설과정 중 건설지질조사 · 설계 · 시공 · 설치 · 검측 · 검수 등 건설기술관련 법률관계를 조정하는 법률규범의 총칭이다. 각종 기술규정 · 규칙 · 규범 · 조례 · 지표 등 규범성 문서를 포함한다.

1. 설계규범

설계규범은 공정설계에 종사하는데 의거가 되는 기술문건이다. 일반적으로 건축설계규범 · 구조설계규범 · 방화설계규범으로 나뉜다.

2. 시공규범

시공규범은 시공작업순서 및 그 기술요구의 표준이다. 일반적으로 건축시공규범과 설치시공규범으로 나뉜다.

3. 검수규범

검수규범은 준공 공정항목을 접수 · 검사하는 규정 · 방법 · 표준 등을 가리킨다.

4. 건설정액(建設定額)

건설정액은 국가에서 규정한, 단위 건축상품에서 노동력과 자재 · 장비의 수량표준 및 화폐로 표현한 비용한도이다(일위대가 개념).

4.3 건설허가제도

건설허가는 건설활동을 허가 · 허용하는 것을 의미한다. 구체적으로 공민 · 법인 · 조직의 건설활동에 대해서, 건축행정주관부문 또는 기타관련행정주관부문에서 허가 · 변경 · 중지시키는 구체적 행정행위를 가리킨다. 건설허가의 표현형식으로 건설시공허가증 · 비준증서(착공보고) · 자질증서 · 직업자격증서가 있다.

4.3.1 건축공정시공허가

건축공정시공허가는 건설행정주관부문이 발주처의 신청에 근거하여, 법에 따라 건축공정에 대해 시공조건을 갖추었는지 심사하는 활동이다. 건설행정주관부문은 조건에 부합하는 회사에 대해 건축공정 착공을 허가하고 시공허가증을 발급한다.

1. 건설시공허가의 범위

〈중화인민공화국건축법〉(이하 건축법이라 함) 제7조의 규정에 의거하여, 공정시공허가는 아래 몇 가지 경우로 나뉜다.

- **일반규범 요구사항:** 건설공정 착공 전에 발주처는 국가 관련규정에 의거하여 공정소재지 현급 이상의 인민정부 건설행정주관부문에 신청하여 시공허가증을 발급받아야 한다.
- **특수규범 요구사항:** 국무원 건설행정 주관부문이 확정한 한도액 이하의 소형 공정의 착공에 대해 시공허가 신청요구를 하지 않을 수 있다. 국무원이 규정한 권한과 절차에 따라 착공보고를 비준받은 건축공정은 다시 시공허가증을 발급 받을 필요가 없다.

2. 건축공정시공허가증 수령조건

〈건축법〉 제8조에 의거하여, 시공허가증을 신청 · 수령할 때 아래 조건들을 구비해야 한다.

(1) 해당 건설공정 용지(用地)는 미리 건축공정 용지 비준수속을 해야 하며, 유효한 건설용지 사용권 증서를 얻어야 한다(구체적인 규범과 요구사항은 토지관리법과 도시계획법 관련부분 참조).

(2) 도시계획구역에서 진행하는 건축공정에서, 미리 건설공정 계획허가증과 건설공정용지 계획허가증을 취득해야 한다(구체적인 규범과 요구사항은 도시계획법 참조).

(3) 건설공정 전기(前期) 철거이전공정이 있을 때, 그 철거이전 진도는 시공 요구사항에 부합해야 한다. 〈도시건축철거이전 관리조례〉의 규정에 근거하여, 건축철거이전의 절차는 주요하게 신청, 심사비준, 건축철거이전 행정공고, 철거이전 협의서명, 철거이전실시 등의 과정을 거친다.

(4) 건설공정을 착공하기 전에, 발주처는 반드시 합당한 자질을 갖춘 건설시공회사를 확정하여 당해 건축공정의 건축시공을 하도급 줘야 한다. 그렇지 않으면 건축공정의 시공은 진행할 수가 없다(구체적인 규범과 요구사항은 건축공정 입찰법률제도 참조).

(5) 공정시공수요를 만족하는 시공도면 및 기술자료, 시공도 설계문건은 미리 규정에 따라 시공도면에 관한 심사를 통과해야 한다.

(6) 공정품질과 안전에 관한 구체적인 대책을 확보해야 하며, 시공조직설계는 반드시 건축공정 착공 전에 제작 완료해야 한다. 시공조직설계의 주요 내용은 다음과 같다.

공정임무현황, 시공총방안, 주요시공방법, 공정사(工程師)시공진도계획, 주요공정종합진도계획과 시공역량, 기계 및 배치, 시공조직 기술대책(공사품질, 안전보호 및 환경오염대책 등 각종 대책 포함), 시공 총평면도, 총도급 및 하도급의 작업범위, 교차시공의 배치 등.

시공조직설계는 건축시공회사에서 제작하며, 종속관계 및 공정의 성격 · 규모 · 기술난이도에 따라 급을 나누어 심사한다.

(7) 건설자금은 미리 준비되어 있어야 한다. 〈건축법〉의 규정에 근거하여 건설자금은 반드시 건설공정 착공 전에 충분히 마련되어 있어야 한다. 국가관련규정에 따라 자금계획이 마련되었다면 미리 연도계획에 반영한다. 계획 · 재정 · 회계감사 등 부문은 건설항목의 착공 전과 연도계획 중에 자금의 출처, 자금출납증명 등을 엄격하게 심사한다. 건설자금이 마련되지 않았거나 자금이 부족한 건설항목에 대해서는 건설행정주관부문은 시공허가증을 발급하지 않는다. 이외에 1999년 10월 15일 반포한 〈건축공정시공허가관리방법〉에 근거하여, 공기가 1년 이하인 경우 원칙상, 자금입금은 공사계약금의 30% 이상이어야 하며, 발주처는 은행이 발행한 자금입금증명을 제공해야 한다. 경우에 따라 은행의 지급보증이나 제3자의 담보 방식으로 대신할 수도 있다.

(8) 규정에 따라 공정감리에 건설공정을 위탁한다.

(9) 법률 · 법규규정의 기타조건을 만족해야 한다

3. 건축허가증의 유효조건과 연기의 제한

〈건축법〉 제9조에 의거하여 시공허가증의 유효조건과 연기제한은 아래의 몇 가지 사항을 포함한다.

(1) 발주처는 건설시공허가증을 수령한지 3개월 내 착공해야 한다. 수령일은 건

설행정주관부문에서 발주처에 건설공정 시공허가증을 교부한 날짜이다.

(2) 발주처는 사정으로 기간 내 착공하지 못할 경우 허가증 발행기관에 연기신청을 해야 한다. 연기신청은 시공허가증의 규정된 착공기한 만료 전에 해야 한다. 연기신청의 이유는 불가항력적이거나 구제가 어려운 현상이어야 한다. 예를 들어 자연재해, 부지조성 미완공, 건축자재 · 부재 · 시공설비 등이 원래 계획대로 현장에 들어올 수 없는 상황이 발생할 경우 발주처는 착공연기 신청을 할 수 있다.

(3) 연기신청은 두 번까지 가능하며 매번 3개월을 초과할 수는 없다. 착공도 하지 않고 연기신청도 하지 않은 경우, 시공허가증은 자동으로 폐기된다.

4.3.2 건설기업의 자질심사와 관리제도

건설기업의 자질심사제도는 건설행정주관부문이 건설활동에 종사하는 건설시공회사 · 지질조사회사 · 설계회사와 공정감리회사에서 보유한 등록자본 · 전문기술인원 · 기술장비 · 건축공정경력 · 관리수준 등에 대해 조사를 진행하여, 이로써 업무부담의 범위를 정하고, 상응하는 자질증서를 발급하여 그 범위 내에서 건축활동에 종사하는 것을 허가하는 일종의 제도이다.

1. 건축시공기업

건축기업자질심사의 내용, 2001년 4월 18일 건설부가 제87호령으로 반포한 〈건축기업자질관리규정〉과 〈건축기업자질등급표준〉(건[2001]82호), 〈건축기업자질관리규정실시의견〉의 규정에 근거하여, 시공기업의 자질분류, 자질등급에서부터 합법적인 신청과 심사비준의 통과여부 및 업무범위가 자질등급에 부합하는지 등 몇 가지 방면에 심사진행하는 것을 말한다.

건설시공기업은 자질에 따라 총도급시공기업, 전문도급기업과 노무도급기업 등 3가지로 분류한다. 총도급시공자격을 획득한 기업은 맡은 공사에 대해 직접 공사를 시행하거나, 또는 도급자격에 상응하거나 노무도급자격을 가진 기업에 하도급을 줄 수 있다. 전문도급자격을 가진 기업은 총도급기업의 하도급을 받아 직접 전문공사를 하거나, 건설기업의 규정에 따라 전문공사에 대해 하도급을 줄 수 있다. 노무도급자격을 갖춘 기업은 총도급기업이나 전문도급기업의 노무작업을 맡을 수 있다.

건축시공기업 자질등급은 시공기업 자질분류에 따라 다르다. 시공총도급기업자질은 규정조건에 따라 특급 · 1급 · 2급 · 3급으로 분류되며, 전문도급기업 자격은 1 · 2 · 3급과 무급으로 분류하고 있다. 용역도급기업자격은 1급 · 2급 · 무급으로 분류한다.

2. 지질조사회사와 설계회사

2001년 7월 25일 건설부는 93호령〈건설공정지질조사설계회사자질관리규정〉, 2001년 1월 20일 건설부에서 수정한 〈공정지질조사자질등급표준〉, 〈공정설계자질등급표준〉을 반포하였으며, 공정지질조사설계회사의 자질등급과 표준, 신청과 심사비준, 업무범위 등에 대해서 명확하게 규정하고 있다.

공정지질조사자질범위는 토공사, 지하수지질검사와 공정측량 등 전문분야를 포함하며, 그 중 토공사는 지질조사 · 설계 · 테스트 · 모니터링 · 검측 · 자문 · 감리 등을 포함한다.

공정설계업종자질은 종합자질, 업종자질, 전문자질로 나뉜다. 종합류는 조사공사에 관한 모든 전문적인 것을 포함한다. 전문류는 토공사, 지하수공사, 측량공사 등 전문분야 중 하나를 전문으로 한다. 그 중 토공사 전문류는 토공사조사, 설계, 테스트, 모니터링, 검측, 자문, 감리 중 하나 또는 전부를 전문으로 한다. 용역류는 토공사 중 지하수 공사, 파일공사, 보링공사 등을 전문으로 한다.

종합류 자질은 갑급이 있고 전문류 자격은 원칙상 갑 · 을 두 개 등급으로 나뉜다. 병급조사자격이 필요한 지역에서는 건설부의 허락을 받아 전문류 병급을 설치할 수 있다. 용역류 자격은 급을 나누지 않고 있으며, 설계업자격은 설계종합자격, 설계업자격과 설계전문자격 등으로 나뉜다.

3. 공정감리업체

2001년 8월 23일 건설부는 공정감리업체의 자질등급, 신청과 비준, 업무범위 등을 규정하는 〈공정감리기업자질관리방법〉을 반포하였다.

공정감리업체의 자질등급은 갑 · 을 · 병급으로 분류된다. 동시에 공정의 성격과 기술특징에 따라 몇 가지 공정유형으로 분류한다. 갑급공정감리업체는 공정유형 중 1 · 2 · 3 등 공사를 감리할 수 있으며 을급공정감리업체는 공정유형중의 2 · 3 등 공사를 감리할 수 있다. 병급공정감리업체는 3등 공사를 감리할 수 있다.

4. 공사견적 자문회사

2000년 1월 25일 건설부는 공사견적자문회사의 자질등급 및 표준, 신청과 심사비준, 업무범위 등을 규정하는 〈공사견적자문기업관리방법〉을 공포하였다.

공사견적자문회사의 자질은 갑급 · 을급으로 나뉜다. 갑급 자문회사는 전국 범위의 각종 건설 항목의 공사견적자문업무를 맡을 수 있다. 을급 자문회사는 성 · 자치구 · 직할시 범위에서 중소형 건설 항목의 공사견적자문업무를 맡을 수 있다.

4.3.3 건축공정사의 전문허가제도

건설기술자 업무집행자격심사제도는 건설행정주관부문이 건설활동의 전문기술자에 대해 법에 의거하여 시험, 등록 등을 통하여 업무집행 기술자격증서를 발부하는 일종의 관리제도를 의미한다. 현재 중국건축업계의 기술자 업무집행자격제도는 등록건축사 · 감리공정사 · 등록구조공정사 · 등록도시계획사 · 견적공정사의 5가지 유형이 있다.

1. 등록건축사

등록건축사(註册建築師)는 법에 의거하여 등록건축사 증서를 취득하고 건축설계나 관련업무에 종사하는 전문기술인원을 의미한다. 1995년 9월 국무원에서 반포한 〈중화인민공화국 건축사조례〉와 1996년 건설부에서 반포한 〈중화인민공화국 등록건축사 조례실시 세부사항〉 등에는 등록건축사의 시험 · 등록관리 · 업무집행범위 등에 관해 구체적으로 규정하고 있다.

1급등록건축사시험 합격자에게는 전국 등록건축사 관리위원회에서 〈1급등록건축사시험 합격증서〉를 발급하고, 2급등록건축사시험 합격자에게는 성 · 자치구 · 직할시 등록건축사 관리위원회에서 〈2급등록건축사시험 합격증서〉를 발부한다. 등록증명은 2년마다 1회 갱신한다. 등록을 갱신할 때는 유효기간 만료일 전 30일 내에 등록건축사 관리위원회에 등록신청을 해야 한다. 등록건축사의 업무집행 범위는 건축설계, 건축설계 기술자문, 건축물 조사와 감정, 본인이 주관하여 설계한 항목에 대한 지도와 감독, 국무원 건설행정 주관부문에서 규정하는 기타업무 등이다.

2. 등록감리공정사

등록감리공정사(註册監理工程師)는 전국시험에 합격하여 증서를 취득, 등록한 공정건설 감리인원을 말한다. 1996년 6월 건설부는 등록감리공정사의 시험, 등록 및 권리와 의무 등을 구체적으로 규정한 〈감리공정사자격시험과 등록시행방법〉을 반포하였다.

감리공정사시험에 합격한 자는 감리공정사 등록기관에서 〈감리공정사자격증서〉를 발급한다. 증서를 취득한 후부터 5년 내에 미등록시 그 증서는 효과를 상실한다. 〈감리공정사자격증서〉를 취득한 사람은 그 신청자를 채용하려는 건설감리회사를 통해서 통일적으로 그 지역 또는 그 부문의 감리공정사 등록기관에 등록신청을 제출한다. 감리공정사 등록기관은 신청을 받은 후 전국 감리공정사 등록기관 비준계획에 따라, 조건에 부합하는 신청자에 대해 선별하여 등록을 시키고 〈감리공정사직책증서〉를 발급하여 전국 감리공정사 등록기관에 보고하면 수리가 된다.

3. 등록구조공정사

등록구조공정사(註册結構工程師)는 등록구조공정사 업무집행자격 증서를 취득하고 건축구조 · 교량구조 · 철탑구조 등의 공정설계 및 관련업무에 종사하는 전문기술인원을 의미한다. 1997년 9월 1일 건설부와 인사부는 등록 구조공정사 업무집행자격의 관련 문제에 대하여 규정하는 〈등록구조공정사 업무집행자격제도 임시규정〉을 반포하였다.

시험 합격자에 대해 〈등록구조공정사 업무집행자격증서〉를 발급하고 등록 허가

된 신청인에게 전국 등록구조공정사 관리위원회와 성 · 자치구 · 직할시 등록구조공정사 관리위원회에서 각각 〈등록구조공정사 등록증서〉를 발급한다. 등록구조공정사의 등록유효기간은 2년이며, 유효기간이 만료되어 갱신할 때는 만료 전 30일 내에 등록 신청을 해야 한다. 등록구조공정사의 업무범위는 구조설계, 구조설계자문, 건축물 · 구조물 · 공정시설 등의 조사와 감정 등을 포함하고, 본인이 주관하여 설계한 항목에 대한 지도와 감독, 건설부와 국무원 관련부문에서 규정하는 기타 업무 등이다.

4. 등록도시계획사

등록도시계획사(註册城市規劃師)는 전국 시험을 통과하고 등록 도시계획사 업무집행 자격증서를 취득하여 등록 이후 도시계획업무에 종사하는 전문기술자를 가리킨다. 1999년 4월 7일 건설부 · 인사부는 등록도시계획사 업무집행자격에 관한 문제를 규정하는 〈등록도시계획사 업무집행 자격제도 임시규정〉과 〈등록도시계획사 업무집행자격 인정방법〉을 반포하였다.

등록도시계획사 업무집행 자격시험 합격자는 각 성 · 자치구 · 직할시의 인사부에서 인쇄하고 인사부와 건설부가 공동 발부한 〈중화인민공화국 등록도시계획사 업무집행자격 합격증서〉를 발급받는다. 합격증서를 취득한 등록 신청자는 자신이 직접 신청할 수도 있고, 근무회사의 동의를 얻은 후 소재 성급 도시계획행정 주관부문의 심사를 통해 통일적으로 건설부에 등록할 수 있다. 등록 허가받은 신청인에게는 건설부가 〈등록도시계획사 등록증〉을 발급한다. 등록도시계획사의 등록 유효기간은 3년이고 연장을 원할 경우는 유효기간 만료 3개월 전에 다시 등록 수속을 받아야 한다.

5. 등록견적공정사

견적공정사는 전국 견적공정사 업무집행자격 통일시험 합격을 통해 견적공정사 등록증서를 취득하여 건축공정 견적업무에 종사하는 인원을 가리킨다. 1996년 8월 26일 인사부와 건설부는 등록견적공정사 업무집행에 대하여 규정하는 〈견적공정사 업무집행자격제도 임시규정〉을 반포하였다.

견적공정사 시험 합격자는 성 · 자치구 · 직할시의 인사부에서 인쇄하고 인사부와 건설부가 공동발부한 견적공정사 업무집행자격 합격증서를 받게 되며, 이 증서는 전국적인 효력을 가진다. 견적공정사 업무집행자격 합격증서를 취득한 사람은 합격증서 취득 이후 3개월 내에 성급(省級) 등록기구 또는 부문등록기구에 초기 등록을 신청해야 한다. 견적공정사 초기 등록의 유효기간은 2년이며 등록을 허가받은 날로부터 계산한다. 유효기간 만료 전 2개월 내에 성급 등록기구나 부문 등록기구에 등록 신청을 해야 한다.

견적공정사의 업무집행범위는 건설항목 투자예산 편성, 심의 및 항목 경제성 평가, 공정개략예산, 결산, 공정입찰서편성의 심의, 공사변경 및 계약금액조정과 변상비용계산, 항목 각 단계의 공사비 조절, 경제적 분규의 판정, 공사금액에 의거한 편성·심의 및 공정금액관련 기타업무 등이다.

4.4 건축공정 감리법률제도

중국정부는 건축공정감리제도를 규정하고 있다. 국무원은 강제감리를 실행하는 건설공정의 범위를 규정할 수 있다. 발주처는 자격조건을 갖춘 공정감리업체에 위탁하여 건축공정의 감리를 실행한다.

4.4.1 건설공정 감리유형

건설공정감리 담당자의 업무성격 차이에 근거하여, 건설공정 감리의 주요한 유형은 아래와 같이 구분된다.

(1) 설계업체가 건설항목에 대한 감리를 시행한다. 설계업체로서 건설항목에 대한 감리임무는 대부분 건축사무소가 맡는다. 건축항목의 규모가 크거나 기술이 복잡할 때는 일반적으로 다수의 설계업체에서 맡는다. 설계업체는 필요할 경우에, 자문기

구에 건설항목의 감리업무의 진행을 위탁할 수 있다.

(2) 하도급업체가 건설항목에 대한 감리를 시행한다. 총도급의 건설공정에 대하여, 시공총도급업체의 총도급내용에 공사감리항목을 포함한 경우, 총도급업체가 건설항목에 대한 감리를 실시한다. 총도급기업은 발주처에 대해 책임을 진다. 건설항목 규모가 비교적 크거나, 총도급회사가 자체적으로 감리업무를 실행하기 어려울 때는, 자문회사에 감리를 위탁할 수 있다. 이런 경우 항목감리를 시행하는 업체는 총도급회사의 대리가 되고, 업무에 대해 총도급업체에 책임을 진다.

(3) 발주처가 위탁한 감리업체가 항목건설에 대한 감리를 시행한다. 발주처가 위탁한 감리의 조직형식은 3종류가 있다. 첫째는 총하도급형식이다. 즉 발주처가 건설감리업무 전체를 건설감리총도급업체에 위탁하는 것이다. 건설감리 총도급업체는 다시 부분감리업무를 타 감리회사에 위탁한다. 이러한 방식은 일반적으로 중대형 건설항목의 건설감리에 적용된다. 둘째, 항목을 나누어 위탁하는 방식이다. 즉 발주처는 항목의 건설감리 업무를 몇 개의 감리회사에 나누어 위탁하여 완성하는 것으로, 중대형 건설항목에 적용된다. 셋째, 감리총도급 위탁 형식이다. 발주처는 한 건설항목의 감리업무를 한 감리회사에 위탁하고, 위탁받은 회사는 수주한 임무를 타 건설감리회사에 위탁하지 않고 독립적으로 완성한다. 이러한 방식은 중소형 건설항목에 적용한다.

4.4.2 공사감리업체 자질등급의 구분

1992년 건설부는 제16호 부장령(部長令)[6] 〈공정건설감리업체자질관리시험시행방법〉을 반포하여, 감리회사의 자격표준을 갑 · 을 · 병 3급으로 나누고, 설립시 2년 내에는 잠시 등급을 정하지 않으며, 3년에 한 번 승급 · 강등 심사를 한다.

4.4.3 건축공정 감리의 실시범위

하나의 건설 항목은 하나의 구체적인 건설투자시스템으로, 그 건설활동에 대한

6) 중국의 部長은 우리의 장관급이므로, 건설부 部長令은 우리의 "시행규칙" 정도에 해당한다고 볼 수 있음.

감리 역시 전반적이고 체계적이어야 한다. 따라서 공정항목감리는 발주처에서 투자의도 · 전략 · 설계 · 입찰 · 시공 · 설비설치 · 시스템조정을 확정하는 것에서 준공검수와 생산투입에 이르는 전과정 실시의 활동이다. 이에 의하여, 공정항목감리의 실시범위는 두 가지 방면으로부터 귀납할 수 있다.

건설항목감리 실시범위의 cover면으로부터 말하면, 건설항목감리는 중국의 모든 건설항목을 cover한다. 여기서 "cover"는 2가지 함의가 있다. 첫째, 감리가 cover하는 모든 형식의 공정건설항목을 가리킨다. 즉 어떤 투자성격의 건설항목이건 또는 어떤 유형의 건설항목이건 모두 법에 의거하여 감리제도를 적용한다. 둘째, 감리가 cover하는 공정건설항목의 각 건설단계를 가리킨다. 즉 건설항목이 일단 비준을 받고 입안되면, 각 관련부문은 법이나 규약에 의거하여 건설공정의 각 단계에 대해 감리를 실시한다. 따라서, 공정항목의 탄생으로부터 생산투입까지 전과정에서, 정부 건설행정 주관부문은 법에 의거하여 직책 분담을 정하고, 서로 다른 단계와 분야로부터 그에 대하여 강제성 감리를 실시하고, 국가는 정부규정에 의한 비밀공정 외에 모든 건설공정에 대해 감리회사에 위탁하여 감리를 실시할 수 있도록 장려한다. 건설항목감리의 분업실시범위로부터 말하면, 정부는 국가투자계획을 관철시키고 건설시장 질서를 규범화하고 건설 투자이익을 높이고 사회 공공이익 보호를 목적으로, 공정항목의 타당성연구로부터 시작하여 공정항목의 준공검수에 이르기까지 건설의 전과정을 모두 감독과 통제하에 넣고 강제관리를 시행한다. 중국 현재의 부문별 분업에 따라, 건설 전기(前期)단계는 계획부문과 계획관리부문 · 토지관리부문 · 환경보호관리부문 · 소방부문 · 공안부문 등에서 관리감독실시를 책임지고 있다. 발주처는 건설항목 전과정에 대해 전문성 감리위탁을 실시할 수 있는데, 건설항목을 전문감리기구에 위탁하여 공정건설항목에 대하여 전과정 감리업무를 실시한다. 현재 중국의 법률규정은 사회감리는 자발적 위탁 성격을 띠며 발주처는 수요와 공정특성에 근거하여 건설항목의 전과정을 총위탁감리 할 수 있으며, 또한 건설항목의 각 단계별로 감리를 위탁하거나 자체감리를 실시할 수 있다.

4.4.4 공사감리의 주요 업무내용

(1) **건설초기단계:** 건설항목의 타당성조사와 설계임무서의 작성에 참여한다.

(2) **설계단계:** 설계요구를 제출, 설계입찰과 컨셉 공모전에 참여하고, 설계회사를 선택 · 계약하고 설계방안과 예산을 심사한다.

(3) **시공입찰단계:** 입찰문서 준비에 협조하고 입찰회사의 자질을 심의하며 입찰문서를 평가심사하고 공정도급계약체결에 협조한다.

(4) **시공실행단계:** 전면적 감독을 진행하며 비용 · 진도 · 품질을 조절하고 대금지불증빙을 발급하고, 계약을 집행하며 쟁의를 조절하고, 건설과정 중 각 방면의 관계를 조율하며 공정결산을 심사한다.

(5) **사후관리단계:** 공정현황조사를 책임지며, 품질문제를 판정하고, 책임을 조사판명하고, 정비를 감독한다.

4.5 건축공정 품질관리제도

건축공정 품질관리제도는 국가에서 제정한, 건축공정 품질관리를 진행하는데 준수해야 할 규정과 규칙이다. 이러한 규정과 규칙은 모든 건축공정 품질과 관련된 법률 · 법규 · 기술표준 · 설계문서 및 계약 등 규범성문서를 포함한다.

건축공정 품질관리는 수직관리와 수평관리의 두 가지 방면을 포함한다. 수직관리는 주로 건설행정주관부문 및 그 권한을 부여받은 기관이 건설공정 품질에 대해 관리감독하는 것을 말하며, 수평관리는 주로 건설공정 각 방, 예를 들어 발주처 · 지질조사설계회사 · 시공회사 등이 공정건설과정 중 건설공정품질에 대하여 응당 부담해야 할 책임과 의무를 의미한다.

4.5.1 건축공정 품질표준화 제도

1. 건축공정 품질표준화의 개념

건축공정 품질표준화는 건설공정설계, 시공방법, 안전보호에서 마땅히 준수해야 하는 통일된 기술요구와 공정건설 관련의 기술용어 · 부호 · 약호 · 제도방법의 일반 원칙과 규정을 가리킨다.

건설공정 품질표준화 제도실행의 법률의거는 〈중화인민공화국표준화법〉이다. 〈표준화법〉 제2조는 통일기술요구실행의 수요에 대하여, 표준을 제정해야 할 업종과 부문을 규정하고 있다. 그 중 제2항에 "건설공정의 설계, 시공방법과 안전요구"는 표준을 제정해야 한다고 명확하게 규정하여, 표준화 관리제도를 실행하고 있다. 이를 근거로, 건축공정품질의 국가표준 · 업종표준 · 지방표준이 점진적으로 연계되고 정비되었다.

2. 건설공정 품질표준의 종류

우선 공정건설 품질표준규범의 범위에 따라 국가표준, 업종표준과 지방표준 등 3가지 유형으로 나눌 수 있다.

국가표준은 전국범위 내 통일을 필요로 하는 건설기술 요구사항으로, 국가에서 제정하는 표준이며 건설공정 · 지질조사 · 계획 · 설계 · 시공 및 검수 등에 통용되는 품질요구, 공정건설에서 통용되는 안전 · 위생 · 환경보호의 기술요구, 공정건설 통용의 전문용어, 부호, 약호, 양과 단위, 건축모듈과 제도(製圖)방법, 공정건설 통용의 실험, 검사와 심의 방법, 공정건설 통용의 정보기술요구, 국가규제가 필요한 기타 공정건설통용의 기술요구 등을 포함한다.

업종표준은 전국 어떤 업종에서 통일을 필요로 하는 표준으로, 건설공정지질조사, 계획, 설계, 시공 및 감수 등 업종 전문의 품질요구, 공정건설업종 전문의 안전위생과 환경보호에 관한 기술요구, 공정건설업종 전문의 전문용어, 부호, 약호, 단위, 양과 단위, 제도방법, 공정건설업종 전문의 실험, 검사, 심의 등 방법, 공정건설업종 전문의 정보기술요구 등을 포함한다.

지방표준은 어떤 행정구역에서 필요로 하는 통일된 표준으로 국가나 업종 규정의 표준은 없다.

둘째 공정건설 품질표준 실행의 강제 정도에 따라 강제성 표준과 추천성 표준으로 나뉜다.

강제성 표준은 법률과 법규 규정에 따라 강제적으로 집행하여, 사람들의 건강과 재산을 보장하는 것을 목표로 하는 표준이며, 공정지질조사, 계획, 설계, 시공(설비포함) 및 검수 등 통용의 종합표준과 중요하게 통용되는 품질표준, 공정건설에 통용되는 안전, 위생, 환경보호 등급, 건설공정에서 중요한 전문용어, 부호, 약호, 수량과 단위, 건축계수와 제도방법의 표준, 공정건설에서 중요하게 통용되는 실험, 검사, 심의 등 표준, 공정건설에서 중요한 통용 정보기술 표준, 국가규제가 필요한 기타 공정건설 통용표준 등을 포함한다.

추천성 표준은, 강제성 표준 이외의 표준으로, 국가에서 기업이 자발적으로 채택하기를 장려하는 표준이다.

3. 공정건설 품질 강제성 표준의 위반에 대한 법률책임

발주처의 책임. 발주처가 시공업체에게 불합격 건축자재 · 건축부재 · 설비 등의 사용을 명시 또는 암시하거나, 설계업체나 시공업체에게 공정건설 강제성 표준을 위반하도록 명시 또는 암시하고, 공정 품질을 떨어뜨리는 것에 대해, 개정을 명령하거나 20만 위안 이상 50만 위안 이하의 벌금을 부과한다.

지질조사, 설계회사의 책임. 지질조사, 설계회사는 공정건설 강제표준을 위반하여 지질조사, 설계를 진행한 경우, 책임지고 수정하거나, 10만 위안 이상 30만 위안 이하의 벌금을 부과한다. 부채로 인하여 공정사고가 발생했을 경우 영업을 중지하고 정비를 해야 하며 자질등급이 내려간다. 사건이 심각하면 자질증서를 취소한다. 손해가 발생하였을 경우, 법에 근거하여 배상할 책임을 진다.

시공회사의 책임. 시공회사는 공정건설 강제성 표준을 위반했을 경우 책임지고 시정하거나 공정 계약금의 2% 이상 4% 이하의 벌금을 지급해야 한다. 건설공정품질이 규정된 품질표준에 부합하지 않을 경우 재시공 · 수리하거나 이로 인한 손실에 대해 배상을 해야 한다. 심각한 경우 영업을 중지하고 정비를 해야 하며 자질등급을 낮추거나 자질증서를 취소한다.

공정감리업체의 책임. 공정감리업체가 강제성 표준규정을 위반할 경우, 불합격한 공정건설 및 건축자재, 건축부재, 설비등을 계약내용에 따라 시정을 하거나 50만 위안 이상 100만 위안 이하의 벌금을 지급해야 하며, 자질등급이 내려가거나 취소가 된다. 위법으로 얻은 것은 몰수하며, 손실을 일으킨 경우 연대배상 책임을 진다. 공정건설 강제성 표준을 위반하여 공정품질, 안전에 문제나 사고를 일으켰을 경우 〈건설공정품질관리조례〉의 관련 규정에 따라 사고책임회사와 책임자에 대해 벌금을 부과한다.

4.5.2 건축공정 품질책임제도

1. 발주처의 품질책임

발주처는 건설공정의 투자자로서, 건설공정 품질에 대한 아래와 같은 종류의 책임이 있다.

(1) 공정건설항목의 품질을 보증하기 위해 발주처는 법에 의거하여 건설공정항목의 지질조사, 설계, 시공, 감리 및 공정건설과 관련된 중요한 설비, 건축자재 등의 구입에 대해 입찰을 실시한다. 공사 하도급을 줄 때에는 발주처는 건설공정을 법이 정한 절차에 따라 자질등급을 갖춘 건축설계회사나 건축시공회사에게 하도급을 준다.

(2) 발주처는 어떤 이유로도 건축설계업체나 건축시공기업에게 공정설계나 시공작업 중에, 법률 · 법규 · 건축품질위반을 요구하거나, 안전표준 · 공정품질의 저하를 요구해서는 안된다.

(3) 발주처는 하도급회사의 건설활동에 불합리하게 관여해서는 안된다. 예를 들어 발주처는 하도급 수주자에게 원가보다 낮은 가격으로 입찰에 참가하라고 강요해서는 안되며, 임의로 합리적 공기(工期)를 단축시켜서도 안된다. 발주처는 명시적 또는 암시적으로 시공회사에게 불합격 건축자재 · 건축부재 · 건축설비를 사용하라고

해서는 안된다. 건설업체는 명시적 또는 암시적으로 설계업체나 시공업체에게 건설공정 강제성 표준 위반하라고 해서는 안된다.

(4) 발주처는 심사비준을 받지 않은 시공도 · 설계문건을 사용할 수 없다.

(5) 발주처는 시공허가증을 취득하거나 착공보고 전에 국가관련규정에 따라 공사감리 수속을 받아야 하며, 반드시 감리를 실행해야 하는 공정에 대하여 상응하는 자질등급을 갖춘 회사에 위탁하여 감리활동을 한다.

(6) 발주처는 국가관련 규정에 따라 준공검수를 받아야 하며, 건설공정 검수합격 후 사용할 수 있다.

2. 지질조사, 설계회사의 품질책임

건축공정지질조사 · 설계업체의 건축공정에 대한 지질조사 · 설계작업은 건설공정품질의 기술보장이다. 건축지질조사 · 설계의 품질은 반드시 국가관련 건축공정 품질표준에 부합해야 하며, 이를 위하여, 법에 의거하여 확정된 건축지질조사 · 설계업체는 업무집행 과정 중 건설공정품질에 대하여 다음과 같은 종류의 책임이 있다.

(1) 지질조사, 설계회사는 반드시 법에 의거하여 업무종사 해야 한다. 지질조사 · 설계회사가 업무를 할 때 법에 의거하여 상응하는 자질등급증서를 갖추어야 함은 물론이고, 지질조사 · 설계회사는 업무과정 중 자질등급의 범위 내에서 공정을 도급받는다. 그리고 지질조사, 설계회사는 도급받은 공사를 재도급 할 수 없다.

(2) 공정지질조사 · 설계회사는 반드시 공정건설 강제성 표준에 의거하여 지질조사 및 설계를 해야 한다. 등록업무집행인원은 설계문서에 서명을 해야 하고, 서명한 설계문서에 책임을 진다.

(3) 설계회사는 반드시 지질조사문건에 근거하여 건설공정설계를 진행해야 하며, 심사 합격한 시공도에 대하여 시공업체에 상세히 설명할 책임이 있다.

(4) 설계회사는 설계문서에서 선별사용한 건축자재 · 건축부재 · 설비에 대해 그 규격 · 성능 등 기술지표를 기입해야 한다. 그 품질요구는 반드시 국가규정의 표준에 부합해야 한다. 특수요구한 건축자재 · 전용설비 · 공예생산라인 등을 제외하고, 설계

회사는 생산공장 · 공급상 등을 지정할 수 없다.

3. 시공회사의 품질책임

시공회사는 건축공정건설의 집행자로 그들의 행위는 건설공정의 품질에 직접적인 영향을 준다. 그래서 건설공정품질에 대하여 다음과 같은 법적 책임이 있다.

(1) 2001년 4월 18일 반포한 건설부령 제87호 〈건축기업자질관리규정〉의 관련 규정에 근거하여, 시공회사는 반드시 법에 의거하여 상응하는 자질등급증서를 취득해야 하며, 그 자질등급이 허가하는 범위 내에서 공정을 맡을 수 있다.

(2) 시공회사는 공사의 시공품질에 대해 책임을 진다. 시공회사는 품질책임제를 건립하고, 공정항목의 현장소장 · 기술책임자 · 시공책임자를 확정해야 한다. 건축물의 합리적 사용수명 내에서, 반드시 기초공정과 건축물골조구조의 품질을 확보해야 한다.

(3) 시공업체는 반드시 국가공정안전표준, 공사설계도와 시공기술표준에 의거하여 시공해야 한다. 인력과 자재를 규정보다 적게 사용해서는 않된다. 공정설계의 변경은 원(原)설계업체에서 책임지며, 건설시공회사는 임의로 공정설계를 변경할 수 없다. 시공업체는 시공과정 중에 설계문건과 도면에서 착오를 발견하면 즉시 의견을 제출해야 한다.

(4) 시공회사는 반드시 시공품질의 검사제도를 수립 · 완비하고 엄격하게 공정을 관리해야 한다. 은폐공정의 품질검사와 기록을 해야 하고, 은폐하기 전에 시공회사는 반드시 발주처와 건설공정품질감독기구에 통지해야 한다.

(5) 〈건축법〉, 〈계약법〉과 〈건설공정품질관리조례〉의 규정에 근거하여, 하도급업체가 그 수주한 공정 전부를 타인에게 재도급 주는 것을 금지하며, 하도급업체가 수주한 공정을 여러 개로 나누어 하도급 명의로 타인에게 재도급 주는 것도 금지한다. 공정시공총도급 실행에 대하여, 품질문제가 총도급업체로 인한 것이던, 하도급업체로 인한 것이던, 총도급업체가 전면적 품질책임을 진다. 총도급업체는 법에 의거하여 건설공정을 하도급 줄 수 있고, 하도급업체는 하도급계약의 약정에 의하여 하도급공

정의 품질에 대하여 총도급업체에 책임을 진다. 총도급업체는 하도급공정의 품질에 대하여 하도급업체와 연대책임을 진다. 하도급업체는 총도급업체의 품질관리를 받아야 한다.

(6) 시공업체는 공정설계요구, 시공기술표준과 계약약정에 따라, 건축자재 · 건축부재 · 설비 · 레미콘에 대하여 검사를 진행해야 하며, 검사에는 서면 기록과 전문가의 서명이 있어야 한다. 검사를 받지 않았거나 불합격한 것은 사용할 수 없다. 시공인원은 구조안전 관련한 샘플 및 관련재료에 대하여, 발주처 또는 공정감리업체의 감독하에 현장에서 표본을 채취하고, 상응한 자질등급을 가진 검측업체에 보내서 검측을 진행해야 한다.

4. 감리업체의 품질책임

공정감리업체는 공정품질의 감독자로 건축공정에 대하여 감리행위를 실시, 건설공정품질의 실현을 근본보장하는 것이다. 공정감리업체의 공정감리 중 주요책임은 아래 몇 종류가 있다.

(1) 공정감리업체는 반드시 법에 의거하여 상응하는 자질증서를 취득해야 하며, 그 자질등급이 허가하는 범위 내에서 공정감리업무를 맡아야 한다.

(2) 공정감리업체는 감리를 받는 시공도급회사나 건축자재 · 건축부재 · 설비공급회사와 종속관계나 기타 이해관계를 가질 수 없다.

(3) 공정감리업체는 당연히 법률 · 법규 및 관련기술표준, 설계문서와 건설공정하도급계약에 따라, 발주처를 대표하여 시공품질에 대해 감리 실시하고, 시공품질에 대해 감리 책임이 있다. 만약 공정감리업체가 발주처 또는 시공회사와 결탁하거나, 허위날조, 공정품질을 떨어뜨리거나, 또는 불합격한 건설공정, 건축자재, 건축부재와 설비를 합격한 것으로 간주하여 서명할 경우 연대배상 책임을 진다. 만약 감리업체가 책임기간 내에, 감리계약약정에 따라 감리직책을 이행하지 않을 경우, 발주처 또는 기타 회사에 발생한 손실에 대해 위약책임이 있으며 발주처에 배상을 해야 한다.

5. 건축자재, 건축부재 생산 및 설비 공급업체의 품질책임

2000년 7월 8일 재 선포한 〈중화인민공화국생산품품질법〉은 건축자재 · 건축부재생산 · 설비공급회사의 품질책임에 대해 관련 규정하였으며, 주요한 것은 아래 몇 종류가 있다.

(1) 건축자재 · 부재생산 · 설비공급회사는 반드시 상응하는 생산조건 · 기술장비 · 품질보증체계를 갖추어야 하며, 검측인원과 설비를 구비하고, 상품견본 · 주문품 · 재고 · 운송 · 검사에 대해 품질을 보증해야 한다.

(2) 건축자재 · 부재 · 설비의 품질은 국가 또는 업종 현행 관련기술 표준규정의 합격표준과 설계요구에 부합해야 한다. 건축자재 · 부재 · 설비 혹 포장에 명기한 표준과 부합해야 한다. 건축자재 · 부재 · 설비설명 · 실물샘플 등의 품질상황과 부합해야 한다.

(3) 건축자재 · 부재 · 설비 또는 그 포장의 표지는 관련규정요구에 부합해야 한다. 즉 상품품질 검사합격증명이 있어야 하고, 중문 상품명칭, 생산공장 명칭과 주소가 있어야 한다. 상품포장과 상표양식은 국가관련규정과 표준요구에 부합해야 한다. 설비는 상품 상세사용설명서를 갖추어야 하며, 전기설비는 선로도를 갖추어야 한다. 생산허가증 혹 상품품질인증표지를 사용하는 상품은 허가증 또는 품질인증번호, 비준일자와 유효기간이 있어야 한다.

4.6 외상투자기업 관련규정

4.6.1 외상투자건설기업 관리규정

2002년 12월 1일부터 시행된 〈외상투자건설기업관리규정〉에 근거하여 중화인민공화국 내에 설립하는 외상투자건설기업이나 건축활동에 종사하는 외국 투자자는 법에 의거하여 대외 무역 경제 행정주관 부문에서 발급하는 외상투자기업 허가 증서를 취득하여 국가공상 행정관리 총국 또는 그 권안을 위탁받은 지방행정 관리국에서 등록 등기를 하고 건설행정 주관부문에서 발급하는 건설기업 자격 증서를 취득해야 한다. 국무원의 대외 무역 경제 행정 주관 부문은 해외 투자 건설기업 설립에 관한 관리 업무를 담당하고 국무원 건설 행정 주관부문은 해외 투자 건설기업의 자격 관리 업무를 담당한다.

1. 기업설립과 자격신청과 허가

시공총도급의 서열 특급과 1급, 전문도급의 서열 1급자격의 외상투자건설기업의 설립 신청에 대해 그 설립은 국무원 대외무역 경제행정 주관부문에서 허가하고 그 자격은 국무원 건설행정 주관부문에서 허가하며 시공총도급과 전문도급 서열 2급과 2급 이하, 용역도급 서열 자격의 설립 신청에 대해서 그 설립은 성, 자치구, 직할시 인민정부 대외무역 경제행정 주관부문에서 허가하고 그 자격은 성, 자치구, 직할시 인민정부 건설행정 주관부문에서 허가한다.

중외합자경영건설기업, 중외합작경영건설기업[7]의 중국측 투자자는 중앙관리 기업으로써, 그 설립은 국무원 대외무역경제행정주관부문에서 심사비준하고, 그 자격은 국무원 건설행정주관부문에서 심사비준한다.

외국인투자 건설업기업의 설립, 시공총도급서열 특급과 1급, 전문도급서열 1급자격의 신청절차는 다음과 같다.

(1) 신청자는 기업을 설립하려는 성, 자치구, 직할시 인민정부 대외무역경제 행정주관부문에 설립 신청서를 제출한다.
(2) 성, 자치구, 직할시 인민정부 대외무역 경제행정 주관부문은 신청을 수리한 날로부터 30일 이내에 초심을 마치고, 일차 심사 동의 이후 국무원 대외무역 경제행정 주관부문에 보고한다.

7) "合資經營企業"은 중국기업과 외국기업이 공동으로 투자, 경영하는 기업이고, "合作經營企業"은 합작 약정에 정한 합작사업의 범위 내에서만 수익분배와 손실과 위험분담을 하는 기업이다.

(3) 국무원 대외무역 경제행정 주관부문은 초심 서류를 받은 날로부터 10일 이내에 신청서를 국무원건설행정 주관부문에 보내 의견을 구한다. 국무원 건설행정 주관부문은 이 서류를 받은 날로부터 30일 이내에 의견을 제출해야 한다. 국무원 대외무역 경제행정 주관부문은 국무원 건설행정 주관부문의 서면의견을 받은 날로부터 30일 이내에 승인 여부를 서면으로 결정해야 한다. 허락한 경우 외상투자기업허가증서를 발급하고 불허한 경우 그 이유를 서면으로 설명 한다.

(4) 외상투자기업 허락증서를 취득한 후 30일 이내에 등기 주관기관에 가서 기업등기 등록을 해야 한다.

(5) 기업 법인 영업허가증을 취득한 후 건설기업 자격 신청을 하고 건설기업 자격관리 규정에 따라 수속을 받는다. 중외합자경영건설업체, 중외합작경영건설회사 중국측 경영자의 출자 총액은 등록자본의 25% 이상이어야 한다.

2. 공사도급범위

외상건설기업은 그 자질등급이 허가하는 범위 내에서 아래와 같은 공사를 맡을 수 있다.

(1) 모든 외국에서 투자한 건설공정.

(2) 국제금융기구가 자금을 보증하거나 대출조건에 근거하여 진행한 국제 입찰을 통과한 건설사업.

(3) 외국 투자 금액이 50%나 그것을 초과한 중외 연합 건설사업 또는 외국 자금이 50% 이하이지만 기술적 어려움이 있을 경우나 중국 건설기업이 독립적으로 실행이 불가능한 경우 성, 자치구, 직할시 인민정부 건설행정 주관부문의 허락을 받은 중외 연합 건설사업.

(4) 중국이 투자하였지만 기술적 어려움이나 중국 건설기업이 독립적으로 시행이 불가능한 사업은 성, 자치구, 직할시 인민정부 건설행정 주관부문의 허락을 얻어 중외 건설기업 연합으로 도급을 맡을 수 있다.

4.6.2 외상투자 건설공정 설계기업에 관한 관리규정

〈외상투자 건설공정 설계기업 관리규정〉(2002년 12월 1일부터 시행)에 근거하여 중국 내에 외상투자 건설공정 설계기업을 설립하거나 건설공정 설계 활동에 종사하는 외국 투자자는 마땅히 법에 의거하여 대외무역 경제행정 주관부문에서 발급하는 외상투자 기업 허가증서를 취득해야 하며 국가공상행정 관리총국 또는 그 권한을 부여받은 지방 공상행정 관리국에서 등기 등록을 해야 하며 건설행정 주관부문에서 발급하는 건설공정 설계기업 자격증서를 취득해야 한다. 국무원의 대외무역 경제합작 행정주관부문은 외상투자 건설공정 설계기업의 설립에 관한 관리 업무를 담당하며 국무원의 건설행정 주관부문은 외상투자 건설공정 설계기업의 자격에 관한 관리 업무을 담당한다.

1. 기업설립자격의 신청과 허가

건설공정 설계 갑급 자격과 기타 건설공정 설계 을, 병급 자격에 대한 외상투자 건설공정 설계기업의 설립 신청은 그 설립은 국무원 대외무역 경제행정 주관부문에서 허가하고 그 자격은 국무원 건설행정 주관부문에서 허가한다. 건설공정 설계 을급 자격, 기타 건설공정 설계 병급 및 그 이하 등급에 대한 외상투자 건설공정 설계기업의 설립 신청은 그 설립은 성, 자치구, 직할시 인민정부 대외무역 경제행정 주관부문에서 허가하고, 그 자격은 성, 자치구, 직할시 인민정부 건설행정 주관부문에서 허가한다.

외상투자 건설공정 설계기업의 설립에 대한 건축공사설계 갑급 자격과 기타 건설공정 설계 갑, 을급 자격의 신청 절차는 다음과 같다.

(1) 신청자는 기업을 설립하려는 성, 자치구, 직할시 인민정부 대외무역 경제행정 주관부문에 설립 신청을 해야 한다.
(2) 성, 자치구, 직할시 인민정부 대외무역 경제 행정주관 부문은 신청을 수리한 날부터 30일 이내에 일차 심사를 완성해야 하며 일차 심사 동의 이후 국무원 대외무역 경제행정 주관부문에 보고해야 한다.
(3) 국무원 대외무역 경제행정 주관부문은 일차 심사서를 받은 날부터 10일 이내에 신청서를 국무원 건설행정 주관부문에 보내 의견을 받는다. 국무원 건설행정 주관부문은 이 서류를 받은 날부터 30일 이내에 의견을 제출해야 하며 국무원 대외무역 경제행정 주관부문은 국무원 건설행정 주관부문의 서면의견을 받은 날부터 30일 이내에 허가 여부를 서면으로 결정해야 한다. 허가할 경우 외국인투자기업에 허가증서를 발급하고 불허할 경우 서면으로 이유를 설명한다.
(4) 외국인투자기업 허가증서를 취득하면 30일 이내에 등기 주관기관에 기업등기 등록을 해야 한다.
(5) 기업법인 영업증서 취득 이후 건설공정 설계기업 자격을 신청하고 건설공정 설계기업 자격 관리규정에 따라 일을 처리한다.

2. 기타규정

외상투자 건설공정 설계기업의 외국측 투자자 및 외국의 서비스 제공자는 그 본국에서 건설공정 설계기업에 종사하거나 등록 건축사, 등록 기술사이어야 한다. 중외합자경영 건설공정 설계기업, 중외합작경영 건설공정 설계기업의 중국측 경영자의 출자총액은 등록자본의 25% 이하보다 작으면 안된다.

외자건설공정 설계기업이 건설공정 설계기업 자격을 신청할 경우 중국 등록건축사, 등록기술사 자격을 취득한 외국 서비스 제공자의 수는 각 자격 등급 제도 규정의 등록 집행원 총수의 1/4보다 작으면 안된다. 관련 전문 설계 경력을 가진 외국 서비스

제공자의 수는 자격 등급 기준 규정의 전문 기술자 총수의 1/4보다 적으면 안된다.

중외합자경영, 중외합작경영 건설공정 설계기업이 건설공정 설계회사 자격을 신청할 경우 중국 등록건축사, 등록기술사 자격을 취득한 외국서비스 제공자 수가 각 자격 등급 기준 규정의 등록 집행인 총수의 1/8보다 적으면 안되고 관련 전문 설계 경력이 있는 중국 서비스 제공자 수는 자격 등급 기준 규정의 전문 기술자 총수의 1/8보다 적으면 안된다.

외상투자 건설공정 설계기업 중 재중 등록건축사, 기술사 및 전문 기술자 등, 외국 서비스 제공자는 각자 매년 중화인민공화국 내 합계 거주 시간은 6개월보다 적으면 안된다.

4.7 건설채권, 담보와 보험상품의 입법진행

4.7.1 건축채권의 입법진행

중국은 아직 건설채권을 발행한 적이 없으며, 건설채권과 관련이 있는 것은 시정채권(市政債券)이다. 시정채권은 지방정부 및 그 권한을 부여 받은 대리기구가 발행하는 유가증권으로, 현지의 도시기초시설과 공익성 항목의 건설에 사용된다. 중국 경제가 발전함에 따라, 도시화 진행의 가속화, 대다수 도시들의 투자확대, 경제성장추진과 자금부족, 순조롭지 않은 융자경로 등의 모순들이 두드러지고 있다. 시정(市政)건설에 필요한 자금은 현재 재정지출금(국가예산내투자와 지방재정지출금 포함), 은행차관 및 도시건설유지세와 도시공공사업부가세 두 가지 전문항목 자금에서 충당하고 있으나, 이들은 모두 그 자금수요에 턱없이 부족하다. 따라서, 시정(市政)채권의 발행은 도시건설의 자금수요를 만족할 뿐만 아니라, 재정부담을 줄이고 재정체제개혁을 심화하는데 유리하고, 중국의 채권시장 발전과 투자 품종을 풍부하게 하고 투자경로를 확대하는데 유리하다.

1. 중국 시정채권시장의 발전현황

1980년대 말부터 90년대 초까지의 시기에, 중국정부는 시정채권을 시범 발행했었다. 당시 적지 않은 지방정부들이 도로 및 교량 건설에 필요한 거액의 건설자금을 모으기 위해서 지방정부채권을 발행한 적이 있었다. 어떤 지방은 무이자 채권을 발행하기도 했으며, 국가건설을 지원한다는 명분으로 각 업체에 분담시켰고, 직접 일부 근로자의 월급으로 충당한 경우도 있었다.

그러나 1995년부터 실시한 〈중화인민공화국예산법〉 제28조에서 "법률과 국무원이 별도로 규정하는 외에, 지방정부는 지방정부채권을 발행할 수 없다."라고 명확하게 규정하였다. 이 규정은 지방정부가 채권을 발행하여 시정건설자금으로 쓰는 길을 봉쇄해 버렸다. 〈예산법〉의 지방정부 채권발행에 대한 제한은, 현재까지 중국채권시장 중 시정채권관련방면을 공백상태로 만들고 있다.

근래 들어 중국 대도시들 모두 도시화 진행이 가속화됨에 따라, 공공서비스를 제공하고 기초시설상황을 개선하는데 지방정부가 많은 지출책임을 진다. 대다수의 도시기초시설은 모두 자본밀집형 특징을 가지고 있기 때문에 현재의 투자 · 융자체제에 의존하여 얻어지는 자금은 건설수요에 턱없이 부족하다. 이러한 상황하에 어떤 지방정부는 정부와 밀접히 연계되거나 정부에 소속된 기업을 통하여 채권을 발행하고 자금을 조달하여 시정건설에 사용한다. 이러한 채권은 항목에서 얻은 수익을 상환자금으로 하므로 미국 시정채권 중의 수입채권과 유사하며, 형식상은 일종의 기업채권이며 실질상은 일종의 시정채권(자금용도로부터 판단 가능)이다. 학계에서는 "준(准)시정채권"이라고 부른다. 1990년대 이후 이러한 융자방식은 이미 많은 성시(省市)에서 운용되었다(표 4-1 참고).

표 4-1 준시정채권 발행현황 (단위:억 위안)

채권발행주체	채권이름	발행시기	프로젝트명	발행한도
광저우시 지하철 총공사	광저우(廣州)지하철 건설채권	1997	지하철 건설	5.2
상하이시 도시건설 투자개발 총공사	푸동(浦東)건설채권	1999	상하이 지하철 2호선 1기공정	5
지난(濟南)시 상수도공사	급수건설채권	1999	도시급수저수지	1.5
상하이 징우스(久事)공사	2003 상하이 궤도교통 건설	2003	상하이 궤도교통 명주선 2기와 신민 경전철 공사	40
베이징시 국유자산 유한책임공사	올림픽공정기업채권	2003	2008년 올림픽 메인 스타디움	20
쑤저우(蘇州) 공업단지 토지경영관리공사	쑤저우공업단지채권	2003	단지 "九通一平*" 기초시설사업	10

* 九通: 시정도로 · 우수 · 오수 · 상수도 · 천연가스 · 전력 · 전신 · 난방 · 유선TV, 一平: 부지평탄.
자료출처 : 中國經濟時報, 中國證券報, 商務周刊, 新華網 등에서 정리.

중앙정부는 지방정부가 진행하는 기초시설과 공공항목 건설을 지원하기 위해, 국채를 빌려 다시 지방정부에 융자하는 방식을 사용하기도 한다(표 4-2 참조).

표 4-2 중앙정부가 지방정부 대신 발행한 채권액 현황(1998 ~ 2003) (단위:억 위안)

년도	1998	1999	2000	2001	2002	2003
중앙정부가 지방정부대신 발행한 채권액	500	300	500	400	250	250

자료출처 : 全國人民代表大會1988-2003年度財政預算執行報告.

2. 입법진행과 지방정부의 조작

앞에서 서술한 바와 같이, 중국의 현행 법률은 지방정부가 채권을 발행하는 것을 금지하고 있고, 시정채권에 관한 구체적 법률과 법규는 더욱 없다. 사실상, 중국지방정부의 직 · 간접적인 부채는 일찍이 이미 보편적 문제가 되었다. 각 지방정부는 보편적으로 음성부채를 안고 있으며, 예로 기업채권 발행과 정부가 제공한 모종의 담보 등이다. 통계에 따르면 1998~1999년 발행한 기업채권 중, 85% 이상이 기초시설류

기업이 발행하였으며, 그 중 약 40%는 교통운수기업이 발행하였고, 30%는 전력기업이 발행하였다.

도시개발 중의 자금부족문제를 해결하기 위해, 일부 지방정부는 정부산하기업을 통하여 기업채권을 발행하여 시정건설에 사용하고, 시정사업에서 발생하는 수익으로 자금을 갚는 방식을 채택하기도 하였다. 예를 들어 광저우(廣州)시 지하철 총공사는 1997년 광저우 지하철 건설채권을 발행하였고, 상하이시 성건(城建)투자개발공사는 1999년 2월에 5억 위안의 푸동(浦東) 건설채권을 발행하여 상하이 지하철 2호선 1기 공사에 사용하였다. 상하이시 징우스공사(久事公司)와 상하이시 성건투자개발공사는 1999년 11~12월 6억 위안과 8억 위안의 기업채권을 발행하여 시정건설에 모두 사용하였다. 지난(濟南)시 상수도공사는 1999년 4~5월 15억 위안의 급수건설채권을 발행하였다.

현재, 가장 현실적인 방법은 지방정부의 음성부채를 드러내는 것이며, 법률적 절차를 통해 지방정부의 부채를 합법화해야 한다. 이를 위해 〈예산법〉에 대한 수정이 필요하다. 동시에 관련재정법규 · 세수법규에 대하여 수정을 해야 하며, 전문적인 시정채권 관리법규를 제정해야 한다.

4.7.2 건축담보와 보험의 입법진행

건설규모와 기술난이도가 부단히 증가하고, 신용관계가 나날이 복잡해지고, 예측 불가능한 요소가 증가하고, 공정의 잠재적 위험이 증가하고 있다. 발주처 · 도급업자 · 설계회사 · 자문회사 · 자재설비공급상 등을 포함한 건설시장주체 모두는 불가피하게 각종 위험에 노출되어 있다. 건설공정항목과 관련된 한 주체의 위험이 공정건설의 순조로운 진행에 위협이 될 수 있고, 심지어 건설공정의 완전한 실패를 가져올 수도 있다. 건설공정 담보와 보험제도는 위험을 막아내는 효과적 도구이다.

1. 중국 건설공정담보, 공사보험제도의 발전현황

선진국과 비교하여 중국의 공정담보와 공사보험의 시작은 비교적 늦은 편이었다. 1980년대 초에 이르러서야 공정담보와 공정보험제도가 외국으로부터 들어왔으며, 주로 일련의 외자와 합자의 공정건설항목 및 부분 중점 시정공사에 이용되었다. 조사에 따르면, 외자공정항목은 보험가입율이 90% 이상으로 그 중 많은 부분이 국외의 보험회사를 통하거나 국내의 외국보험사를 끼고 보험에 가입한 것이다. 국내자본 프로젝트의 보험가입률은 30%가 되지 않고 보상액이 적을수록 가입률도 낮게 나타나고 있다.

국내보험에 가입한 공정항목 중 상업성 건축이 80%, 시정공정이 15%, 기타 5%를 점하고 있다. 시장경제 중 위험관리의 중요한 수단인 공정담보와 공정보험은 공정건설과 건설업에서 아직 광범위하게 사용되고 있지 않다.

1990년대 중 · 후기 건설행정주관부문은 국외건설관리체제에 대한 깊은 연구를 통하여, 장차 공정담보와 공정보험을 주요 내용으로 하는 공정위험관리제도의 건립을 중국건설관리체제개혁을 심화하는 하나의 중요한 조치로 결정하였다. 베이징, 상하이, 션전 등지에서 우선 시험적으로 실행하였다. 게다가 중국은 〈건축법〉, 〈담보법〉, 〈보험법〉, 〈계약법〉, 〈공개입찰법〉을 연속적으로 반포하여 일련의 기본적인 법제 기초를 마련하였으며, 공정담보와 보험을 중국의 공정건설영역에 적용하기 시작하였다. 현재 상하이시는 이미 건축근로자 의외상해보험(意外傷害保險)을 보편적으로 실행하고 있고, 베이징시는 도급지불 보증제를 점진적으로 실행하고 있으며, 션전시는 모든 공정에 입찰담보를 실행하고, 부분 정부공정에 보증제를 시행하거나, 건축공정 종합보험과 제3자 책임보험 등을 가입하고 있다.

2. 중국건설공정담보, 공사보험제도가 지닌 주요문제

(1) 법률 · 법규의 보장 결핍

중국은 이미 〈담보법〉 · 〈보험법〉을 제정하여 공정담보와 공정보험 전개를 위한 법률적인 보장을 하려고 하지만, 공사특징에 대한 구체적인 규정이 미비하여 공정실전 중 조작하기가 어렵다. 〈건축법〉과 〈입찰법〉에 의외상해보험과 이행보증금에 대한 규정이 있지만, 기타 공정담보와 공정보험에 대해서는 규정이 없다. 건설부와 국가공상행정관리국에서 새롭게 수정한 〈건설공정시공계약시범문건(示範文本)〉 중 공정담보와 공정보험 관련조항을 보충하였지만, 여전히 추천적 성격이 강하며 법률 강제력은 없다.

(2) 공사에 대한 위험의식 부족

중국의 공정항목의 투자주체는 이미 다원화되었고 기업소유제 구조 또한 많은 변화가 있었지만, 다방면의 원인으로 인해 발주처 · 도급상의 공정위험에 대한 경각심은 여전히 부족하며 일단 중대한 문제가 발생하면 결국엔 정부가 위험을 떠맡는다. 공정담보와 공정보험은 하나의 새로운 제도이나 중국의 공정계 · 금융계 및 관련부문은 여전히 그 중요성에 대해 충분한 인식이 부족하며, 위험에 대해 요행심리를 가지고 있거나, 보험가입으로 공사원가가 높아지거나 손해가 더 많다고 생각한다. 국내의 상업은행 · 정책성은행은 대출해 준 공정항목에 대해 반드시 보험에 가입할 것을 요구하지는 않는다.

(3) 담보인 시장 미형성과 보험회사의 영업능력 부족

공정담보 제도의 건립과 실행은 자격조건에 부합하는 상당수의 담보인이 필요하며 일정한 경쟁력을 갖춘 담보인시장을 형성해야 한다. 현재 중국의 일부 은행은 담보업무를 시작하였지만, 많이 보급되지는 않았으며, 보험회사는 현행규정에 따라 아직 담보업무를 할 수가 없다. 도급상 간의 동업 담보는 아직 전개되지 않고 있으며, 전문적인 담보회사는 아직 적다. 게다가 국가는 담보회사 설립에 대해, 어떤 조건을 구비하고, 어떻게 심사비준을 하며, 업무수용의 한정유무 및 어떻게 하면 효과적으로 감독할 수 있는가 등에 대하여 아직 명확한 규정이 없으며 경쟁 시스템도 형성하지 못하고 있다.

보험회사는 공정위험 관리방면에 대한 이론연구와 실전조작에 대해 심화가 필요하고, 개발된 보험의 종류가 부족하다. 게다가 보험 형식이 단일하고 융통성이 부족하여 시장과 공정건설의 요구에 적응하지 못하고 있다. 보험회사는 보편적으로 공정건설에 필요한 지식과 전문인원(도급공사 보험의 보험인원은 보험방면의 전문지식을 이해하고, 공정방면의 법률과 전문지식을 숙지해야 한다)이 부족하며, 고객이 제출하는 각종 전문적인 문제에 대답을 못하며, 심지어 공정위험관리의 자문감독 서비스 등을 제공하지 못하여, 고객의 보험가입 의지를 꺾고 공정보험의 보급에도 영향을 미친다.

(4) 공정위험관리 중개자문기구의 부재

근 몇 년 들어 비록 중국의 몇몇 보험회사는 이미 공정보험업무를 시작했지만 발주처나 도급상에게 받아들여진 회사는 매우 적다. 그 원인 중의 하나는 중국은 아직 진정한 의미의 공정보험 중개인 · 대리인 특히 공정위험관리자문회사가 없다. 공정보험의 자문서비스가 없기 때문에 공정보험에 대한 지식이 보급되지 못했고 많은 발주처, 도급상 등은 보험에 가입하는 것이 손해라고 생각하여 보험에 가입하려는 적극성이 없다. 만약 전문가가 사고 후의 배상업무를 대리하지 않고, 보험회사에서 부담해야 할 배상책임을 미루면, 피보험인은 자기의 합법적인 권익을 보호받기가 어렵다. 그래서 공정위험관리중개자문기구의 교육 · 발전은 공정보험업무 전개에 중요한 기초조건이 된다.

이외에도 현재 중국의 보험회사는 공사보험 계약실행에 대해 감독할 능력이 부족하다. 공사담보 또한 유사한 문제를 가지고 있다. 공사담보 또는 공사보험에서 발생하는 분쟁에 대해서도 기술적인 감정과 책임 확인을 진행하는 권위기구가 없다.

(5) 공정담보와 공정보험의 비용에 대한 명확한 규정의 결핍

공정담보와 공정보험제도의 실행 이후, 필연적으로 공정원가가 증가한다. 그러나 현재 국가 관련부문은 비용상승 문제 해결에 관한 규정이 없다.

3. 중국 건설공정 담보, 보험제도의 입법전개

장기적 관점에서 보면, 중국의 공정담보와 보험제도 추세는 국제관례와 궤를 맞춰야 한다. 그 기본틀은 공정담보 보험제도를 건축시장 질서유지의 기본제도로 하는 것이다. 이행담보를 주요내용으로 하고 다품종 담보보험이 공존하는, 상호보충의 담보보험 구조를 만들어야 한다.

단기적 관점에서 보면, 중국은 아직도 행정관리방식을 많이 채용하고 있기 때문에, 건설업을 주도하는 역량은 아직도 국유건설기업이다. 이러한 상황하에 시장기제가 점진적으로 진입하고 계획체제는 점진적으로 퇴출되고 있다. 따라서, 공정담보와 보험제도의 채용은 쉬운 것에서 어려운 것으로, 점진적으로 추진해 나가는 방법을 택해야 한다.

현재와 같은 상황에서는, 아래의 3가지 수단을 결합하여 공정담보와 보험제도를 추진할 수 있다.

(1) 제정 가능한 법률 · 국무원행정법규 · 지방법규 · 부문규정 중 성숙한 담보 · 보험제도를 확정해낸다. 적당한 시기에, 관련 법률 · 법규 중에서 '건설공정항목이 필히 진행해야 할 일부 종류의 담보 · 보험의 규정' 요구를 만들어낸다.

(2) 표준계약문서 중에 관련조항을 첨부한다. 채택할 수 있는 담보보험의 종류, 담보보험의 유효기간, 담보보험자금의 출처, 보증금의 형식, 보증금의 지불과 회수, 담보보험의 기구, 담보의 배상 등을 포함한다.

(3) 투자 · 융자, 건설체제심화개혁을 추진하고, 공정건설의 시장운행시스템을 형성한다.

5

중국 공정항목 발주-수주체계

이 장에서는 전통공정교부방식(工程交付方式, DBB : Design-Bid-Build), 공정총도급방식(工程總承包方式, EPC : Engineering-Procurement-Construction)과 항목관리총도급방식(項目管理總承包方式, PMC : Project Management Contractor) 등 공정항목 교부방식의 틀과 그 특징을 소개하고, 이를 바탕으로 중국의 공정항목 교부체계의 과정을 돌아보고 미래의 발전에 대해 전망하고자 한다. 설계와 공정항목의 교부체계 실무를 중점적으로 서술하고, 중국 공정항목 건설 일반절차의 소개로 시작하여, 공정항목 교부체계 중의 발주처 및 설계 · 시공 · 공정감리 등 기업의 실제운영에 대해 설명하고, 마지막으로 기초시설건설의 PPP(Public-Private-Partnerships) 방식에 대해 개술하고, 실례와 결합하여 중국 BOT(Build-Operate-Transfer) 항목의 운영절차에 대해 중점적으로 설명한다.

이 장을 시작하기에 앞서 독자들의 이해도를 높이기 위해 간단한 용어설명을 각주로 첨부하오니 참고하기 바란다.[8)]

5.1 공정항목 교부방식과 특징

공정항목은 건설항목이라고 칭하며, 넓은 의미로 소기의 목표에 도달하기 위해, 일정량의 자본을 투입하고, 일정한 제약조건 하에 정책결정과 필요한 절차의 시행을 거쳐서 고정자산을 형성하는 일회성 사업을 가리킨다. 구체적으로 말하자면 공정항목은 신축 · 확장 · 개수 공정을 가리키는 것으로, 예를 들면 각종 공업과 민용건축공정, 도시기초시설 건설공정, 공항 · 항구 · 도로 · 철도 · 수리(水利) · 광산 · 국방 · 항공우주 등 각종 공정이다.

교부방식이란 설계부터 건조까지 항목관리 전체 과정을 조직하는데 사용되는 방법을 가리킨다. 이러한 교부방식은 체계 내에서, 발주처 · 시공자 · 계약자 · 현장소장의 역할과 임무를 정의하고, 각자에게 독특한 책임을 부여하고, 발주처가 언제 · 어떤

8) 항목: 프로젝트/교부: 수발주/환절: 고리, 부분, 파트/공정사: 기술인력/각 방: 각 주체, 각 측.

설계직원을 고용하고 어떤 유형의 계약을 채택해야 하는지를 정의하고 있다.

중국 사회주의 건축시장에서, 공정항목 교부체계는 국가의 거시적 통제체제에서, 공유제를 주로 하는 공정항목의 발주처 · 도급업자와 중개서비스기구의 3원구조로 구성되며, 공정항목의 발주와 수주건설을 주요 교역형식으로 하며, 지질조사 · 설계 · 감리 · 자문 · 자재설비공급 · 시공 및 건축생산의 제 요소를 결합한 건설항목실시조직체계를 포함한다.

5.1.1 국제공정항목 교부체계 개황

세계경제가 발전하고 사람들의 수요가 끊임없이 상승함에 따라 공정항목이 점차 대형화 · 복잡화하는 방향으로 발전하게 되었다. 전통공정교부방식(DBB)은 이미 국제시장의 수요를 만족시킬 수 없게 되었고, 이에 따라 항목 발주방식에 거대한 변혁이 일어나고, 발주처는 지출을 줄이고 항목건설의 공기를 단축시키고 많은 도급회사와 교섭하는 것을 가능한 줄이기 위해서, 공정항목에 필요한 설비 · 물자 · 자재의 구매를 도급회사에서 통일적으로 책임지는 경향으로 흐르고, 항목총도급방식(EPC)과 턴키방식이 국제적 공정에서 광범위하게 운용되게 되었다. 이 같은 경영방식은 기업의 이윤 원천을 간단한 공정도급 환절로부터, 설계 · 시공에서 공정교부의 총체 설치에 이르는 전체과정으로 확장시켰으며, 이런 능력을 신속히 건립한 기업이 경쟁에서 유리한 위치를 확보하게 되었다.

다른 한편, 건축업 자체의 기술진보와 관리수준의 향상으로, 공정도급항목규모의 끊임없는 확대를 위하여 유력한 보장을 제공하였다. 국제금융서비스체계의 끊임없는 보완과 각국 정부의 적극적인 지지로 도급항목의 규모 확대 가능성과 융자항목의 발전 가능성을 제공하였으며, 공정항목의 일체화를 위하여 광활한 공간을 개척하였다. 전 방위의 가치연쇄(value chain)라는 혁신적인 방식이 형성되기 시작하였고, 이는 실질적으로 기업을 경쟁상대 범위를 넘어서는 대환경으로 위치하게 하여, 기업의 고객 · 공급업체 · 금융기구 및 고객의 고객에 이르기까지 모두가 기업의 틀 안에 들어오게 되었고, 기업 자신의 가치연쇄와 이와 밀접하게 연관된 외부단체의 가치연

쇄가 더욱 효과적으로 결합함으로써 새로운 가치를 창조하였다. 예를 들어 현재 특권경영방식(예 BOT)은 국제공정항목에서 갈수록 더 광범위하게 운용되고 있으며, 특히 대형기초시설의 건설에서 더욱 잘 체현되고 있다.

5.1.2 중국의 주요 공정항목 교부방식

1980년대이래, 중국에는 이미 다양한 종류의 공정항목 교부방식이 형성되었다. 사회주의 시장경제가 발전함에 따라 공정항목 교부방식 또한 끊임없이 혁신 · 발전 · 보완되고 있다.

1. 전통공정교부방식(DBB)

전통공정교부방식은 설계-입찰-건설방식(Design-Bid-Build, DBB)이라고도 한다. DBB방식에서 항목에 참여하는 주요 3자는 발주처 · 건축사/공정사(A/E) · 도급회사이다. 이러한 방법을 채택하였을 경우, 발주처와 설계기구(A/E)는 전문서비스 계약을 체결하고 건축사/공정사(A/E)는 항목의 설계와 시공문건을 책임지고 제공한다. 설계기구의 협조하에, 경쟁성 입찰을 통하여 공정시공의 임무를 입찰가격이 가장 낮고 가장 적합한 자격을 가진 입찰자(총도급회사)에 교부하여 완성하게 한다. 이런 방식으로 발주하여 설계자와 시공회사에 직접적인 관리책임이 없고, 이들은 발주처를 통하여 소통한나(그림 5-1). 시공단계에서는 설계전문인원이 일반적으로 주요한 감독역할을 담당하며, 발주처와 도급회사간의 교량역할을 담당하게 된다.

DBB방식은 역사가 가장 오래되고 광범위하게 인정되는 공정항목 관리방식이다. 세계은행 · 아시아 개발은행 대출항목과 국제자문공정사연합회(FIDIC) · 토목공정시공계약조건의 항목이 모두 이러한 방식을 채택하고 있다. 이 방식의 가장 큰 특징은 공정항목의 실시는 반드시 설계-입찰-건설의 순서에 따라 진행되는 것을 강조하는 것이며, 한 단계가 끝난 후에야 다음 단계가 시작할 수 있다.

DBB방식은 다음과 같은 장점이 있다.

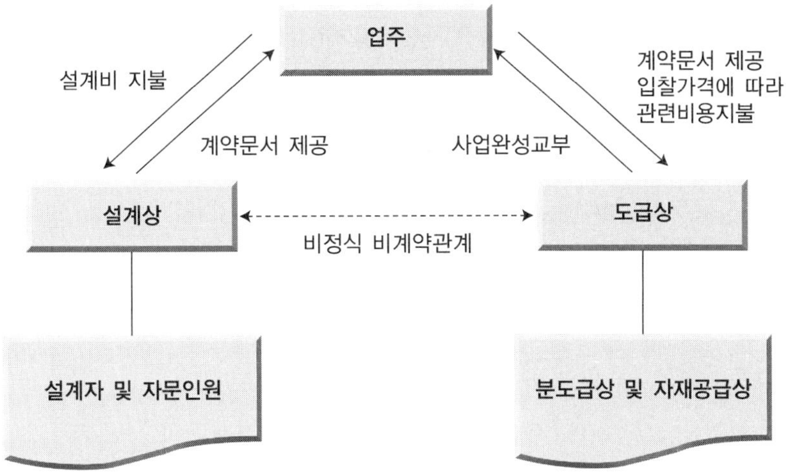

그림 5-1 전통공정교부방식(DBB) 구조

① 광범위하게 사용되고 있으며 관리방법이 성숙하였다.

② 자유롭게 자문 · 설계 · 감리회사를 선택할 수 있다.

③ 설계에 대해 완벽하게 통제할 수 있다.

④ 경쟁입찰 방식을 채택할 수 있다.

⑤ 표준화된 계약관계를 채택하여, 계약 관리 · 위험관리 · 투자감소에 유리하다.

⑥ 발주처는 단지 시공계약만 체결하면 된다.

바로 이러한 점이 DBB방식이 가지는 일반적 강점이다. 따라서 오랫동안 광범위하게 세계 각지에서 사용되고 있으며 이러한 방식은 중국에서 이미 대부분의 사람들에 의해 받아 들여지고 실제적으로 사용되고 있다.

그러나 DBB의 결점 또한 뚜렷하다.

① 항목주기가 비교적 길고, 공정항목은 계획 · 설계 · 시공의 3개의 단계를 거친 후에 발주처에 인계된다.

② 단지 제한적인 도급업체 간에 경쟁을 한다.

③ 발주처의 관리비용이 비교적 높고 초기 투입이 크다.

④ 변상과 변경의 비용이 비교적 크다.

⑤ 전체 항목의 비용이 확정되기 전에, 투입이 비교적 크다.

2. 공정총도급방식(EPC)

공정총도급교부방식(Engineering Procurement Construction, EPC)은 공정총도급회사가 발주처의 위탁을 받아, 계약약정에 따라 공정항목의 지질조사 · 설계 · 구매 · 시공 · 시운전(준공검수) 등 전과정 혹은 일부 단계의 도급을 받아 시행하는 것이며, 모든 공정항목관리에 대해 종합구상 · 전면배치 · 상호연결 · 협조운행을 실행하는 도급체계를 말한다. 이러한 방식으로 교부하여, 설계자와 시공회사가 동일한 회사이거나, 또는 합자의 형식으로 총도급회사를 구성하여, 공정기간 내에 하나의 회사를 구성한다(그림 5-2).

공정총도급의 구체적인 형식은 다음과 같다.

① **설계 · 구매총도급:** 도급상은 공정의 설계와 구매에 대해 도급을 받고, 시공은 기타 도급상에서 책임을 진다.

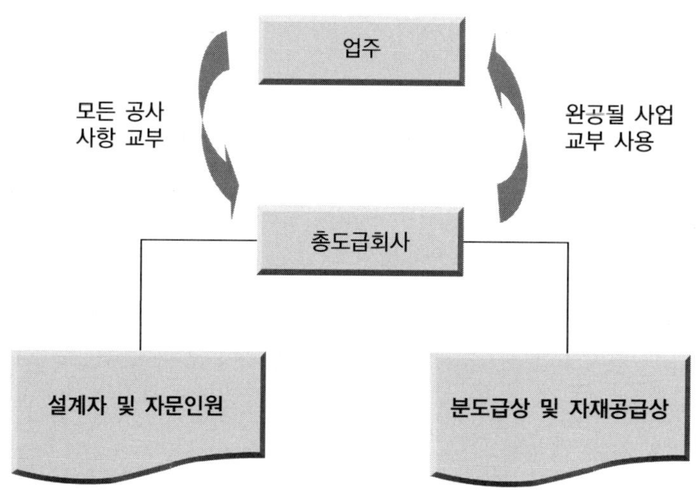

그림 5-2 공정총도급방식(EPC)의 구조

② **설계 · 시공공정총도급(Design & Build, D&B):** 도급회사는 공정항목의 설계와 시공을 책임지고, 공정품질 · 안전 · 공기 · 공사비에 대해 전면적으로 책임진다.

③ **설계 · 구매 · 시공총도급:** 도급회사는 항목의 설계 · 구매 · 시공 · 설치 전과정의 도급을 책임지고, 시운전 서비스를 책임진다.

④ **턴키총도급(Turnkey Method, TKM):** 도급회사는 항목의 설계 · 구매 · 시공 설치와 시운전 서비스 전과정에 책임이 있고, 발주처에 사용기능을 만족하고 사용조건을 구비한 공정을 교부한다.

1980년대 중기 중국에서 공정총도급을 시험적으로 실시하기 시작한 이후, 전국 200여 건설회사가 공정총도급업무를 실시하였다. 건설회사가 시작단계에 단일한 시공도급 · 시공총도급으로부터 점차 구매－시공 총도급 · 설계－시공 총도급과 설계－구매－시공 일체화의 총도급 등으로 발전하였다. 공정총도급과 항목관리는 기술요구수준이 높은 석화 · 화공업종에서 점차 야금 · 방직 · 전력 · 철도 · 기계 · 전자 · 석유천연가스 · 건자재 등의 업종과 장식업 · 외벽판넬 · 소방 등 전문적인 공정으로까지 확대되었다. 주택건설공정 공정총도급항목 또한 요즘 들어 눈에 띄게 발전하였다. 건설회사의 공정총도급 계약금을 예로 들면 매년 약 30%의 계약금이 구매－시공총도급방식으로 이루어졌다. 이와 동시에, 공정총도급액 역시 끊임없이 증대하였다. 공정총도급의 시행 초기에는 일부 기업들의 도급액은 대략 천만 위안 정도였으나, 현재 적지않은 기업들이 이미 수억 심지어 수십억 위안 항목의 총도급을 맡을 능력을 갖추었다.

공정총도급방식을 채택한 발주처는 단지 총도급회사와만 계약하여, 입찰과 계약협상 횟수를 줄인다. 중국의 공정도급 현황으로 볼 때 공정총도급은 중국의 건설활동중 선호되는 도급방식이다. 이는 공정건설 방면에서 강한 기술역량 · 풍부한 경험 · 조직관리능력을 갖춘 대형도급회사가 전문분야의 우위를 충분히 발휘하는데, 공정건설중의 각종 관계를 종합적으로 조절하는데, 공정건설에 대한 통일된 지휘와 조직관리를 강화하는데, 공정품질과 진도를 보증하는데, 투자이익을 향상시키는데 유리하다.

3. 항목관리총도급방식(PMC)

항목관리총도급방식(Project Management Contractor, PMC)은 발주처가 전문적인 항목관리회사를 초빙하는 것을 가리키며, 발주처를 대표하여 공정항목 전과정 또는 몇 단계에 대해 관리와 서비스를 진행한다(그림 5-3). 그 본질은 공정기술과 관리경험을 활용하여, 공정항목에 대해 계획 · 조직 · 지휘 · 조절 · 통제를 하며, 발주처를 대신하여 총도급회사나 지질조사 · 설계 · 시공 등 하도급회사의 계약이행을 감독하여, 소기의 건설목표를 실현하는 것이다. PMC도급회사는 항목의 설계 · 구매 · 시공 · 시운전 등 단계에서 참여 정도와 직책범위가 다르고, 따라서 PMC방식은 비교적 융통성이 크다.

현재 중국에서는 공정항목이 비교적 복잡한데 발주처에 관리업무를 담당할 조직이 없을 경우, 자문기구에 위탁하여 자신(발주처)을 대신하여 항목관리를 진행할 기구를 조직한다. 나아가 현장소장(Project Manager)으로 발주처를 대리하게 하여 항목관리의 전과정이나 일부분의 관리를 진행한다. 사업관리의 실천에서 보면, PMC방식은 주로 시공단계의 감리에 초점을 맞추고 있지만, 적지 않은 공정에서 PMC방식

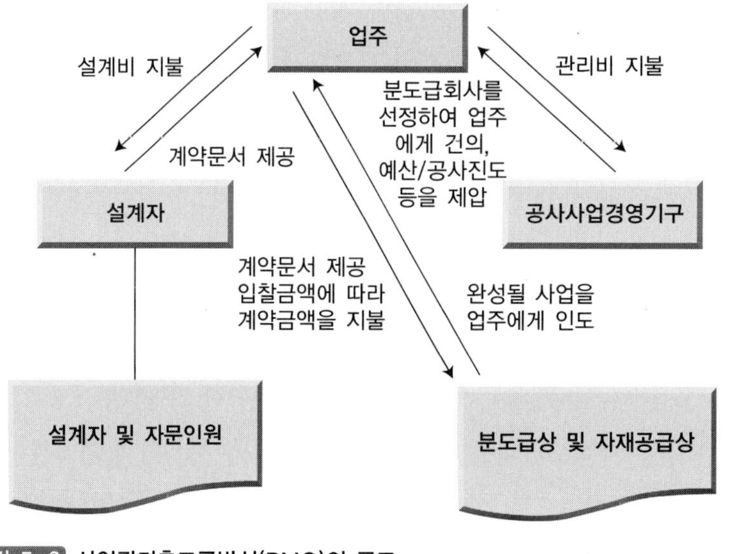

그림 5-3 사업관리총도급방식(PMC)의 구조

표 5-1 전통공정교부방식(DBB)과 공정총도급방식(EPC)의 비교

비교내용	전통공정교부방식(DBB)	공정총도급방식(EPC)
입찰	설계완성 후에야 시공입찰 가능	설계 · 시공 한 번에 입찰
도급상의 책임	설계회사 · 시공회사 각각 상응하는 책임을 진다.	총도급회사가 설계 · 시공에 대해 모든 책임을 진다.
설계시공 연결	설계회사와 시공회사는 분리되어 있고, 때로 설계방안이 시공과정 중 실현되기 어렵다. 설계와 시공인원이 분리되어 있어, 항목에 문제가 발생하였을 때 각자 책임을 회피하여, 해결의 효율이 떨어진다. 설계완성 후 시공도에 따라 시공한다.	총도급회사는 설계단계에서 사업에 개입하여, 설계단계에서 설계방안의 시공과정 중 실현여부를 고려할 수 있다. 또한 비용절감 · 공기단축의 방안을 종합적으로 고려할 수 있다. 설계와 시공인원은 설계단계에서 의견교류할 기회가 있어, 항목 실시단계에서 문제가 발생하였을 경우, 훨씬 빠르게 해결할 수 있다. 설계가 완전히 완성되지 않았더라도 단계성 설계가 완성되면 시공에 들어갈 수 있다.
발주처관리	설계와 시공에 대한 발주처의 통제력이 비교적 강하다. 발주처가 설계와 시공회사를 각각 관리하고 계약집행시 발주처는 양측과 조율해야 한다.	설계와 시공에 대한 발주처의 통제력이 비교적 약하다. 발주처는 총도급회사만 관리하면 된다.
공기 관련법률	상대적으로 비교적 길다. 축적된 경험이 풍부하고 관련 법률과 법규가 비교적 완벽하다.	비교적 짧다. 역사가 비교적 짧다, 경험이 부족하다.
보험	상응하는 보험이 있다.	전문적 보험이 없다.

을 채택하여 전과정을 관리한다. 진도 · 비용 · 품질관리 어떤 면에서든 좋은 효과를 얻고 있다. 총체적으로 말하면 PMC방식으로 전과정을 관리하는 것이 미래발전의 추세이다.

5.1.3 공정항목 교부방식의 특징

현재 중국시장의 공정교부방식의 사용빈도 측면에서 본다면 전통공정교부방식(DBB)과 공정총도급방식(EPC)이 가장 일반적으로 쓰이는 방식이며 가장 대표적인 방식이다. 이 두 가지 방식의 특징은 다음과 같다(표 5-1).

전통교부방식(DBB)의 가장 큰 장점은 대부분의 발주처 · 설계자 및 시공회사의

많은 공정이 그림 5-1 틀에서 진행된다는 것이다. 그들 모두 이 제도에 대해 매우 잘 알고 있으며, 노동자 · 분도급회사 및 자재상 모두 이 제도에 익숙해서 전체 작업의 협조성이 높다. 이외에도 발주처는 모든 작업이 시작되기 전에 공정 확정한 고정가격을 얻을 수 있다. 그리하여 발주처는 경쟁하는 시장에서 합리적인 가격을 얻을 수 있는 기회가 많다. 전통교부방식 하에 발주처는 단지 설계인의 선택 · 정식검사 및 총도급회사 선택시에만 참여하면 되고, 모든 과정의 관리에 참여할 필요는 없다.

그러나 전통교부방식(DBB)은 실천과정 중 많은 결점이 나타났는데 주요하게 다음과 같다.

① 발주처는 공정감리회사의 예산 · 공기 통제에 대하여 믿음이 부족하다.

② 공정에 품질사고가 발생하면 책임을 판별하기 쉽지 않고 설계회사와 시공회사는 종종 서로 책임을 미루며 발주처는 충분한 보상을 받지 못하는 경우도 발생하게 된다.

③ 설계에서 기본이 완성된 후에야 시공입찰을 시작할 수 있고 이러한 절차는 공기가 짧은 항목에 대해서는 매우 불리하다.

④ 발주처에서 단독으로 설계회사를 선택해 설계를 진행하므로, 도급회사는 공정량표 · 설계도 등 문건에 근거하여 견적서를 제출하기 때문에, 공정집행과정에서 이러한 문건에 대하여 이해 차이를 가져오고, 쉽게 분쟁의 실마리가 되어, 항목의 순조로운 집행에 영향을 주기도 한다.

⑤ 공정집행과정 중 발주처의 설계인원은 적시에 도급회사에 시공도면과 기타 문건을 제공할 수 없어, 도급상이 발주처에게 공기와 비용에 대해 배상을 청구하는 문제를 일으킨다.

공정총도급방식(EPC)의 가장 큰 특징은 설계 · 시공의 일체화이다. 자원을 공정항목과정에 이상적으로 배치하고, 관리절차를 줄이고, 우수하고 전문적인 관리인재를 모으고, 선진적인 항목관리방법을 채용하고, 위험과 이익 · 책임과 권리 · 과정과 결과의 통일을 체현하고, 그럼으로써 필연적으로 기업의 수준높은 관리를 선도 · 촉진하여, 기업의 핵심경쟁력과 브랜드 전략을 형성한다.

이상의 분석에서 볼 수 있듯이, 다른 방식에서 각자의 역할과 위치 또한 매우 다르다. 예를 들어 DBB방식에서 건축사/공정사(A/E)가 주로 관심을 가지는 부분은 어떻게 자신과 발주처의 이익을 보호하느냐 하는 것이지만, EPC방식에서는 그들의 역할이 완전히 다르다. 건축사/기술사(A/E)와 도급회사는 함께 협력하여 D&B 집단의 이익을 보호하며, 발주처와는 대립관계를 형성할 수도 있다. 따라서 서로 다른 계약방식에서 각 방의 관계를 이해하는 것은, 각 방의 역할과 지위를 분명히 하고, 각 방의 책임을 명확히 하는데 매우 중요하다. 특히 대형 공정항목 중 일부 참여회사는 동시에 여러 종류의 다른 계약을 체결하여, 쉽게 역할의 혼란과 오해를 가져온다. 각 방의 관계를 이해하는 것은, 혼란과 오해를 피하는데 도움이 되고, 충돌을 예측하고 모순을 해결하기 위해 기초를 제공한다. 이외에 다른 계약방식 중 각 방의 관계를 이해하는 것은 발주처가 제정한 항목의 방안을 실시할 때, 특히 혼합식의 관리방식 채택을 고려할 때 유익한 도움을 제공한다.

5.1.4 중국 공정항목 교부방식의 발전특징

당면한 중국 공정항목 교부방식은 전통교부방식(DBB)에서 공정총도급방식(EPC)과 항목관리총도급방식(PMC)으로 발전하고 있으며, 그 발전 특징은 다음과 같다.

① 공정건설항목 교부방식은 점차 발주처 자신이 관리하는 방식에서 다른 사람에게 위탁하여 관리하는 방식으로 변화하고 있으며, 경험있는 전문관리인원(자문공정사, 항목관리전문가 등) 또는 전문항목관리조직(자문회사 · 공정회사 · 항목관리회사 등)에서 담당하여, 항목관리는 비전문화영역에서 전문화 · 사회화영역으로 변화하였다.

② 공정항목의 위험을 합리적으로 분담하고, 항목참여 각 방의 장점을 집성하여 최적화한다. 위험은 발주처가 전부 부담하는 데에서, 총도급공정실시와 총도급항목 초기작업이 우세한 공정회사와 항목관리총도급회사로 이동한다.

③ 항목교부방식의 발전방향은 일정 정도 기업의 발전방향을 결정하였다. 기업

의 인적 우위 · 기술적 우위 · 관리적 우위 · 업종(전문) 우위 등이 충분히 발휘되게 하고, 기업의 적극성을 불러와서, 건설시장 경제화의 건강한 발전에 유리하다.

④ 공정의 설계와 시공을 긴밀하게 결합시킴으로써, 최종상품이 최대한으로 발주처의 요구를 만족시키는데 유리하다.

⑤ 발주처가 진도 · 품질 · 투자 통제를 하는데 더욱 유리해졌으며, 발주처의 계약관리작업이 편리하다. 즉 발주처는 이전의 복잡하고 다변적인 계약관리 관계에서 점차 간단 · 단방향의 계약관리 관계로 변하였다.

⑥ 당면 공정항목(특히 기초건설사업)의 투자다원화 발전추세에 점차 적응하여, 외국투자 · 기업출자와 개인투자 등이 더 많이 공정항목에 참여하게 되고, 개발도상국의 경제건설을 촉진하는데 유리하다.

⑦ 항목참여 각 방의 만족도를 높이고, 각 방의 win-win전략을 실현하는데 유리하며, 사업참여 하는 각 방의 장기협력에 도움이 된다.

⑧ 건설업 각 협회조직은 건축공정교부방식의 발전 중 점차 큰 작용을 한다. 항목방식의 보완을 위해 지적 지지를 제공할 뿐만 아니라, 그들이 출판한 일련의 표준계약견본이 항목교부방식의 발전과 변천을 촉진한다.

⑨ 항목교부방식의 변혁은 건설업 정보화 발전을 촉진하였다. 건설업 정보화의 끊임없는 발전은 항목교부방식을 위해 기초와 지지를 제공하였다.

5.2 공정항목 교부체계의 실천과 전망

5.2.1 중국 공정항목 교부체계의 발전과정

현재 중국이 실제공정에서 운용하는 항목교부방식이 여러 가지 있는데, 국내 전통의 공정항목 교부방식도 있고, 외국에서 들여온 선진공정항목 교부방식도 있다.

1982년 공정항목교부방식 개혁 이후, 중국의 공정항목 교부방식은 점차 국제적인 추세를 따르고 점차 규범화되어, 전체적으로 공정총도급의 방향으로 발전하고 있다. 국무원 및 관련부위에서 반포한 많은 지도성 문건 · 규정 · 방법은, 중국 건설항목 교부체계 개혁을 심화하고, 국제통용의 항목관리방식과의 연결을 가속화하고, 중국공정총도급과 항목관리의 발전을 추진하는데 중요한 작용을 하였다. 아래 1982년 이후 공정항목 교부체계의 개혁과정에 대해 간단하게 정리하였다.

- 1982년, 일본다이세이(大成)건설회사는 중국 루부거(魯布革)수력발전소 인수(引水)터널 공정을 도급받아 항목관리를 실행하여 공정항목 교부체계의 개혁을 촉진하였다.
- 1982년, 원(原)화공부는 〈현행 기본건설 관리체제의 개혁, 설계위주의 공정총도급제 실행에 관한 의견〉을 발행하여, 적극적으로 공정총도급을 실행하고, 공정항목 교부체계의 개혁을 촉진하였다.
- 1984년 9월, 국무원은 〈건설업과 기본건설 관리체제 개혁에 관한 몇 가지 문제의 임시규정〉을 발행하여, 공정도급회사가 "점차 항목건설을 조직하는 주요형식이 될 것"을 명확하게 제출하였다.
- 1984년 11월, 국무원이 국가계획위원회에 회답한 〈공정설계개혁에 관한 몇 가지 의견〉에서 "도급회사는 항목의 타당성조사에서 시운전 · 생산투입에 이르는 건설 전과정에 총도급 또는 단일항목 도급을 실행할 수 있다"고 제출하였다.
- 1984년 12월 국가계획위원회와 건설부는 공동으로 〈공정도급회사임시방법〉에 관한 통지를 발표하였다.
- 1987년 4월, 국가계획위원회 · 재정부 · 중국인민건설은행 · 국가물질국은 공동으로 〈설계회사에서 공정도급의 시험을 진행하는 관련문제에 관한 통지〉를 공포하였다. 1989년 4월 보충통지를 발표하여 시험범위를 확대하였다.
- 1988년, 건설부는 〈건설감리 전개에 관한 통지〉를 발표하고, 시험작업을

조직하였다. 이는 중국에서 건설 감리제도의 정식 건립을 의미한다.

- 1990년 10월, 건설부 · 국가계획위원회 등 5개 부위에서 공동으로 〈루부거(魯布革) 공정관리경험의 진일보 확대보급, 공정총도급 기업 창립, 종합개혁 시험작업 진행에 관한 통지〉를 반포하였다.
- 1995년 8월, 국가계획위원회 · 전력부와 교통부는 공동으로 〈외상(外商)투자 특권항목 심사비준 관리 관련문제에 관한 통지〉를 발표하고, 국내에서 운영하고 있는 BOT항목에 법규근거를 제공하였다. 동시에 국가계획위원회는 광시(廣西) 라이빈(來賓)발전소 등 항목을 선정하여 BOT시험항목으로 하였다. 이는 중국BOT사업이 규범운영의 발전단계에 들어섰음을 의미한다.
- 1996년, 〈공정건설감리규정〉을 반포 · 실시하였다.
- 1997년 11월, 중국은 〈중화인민공화국 건축법〉을 반포하고, 공정총도급 · 공정감리의 법률지위를 확립하였다.
- 1999년 8월, 건설부는 〈대형설계회사의 국제형 공정회사 창립에 관한 지도의견〉을 발행하였다.
- 1999년, 국무원에서 발표한 〈(1999) 101호문〉에는 건설부 등 6부위 공동으로 제정한 〈공정지질조사 · 설계업체 체제개혁에 관한 몇 가지 의견〉에 회답하여, 자문설계업체의 기업개혁을 제출하고, 국제통용의 건설회사 · 공정자문회사 · 설계사무소 · 지반공정회사에 전문지도의견을 제출하였다.
- 2000년 5월, 국무원은 대외경제무역부 · 외교부 · 국가계획위원회 · 국가경제무역위원회 · 재정부 · 인민은행 등 6개 부위가 제정한 〈대외 도급공정을 전력 발전시키는데 관한 의견〉을 전달하였다.
- 2000년 9월, 〈건설공정 지질조사 설계관리 조례〉를 반포 · 실시하였다.
- 2003년 2월, 건설부는 〈공정총도급과 공정항목관리기업을 양성 · 발전시키는데 관한 지도의견〉을 발행하였다.
- 2003년 12월 19일, 건설부 · 상무부는 〈외상투자 공정설계기업 관리규정〉

과 〈외상투자 건축설계기업 관리규정〉에 대하여 각각 보충규정을 제정하였다. 2004년 1월 1일부터 홍콩과 마카오의 서비스 제공자가 중국 본토에서 독립자본형식으로 기업을 설립하거나 자질 신청하는 것을 허락하였다.

- 2004년 4월 1일부터 〈전국건축과 시정기초시설공정 시공 분도급 관리방법〉을 실행하였다.
- 2004년 7월 건설부는 〈외상투자 건설기업 자질관리작업 관련문제에 관한 통지〉를 하달하였다. 여기에서 건설부는 외국기업이 중국국경 내에서 건설기업을 설립하고, 자질 및 관련업무를 신청하는데 있어, 지속적으로 잘 처리해 줄 것을 지적했다. 2005년 7월 1일 이후 건설회사 자질증서를 취득하지 못한 외국기업은 일률적으로 공정도급 활동을 할 수 없도록 규정하였다.
- 2004년 12월 1일부터 〈건설공정 항목관리 임시방법〉(건시 [2004] 200호)을 집행하였다. 이 〈방법〉에서는 업무범위 · 인원업무집행자질 등의 방면에서 항목관리기업이 마땅히 구비해야 할 구체적 내용이 규정되어 있다.

5.2.2 중국 공정항목 교부체계 개혁의 실천

경제의 전지구화 과정은 점차 빨라지고, 고급 신기술은 나날이 발전하며, 항목관리는 더욱 완벽해짐에 따라, 국제투자상과 발주처는 건설도급회사에 대한 요구와 기대가 더욱 높아졌다. 국제무대의 이러한 공정건설 도급방식의 변화는 중국 공정항목 교부방식의 다양화를 촉진하는데 일정한 기초를 닦았다.

① **구매-시공 총도급(Procurement & Construction)**: 예를 들어 베이징건공그룹이 도급 · 건설한 베이징동방광장 · 중건8국이 도급 · 건설한 따리엔(大連)문화광장, 난닝(南寧)컨벤션센터, 샨시(陝西)건공그룹이 도급 · 건설한 베이징장안호텔 등 항목이 이러한 방식을 채택하였다. 현재 국내 공정총도급 업무 다수가 '부분구매-시공총도급'에 국한되어 있다.

② **설계-시공 총도급(D&B):** 예를 들어 톈진(天津)건공그룹이 건설한 진장(津江)광장, 베이징청지엔(城建)그룹이 도급 · 건설한 자오좡신청정우취(棗莊新城政務區) 등 항목이 시공회사가 총도급회사로서 발주처와 계약 체결하고, 항목에 대해 모든 책임을 지며, 연후에 설계 · 시공도급을 진행한다.

③ **설계-구매-시공(EPC) 공정총도급:** 현재 진행하는 EPC방식은 비록 중국 건설회사에는 널리 알려지지 않았지만, 공정총도급의 발전 방향은 이미 도급상에 의해 중시되고 있으며, 실제로 장족의 발전을 이루었다. 예를 들어 쭝예(中冶)건설그룹 본사에서 도급 · 건설한 쇼우깡(首鋼)냉간아연항목, 중건1국 건설발전회사에서 완성한 베이징 LG빌딩공정, 중건8국에서 도급 · 건설한 알제리 소나무 클럽 등이 모두 EPC 방식을 차용하여, "총도급이 총책임을 지고, 준공시 열쇠를 건내는" 총도급 관리목표에 기본적으로 도달하였다.

④ **공정 전문 총도급방식:** 예를 들어 상하이 철도교통 신민선(莘閔線) 공정, 중국 철로통신신호 상하이 공정회사는 모든 공정항목에 대하여, 기술방안 · 시공도설계 · 구매 · 시공 · 운행조절로부터 전과정의 관리와 통제를 실행하였으며, 좋은 결과를 거두었다. 현재 난징(南京)지하철, 베이징-톈진간 경전철 등 건설공정항목 모두 이러한 전문분할 총도급진행 관리방식을 채택하고 있으며, 장식 · 인테리어 · 대형판넬, 기전설치 및 소방 등 전문공정으로 부단히 확대되고 있다.

⑤ **자원개발과 융자도급 방식의 실행:** 일련의 실력있는 대형기업은 자신의 우위, 그룹 내부 자원과 구조의 조정을 통하여, 진일보한 국제화 발전전략을 구축하고, 새로운 돌파구를 찾으며, 부동산과 고급과학기술영역 및 중개기구에 대한 자산투입을 강화하며, 공정총도급업무를 확장하는데 유리한 유효경로를 탐색하고 있다. 쭝예건설그룹과 중국해외공정본사는 파푸아뉴기니 루이모(瑞末)니켈코발트항목 및 짐바브웨의 원거리송전항목에서 자원개발과 BOT(건설-운영-인도), PPP(공공부문과 개인기업합작) 등 방식을 채용해서 공정도급을 진행하였다. 중건3국 · 베이징건공그룹 · 광저우건총(建總) · 우양(五洋)건설그룹 · 산동건공그룹 또한 BT · BOT방식을 채택하기 시작하여 수십 억 위안을 융자하여 본토와 서부 등 국경지역에 부동산과 제조업 및 문화교육산업의 투자개발을 진행하여, 양호한 사회경제적 효과를 낳았다. 저장(浙

江)건설투자그룹은 2003년 10월 성(省)내 처음으로 전문화 · 직업화된 항목관리회사-저장성(浙江省)건공항목관리유한회사를 설립하여 공정도급업무를 진일보 확대하였고, CM/PM(건설관리/항목관리서비스), PMC(항목관리총도급) 등 공정항목관리업무를 전개하였다.

현재 중국의 공정총도급액은 끊임없이 증대하고 있으며, 공정총도급을 시작한 초기에 일부 기업의 도급액은 단지 몇 백만 위안에서 몇 천만 위안이었으나, 현재 일부 기업은 이미 몇 억 위안 나아가 몇 십 억 위안 항목의 총도급을 담당할 수 있는 능력을 가졌다. 예를 들어 2003년 중국 청다(成達)화공정회사는 인도네시아 5.1억 달러의 가스 항목을 총도급하였고, 쭝예(中冶)경성공정기술유한회사는 2004년 공정총도급 계약액이 40억 위안(2004년 쭝예 계약체결 총액의 88%를 점유)을 초과하였으며 두 개 10억 위안 이상의 총도급 항목도 이미 완공되었다. 2004년 우환(五环) 과기주식유한회사와 윈난잔화(云南沾化)유한회사가 계약한 연간 생산량 50만 톤의 합성아민과 부대의 공용공정과 보조공정 항목의 총도급 계약액은 11억 위안에 달한다. 중국석화공정건설회사 · 중국환치우(寰球)공정회사 · 중국석화그룹 상하이공정유한회사 · 산동전력공정자문원 · 쭝예싸이디(中冶赛迪)공정기술주식유한회사 · 쇼우두(首都)강철설계원 등 일군의 설계회사의 매년 총도급 계약액은 10억 위안을 초과한다. 상하이건공그룹은 건설 총도급사업에서 120개를 초과했으며 매년 공정총도급 생산액이 20억 위안 가량 된다. 중국지질조사설계협회 건설항목관리와 공정총도급분회 · 중국공정자문협회항목관리지도작업위원회에 따르면 2003년 · 2004년 전개한 공정항목관리와 공정총도급회사 영업액 순위를 조사한 결과, 2002년 100대 지질조사설계회사의 공정총도급 계약총액이 301억 위안에 달하고, 그 중 국내 270억 위안, 국외 31억 위안이다. 2003년 100대 회사는 공정총도급 계약총액이 370억 위안에 달하여 전년대비 22.9%가 증가하였고, 그 중 국내가 335억 위안으로 전년대비 24.9% 증가하였고, 국외가 35억 위안으로 전년대비 12.9% 증가하였다.

이와 동시에 공정총도급이 보급되는 업종이 끊임없이 증가하고 있다. 이전에 공정총도급은 기술요구가 높은 석화 · 화공업종 공정항목에서의 시행이 비교적 보편적이었지만, 근래 야금 · 방직 · 전력 · 철도 · 기계 · 전자 · 석유 · 건자재 등의 업종에서도 공정총도급이 실시되기 시작하였다. 예를 들어 산동전력공정자문회사는 근 3년 샤시(陝西)위린(榆林)열병합발전소(2×140MW), 간쑤(甘肅)지우깡(酒鋼)열병합발전소(2×125MW), 옌타이(烟台)완화(萬華)발전소(1×25MW) 등 몇 개의 사업에서 EPC총도급을 맡았으며. 총도급액은 거의 23억 위안에 달한다. 철도부 제4설계원은 근 2년 40개의 총도급항목을 맡았으며 총도급액은 10.35억 위안에 달한다. 중국연합공정회사는 36개의 항목을 총도급하였고, 총도급액은 10억 위안에 달한다. 몇 개의 대형 강철설계원의 매년 총도급액은 모두 10억 위안 이상이다. 주택건축 공정항목 공정총도급은 보편적이지 않지만 일부 기업은 만족스러운 성적을 얻었다. 예를 들어 상하이 현대건축설계그룹건설공정유한회사는 근 2년 동안 18개의 항목을 총도급하였고 총도급액은 10억 위안이 넘는다.

5.2.3 전망

각 국의 공정도급서비스에 대한 수요가 끊임없이 증가하고, 국제직접투자(FDI)가 증가함에 따라, 개인자본의 기초시설에 대한 투자가 눈에 띄게 증가하였다. 세계공정도급시장의 투자주체구조는 지금 조용히 변화하고 있다. 공정건설 투자주체의 변화로 본다면 다음과 같은 특징이 있다. ① 국제금융기구의 투자 증가속도 감소, ② 정부발주항목 감소, ③ 정부와 민간합작(PPP)방식 증대, ④ 기초시설에 대한 민간자본 투자의 뚜렷한 증가, 대형 건설사업의 투자 · 경영이 민영화 방향으로 발전, ⑤ 개발도상국은 단순히 자원을 수출하는데서, 산업구조향상에 힘쓰고 해외기구의 산업투자를 요구, ⑥ 발주처가 입찰과정에서 건강 · 안전 · 환경보호(HSE- Health Safety Envitonment)의 요구를 더욱 중시. 상술한 이러한 변화는 모두 공정항목 교부체계에 영향을 주었다.

그 밖에 국제도급상의 자금조달능력이 증가하여, 발주처를 도와 항목융자를 진행할 수 있게 되었다. 이러한 상황에서 국제공정도급시장의 수발주방식은 거대한 변혁을 겪기 시작하였고, 미래의 공정에는 대량의 총도급방식이 출현하게 될 것이다. 도급방식의 개혁은 새로운 교부시스템개혁을 가져올 것이다. EPC · PMC 등 일괄턴키공정, BOT(건설-운영-인도) · PPP(공공부문과 개인기업 합작방식) 등의 대자(帶資)도급방식은 국제대형공정항목에 광범위하게 채택되는 방식이다. 이러한 변혁은 중국의 기업들이 국제흐름에 순응하도록 만들며, 단일한 도급방식에 개혁을 가져온다.

1. 공정항목 교부방식의 변화추세

공정항목 교부방식 추세는 세계 거시경제 환경변화와 건설기술혁신의 영향을 받으며 아래와 같은 발전추세를 나타낸다.

(1) 시장의 전세계화, 이익 현지화 경향이 나날이 뚜렷해진다. 점차 많은 국가들이 WTO에 가입하고, 공정건설시장이 더욱 개방됨에 따라, 공정건설도급시장의 국제화경쟁은 하루가 다르게 치열해진다. 그러나 인력 · 자재 · 기술 및 교육의 현지화 및 현지에 많은 이익을 가져오는 것은 이미 국제도급상의 중요한 규칙과 경영 전략이 되었다.

(2) 각 대형 도급회사는 부단히 잠재력을 개발하고 업무를 확대하고 적극적으로 해외시장을 향해 나아간다. 2000년 초부터 시작하여 서방 주식시장의 거품이 빠지기 시작하였고 "911 사건" · "이라크 전쟁" 등 일련의 사건들이 잇달아 발생하여, 세계경제는 천천히 쇠퇴하고 있고 전 세계 건축시장도 어려움을 겪고 있다. 이러한 배경에서 유럽과 미국 정부는 전력으로 자국의 건설회사가 세계로 뻗어나가는 것을 추동하고 있다. 각 공정도급회사 또한 끊임없이 대형 사업의 경영과 관리능력을 키우고 서비스범위를 확대하고 있다.

(3) 대자(帶資)도급은 이미 보편적인 현상이 되었다. 국제공정도급시장의 전반적인 추세로 도급상의 대자도급 항목이 점차 많아지고 있다. 미국 등 소수 국가의 정부항목 외에, 다수의 항목은 기본적으로 도급회사에서 여러 가지 방식으로 대자도급하는 것을 필요하다. 설사 원래 자금을 끌어올 필요가 없던 국제금융기구 대출 항목에서도, 도급회사가 공정계약의 20%에 해당하는 유동자금을 끌어오는 것을 필요로 한다. 전문가의 초보 추산에 의하면 대자도급항목은 국제공정 도급시장의 약 65%를 점

유한다.

(4) 국제공정 도급시장은 규범화 관리에 접어들었다. 국제공정 도급시장의 위험계수가 증가함에 따라 국제도급회사의 위험대비의식 또한 증가하고 있다. 게다가 국제경쟁의 수요에 따라, 국제공정 도급업무의 기술혁신 · 전자화관리 · 기술품질체계(ISO9000, ISO14000) 및 안전표준 등 모든 면이 규범화되고, 시장에 진입하기 위한 조건요소로 되었다.

(5) 규모의 대형화. 국제공정 도급시장에서 발주하는 단일항목 공정규모는 대형화방향으로 발전하고 있다. 구체적으로 보면 첫째, 발주프로젝트의 투자규모 확대이고, 둘째, 발주형식의 변화로 항목총도급형식은 점차 많은 발주처에 의해 인정되고 있다.

(6) 안전문제는 나날이 중시되고 있다. 현재 테러리즘은 각국의 안전을 위협하고 있고, 일련의 국가와 지역, 예를 들어 이라크 등의 정세는 매우 급박하며 국제환경에서 불안정한 요소는 여전히 존재한다. 중국의 경우 2004년 6월 아프카니스탄의 테러공격으로 11명의 중국 건설노동자들이 사망하였고, 2004년 3월 파키스탄의 한 항구에서 발생한 버스 폭탄 테러로 3명의 중국 공정사가 사망한 후에, 어떻게 하면 세계 각지의 건설현장에서 직원들의 안전을 보장할 수 있느냐가 관심을 받게 되었으며 반드시 해결해야 할 문제가 되었다. 테러공격은 해외사업에 참여한 직원의 신변에 위협을 주기 때문에, 직원들의 안전문제는 국제 공정도급에서 중요한 주제가 되었고, 다른 한면으로 이러한 불안정한 요소들은 현지의 건설투자에 막대한 영향을 가져왔다.

2. 공정도급방식의 변화경향

공정수발주 추세는 경제와 정치환경변화의 영향을 받으며, 오늘날 공정수발주 방식은 이미 다음과 같은 발전추세를 보인다.

(1) 일반민용건설 항목의 발주처는 공정비용을 줄이고 공정의 품질과 공정의 정확성을 높이는데서 출발하여, 도급회사가 더 많은 책임을 지도록 요구하고 있다. 그래서 도급회사가 설계 · 시공을 책임지는 D&B방식, 도급회사가 항목 정책결정 단계

의 기획과 관리를 책임지는 D+D+B(Develop, Design, Build)방식, 도급회사가 설계·시공과 보수관리를 책임지는 D+B+FM(Design, Build, Facility Management)방식, 도급회사가 융자+구매+설계+시공+보수관리를 책임지는 F+P+D+B+FM(Finance+Procure+Design+Build+Facility Management) 방식 등이 출현하였다.

(2) 일반공업항목의 발주처에 대해 말하면, 발주처는 기술·공정항목 생산품의 성능과 시장수요에 더욱 관심을 가지기 때문에, 항목의 실시에 있어서 우세한 면이 없다. 최단시간 내에 발주처가 바라는 투자의 회수율을 얻기 위해서 공정총도급 방식이 더욱 유행하고 있다. 중국 내 1980년대 중기부터 총도급 능력을 갖춘 회사들이 설립되기 시작하였고, 근 20년 동안 많은 대형 지질탐사설계회사가 적극적으로 공정총도급을 전개하여, 건설행정주관부문의 많은 지지를 받았다. 그러나 인식과 체제방면의 여러 원인들로 인하여, 중국 내 총도급 형식은 여전히 많은 논란의 여지를 가지고 있다. 특히 상당수의 항목 발주처들은 인식상의 오해나 자신 이익의 고려에서 출발하여, 타회사에서 공정총도급을 맡는 것을 원하지 않고, 관련 정책법규가 완비되지 못하여, 공정총도급 형식은 중국 기본건설의 주류가 되지 못하고 있다. 반면 이는 서방국가들에서 1980~90년대 항목건설의 주류였다. 미국DB 협회(Design & Build Institute of America) 2000년 보고에 따르면 D&B 총도급 계약의 비율은 1995년 25%에서 2005년 45%로 상승하였다. 추산에 따르면 현재 중국은 총도급 계약의 비율이 1% 정도이다.

(3) 초빙관리 도급회사 형식, 즉 PMC(Project Management Contractor)방식은 발주처가 관리도급회사를 초빙하여 발주처대표 혹은 발주처의 연장으로서 항목에 대해 집중적으로 관리하는 것을 말한다. PMC항목관리형식은 세계적으로 유명한 공정회사들에서는 이미 새로운 형식이 아니다. 단, 중국 내 건설영역의 실전으로 말하면 하나의 새로운 관리방식이다. 현재 중국의 감리공정은 대부분 전 과정의 관리가 아니라, 시공단계의 사업관리에 머물고 있다.

3. 소결

중국 공정교부체계 현황에서 볼 때, 여전히 많은 비전문가들이 직접 건설항목을 관리하고 있다. 따라서 중국의 실제상황에 근거하고, 외국의 경우를 참고로 하여, 가능한 빨리 공정회사와 항목관리회사를 배양해야 할 것이다. 또한 중국의 상황과 각 전문공정의 구체적인 특징을 결합, 대형 설계원을 기초로 기능성 개혁을 진행하여, 국제형 공정회사를 만드는 것도 하나의 방향이다. 전문성이 강한 중소형 공정자문 · 설계회사 등도 공정회사 또는 공정자문회사의 방식으로 운영 · 발전해야 하며, 반드시 공정자문(설계) · 항목관리 · 총도급 또는 설계시공 일체화를 담당할 능력을 갖추는게 관건이다. 민용건축항목과 공업항목은 완전히 같진 않으나, 역시 자신의 특징과 결합하여 발전을 진행해야 할 것이다. 민용항목설계 · 시공 · 감리를 위주로 하는 기업은 탐색을 강화하고, 여건이 되는 기업은 항목관리회사를 창립하는데 노력해야 한다. 국제공정 도급회사는 자신 업무 발전의 수요에 따라 합병이나 연합을 하고, 실력을 보강하여 미래의 경쟁에 대비해야 한다.

공정교부 체계는 아래의 두 가지 변화 추세를 보인다.

① 총도급은 항목관리에서 두드러지게 나타난다. 공정발주방식이 점차 총도급과 융자항목으로 변화하는 현재의 세계에서, 공정도급방식이 점차 항목총도급과 항목관리 방식으로 바뀌고 있으며, "설계－시공－교부" 하나의 라인 서비스를 제공하는 도급 서비스가 점차 환영을 받고, 주요하게 EPC · TKM · PMC 등 공정항목 교부방식을 포함한다.

② 융자항목이 성행한다. 항목융자는 60년대부터 일어나기 시작하여, 80년대 이후 번창한 일종의 신흥 항목발주방식이다. 이는 항목 미래의 현금 유통량과 수익을 대출 상환금의 원천으로 삼고, 게다가 당 항목의 자산을 대출의 저당으로 이용하여 자금을 확보하는 것이다. BOT(건설-운영-이전)은 응용이 가장 광범위한 항목융자방식으로, 중국 미래의 기초시설 건설에서 점차 더 중요한 작용을 발휘할 것이다.

5.3 설계와 공정항목의 교부체계실무

5.3.1 공정항목건설 일반절차

중국에서 공정항목교부관리를 전개하는 실천과정으로부터 볼 때, 일반적으로 중대형 공정항목의 건설 전반기부터 생산에 들어갈 때까지의 주요과정은 다음과 같다.

(1) 국민경제와 사회발전의 장기적인 계획에 따라, 업종과 지역발전계획요구를 결합하여, 항목건의서를 제출한다.

(2) 항목건의서의 요구에 따라 지질조사 · 시험 · 조사연구 및 상세기술경제논증의 기초 위에 가행성연구보고를 작성한다.

(3) 가행성연구보고가 비준된 후 건설지점을 선택한다.

(4) 가행성연구보고에 따라 설계문건을 작성한다.

(5) 초보설계를 비준받은 후, 시공도 설계를 진행하고, 시공전 각 단계의 준비작업을 한다.

(6) 년도 기본건설 투자계획을 작성한다.

(7) 공정건설을 실시한다.

(8) 공정진도에 근거하여 생산준비작업을 한다.

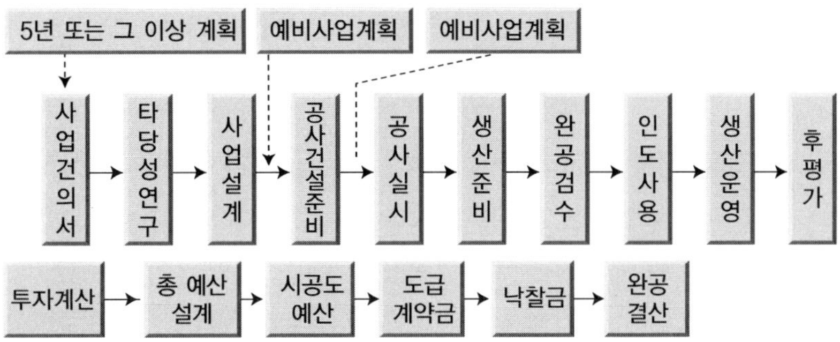

그림 5-4 중국 공정항목건설의 일반절차

(9) 항목을 비준된 설계내용에 따라 완성하고, 시험생산 합격 후, 생산사용을 교부한다.

(10) 일정기간 생산경영하고, 항목진행 후 평가한다.

구체 구조는 그림 5-4와 같다. 다음은 타당성조사 · 항목설계 · 건설준비 · 공정시공 · 생산준비와 준공검수 등 주요단계에 대하여 상세히 서술하였다.

1. 가행성연구단계

넓은 의미로 말하면 가행성연구는 연구의 깊이에 따라, 투자기회연구(OS) · 초보가행성연구(PS)와 상세가행성연구(FS)의 3단계로 나눌 수 있다. 투자기회연구의 임무는 투자기회를 감별하는 것으로, 투자 주요대상으로 우선 발전하는 부문을 찾아, 항목구상을 하는 것이다. 초보가행성연구는 주요하게 항목실시의 필요성과 가능성을 분석하는 것으로, 항목건의서 또는 초보가행성연구 보고를 제출하는 것이다. 상세가행성연구는 일반 의의상의 가행성연구이다.

중국에서 항목건의서는 발주처가 국가에 어떤 구체 항목의 건설요구를 제출하는 건의 문건이며, 건설항목에 대한 총체적 윤곽을 구성하는 것이며, 건설항목이 정식으로 전반기작업을 전개하는 근거이다.

가행성연구는 건설항목에 대해 기술과 경제 두 가지 부분에서 연구 · 분석 · 논증을 진행하는 것으로서, 항목이 가능한지 여부를 판단하는 작업이다. 그 주요한 임무는 여러 가지 방안의 비교를 통하여, 평가의견을 제출하고, 가장 이상적인 방안을 추천하고, 항목의 투자 정책결정을 위해 근거를 제공하는 것이다. 일반 공업항목을 예로 들면, 가행성연구 보고의 내용은 다음과 같다.

① 항목제출의 배경 · 필요성 · 경제의의 · 작업근거와 범위, ② 시장수요상황과 건설규모, ③ 자원 · 자재와 공용시설상황, ④ 현장조건과 부지선택, ⑤ 환경보호, ⑥ 생산조직 · 기업정원 및 교육, ⑦ 실시진도건의, ⑧ 투자추산과 자금조달, ⑨ 생산품비용 추산, ⑩ 사회이익과 경제이익 평가

가행성연구를 기초로 하여, 가행성연구보고를 작성한다. 가행성연구가 비준을

받아야, 항목이 정식으로 성립된 것으로 본다. 비준을 거친 이후의 가행성연구 보고는 초보설계의 근거가 되고 임의로 수정하거나 변경할 수 없다. 이 밖에, 현행규정에 따라 중대형과 한도액 이상 항목의 가행성연구보고를 비준한 후, 항목은 실제수요에 의거하여 항목법인을 설립하고, 항목법인 책임제를 시행한다.

2. 항목설계단계

일반항목은 두 단계 설계로 진행된다. 즉 초보설계와 시공도설계이다. 기술상 비교적 복잡하거나 설계경험이 부족한 항목에 대해, 초보설계 후 기술설계를 한다.

(1) 초보설계는 가행성연구보고의 요구에 근거하여 만든 구체적 실시방안이다. 목적은 지정지점 · 시간 · 투자공제금액 내에서, 건설하려는 항목의 기술상의 가능성과 경제상의 합리성을 밝히고, 공정항목에 대한 기본기술경제규정을 통하여 항목총개산을 작성하는 것이다. 초보설계는 비준된 가행성연구보고에서 확정한 건설규모 · 생상품방안 · 공정표준 · 현장위치와 투자 등 통제지표를 임의로 변경할 수 없으며, 만약에 초보설계에서 제출한 총개산이 가행성연구보고 총투자의 10% 이상이거나 다른 중요한 지표의 변경이 필요할 경우, 원인과 계산근거를 설명하고, 가행성연구보고를 허가해 준 기관에 보고하여 동의를 얻어야 한다.

(2) 기술설계는 초보설계와 더욱 상세한 조사자료에 근거하여 작성한 것으로, 초보설계의 심화이고, 초보설계 중의 중대한 기술문제－예를 들어 생산라인 · 건축구조 · 설비의 모델번호나 수량확정 등－를 적극적으로 해결하여, 건설항목의 설계가 더 구체적이고 완벽하며 기술경제지표를 더욱 좋게 하는 것이다.

(3) 시공도설계는 비준된 확대초보설계와 기술설계에 근거하여 건축설치공정과 비표준설비에 필요한 도면을 제작하는 것이다. 시공도설계는 건축물외형 · 내부공간구획 · 구조체계 · 구조상황 및 건축군의 구성와 주위환경 배치 · 구체적인 구조치수 등을 온전하게 표현하고, 각종 수송 · 통신 · 관도시스템 · 건축설비의 설계를 포함한다. 기술방면에서는 각종 설비의 모델 · 규격 및 각 비표준설비의 제조가공도를 구체적으로 확정해야 한다.

3. 건설준비단계

(1) 예비항목

초보설계가 이미 허가받은 항목은 예비항목으로 분류할 수 있다. 국가의 예비항목계획은 각 부문 · 지방에서 편집한 년도건설예비항목계획 중에 포함된 중대형과 한도액 이상 항목에 대하여 건설총규모 · 생산력총배치 · 자원최적화배치 및 외부합작조건 등의 방면에서 종합 평형을 진행한 후에 배치하여 하달한다. 예비항목은 건설준비 단계에서 진행한 투자활동으로, 건설공기를 계산하지 않고 통계상 단독 반영한다.

(2) 건설준비의 내용

건설준비의 작업내용은 토지획득, 철거이전과 부지평정, 시공용수 · 전기 · 도로 등 공정 완성, 설비 · 자재주문, 시공도면준비, 시공입찰조직, 우수시공회사선정 등을 포함한다.

(3) 착공보고 비준신청

규정에 따라 건설준비를 진행하고, 착공조건을 구비한 이후, 발주처에서 착공보고를 신청한다. 발주처는 현(縣)급 이상 인민정부 건설행정 주관부서에 시공허가증을 신청해야 한다.

4. 공정건설 실시단계

공정건설 실시단계는 항목 정책결정의 실시, 투자생산이 효율 · 이익을 발휘하는 관건단계이다. 공정을 새로 착공 건설하는 시간은 건설공정 설계문서에 규정된 것으로, 정식으로 첫 삽을 떠 터파기에 착수하는 날을 말한다. 터파기가 필요없는 공정은 정식으로 말뚝을 박는 날을 정식 착공날짜로 한다. 철도 · 도로 · 댐 등 대량의 토목 · 석공사를 필요로 하는 경우, 토목 · 석공사 시작 날짜를 정식 착공일자로 한다. 분기 건설항목은 각 기(期) 공정의 착공일자를 나누어 계산한다. 시공작업은 설계요구 · 계약조항 · 예산투자 · 시공절차와 순서 · 시공조직설계에 따라, 품질 · 공기 · 비용계획 등 목표를 보장하는 전제하에 진행하여, 준공표준요구에 달하여 검수를 거친 후 발주처에 이전해야 한다.

실시단계에서는 또한 생산준비를 진행해야 한다. 생산준비는 항목의 투자생산 이전에 발주처에서 진행하는 중요한 작업이다. 이는 건설과 생산을 이어주는 다리로서, 건설단계에서 생산경영단계로 전입하는 필요조건이다. 발주처는 적합한 시기에 전문팀이나 기구를 조직하여 생산준비 작업을 해야 한다. 생산준비 작업의 내용은 공정항목의 차이에 따라 다르지만, 일반적으로 다음 내용을 포함한다.

① 관리기구의 조직, 관리제도와 관련규정 제정
② 생산인원의 모집 및 교육, 생산인원을 조직하여 설비의 설치 · 조절의 공정검수에 참가
③ 공구 · 기구 · 예비품 등의 제조와 주문
④ 원료 · 자재 · 부자재 · 연료 · 물 · 전기 등 공급 및 운수의 협의 체결
⑤ 기타 필수의 생산준비

5. 준공검수교부사용단계

준공검수는 공정항목이 건축시공설비설치를 거친 후, 해당 공정항목 설계문건에서 규정하는 요구에 도달하였고, 사용조건이 구비되었을 경우, 즉 준공 이후, 시공회사와 개발회사간에 이루어지는 인수인계과정이다. 이것은 준공건설항목 혹 단일항목 공정에서 국가 관련규정에 따라 검수 및 인수인계를 처리하는지 검사 진행하는 작업이다. 이것은 항목건설 전과정의 마지막 순서이며, 건설결과를 전면적으로 심사하고, 설계와 시공품질을 검사하는 중요한 부분이다. 중국은 모든 건설항목은 심사확정한 설계문건에 규정한 내용과 시공도의 요구에 따라 전부 건설하고 생산과 사용조건을 구비하며 제때 검수를 받고 고정자산 교부사용의 수속을 처리할 것을 규정하고 있다.

건설항목의 준공검사는 일반적으로 두 단계로 진행된다. 첫 번째 단계는 각 단일항목 공정에 대한 검수이다. 두 번째 단계는 건설항목 전부에 대한 검수이다. 정식으로 준공검수하기 전에, 발주처는 먼저 자체검수 및 초보검수를 실시한다. 자체검수는 발주처가 단독으로 진행하는데, 공정품질상황 · 은폐공정검수자료 · 중요부분시공기

록 · 도면에 따른 시공상황 등을 일일이 검사한다.

준공검사의 구체적인 절차는 다음과 같다.

(1) 도급회사가 "준공도면"과 조작 및 수리책자를 제출한 이후, 준공검사를 실시해야 한다. 도급회사는 21일 이전에 확정된 일자를 발주처대표에게 알려야 한다. 상의해서 정한 경우가 아니면, 이 종류의 검사는 그 날짜 이후 14일 내 발주처대표가 지정한 시각에 진행해야 한다. 일단 공정 또는 어떤 단계에서 준공검사를 통과하면 도급회사는 발주처 및 발주처대표에게 이 검사결과의 증명보고를 제출해야 한다. 발주처대표는 도급회사의 검사증서에 대해 인가하거나 증서를 발급해야 한다.

(2) 만약 도급회사가 이유없이 검사를 연기하면, 발주처대표는 도급회사에 통지할 수 있고, 도급회사는 이 통지를 받은 뒤 21일 내 검사를 진행해야 한다. 만약 도급회사가 21일 내에 준공검사를 진행하지 못할 경우, 발주처대표는 직접 검사를 진행할 수 있고, 모든 검사의 위험과 비용은 도급회사가 맡는다. 그 결과는 도급회사가 현장에서 진행한 것으로서 정확한 것으로 본다.

(3) 만약 공정 혹은 부분공정이 준공검수를 통과하지 못했을 경우, 발주처대표는 인수를 거절할 수 있다. 발주처대표 또는 도급회사는 같은 조항 혹은 조건에 따라, 미통과한 검사 또는 관련작업에 대한 검사의 반복 진행을 요구할 수 있다.

(4) 이 공정 혹은 부분공정이 상술규정에 따라 진행한 준공검사를 여전히 통과하지 못 했을 경우 발주처대표는 다음과 같은 권리를 가진다. ① 다시 한 번 준공검사를 진행하도록 한다. ② 전체공정 혹은 부분 구역을 인수 거절하고, 도급회사에서 위약한 것으로 처리하고, 발주처는 도급회사로부터 상응하는 보상을 받을 수 있다. ③ 만약 발주처가 받아 들일 경우, 인도증서를 발급한다. 계약가격은 발주처와 도급회사가 상의하여 삭감한다(이런 실수를 보충하는 용도에 제한한다).

5.3.2 공정항목 교부의 실제운영

공정항목의 조직실시는 많은 관련 부분의 인원과 조직이 참여하고, 많은 이해 관

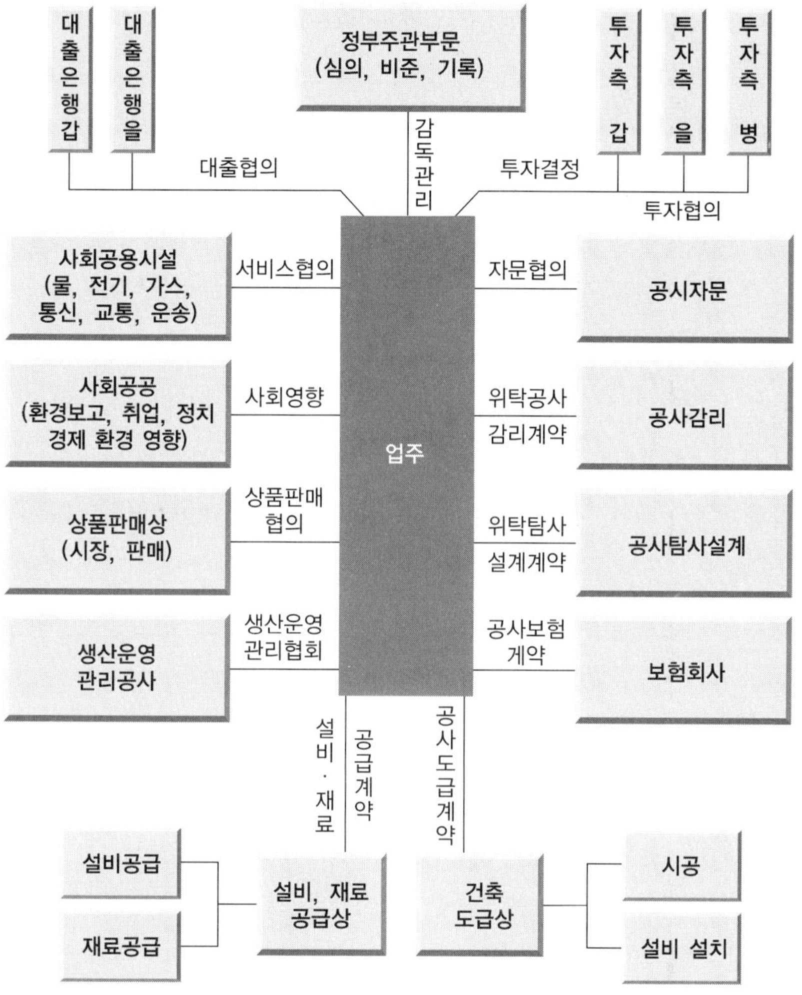

그림 5-5 공정항목 주요참여자 관계도

계자가 있다. 그림 5-5에 표시된 바와 같다. 공정항목과 이해관계에 있는 많은 사람들 중, 항목에 막대한 영향을 줄 수 있는 직접 참여자측은 발주처와 정부관련부문 외 주요한 것으로 다음과 같다.

(1) 중개서비스기구. 공정자문 · 입찰대리 · 공정감리 등 기구를 포함.

(2) 공정도급자. 공정지질조사설계회사 · 설비와 자재공급상 · 건축시공과 설비설

치 및 전문항목 관리회사 포함.

(3) 금융서비스기구. 대출은행 · 증권교역기구 · 보험회사 등 포함.

공정항목 주요참여자는 그 작업내용이 다르기 때문에 참여하는 항목 건설단계 또한 다르며, 구체적인 목적과 목표 · 계약방식 · 관리방식 또한 다른 부분이 있다. 그림 5-5 중에서 정부건설주관부문은 가능한 건설사업의 생산활동에 직접 참여하지 않으려고 한다. 단, 건축상품이 사회성이 강하고 영향이 크며 생산과 관리의 특수성 등으로 인하여, 정부에서 입법과 감독을 통하여 건설활동의 주체행위를 규범화하고 공정품질을 보증하며 사회공공이익을 보호하는 것이 필요하다. 정부의 감독기능은 항목실시의 각 단계에서 관철되어야 한다. 정부건설 주관부문은 반드시 건설항목의 정책결정과 성립 · 계획 · 설계방안에 대해 심사비준을 하여야 하며, 항목실시과정의 각 부분에 대해 건설절차의 감독을 실시하여, 법률 법규의 수단을 충분히 발휘 · 운영하여야 하고, 건설시장 체계를 육성 · 발전 · 규범화시키고, 건설항목운영 전과정의 활동을 모두 법제도에 포함시켜야 한다. 정부건설 주관부문은 공정품질 감독기구를 파견하여 공정의 설계 · 시공회사와 건축부재공장 등의 자질등급을 조사하고 기술표준을 엄격하게 집행하는지 감독해야 한다. 공정(상품)의 품질을 조사하고, 공정품질 상황을 파악하고, 품질사고를 처리하고, 정기적으로 정부 건설부문에 보고하여 공정품질을 확보한다. 정부건설 주관부문은 자연환경보호 · 오염방지 · 자원의 합리적 이용 등 지속가능한 발전의 전략에서 출발하여, 건설항목의 성립 · 부지선택 · 설계 · 시공 등 전과정에 대하여 심사 · 감독 · 검사 등을 진행하고 사회공공이익을 보호해야 한다. 다음은 공정항목 교부체계 중 발주처 및 설계 · 시공 · 공정감리 등 기업의 실제 운영진행에 대해 중점적으로 서술할 것이다.

1. 공정항목 교부에서 발주처의 활동

공정항목 교부체계에서 발주처는 투자주체의 입장에 서서, 공정항목 건설의 전 과정에 대해 과학적이고 효과적이고 필요한 관리를 진행한다. 일반적인 사항은 감리회사에 위탁하기 때문에, 발주처의 관리는 중대한 문제의 정책결정에 편중되어 있다.

예를 들어 항목성립 · 감리회사 선정 · 도급방식의 확정과 도급회사 확정 등이다. 동시에 조율과 조직 작업을 제대로 해야 한다. 그러기 위해서 발주처는 반드시 상응하는 항목관리기구를 설립하고, 슬기롭고 능력있는 현장소장을 임명해야 한다.

(1) 항목의 성립

발주처는 항목투자기회연구를 기초로 항목건의서를 만든다. 항목건의서에 허가를 받으면 이 항목은 바로 계획에 들어간다. 이 과정을 항목성립이라고 하며, 중국의 항목건설 절차에서 중요한 부분의 하나이다. 항목성립 후 가행성연구를 진행하고 가행성연구보고를 작성한다. 가행성연구보고는 반드시 정부 주관부문과 대출은행에 제출하고, 이에 따라 항목평가를 진행하고, 발주처는 항목평가 중 제출한 가행성연구보고의 불합리한 곳을 보충완성, 보고하여 허가를 받는다. 이로써 항목의 성립이 완성된다.

(2) 항목의 실시단계

공정항목의 실시단계는 전체 항목 건설주기 중 시간이 가장 길고, 작업임무도 가장 중요하며, 항목투자지출이 가장 많은 단계이다. 이 단계를 잘 처리하는 것이 항목관리 작업에서 가장 중요하다.

① 감리회사(또는 자문회사)의 선택

중국에서 관련규정에 따라 발주처는 입찰의 방식으로 감리회사를 선택한다. 입찰과정에서 발주처의 항목관리조직은 감리임무요강의 작성을 책임지고, 입찰심사팀을 구성하고, 입찰심사 · 업체선정하고, 계약협상을 진행하여 최종적으로 감리위탁계약 등 일련의 작업을 체결, 경험있고 신용좋고 능력있는 감리회사(또는 자문회사)를 선정하여 공정항목의 감리임무를 맡도록 한다.

② 건설용지 비준신청

발주처는 토지획득 · 양도 등 형식을 통해 건설용지의 사용권을 획득하고, 규정에 따라 토지관리부문에 비준신청하고, 철거이전 · 징용보상 및 이전배치 등의 작업을 진행한다.

③ 공정지질조사회사 선정

공정지질조사는 공정항목 건설지점의 지형 · 토질 · 토층 · 지질구조 · 수맥 등 각종 지질현상을 조사하기 위하여 지질탐사와 종합평가작업을 진행하는 것이다.

④ 항목설계 임무서 제작

발주처의 항목관리조직은 자체적으로 또는 감리조직과 협조하여 항목설계 임무서를 제작해야 한다. 항목설계 임무서의 제작근거는 이미 비준된 항목건의서 · 가행성 연구보고 및 공정 지질조사 보고이다. 항목설계 임무서는 관련부문의 비준 후, 설계방안 공모전 또는 설계입찰을 진행하는데 주요 근거가 된다.

⑤ 설계방안 공모전 또는 설계입찰 진행

일반적으로 발주처 또는 항목관리조직을 위주로 감리회사에서 협력하여 설계방안 공모전이나 설계입찰을 진행하고, 공정설계임무를 맡을 설계회사를 정한다.

⑥ 공정설계에 대한 관리 진행

일반적으로 말하여 설계관리 진행시, 발주처 및 그 항목관리팀은 주로 거시적 방면(예를 들어 설계개산 · 설계진도 · 설계스타일 및 구조유형 등)의 심의 작업을 한다. 더하여 설계자가 필요로 하는 설계기초자료 등을 제공한다. 구체적인 관리작업은 감리회사에 위탁하여 진행한다. 이에 대해 설계위탁 계약시 계약조항의 형식으로 명확하게 한다.

⑦ 시공입찰 진행

감리회사측의 도움하에, 공정발주계약방식을 확정하고, 입찰문서를 제작하고, 입찰 최저가를 확정한다. 입찰응시자에 대하여 자격심사 · 개찰 · 평가와 낙찰자 결정을 진행하고, 낙찰 회사를 확정하고, 낙찰된 도급회사와 협상 · 계약 체결한다.

⑧ 시공준비작업

토지획득, 철거이전작업을 진행하고, 건설용지 관련 업무가 기일 내 완비되도록 보증하고, 감리회사 · 도급회사 · 설계회사 · 발주처가 참가한 도면심사를 조직하여,

설계 비준신청하고 시공진행요구에 맞추어 도면을 제공할 수 있도록 한다.

⑨ 시공과정에 대한 관리진행

도급회사가 선택한 재하도급회사 확인 및 도급회사가 제출한 시공조직설계를 심의하고, 그 중의 시공기술 방안과 시공진도계획 등에 대해 수정의견을 제출한다. 도급회사가 제출한 공정량 명세서와 기성금청구서를 심사하고, 관련규정에 따라 도급회사에 기성금을 지불하고, 공정진도계획의 집행을 감독한다. 또한, 도급회사가 제출한 공기연장 요구에 대해 심사 답변하고, 공정품질을 검사한다. 이와 함께 도급회사의 배상요구에 대한 반박작업을 진행하며 중요한 현장시공회의에 참가하고, 업무조절과 정책결정을 한다.

⑩ 준공검수

발주처는 우선 감리회사와 협조하여 도급회사와 함께 공정결산작업 · 공정품질평가작업 · 준공도제작 및 각종 자료 · 문건의 준비와 정리작업을 한다. 생산성 공정항목에 대해 시험생산 혹 시험운영을 진행하고, 필요할 경우 공정작업의 초보검수를 진행할 수 있다. 그리고 관련부서(상급주관부문 · 도시건설 · 계획 · 공정품질감독 등)에 준공검수를 신청한다. 사업에 참여한 각 방에서 제출한 기술문건자료에 대한 체계적 정리를 통하여, 이후의 생산 · 보수의 요구에 대비하고, 요구가 있을 경우 도면을 현지 서류보존 관리부문에 제출한다. 마지막으로 도급회사와 공정결산을 한다.

(3) 사후평가

항목의 생산 혹 사용 · 운영의 일정시간이 지난 후, 사후평가를 진행해야 한다. 이는 공정항목관리의 경험을 총괄하는데 유리하다. 사후평가가 주요 포괄하는 내용으로, 상세내용은 다음과 같다. ① 항목건설 후의 효과 · 이익분석과, 원래 예측과 편차가 생긴 원인, ② 항목완성에 소요된 투자 · 공기와, 원래 계획과 편차가 생긴 원인, ③ 중대한 설계변경의 원인, ④ 항목완성 후의 사회 · 정치 · 경제와 환경영향 등, ⑤ 항목 장래 전망.

2. 공정항목 교부에서 설계회사의 실제 업무

중국에서는 건설체제 방면의 원인으로 인하여, 공정지질조사와 공정설계는 종종 함께 출현한다. 지질조사설계작업에서 반드시 국가가 반포한 〈건설공정지질조사설계관리조례〉 등 현행의 관련규칙제도를 준수해야 한다. 건설공정지질조사는 건설공정의 요구에 근거하여 건설현장의 지질지리환경특징과 암토공정조건을 조사 · 분석 · 평가하고, 건설공정지질조사문건을 제작하는 작업이다. 건설공정설계는 건설공정의 요구에 근거하여 건설공정에 필요한 기술 · 경제 · 자원 · 환경 등 조건에 대해 깊이있게 세부적으로 분석하고 건설설계문건과 시공도면을 제작하는 것을 가리킨다. 건설공정지질조사 · 설계에 종사하는 회사는 법에 의거하여 상응하는 등급의 자질증서를 취득해야 하고, 그 자질등급이 허락하는 범위 안에서 공정을 맡아야 한다. 건설공정지질조사, 설계의 발주측과 수주측은 마땅히 국가 규정의 건설공정 지질조사, 설계절차를 시행해야 한다. 양쪽 모두 건설공정지질조사 · 설계계약을 체결한다. 공정지질조사 · 설계시 기본 건설 절차에 따라 엄격하게 일을 처리해야 하며, 선지질조사 · 후설계 · 최후시공의 원칙을 지켜야 한다. 지질조사회사는 세밀히 지질조사하고, 설계회사는 치밀하게 설계하여, 모든 인원이 '품질제일' 의 관념을 수립해야 한다.

공정지질조사의 목적은 공정건설회사 및 공정설계회사를 위해 지질 · 측량 · 수맥 · 지진 등 지질조사문건을 제공하여, 건설공정계획 · 현장선택 · 설계 · 암토처리와 시공의 수요를 만족하는 것이다. 일반 상황에서, 설계회사는 정확한 범위와 심도있는 요구를 제출하여, 지질조사회사들이 조직 · 완성한다. 제출해야 하는 지질조사문건은 도면에다 문자로 된 설명도 포함한다. 지질조사회사는 그 성과가 국가 표준 · 규범 · 규칙 등에 부합해야 하고, 특히 국가 강제성 표준 · 규범과 규칙을 엄격히 집행해야 한다. 지질조사회사는 원시자료수집 · 현장답사 · 지질조사개요 작성과 성과처리 등 업무처리의 각 단계에 대해 품질 통제를 강화해야 한다. 지질조사회사는 후반기 서비스작업에 최선을 다하고, 공정부지 기초검사에 참가하고, 부지기초관련공정 품질사고조사에 참가하고, 설계회사와 협조하여 기술처리방안을 제출한다. 지질조사회사는 지질조사품질에 대해 상응하는 경제책임과 법률책임을 진다. 지질조사회사는 내부에 품질책임제도를 수립하고 각자의 품질책임을 명확하게 한다.

공정설계는 건설하려는 공정의 생산라인 · 설비종류 · 건축물외형과 내부공간배치 · 구조 · 건축군의 조합 및 주위환경과의 상호연계 등 방면에 대하여 뚜렷 · 명확 · 상세한 개념을 제출하는 것이다. 도면과 문건상의 기술경제작업에 체현되어야 한다. 공정설계의 주요목적은 건설의 구체 공정기술과 경제문제를 어떻게 진행할 것인가를 해결하는 것이다. 중국의 습관에 따르면 일반적인 공정설계는 "초보설계"와 "시공도설계" 두 가지 단계로 나뉜다. 대형공정 또는 기술수준이 높고 어려운 공정은 "기술설계" · "초보설계" · "시공도설계"의 세 단계로 나눈다. 설계문건은 국가규정의 설계심도(深度)요구에 부합해야 하며, 공정의 합리적 사용연한에 대해 명기해야 한다. 각 설계단계의 주요 내용과 심도요구는 다음과 같다.

① 초보설계

초보설계의 내용은 항목의 유형이 다름에 따라 변화가 있다. 일반적으로 말하면, 항목의 거시적 설계이다. 즉 항목의 총체설계 · 배치설계 · 중요한 생산라인 · 설비의 모델선정과 설치설계 · 공정개산(概算) 등을 말한다. 초보설계 문건은 마땅히 시공입찰문건제작 · 주요설비자재구매 · 시공도설계문건 제작의 수요를 만족해야 하며, 이는 다음 단계 시공도설계의 기초이다.

② 시공도설계

시공도설계의 주요내용은 비준한 초보설계에 근거하여, 정확 · 완전 · 상세한 건축 · 설치도면을 그리는 것이다. 이는 부분공정 상세도 · 부품구조 명세표 · 검수표준 · 방법 · 시공도예산 등을 포함한다. 이 설계문건은 설비자재구매 · 비표준설비제작과 시공의 수요를 만족해야 하며, 건축공정의 합리적 사용연한에 대해 명기해야 한다. 시공도설계는 일종의 상세설계이다.

설계회사는 공정항목 교부에서 일반적으로 설계입찰 또는 설계방안 공모전에 참여하여 공정항목의 설계임무를 획득하게 된다. 그 발전방향을 보면 건설공정설계는 기존의 입찰제도에서 설계 공모전으로 바뀌고 있다.

(1) 설계입찰공고 및 입찰응시 절차

지질조사설계입찰은 입찰공고자가 공정지질조사설계작업을 실시하기 전에, 공개적으로 또는 요청서의 방식으로, 입찰항목의 지표요구 · 투자한도액과 실시조건 등을 제출하고, 지질조사설계임무의 도급을 원하는 입찰응시자들은 입찰문건의 조건과 요구에 따라, 공정항목에 대한 구상방안과 실시계획을 제출하고, 입찰공고자는 개찰 · 심의를 통해 낙찰자를 정하는 과정이다. 일반적으로 국가비준의 지질조사, 설계허가증을 구비하고 있거나 관련부서가 심의 · 비준한 자질등급증을 갖춘 지질조사 · 설계회사는 모두 비준한 업무범위 내에서 입찰에 참가할 수 있다. 건설공정 지질조사설계 입찰공고자와 응시자는 양쪽 모두 법인자격을 갖추고 있으며, 법인간의 경제활동으로 국가법률의 보호와 감독을 받는다. 건설공정지질조사설계의 입찰공고자와 응시자는 부문이나 지역의 제한을 받지 않으며, 입찰공고자는 다른 부문이나 외지의 낙찰회사에 대해 공평하게 대해야 하며 편의를 제공해야 하고 고의로 방해할 수 없다. 지질조사설계회사에 대하여 말하면, 입찰응시설계를 실시하는 것은 우수한 품질 · 우수한 가격 · 품질에 따른 가격의 원칙에 따라 비용을 받아야 한다.

위탁 설계한 공정항목 규모 및 입찰방식이 다르기 때문에, 각 건설항목 설계입찰 절차의 복잡한 정도 또한 서로 같지 않다. 국가 관련 건설법규는 아래와 같은 표준화 공개입찰 절차를 규정하였고, 요청입찰 방식을 채택할 때에는 구체적 상황에 근거하여 적당히 변경 또는 간소화 할 수 있다.

① 입찰공고회사는 입찰문건을 작성해야 한다.
② 입찰공고회사는 입찰광고를 발표하거나 입찰통지서를 발급한다.
③ 입찰응시회사는 입찰문건을 구매하거나 수령한다.
④ 입찰응시회사는 신청서를 제출한다.
⑤ 입찰공고회사는 입찰응시회사에 대하여 자격조건을 심사하고, 중개기구나 자문회사에 위탁하여 심사 진행한다.
⑥ 입찰공고회사는 입찰응시회사의 현장답사를 조직하고, 입찰문서의 문제에 답변한다.

⑦ 입찰응시회사는 설계주요개념을 정하고, 설계방안의 제작을 진행하고, 입찰응시문건을 작성한다.

⑧ 입찰응시회사는 규정시간에 따라 입찰응시서를 밀봉하여 제출한다.

⑨ 입찰공고회사는 공개적으로 개찰하고, 평가를 조직하고, 낙찰회사를 정하고, 낙찰통지서를 발부한다.

⑩ 입찰공고회사는 낙찰회사와 계약을 체결한다.

(2) 설계방안 공모전

지질조사설계 입찰도급제의 실행은 공정비를 낮추고 건설공기를 줄이며 투자수익을 상승시키는데 적극적인 작용을 하였다. 그러나 과거 몇 년동안 설계입찰의 실천을 보면, 입찰을 실행하는 항목이 보편적이지 않아서, 어느 규모의 공정에서 반드시 설계입찰제를 실행해야 하는지 명확하지 않았다. 동시에, 방안설계의 심도에 대해서도 명문규정이 없어서, 평가가 전면적으로 되지 않거나 객관적이지 못하고 입찰이 형식적으로 진행되는 결과를 낳았다. 이외에도 입찰응시회사의 사례금이나 보상비용이 너무 낮고 설계권도 보호를 받지 못하여, 입찰응시자의 적극성에 많은 영향을 주었다. 사회주의 시장경제의 수요에 적응하고 · 건설공정 설계방안을 최적화하고 · 투자이익을 높이고 · 과학기술의 진보를 촉진하고 · 설계수준을 높이고 · 건설설계시장의 공정경쟁을 유지하기 위하여, 국외선진국가의 방법을 참고하여 중대형 건설공정의 설계단계를 초보설계와 시공도설계의 2개 단계에서 방안설계, 초보설계 · 시공도설계의 3개 단계로 바꾸었다. 금후에 중국은 도시건설설계에 대해 방안설계공모전을 시행하여 기존의 입찰제도를 바꿔야 할 것이다. 방안설계에 대해 중시하고, 방안설계가 설계 중 반드시 필요한 단계가 되도록 명확하게 규정해야 한다. 방안설계 공모전에 참가하는 회사에 대해, 당선여부에 관계없이 규정된 방안설계 심도에 도달한 모든 회사는 합리적인 비용보상을 받아야 한다.

① 설계방안 공모참가자의 자질요구

일반적으로 설계 공모전에 참가하는 설계회사는 다음과 같은 조건을 구비해야 한다.

• 건설공정 설계허가증 · 수취증 · 영업허가증을 소지한 설계회사의 날인이 있고, 1급 등록건축사의 서명을 받은 방안이 공모전에 참가할 수 있다. 공정지질조사설계회사가 제출한 지질조사설계문건은 반드시 지질조사설계문건 봉투 위에 자격증서의 업종 · 자격등급 · 증서번호를 명기해야 한다. 공정지질조사설계자격증서를 소지하고 공정지질조사설계수취자격증서를 소지한 회사간에 연합하여 지질조사 · 설계임무를 맡을 수 있고, 증서등급이 다를 경우 급이 높은 회사가 주최가 되어 지질조사설계의 품질에 대해 책임진다. 공정지질조사설계수취자격증서를 소지한 회사는 공정지질조사설계수취자격증서를 소지하지 않은 회사와 연합하여 지질조사설계임무를 맡을 수는 없다.

• 건설설계허가증 · 수취자격증 · 영업허가증을 소지하였지만 1급 등록건축사가 없는 회사는 1급 등록건축사가 있는 설계회사와 연합하여 공모전에 참가할 수 있다.

• 해외 설계사무소는 중국의 공정항목 방안설계 공모전에 참가할 경우, 국제 등록건축사 자격이 상호 인정되지 않는 경우, 반드시 중국 1급 등록건축사의 자문과 서명이 있어야 유효하다.

② 방안설계경선문건의 발송

설계경선문건을 이미 발송하였을 경우, 경선활동을 조직한 회사는 임의로 내용이나 부가조건을 변경할 수 없다. 만약 변경이나 보충이 필요할 경우 마감일자 7일 전에 모든 경선참가 회사에 통보해야 한다. 경선문건 발송에서 마감까지의 시간은 소형 프로젝트는 15일 이상 · 중대형 프로젝트는 30일 이상이다.

③ 방안설계 문서의 내용

국가 관련규정에 따라, 도시건설 설계방안 설계문건의 내용은 설계설명서 · 설계도면 · 견적서 · 투시도의 4부분으로 구성된다. 투시도 이외의 기타 문건의 순서는 다음과 같다.

i) 겉표지(방안명칭 · 방안작성회사 · 작성시간을 명기할 것)

ii) 속표지(방안작성회사의 행정 및 기술 책임자, 구체 작성 총책임자의 서명)

iii) 방안설계문건 목록

iv) 설계설명서

v) 설계도면

vi) 견적서

몇 개의 대형 또는 중요한 민용건축공정에 대해, 필요에 따라 건축모형을 제작할 수 있고, 그 비용은 별도 수취한다.

④ 경선방안설계의 평가

• 경선을 조직한 회사는 정부규정에 따라 관련회사의 전문가를 초청하여 평가팀을 만들고, 평가회의에 참가하여, 공개적으로 평가방법을 선포하고, 각 참가회사의 문건과 보충자료를 개봉하여, 그 주요내용을 공포한다.

• 평가팀은 경선을 조직한 회사의 대표와 관련 전문가로 구성되며 일반 7~11명 정도로, 그 중 기술전문가 수는 2/3 이상이 되어야 한다. 경선에 참가한 회사와 방안설계 관련인원은 평가팀에 참여하지 못한다.

• 평가방법은 기술의 선진성 · 기능전반 · 구조전반 · 안전적용 · 에너지절약의 환경요구에, 경제 · 실용성 · 미관의 원칙에 따라, 설계의 우열 · 설계 진도 및 설계회사와 등록건축사의 이력 · 신용 등의 요소를 고려하여, 우수한 작품을 선정한다.

⑤ 당선된 회사와 낙선된 회사에 대한 관련 규정

• 당선회사를 지정한 후, 경선을 조직한 회사는 7일 내 당선통지서를 발송해야 하고, 동시에 낙선회사에도 통지해야 하며, 낙선회사는 통보받은 후 7일 내 관련자료를 가져 간다.

• 당선통지서 발송 30일 내, 발주처와 당선회사는 관련규정에 따라 공정설계 도급계약을 체결한다. 만약 시공도설계를 당선회사에 위탁하지 않을 경우, 발주처는 당선회사에 방안설계비를 지불해야 하고, 금액은 항목설계비의 30%이다.

• 당선회사는 낙선회사의 방안성과를 사용할 때, 그 회사의 동의를 얻고, 유상양도해야 한다. 양도비는 당선회사에서 부담한다.

• 낙선회사에게 일정한 보상비를 지불해야 한다. 만약 방안설계가 〈도시건축 방안설계 문건 작성 심도(深度)규정〉의 요구에 달하면 보상비는 이 항목설계비의 8~10%이며, 〈심도규정〉 요구에 미달하는 경우 보상비 금액은 평가팀에서 확정하고,

보상비는 예상불가비용 항목에서 지불한다.

3. 공정항목 교부에서 시공회사의 운영

시공기업은 공정항목 교부 중에, 자신의 각도에 서서, 그 이익에서 출발하여, 시공입찰을 통하여 공정도급 임무를 취득할 수 있으며, 발주처와 체결한 공정도급계약에서 정한 공정범위에 따라 항목관리를 진행한다. 시공기업은 공정도급계약을 이행하고 기업생산경영방침 목표를 구체화하기 위하여, 현장소장책임제의 조건하에, 기업기술과 관리의 종합실력에 의지하여, 시공항목의 내재규율에 근거하여, 공정시공 전과정에 대해 계획 · 조직 · 지휘 · 조율과 통제를 실시한다.

(1) 시공항목관리의 내용

시공항목관리의 주체는 시공현장소장을 우두머리로 하는 '항목경리부', 즉 항목관리층이다. 관리의 객체는 구체적인 시공대상 · 시공활동 및 관련 생산요소이다. 관리의 내용은 시공항목 관리조직의 건립 · 시공항목 관리계획 진행 · 시공항목의 목표통제 진행 · 시공목적생산요소에 대해 최적화 배치와 동태(動態)관리 진행 · 시공항목의 계약관리와 정보관리 등이다.

① 시공항목관리조직의 건립

우선 회사는 적당한 방식으로 적합한 시공현장소장을 초빙하고 시공항목 관리조직의 원칙에 근거하여 적당한 조직방식을 선택하여 시공항목 관리기구를 구성하고 책임 · 권리와 의무를 명확하게 한다. 회사의 규칙과 제도를 준수하면서 시공항목관리의 필요에 따라 시공항목관리제도를 제정한다.

② 시공항목 관리계획 진행

시공항목 관리계획은 시공항목 관리목표 · 조직 · 내용 · 방법 · 절차 · 중점사항 예측과 정책결정에 대하여, 구체적인 강령성 문건을 만들어내는 것이다. 그 주요내용은 다음과 같다. 시공항목 분해를 진행하고, 시공대상 분해체계를 형성하여, 단계별 통제 목표를 확정, 일부에서 전체로 시공작업과 시공항목관리를 진행한다. 시공항목

관리작업 체계를 건립하고, 시공항목관리작업 체계도와 시공항목관리작업 정보계통도를 만든다. 시공관리계획을 세우고, 중점관리사항을 확정하고, 문건을 형성하여, 집행에 유리하게 한다.

③ 시공항목의 목표통제

시공항목의 목표통제는 항목관리목표 실현을 위해 실행하는 데이터 수집 · 계획목표와 비교분석 · 편차교정조치 등의 활동을 말한다. 목표를 실현하는 것은 시공항목관리의 목적이며, 항목경리부는 시공항목관리의 전과정에 대해 과학적으로 목표통제를 진행한다. 시공항목의 통제목표는 진도 · 품질 · 원가 · 안전이다. 시공항목의 목표통제 과정 중 각종 요소의 방해를 받을 수 있으며, 각종 위험은 언제든지 발생할 수 있다. 항목경리부는 위험관리를 조직하여, 시공항목 목표에 대해 동태(動態)통제하며, 시공 전과정에 대해 관리를 강화하고, 위험을 줄이고, 그럼으로써 시공항목의 목표를 잘 실현한다.

④ 시공항목의 생산요소관리와 시공현장관리

시공항목의 생산요소는 주요하게 노동력 · 자재 · 설비 · 자금과 기술을 포함하며, 시공항목 목표가 실현되는 보증이다. 시공현장관리는 자재절약 · 투자절감 · 시공진도보증 · 선진현장실현 방면에 매우 중요하다. 그 주요 내용은 다음과 같다: 각항 생산요소의 특징을 분석한다. 일정한 원칙과 방법에 따라 생산요소의 최적화 배치를 하며, 배치상황에 대하여 평가를 한다. 각항 생산요소에 대해 동태(動態)관리를 한다. 시공현장 평면도 설계를 진행하고, 시공현장의 지도 · 관리를 행한다.

⑤ 시공항목의 계약관리

시공항목관리는 시장조건하에 진행되는 특수교역활동의 관리이므로, 시공 전과정은 환절이 많고 · 주기가 길며 · 조건이 복잡다변하며 · 불확정요소가 많다. 그러므로, 반드시 법에 근거하여 계약을 체결하고, 신뢰경영을 진행한다. 계약관리의 잘잘못은 항목관리 · 공정시공의 기술경제효과와 목표의 실현에 직접적으로 관련이 있다. 계약관리는 국내외 관련법규와 계약문건, 계약조건을 따르며, 입찰에서부터 공정도급계약의 체결 · 신뢰관리를 강화한다. 계약관리에서 방법과 기교를 주의깊게 연구하여, 관련증거를 수집하고 축적하여, 클레임을 진행하고, 자신의 이익을 보호한다.

⑥ 시공항목정보관리

현대화관리는 정보에 의존한다. 시공항목관리는 복잡한 현대화 관리 활동으로, 시공과정 중 다량의 정보를 컴퓨터에 의지하여 적시 수집 · 보존 · 처리해야, 시공항목의 목표 통제 · 생산요소 최적화 배치 · 동태(動態)관리를 효과적으로 진행할 수 있다.

(2) 시공항목관리의 절차

시공항목관리의 내용은 시공항목 수명 · 주기 각 단계에 영향을 미치며, 절차는 다음과 같다.

① 입찰계약단계

이는 시공항목관리의 첫 단계이고, 도급회사는 발주처의 입찰초청서(또는 입찰광고)에 따라, 입찰응시 결정을 내린다. 입찰응시에서 낙찰 · 공정도급계약체결까지, 그 주요작업은 다음과 같다. i) 도급회사는 입찰 참여 여부를 결정한다. ii) 항목과 관련된 건설시장 · 현장 · 경쟁상대 · 기업자신 각 방면의 정보를 수집한다. iii) 일정 이익을 올릴 수 있으며 상당한 경쟁력를 갖춘 입찰응시서를 작성한다. iv) 낙찰 후 입찰공고측과 협상하여, 상호이익 · 등가유상 원칙에 따라 법에 근거하여 공정도급계약을 체결하고 쌍방의 교역관계를 정식 확립한다.

② 시공준비단계

도급회사는 낙찰 후 즉시 항목경리부를 조직하고, 항목경리부를 주체로, 기업경영관리층 · 발주처와 서로 협조하여, 시공준비를 진행하고, 착공과 연속시공의 기본조건을 구비하며, 그 주요 작업은 다음과 같다. i) 항목경리부를 구성하고, 공정관리의 수요에 근거하여 기구를 건립하고, 직위를 설치하며, 직원을 배치한다. ii) 시공조직설계를 제작한다. 주요 내용은 시공방안 · 시공진도계획과 시공편명도로, 시공준비와 시공을 지도하는데 사용한다. iii) 시공항목 관리계획을 제정하여 시공항목 관리활동을 지도한다. iv) 현장준비를 진행하고, 시공조건을 구비하여, 선진시공을 진행하는데 유리하게 한다. v) 착공신청을 제출하고, 착공비준을 기다린다.

③ 시공단계

항목착공에서 준공까지의 전과정으로, 항목경리부는 정책결정기구이며 책임기구이다. 회사경영관리층 · 발주처 · 감리회사의 역할은 지지 · 감독 · 조율이다. 이 단계의 목표는 계약규정의 전체 시공임무를 완성하고, 검수 · 인도의 조건에 달하는 것이다. 주요 작업은 다음과 같다. i) 시공조직설계에 따라 배치, 시공을 진행한다. ii) 시공 중 동태(動態) 통제작업에 힘쓰고, 품질목표 · 진도목표 · 비용목표 · 안전목표 · 절약목표의 실현을 보증한다. iii) 시공현장의 관리를 철저히 하고, 선진시공을 실행한다. iv) 엄격하게 공정도급계약을 이행하고, 내외관계를 잘 처리하고, 계약변경과 클레임을 잘 처리한다. v) 최초기록 · 조율 · 검사 · 분석 등 작업을 잘 처리한다.

④ 검수 · 인도 · 준공결산

이 단계의 목표는 항목성과에 대해 총결 · 평가하여, 대외채권 · 채무를 결산하고 교역관계를 마감한다. 주요 작업은 다음과 같다. i) 공정마무리, ii) 시운전, iii) 예비검수의 기초위에 정식검수를 받는다. iv) 준공문서를 정리 · 인도하고, 재무결산을 진행하고, 작업을 총괄하여, 완공보고서를 만든다. v) 공정교부 수속을 처리한다. vi) 항목경리부를 해체한다.

⑤ 사후관리단계

시공항목관리의 최후단계로, 인도검수 후 계약 규정된 책임기간에 따라 사후관리 · 방문 · 보수를 진행한다. 그 목적은 사용자의 정상 사용을 보증하는 것이다. 그 주요 작업은 다음과 같다. i) 공정의 정상사용 보장을 위해, 사용자에게 필요한 기술자문과 서비스를 제공한다. ii) 현장을 방문하여 사용자의 의견을 듣고, 경험과 교훈을 총괄하며, 사용중의 문제를 관찰하고, 필요한 조치를 진행한다. iii) 침하, 내진성능 등에 대한 관찰을 진행한다.

4. 공정항목 건설감리

공정항목 건설감리는 감리회사가 발주자의 위탁을 받는 것을 말하며, 국가가 비준한 공정항목 건설문건 · 관련공정 건설법률 · 법규와 공정건설감리계약 및 기타공정건설계약에 근거하여, 법률 · 경제 · 행정과 기술수단을 종합운용하여, 공정건설에 대하여 실시하는 감리관리이다. 구체적으로 말하면, 공정건설의 가행성연구 · 지질조사 · 설계 · 시공 · 보수 등 공정설계활동 및 관련 중간활동에 대하여 감독 · 관리를 진행하는 것이다.

1988년 건설부가 〈건설감리를 전개하는데 관한 통지〉를 발표하고, 그 후 다시 시험작업을 조직한 것은, 건설감리 제도가 중국에서 정식적으로 건립되었음을 나타낸다. 1996년 반포, 실시한 〈공정건설감리규정〉에서, 건설감리는 감리회사가 항목법인(발주처)의 위탁을 받아, 국가비준의 공정항목 건설문건 · 공정건설관련법률 · 법규와 공정건설 감리계약 및 기타공정 건설계약에 의거하여, 공정건설에 대해 실시하는 감독관리라고 명확하게 지적하였다. 〈공정건설감리규정〉에서 규정하고 있는, 공정건설감리의 주요 내용은 공정건설의 투자 · 건설공기와 공정품질을 통제하는 것이다. 공정건설 계약관리를 진행하고, 관련회사간의 작업관계를 조율한다. 감리회사는 발주처의 입장에서 발주처의 이익을 대표하며 발주처를 위해 공정관리서비스를 제공한다. 이것은 감리회사의 본질적인 역할이며, 건설감리는 본질상 발주처의 공정항목 관리이다.

공정항목 건설감리는 전과정(전반기정책결정단계 · 설계단계 · 입찰단계 · 시공단계 · 항목시작단계), 전방위(품질통제 · 투자통제 · 진도통제 · 계약관리 · 정보관리 · 조직협조)로 발주처에게 공정관리서비스를 제공하는 것이다. 공정항목 건설감리의 주요 내용은 "3 통제" · "2 관리" · "1조율"로 이해할 수 있다.

① 투자통제

투자통제는 건설전반기에 진행하는 타당성조사를 말하며, 발주처가 정확히 투자를 결정할 수 있도록 도와주며, 투자총액을 추산한다. 설계단계에서 설계방안 · 설계표준 · 총예산(혹 수정 총예산)에 대해 심사한다. 건설준비단계에서 입찰최저가격과 계약금액 확정을 돕는다. 시공단계에서 설계변경을 심사하고, 완성공정량을 확인하며, 기성금확인을 진행하고, 클레임요구를 통제한다. 공정 준공단계에서 공정결산을 심사한다.

② 공기통제

공기통제는 우선 건설 전반기 세밀한 분석과 연구를 통하여, 합리적인 공기 목표를 확정하고, 시공전에 공기요구를 도급계약에 포함한다. 건설실시단계에서 OR(operation research), 네트워크계획기술 등 과학적인 방법을 운용하고, 시공조직설계와 진도계획을 심사 · 개정하며, 계획실시 중 긴밀히 협조하여, 조율과 감독을 잘 수행하고, 방해요소를 제거하며, 단일항목 공정 및 그 단계별 목표공기를 실현하여, 최종적으로 건설항목 총공기의 실현을 보증한다.

③ 품질통제

품질통제는 건설항목의 가행성연구에서부터 설계 · 건설준비 · 시공 · 준공사용 및 사후관리까지의 전과정을 꿰뚫어야 하며, 주요 내용은 다음과 같다. 실제방안 공모전과 평가비교를 조직하고, 설계방안협의 및 도면심사를 진행하며, 설계변경을 통제한다. 시공전 도급회사의 자질심사를 통하여, 건축물에 쓰이는 자재 · 부속품 · 설비품질을 검사하고, 시공조직설계 등을 심사하여, 품질예비통제를 실시한다. 시공 중 중요기술재심사 · 공정조작검사 · 은폐공정검수 · 작업순서성과검사를 통하여, 감독표준 · 규범의 관철을 인증하고, 단계검수와 준공검수를 통해, 품질을 향상시킨다.

④ 계약관리

계약관리는 비용 · 공기 · 품질통제의 수단을 진행하는 것이다. 계약은 감리회사가 공정한 입장에서, 각종 통제 · 조율 · 감독조치를 취하는 것으로, 분쟁중재시 근거가 된다. 또한 3대 목표 통제를 실시하는 출발점이자 귀결점이다.

⑤ 정보관리

정보관리는 정보에 대한 수집 · 가공정리 · 보관 · 전달과 응용 등 일련의 작업을 말한다. 정보관리의 목적은 조직적인 정보유통을 통하여, 정책결정자가 적시에 정확한 관련정보를 얻게 하는 것이다. 항목 정보관리자는 항목실시상황에 관한 정보수집을 책임지고, 각종 정보처리작업을 담당하며, 상급기관이나 외부에 각종 정보를 제공해야 한다.

⑥ 조직조율

조직조율은 감리회사가 감리과정 중 관련회사의 협력관계에 대하여 조율하는 것으로, 상호간의 협력을 강화하고 대립을 감소시켜 항목목표를 공동으로 완성한다. 관련회사에는 주로 발주처 · 시공회사 · 설계회사 · 공급회사가 있으며, 또 정부부문 · 금융부문, 관련 관리부문 등이 있다.

5.4 기초시설건설 PPP모델

PPP는Public-Private Partnership의 약자이며 정부공공부문과 민간부문이 합작으로 기초시설의 투자와 건설에 참여하는 것으로, 도시의 기초시설에 대한 요구를 만족시킨다. 널리 알려진대로, 기초시설건설항목은 다량의 투자가 필요한데, 정부는 종종 자금이 부족하여 건설을 진행할 수 없다. 많은 기초시설은 공익성을 가지고 있어, 정합을 진행하지 않고, 투자가치가 없으면, 민간자본을 이용해서 건설하기가 어렵다. PPP방식은 이러한 상업 투자가치가 없는 기초시설 등 항목을 상업화하여, 항목운영과정 중, 민간기구가 투자금을 회수하고 이윤을 남길 수 있도록 하며, 동시에 정부는 항목에 지불하는 대가를 최소화하고, 사회 이익을 남길 수 있다. PPP방식의 응용범위는 매우 커서, 정수장 · 발전소 등 기초시설의 투자건설에 이용할 수 있으며, 감옥 · 학교 등 많은 비영리시설의 건설에도 이용할 수 있다.

5.4.1 PPP모델의 운영개념

PPP모델의 조직형식은 매우 복잡해서, 민간 영리성 기업이나 민간 비영리성 조직을 포함할 수 있으며, 동시에 공공 비영리성 조직(예 정부)도 포함할 수 있다. 따라서 PPP항목 관련 배역은 매우 다양해서, 정부 · 주주 · 시공회사 · 대출회사 · 설계시공회사 · 운영상 · 사용자 · 원자재공급회사 · 제3자(융자고문 · 법률고문 · 보험고문 · 기술고문 등)에 이른다. 합작주체 사이에는 불가피하게 다양한 차원 · 유형의 이익과 책임의 불일치가 발생한다. 정부와 민간기업이 상호합작기제를 형성할 때만, 이 합작주체사이의 불일치가 해소된다. 일치점을 찾되 다른 점은 보류해 둔다는 구동전이(求同存異)의 전제하에 항목의 목표를 완성한다.

PPP모델의 기구 위계는 피라미드와 같다. 피라미드의 꼭대기는 항목소재지역정부로서, 민간부문을 끌어들여 기초시설 건설항목에 참여시키는 관련정책을 제정하는 주체이다. 항목소재지역정부는 기초시설건설항목에 대하여 하나의 완정된 정책틀 · 목표와 실시책략을 가지고 있으며, 항목의 건설과 운영과정의 각 참여주체에 대하여 지도 · 통제한다. 피라미드의 중간부분은 항목소재지역정부 관련기구로, 정부정책의 지도방침에 대한 이해와 운용을 책임지며, 구체적인 항목목표를 이룬다. 피라미드의 밑부분은 항목민간참가자로, 항목소재지역정부의 관련부문과 장기간의 협의 혹은 계약을 체결하여, 본기구의 목표 · 항목소재지역정부의 정책목표와 항목소재지역정부 관련기구의 구체목표 사이의 관계를 조율하여, 가능한한 각 참여주체가 사업진행 중 예정한 목표에 도달할 수 있도록 한다. 이러한 방식의 가장 큰 특징은 항목소재지역정부(혹 소속기구)와 항목의 투자자 · 경영자 간의 상호협조이며, 그것이 항목건설 중 발휘하는 역할이다.

PPP방식은 하나의 완벽한 항목융자 개념이다. 그러나 항목에 대한 융자의 철저한 변경이 아니라, 항목 주기과정 중의 조직기구설치에 대하여 하나의 새로운 모형을 제출한 것이다. 그것은 정부 · 영리성기업과 비영리성기업이 어떤 항목에 기초를 두고 "쌍방이익(win-win)" 혹 "다자이익" 이념의 상호합작형식을 형성하는 것이다. 참여한 각 측은 단독행동과 비교하여 훨씬 유리한 결과에 도달할 수 있다. 그 운영개

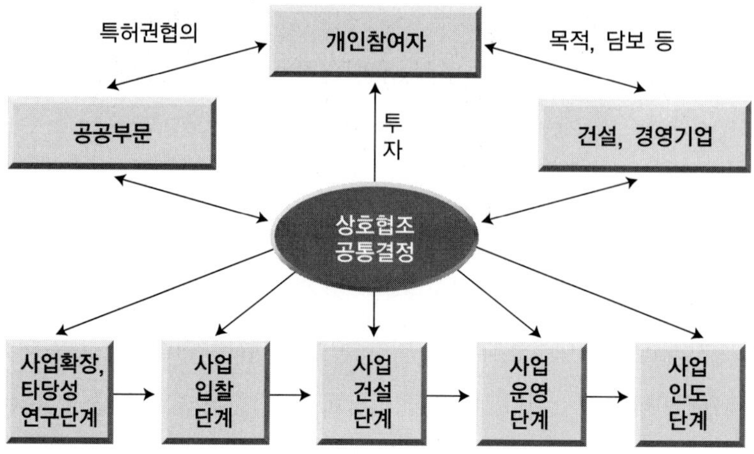

그림 5-6 PPP모델의 주요 운영개념

념은 그림 5-6과 같다.

PPP모델의 기초시설 항목은 공기가 길고, 많은 불확정 요소와 위험이 존재한다. 항목의 순조로운 진행을 위하여 대량의 계약문건과 보험이 필요하다. 계약문건의 내용은 주주권리협의 · 구매협의 · 최저보장 담보협의 · 공급협의 · O&M(Operation & Maintenance)협의 · EPC 계약대출협의 · 보험협의 등으로, 합리적으로 위험을 분담한다. 비상보험 역시 많다. 예를 들면 물질손실보험 · 제3자책임보험 · 소기 이윤 손실보험 · 시공기계와 설비보험 · 자동차보험 · 전문책임보험 · 고용주책임 · 담보 등이 있다. 이외에도 공기가 길기 때문에 위험이 크다. 동시에 상응하는 수익 또한 크다. 내부수익률이 대출이율과 비교하여 8~10% 높을 때에야 항목을 실행할 수 있다.

5.4.2 PPP 운영의 상용방식

PPP모델이 기초시설건설에 사용되는 실제는 민간기구과 공공부문 간에 일종의 "쌍방이익"협의를 찾는 것이다. 이러한 협의에서 가장 쉽게 볼 수 있는 것은 정부(공공부문)가 민영기구의 자금을 효과적으로 이용하고, 동시에 정부는 민영기구에 경영

표 5-2 PPP 운영방식

충류(种类)	영문(英文)	의미
BOT	Build, Operate, Transfer	건설, 운영, 인도
BOO	Build, Own, Operate	건설, 소유, 운영
BOOT	Build, Own, Operate, Transfer	건설, 소유, 운영, 인도
BTO	Build, Transfer, Operate	건설, 인도, 운영
BOOST	Build, Own, Operate, Subsidy, Transfer	건설, 소유, 운영, 보조, 인도
ROT	Renovate, Operate, Transfer	개보수, 운영, 인도
POT	Purchase, Operate, Transfer	구매, 운영, 인도
BLT	Build, Lease, Transfer	건설, 임대, 인도
DBFO	Design, Build, Finance, Operate	설계, 건설, 융자, 운영
BT	Build, Transfer	건설, 인도
TOT	Transfer, Operate, Transfer	인도, 운영, 재인도
LBO	Lease, Build, Transfer	임대, 건설, 인도
ROO	Rehabilitate, Operate, Own	인도, 운영, 소유
BOS	Build, Operate, Sale	건설, 운영, 판매
BOL	Build, Operate, Lease	건설, 운영, 임대
DBOT	Design, Build, Operate, Transfer	설계, 건설, 운영, 인도
DBOM	Design, Build, Operate, Maintain	설계, 건설, 운영, 유지

특권을 준다. 그럼으로써 정부와 민영기는 어떤 구체 항목에서 서로 돕는 "파트너" 관계를 형성하여, 항목의 자원 · 이익 · 위험을 공동 분배한다.

표 5-2에 상용 PPP 운영방식 중 가장 쉽게 볼수 있는 BOT, BOO 두 가지 방식을 열거하였다.

1. BOT, BOO의 개념

BOT(Build-Operate-Transfer), 즉 건설-운영-인도이다. 표준 BOT방식에서 민간 재벌그룹 또는 국외 재벌그룹이 직접 융자하여 기초시설항목을 설계건설한다. 항목개발상은 사전약정에 따라, 일정 기간 경영하여 투자를 회수한다. 경영기간이 만료가 되면, 항목소유권 또는 경영권은 항목소재지역정부로 양도된다. BOT융자방식의 기본개념은 정부 또는 소속기구에서 항목의 건설과 경영에 대해 일종의 특권 협의(concession agreement)를 제공하여 항목융자의 기초로 하는 것이다. 자국회사 또

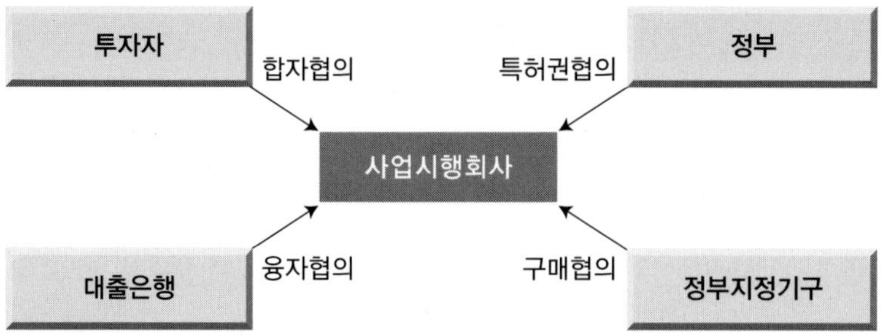

그림 5-7 BOT항목의 일반적인 구성도

는 외국회사로 항목의 투자자와 경영자가 되게 하여, 융자를 배치하고, 위험을 부담하며, 건설항목을 개발하여, 한정된 기간 내에 항목을 경영하여 이윤을 얻는다. 마지막으로, 협의에 따라 이 항목을 상응하는 정부기구에 양도한다. BOT항목의 일반 구조도는 그림 5-7과 같다.

BOO(Build-Own-Operate), 즉 건설-소유-운영이다. 이 방식에서 항목회사는 실제적으로 어떤 특정 기초시설을 건설 · 경영하고, 항목시설 재산권을 양도하지 않는 순수한 민간회사로 항목 재산권상 일반 민간회사와 같다. 그러나 경영권 취득, 경영방식상 BOT방식과 유사한 점이 있다. 즉 항목 주최인은 정부특권을 획득하고, 사전 약정한 경영방식의 기초 위에서 기초시설항목 투자건설과 경영에 종사하는 것이다.

2. BOT와 BOO의 공통점

BOT와 BOO방식의 가장 중요한 동일점은 모두 민간투자를 이용하여 공공 기초시설 항목을 시행한다는 것이다. 이 두 가지 융자방식 중, 민간투자자는 항목소재지역 정부 또는 정부기구가 수여하는 특권 협의(concession agreement)에 따라, 자기 명의로 권한을 받은 항목의 설계 · 융자 · 건설 및 경영활동에 종사한다. 특권기간 내, 항목회사는 항목의 점유권 · 수익권 및 특권항목을 위하여 투융자 · 공정설계 · 시공건설 · 설비구매 · 운영관리 등을 진행할 권리를 가지고, 항목시설에 대하여 유지 · 보수를 진행할 의무를 진다. 중국에서는 특권항목의 순조로운 실시를 보증하기 위해, 특권기간 내 중국정부 정책조정 요인의 영향을 받았거나, 항목회사가 중대한 손해를 보았을 경우, 항목회사가 합리적으로 비용을 높여서 받거나 특권기간을 연장할 수 있도록 허락한다. 그러나 항목회사 역시 투융자 및 건설·설비구매·유지보수 등 방면의 위험을 부담한다. 정부는 고정된 투자수익율을 보장하지 않으며, 국내 금융기구와 비금융기구 또한 그 융자를 위해 담보를 제공하지 않는다.

3. BOT와 BOO의 다른점

BOT와 BOO방식의 가장 큰 차이점은 BOT항목에서 항목회사는 특권기간이 끝난 후 반드시 항목시설을 정부에 반납해야 하지만, BOO항목은 항목회사가 시간의 제한없이 항목시설을 소유·경영할 권리를 가진다. BOT(Build-Operate-Transfer)의 글자 의미로 보아, 국가가 기초시설을 독점한다는 의미를 알 수 있다. 민간투자자는 경제적 이익의 추동 하에, 고위험과 고수익의 원칙을 따라 기초시설의 개발건설에 투자한다. BOT방식에 대하여, 투자회수와 투자수익을 얻기 위해, 민간투자자는 항목건설 이후 일정기간 동안 항목에 대해 경영권을 부여받고 경영수입을 얻는다. 기간이 만료된 후 항목시설 경영권은 무상으로 항목소재지역정부에 이관된다. 여기서 볼 수 있듯이, 항목시설의 최종 경영권은 여전히 국가가 장악하고 있다. 게다가 BOT항목 전체 운영과정 중, 민간투자자는 시작부터 끝날 때까지 항목에 대한 소유권이 없다. 혹은 BOT방식은 정부가 민간투자자를 이용하여, 일정기한 내 항목시설에 대해 경영권을 주고 실지의 수입을 얻어 그 투자를 메우는 것에 불과하다고 말할 수 있다. 단, 그 기초시설의 본질 속성은 어떤 변화도 없다. 반면에 BOO방식은 항목에 대한 소유권을 정부에 반납하지 않는다.

중국에서 민영과 준민영의 기초시설 건설모델은 주로 BOT형식을 채택하고 있다. 아래에 BOT형식에 대해 구체적 서술을 진행하겠다.

5.4.3 BOT항목의 경험 총괄과 전망

BOT 모델은 아주 오랜 역사를 가지고 있다. 관련 자료 기록에 의하면 1854년 지중해와 홍해를 연결하는 수에즈 운하를 건설하기 위해, 이집트 정부는 한 민영기업과 세계 최초로 현대적 의미의 BOT계약을 체결하였고, 그 민영기업은 99년간 경영특권을 획득하였다. 1980년대에 이르러서야 BOT 투자합작방식이 국제사회에 등장하기 시작하였다. 현재 BOT 모델은 이미 고속도로 · 철도 · 항구 · 터널 · 교량 · 발전소 · 수리시설 등 전형적인 기초시설 항목에서 광범위하게 이용되고 있다. 표 5-3에 몇 가지 전형적인 BOT사업을 열거하였다.

표 5-3 몇 가지 전형적인 BOT사업

BOT 사업이름	투자총액 (백만달러)	특권경영기간 (년)	투자연도
마닐라 도시급배수 시스템 (필리핀)	7,000	25	1997
광시(廣西) 라이빈(來賓)(B)발전소(중국)	616	18	1997
Linha Amerala도로(브라질)	174	10	1996
Dabhol 695MW발전소(인도)	922	20	1995
방콕 고속도로(태국)	880	30	1993
멕시코 도시유료도로(멕시코)	313	차량통행량보증	1992
해저터널(동) (홍콩)	565	30	1989
Dartford 다리(영국)	310	20	1989
남북고속도로(말레이시아)	1,800	30	1988
영불해협터널(영국과 프랑스)	10,300	55	1987

1. 중국 BOT사업시행 회고

중국의 첫 번째 기초시설 BOT항목은 션전(深圳)의 샤쟈오(沙角) B 발전소이다. 1984년 홍콩 허화(合和)실업회사가 투자 건설하였고, 이미 항목특권기간이 끝나 현지회사에 이관되었다. 국제사회 BOT영역에서는 비교적 전형적인 사례이다. 이 항목은 중국의 개혁개방 초기에 운영된 것으로, 중국에서 BOT경험의 부족과 항목 구조가 비교적 간단하여 몇 가지 문제점을 남겼다. 비록 이 항목은 중국의 기초시설 융자에 새로운 길을 열었지만, BOT를 중국에 널리 보급하지는 못했다.

1994년 중국정부는 BOT방식을 연구하기 시작하였고, 1995년 8월 국가계획위원회 · 전력부와 교통부는 공동으로 〈외상(外商)투자 특권항목 시험시행 심사비준관리 관련문제에 관한 통지〉를 하달하여, 중국 내 BOT항목을 운영하는데 법규 근거를 제공하였다. 동시에 국가계획위원회는 광시(廣西) 라이빈(來賓) B 발전소 · 청두(成都) 제6정수장 · 창샤(長沙)발전소와 광둥(廣東) 띠엔바이(淀白)고속도로 등 항목을 선택하여 BOT 시험 항목으로 하였고, 이는 중국 BOT항목이 모범운영되는 발전단계에 들어섰음을 의미한다.

광시 라이빈 B 발전소 항목은 중국 최초로 국가에서 정식 비준한 BOT 시험 항목이었다. 광시 라이빈 B 발전소는 광시 장족자치구 라이빈현에 위치하고 있다. 기계규모는 72만KW이고, 36KW 수입 석탄발전기 두 대를 설치하였다. 이 항목의 총투자액은 6.16억 달러이고, 그 중 총투자액의 25%, 즉 1.54억 달러는 주주가 투자하였다. 양측 발기인은 60:40의 비율로 항목회사에 출자하였다. 구체적인 출자비율은 프랑스 전력국제(EDF : Electricite De France)가 60%, 통용전기 알스톰(GEC ALSTOM) 회사가 40%를 출자하였다. 중국의 각급 정부 · 금융기구와 비금융기구는 이 항목의 융자를 위해 어떤 형식의 담보도 제공하지 않았다. 항목융자대출은 프랑스 東方匯理銀行(Banque Indosuez), 영국HSBC 투자은행 및 영국 BARCLAYS 은행이 구성한 은행연합에서 위탁판매하였고, 대출액 중 3.12억 달러는 프랑스 수출신용기구(프랑스 대외무역 보험회사)에서 수출신용보험을 제공하였다. 항목특권기간은 18년으로, 그 중 건설기간은 2년 9개월이고, 운영기간은 15년 3개월이다. 특권기간이 만료되면 항목시행 회사는 발전소를 무상으로 광시 장족자치구 정부에 이관하게 된다. 건설기간과 운영기간 내에, 항목회사는 광시 장족자치구 정부에 약속이행보증금 3,000만 달러를 분할하여 건내주었고, 동시에 항목회사는 특권기간이 만료된 발전소를 정부에 이관한 이후 12개월의 품질보증의무를 맡게 된다. 광시 전력회사는 매년 항목회사에 35억KW/h(5,000시간)의 최저송출전력량(발전량이 초과했을 경우 단지 연료비만 지불)을 구매하여, 광시지역에 배전한다. 동시에, 광시건설연료유한책임회사는 항목회사에 발전에 필요한 연료제공을 책임지고, 연료는 대부분이 구이저우(貴州)성의 판장(盤江)광산에서 공급한다.

2. 중국 BOT항목의 경험 총결산

현재까지 각 지방정부는 이미 4개의 비교적 전형적인 BOT항목을 운영하였다. 즉 광시 라이빈 B 발전소 · 청두 제6정수장 · 창샤발전소와 베이징 제10정수장이다. 앞의 3개 항목은 국가 계획위원회가 주도하여 시행한 BOT시험항목이었고, 베이징 제10정수장은 시험항목이 끝난 후 지방정부가 운영한 첫번째 BOT항목이었다. 라이빈 B 발전소와 청두 정수장 항목은 모두 융자와 건설작업을 성공적으로 완성하여 운영을 시작하였다. 창샤발전소 항목은 몇 년 전에 중국 전력시장이 악화되어 융자에 실패하였다. 2002년 4월에 베이징 제10정수장 BOT항목의 협의에 가조인하였다. 1995년 이후의 4개 전형적인 BOT항목을 총결산하여, 다음과 같은 몇 가지 경험을 얻을 수 있었다.

(1) 입찰방식을 통한 투자자의 선택, 항목의 규범적 · 질서있는 운영

중국 내 절대다수 외상(外商) 직접투자 항목은 항목발주처와 투자자 또는 채권자가 직접 협상을 진행하는 것이기 때문에, 운영절차에 투명도와 명확한 법률보장과 신용지지가 부족하다.

상술한 4개 항목 모두 입찰방식을 통해 항목주식투자자를 선택하고, 항목구조설계 · 항목조건확정 · 입찰문건작성 · 입찰평가 · 융자요구 · 낙찰후 절차 등 운영과정을 전부 국제관례에 따라 진행하여, 항목의 운영규범과 질서를 보증하였고, 항목이 최종적으로 순조롭게 집행되는데 견실한 기초를 다졌다.

(2) 전문자문회사에서 매우 중요한 배역 담당

각 항목은 모두 전문자문회사를 입찰자문(또는 융자자문)자격으로 초청하여, 정부(또는 입찰공고인)를 위해 항목구조설계에서부터 정식계약까지 전과정 자문서비스를 제공하고, 입찰사무실인원의 경험과 전문지식의 부족을 보충하였다. 전문자문회사는 국제입찰, 국제투융자 등의 방면에 풍부한 경험을 발휘하여, 항목구조설계를 국제적인 관례에 부합하도록 더욱 엄격하게 하여 중국정부와 외국투자자가 쉽게 받아

들일 수 있도록 했다. 시작하자마자 훌륭한 전문자문회사를 초정한다면, 항목은 이미 반은 성공했다고 말할 수 있겠다.

(3) 전문입찰기구 성립을 통한 정부내부협력 강화

각 지방 정부는 모두 항목을 위해 주관 지도자가 주도하는 입찰위원회(입찰위원회의 성원은 관련주관부문의 지도자를 포함한다)를 성립하고, 임시성 집행기구(입찰사무실)를 설립하여, 유능한 인원을 지정하여 입찰사무실 주임을 시킨다. BOT항목이 종종 성립심사비준 · 토지 · 재정과 세무 · 물가 · 업종주관 등 많은 문제에 연관되기 때문에, 입찰문건 발표 전에 관련 주관부문에서 각자 맡은 항목과 관련된 행정사항에 대해 연구와 심사를 진행해야 하고, 서면동의나 인가를 득한 후에야, 항목기본조건이 기본 확정된다. 주관부문의 지도자는 입찰위원회를 조직하고, 항목업무회의에서 항목에 존재하는 문제와 어려움을 전문적으로 연구하고, 입찰위원회에서 내린 결정을 입찰사무실에서 책임지고 실행하고, 전반기작업의 복잡성과 어려움을 낮춰, 전반기작업을 빨리 진행하는데 유리하게 한다.

(4) 입찰방식을 통한 BOT항목의 운영, 높은 성공률 보유

입찰방식을 통한 BOT항목을 운영할 경우, 항목 기본조건이 매우 명확해지고, 게다가 항목협의와 계약내용에 포함된다. 협의쌍방에 대해 구속력을 가지고, 입찰과정이 규범적이고 공평하며, 항목건설 · 운영관리와 기간만료 후의 처리규정이 매우 상세하여, 쌍방 공통의 이해 · 준수 · 집행이 용이하다. 이는 BOT항목의 높은 성공률로 나타난다. 상술한 4개 BOT항목에서, 창샤 발전소 항목이 전력시장의 악화로 실패한 것을 제외하고, 나머지 3 항목은 모두 성공하였다. 이와 같이 높은 성공률은 중국에서 나타났던 어떤 다른 융자방식과 비교할 수 없다.

(5) 정부는 BOT 융자활동에서 시종 주동적인 위치에 있다

상술한 4개 BOT항목에서, 각 항목 경쟁에 참여한 컨소시엄은 5개가 넘고 모두 저명한 다국적기업으로, 그들간의 치열한 경쟁은 서로 조건과 가격을 낮추게 하고, 정부는 융자활동에서 주동적이며 유리한 위치를 차지하게 되었다. 규범적이지 못한 융자방식(전반기작업의 경시)에서 정부가 처했던 피동적 국면과 비교하면, BOT방식은 중국 내 융자수준을 한단계 향상시켰다고 할 수 있으며, 심지어 기초시설의 융자영역에서 피동적 융자에서 주동적 융자로 변화시킨 혁명이라고 말할 수 있다.

(6) 상품가격 인하, 정부 재정부담 경감, 기술과 관리수준 향상

입찰이 가져온 격렬한 경쟁은 상품의 가격을 크게 인하시키고, 결국 사용자에게 이익을 가져다 주며, 또한 정부의 재정부담을 덜어준다. 라이빈 B 발전소 등 3개의 성공한 항목에서 명확히 이점을 설명할 수 있다. 라이빈 B 발전소, 청두 제6 정수장, 베이징 제10 정수장 등 3 항목은 입찰 전에 예측한 협의가격이 0.6위안/kwh · 1.5위안/t · 2.6위안/t이었지만, 입찰결과 가격은 0.4위안/kwh · 0.9위안/t · 1.4위안/t이었다. 동시에 투자자는 항목의 건설투자와 운영관리비용을 낮추기 위해, 계속해서 합리적인 설계방안과 운영유지 방안을 채택하였고, 기술이 차지하는 비중을 상승시켰으며, 중국 내 같은 유형의 항목에 학습과 참고의 기회를 제공하였다.

(7) 정부가 기초시설 상업화 개혁을 진행하는데 귀중한 경험을 제공하였다

BOT 방식을 이용, 외상(外商)직접투자를 흡수, 기초시설항목을 건설하는 것은, 상업원칙을 통하여 정부와 사회목표를 실현하는 기초 위에 완전히 건립된다. 따라서 이러한 항목의 성공 경험은 의심할 것 없이 현지의 기초시설 상업화 개혁을 위하여 많은 실재적인 경험을 제공한다. 이외에도 국제융자입찰을 통해서 상술한 4개의 항목을 시행한 성시(省市)는 전문적인 인재를 양성할 수 있었다. 동시에, 각 항목의 입찰과정을 통해 국제자본시장의 관심을 받을 수 있었기 때문에, 4개 성시(省市), 특히 서부지역 성시(省市)의 국제적 지명도를 향상시켰다.

(8) 전반기작업 기간이 길고 비용이 많이 든다

3개의 항목은 자격예심에서 착공건설까지의 기간(전반기작업기간)이 모두 2년 이상으로, 전반기비용이 모두 2,000만 위안 이상(정부에서 미리 대불하고, 낙찰회사에서 나중에 갚는다)이 들었다. 재정투자방식과 비교하여, BOT항목은 전반기 작업기간이 길고 비용이 비교적 높다. 그러나 상품가격이 낮고 · 정부재정부담이 적고 ·

항목기술수준이 향상되는 등의 융자성과와 비교하면, 장기간 · 고비용의 대가지불은 매우 가치가 있다고 하겠다.

3. BOT항목의 전망

중국에서 외국자본을 이용하여 기초시설을 건설하는 방식에는 중외합자 · 중외합작 · 외상독자(外商獨資)와 BOT 등이 있다. 그 중 중외합작방식은 이전에 응용이 비교적 광범위했던 방식이다. 이것은 중국의 개혁개방 진행과 관련이 있으며, 중외합작방식은 외국회사측에 비교적 우대조건을 제공하여 외자유치에 유리하다. 중국 시장화 정도가 높아지고 경제실력이 강해짐에 따라, 중외합자 · 외상독자와 BOT 등 방식이 점차 많아졌다.

기술된 BOT항목 경험을 토대로 판단하면, BOT방식으로 기초시설 건설하는 것이 기타 방식에 비하여 우월성을 가진다. 국가계획위원회 등 투자주관부문은 여러 회합에서 BOT방식으로 기초시설을 건설할 것을 강조했는데, 이는 국가정책이 BOT항목의 발전을 지지한다는 것을 설명한다.

재정자금이 한정적인 상황에서, BOT방식은 비교적 이상적인 기초시설 융자방식이다. 중국이 WTO와 기초시설체제개혁에 진입함에 따라, 외자 BOT항목건설과 동시에, 내자 BOT항목과 중외합자BOT항목이 비교적 빨리 발전할 수 있다.

최근 중국경제가 급속히 발전함에 따라, 많은 민영기업과 상장회사는 대량의 자금을 축적하고, 중국 내 은행의 위안화 저축 잔고 또한 매년 상승하고 있다. 기초시설이 안정적인 수익을 가져오고 위험이 작은 등의 특징으로, 중국 내 자금에 대한 흡입력이 점차 커지고 있다. 오수처리업종을 예로 들면, 2001년 상하이(上海)주위안(竹園)오수처리장 · 광저우(廣州)리자오(瀝窖)오수처리장 · 션전(深圳)바오안구취(寶安固戌)오수처리장과 베이징(北京)칭허(淸河)오수처리장 등 모두 내자 BOT방식으로 건설하는 것을 검토하고 있다.

BOT발전을 제한하는 장애(예를 들면 초기비용과 운영주기)들이 점진적으로 해결될 것이다. 전반기비용방면에서, 첫째 중국 내 전문 자문회사가 발전함에 따라, 항목운영을 외국고문에 의뢰하지 않음으로써, 전반기비용을 대폭 하락시켰다. 예를 들면, 다위에(大岳)자문회사는 베이징 제10 정수장 항목에서 주요 고문의 배역을 맡아서, 전반기비용을 다른 항목에 비해 50% 이상 절약하였다. 둘째 전반기비용을 정부에서 대리 지불하고, 투자인이 확정된 후 투자인이 정부에 상환함으로써, 정부는 실제적으로 전반기비용을 지불할 필요가 없다. 운영기간 방면에서 우선 BOT 시험항목이 완성됨에 따라, 중국 내 기구는 BOT에 대해 비교적 완벽하게 이해하게 되어, 투자자와 정부의 의사소통시간을 단축하였으며, 시험항목의 계약조항 또한 이후의 BOT항목에 중요한 참고틀을 제공하여, 계약협상시 무에서 시작하지 않게 되었다. 다음으로, 점차 많은 MBA와 경제 또는 볍률교육을 받은 젊은 사람들이 지도자 직책을 맡아서, BOT항목운영에서 중요한 직무를 담당한다. 그들이 새로운 지식을 받아들이고 정책 결정능력이 높아짐에 따라 BOT항목의 운영효율이 크게 높아졌다. 셋째 중국 내 자문기구의 성장이 빠르고 다위에(大岳)자문회사 등 국내 자문기구가 국제 BOT 영역에서 이미 높은 지명도를 가지고 있다. 이들은 중국어와 영어를 사용하여 중국인 투자자는 물론 외국인 투자자들과 의사소통을 하면서 항목상황과 투자자의 요구를 심도있게 이해할 수 있어 업무효율을 진일보 향상시킬 수 있다. 이 모두는 항목의 순조로운 실시에 유리하며, 항목 운영시간을 축소할 수 있다.

5.4.4 BOT항목의 운영절차

1. BOT항목의 일반 운영절차

BOT항목의 운영절차는 주로 다음과 같다. 항목방안확정단계 · 항목성립단계 · 입찰준비단계 · 자격예심단계 · 입찰문건준비단계 · 입찰평가단계 · 협상단계 · 융자와 심사비준단계 · 실시단계(설계 · 건설 · 운영과 인도) 〈표 5-4 참조〉.

BOT항목 발기의 중국정부와 그 대리기구에 대해 말하면, 방안확정단계에서 시작하여 실시단계 전까지의 각 단계는 BOT항목의 전반기 작업으로, 각종 건설조건확정 · 투자자 선정 · 항목자금출처확보 · 건설방안 기본확정 등이 필요하다. 이러한 과정은 협상방식을 채택할 수도 있고 입찰방식을 채택할 수도 있다. 대형 또는 복잡한

BOT항목의 경우 종종 입찰방식을 채택하여 투자자를 선택한다.

표 5-4 BOT항목 일반 운영절차 요약표

운영절차	입찰공고자 주요 업무	입찰응시자 주요 업무
① 방안확정	항목건설의 필요성 제출, 항목 달성목표 확정	
② 항목성립	계획관리부문에 〈항목건의서〉 또는 〈가행성연구보고서〉를 보고하고, 회답문건 또는 항목융자입찰진행에 동의하는 문건 취득	
③ 입찰준비	① 입찰위원회와 입찰사무실 성립 ② 중개기구 초빙 ③ 항목기술문제 연구, 기술요구 명확화 ④ 자격예심문건준비 ⑤ 항목구조 설계, 항목조건 확정 ⑥ 입찰문건 제작, 입찰평가표준 제정	
④ 자격예심	① 입찰공고 발표 ② 자격예심문건 교부 ③ 자격예심 조직 ④ 자격예심결과 통지, 입찰응시요청서 발송	① 항목입찰정보 취득 ② 자격예심문건 구매 ③ 자격예심문건 작성 및 제출
⑤ 입찰서 준비	① 입찰문서 제작 및 교부 ② 입찰전 질의응답, 현장답사	① 입찰문건 구매 ② 입찰문건 연구, 입찰공고자에 질의 ③ 현장답사 참가 ④ 입찰서 작성 및 제출
⑥ 평가 및 결정	① 입찰평가 진행 ② 낙찰자 선출	평가위원회의 질의응답
⑦ 계약협상	① 낙찰자와 계약 · 협의조항 및 조건에 대한 협상진행(쌍방이 완전히 합의에 이를 때까지 진행) ② 특권협의 및 기타계약과 협의에 대해 가조인	왼쪽과 같음
⑧ 융자와 심사비준	① 낙찰자의 항목비준신청 · 항목회사성립에 협조 ② 항목회사 성립 후 특권협의 및 기타계약과 협의에 대해 정식체결	① 항목 가행성연구보고 비준신청, 항목회사성립 ② 항목회사는 대출자 · 건설도급회사 · 운영유지도급상 · 보험회사 등과 정식으로 관련계약을 체결한다. ③ 항목회사와 입찰공고자는 정식으로 특권협의 및 기타계약과 협의에 대해 계약을 체결한다.
⑨ 항목실시	① 항목회사의 항목실시 협조 ② 항목의 설계 · 건설 · 운영 및 유지보수에 대해 검사 · 감독 진행 ③ 특권기간 만료시 시설 이관받음(또는 지정기관이 받음)	① 정식으로 설계 · 건설 시작 ② 항목 준공후 상업운영시작 ③ 특권기간 만료시 시설 이관

2. 중국 BOT항목 운영 절차의 실례

베이징 제10 정수장은, 하루에 50만㎥를 처리할 수 있는 능력이 있고, 총 투자액이 2억 달러에 달하는 대형 수처리장이다. 이것은 베이징시에서 외상(外商)직접투자를 이용하여 기초시설을 건설한 시험항목으로, BOT 방식을 채택하여 건설하였다. 국제공개입찰방식을 통하여 투자자를 선택하였으며 그 운영절차는 구체적으로 다음과 같다.

① 방안확정

제10 정수장은 베이징시 95계획에 제출한 항목으로써, 운영방식을 확정하였을 때, 베이징시 정부는 다양한 방식의 비교를 진행하였는데, 기본목표는 기초시설 체제개혁 진행으로, 정부가 더 이상 직접 투자하지 않겠다는 것이었다. 처음에는 중국 기관과 협상을 진행하였는데 물 가격이 너무 높아서 취소하였다. 외국자본을 이용하는 유효경로를 탐색하고 효과적으로 기초시설 체제개혁을 추진하기 위해, 베이징시 정부는 BOT방식을 채택하여 제10 정수장을 건설하기로 결정하였고, 외국인투자자만 입찰에 참가할 수 있도록 규정하였다.

② 항목성립

베이징시 정부는 우선 국가계획위원회에 〈가행성연구보고서〉를 보고하고, 국가계획위원회 투자사(投資司)는 베이징시 정부에 보충자료를 요구하였다. 베이징시 정부는 자료를 보충하였고 국가계획위원회 외자사(外資司)는 문건을 하달하여 베이징시 정부가 입찰방식을 통하여 제10 정수장 해외투자자를 선택하는데 동의하였다. 이는 입찰작업을 위하여 법률적인 근거를 제공하였다.

③ 초기준비

베이징시 정부는 우선 주관 부시장을 주임으로 하는 입찰위원회를 성립하였다. 입찰위원회는 시정관리위원회 아래 입찰사무실을 설치하고, 입찰 일상작업을 책임지고, 베이징 다위에(大岳)자문회사를 초빙하여 항목의 융자입찰 고문으로 하였다. 베이징 다위에 자문회사는 청두(成都) 제6 정수장 · 상하이(上海) 다창(大厂) 정수장 · 중국내 BOT 발전소와 해외 몇 가지 BOT항목의 경험을 충분히 흡수하여, 입찰사무실이 항목구조설계를 완성하는데 협조하였다.

④ 자격예심

자격예심공고를 발표한 이후, 34개의 다국적기업 또는 은행이 자격예심문건을 구매하였고, 7개의 컨소시엄(19개 회사)이 자격신청문건을 제출하였다. 입찰 위원회는 그 중 5개의 컨소시엄(12개 회사)을 선택하였다. 이들은 프랑스 · 영국 · 일본 · 이탈리아와 홍콩회사들이다.

⑤ 입찰응시서준비

자격예심을 통과한 5개의 컨소시엄은 모두 입찰문건을 구매하였다. 입찰응시자가 입찰응시서를 준비하는 기간동안 입찰위원회는 입찰전회의를 열어 여러 번 입찰응시자가 제출한 문제에 대답했다. 항목조건확정의 시간이 미뤄져서, 입찰서준비시간도 2주 뒤로 미뤄졌다. 5개 컨소시엄은 모두 입찰응시서를 제출하였고, 이것은 중국내 유사한 항목 중 처음 있는 일이었다(다른 항목에서는 입찰응시자들이 입찰을 포기하는 현상이 있었다).

⑥ 평가

평가기준은 입찰공고 문서에 명확하게 서술하였고, 물 가격을 위주로, 융자방안 · 법률방안과 기술방안을 적당히 고려하였으며, 이들 방안에 대하여 가장 낮은 요구를 제출하였다. 다위에 자문회사 등 중개기구에서 온 전문인원과 입찰위원회가 초빙한 전문가가 입찰작업에 참가하였다. 평가 후 3개 컨소시엄의 입찰응시 물 가격이 정부가 예측한 물 가격보다 1위안/㎥ 이상이 낮았고, 이로 입찰방식의 장점이 드러났다. 한 컨소시엄의 중문입찰응시서에 서명이 없었기 때문에, 입찰위원회의 논증이 장기화되어 평가작업이 영향을 받았다. 베이징시 정부는 일본 미츠비시상사와 영국 Anglian Water 회사로 구성된 컨소시엄을 1등으로 선정하였다.

⑦ 협상

협상작업은 3차례에 걸쳐 진행되었다. 첫 번째는 쌍방의 관점을 이해하는 것이었고, 두 번째는 물 가격 등 핵심문제를 해결하는 것이고, 세 번째는 나머지 문제(주요하게는 불가항력에 대한 처리)를 해결하는 것이다. 항목경쟁이 매우 치열했기 때문에 정부는 협상에서 매우 유리한 입장이었고 협상결과는 다방면에서 중국 유사 항목의 관례를 타파하였다.

⑧ 융자와 심사비준

항목의 융자와 심사비준작업은 시작된 지 얼마되지 않았다. 컨소시엄 입찰응시 때 아시아개발은행, 국제금융회사 등이 컨소시엄융자를 지지하였다. 2002년 4월 28일 베이징 제10 정수장 BOT항목의 협의 가조인 의식이 베이징호텔에서 거행되었고 일본 미츠비시상사와 영국Anglian Water회사로 구성된 안링(安菱) 컨소시엄이 최종적으로 이 항목의 특권을 획득하였다.

6

건축자문기업의 현황 및 미래전망

건축자문은 광의와 협의의 두 가지로 나누어 정의할 수 있다. 광의의 건축자문이란 공정자문을 가리킨다. 본 자문은 고객의 위탁을 받아 계약에서 정한 시간 내에, 독립 · 과학 · 공정의 원칙에 따라, 공사전문가의 지혜와 경험을 모아, 과학기술과 공정기술 및 정치 · 경제 · 사회 · 법률 · 관리 · 군사 · 문화 등의 방면에서 지식을 운용하여 시행한다. 또한 이는 공정항목의 투자정책결정과 실시를 위하여 계획 · 입지선정 · 타당성조사 · 융자와 입찰자문 · 공정설계 · 항목관리 · 시공감리와 투자생산 후 자문 등 전과정 기술과 관리를 제공하여, 거시적 · 미시적 경제효과를 향상하기 위한 지식형 서비스 업종이다. 협의의 건축자문은 특별히 건축자문업을 가리키며, 건축업종을 위해 항목가행성연구 · 지질조사설계 · 공정항목 관리 · 건축 과학기술 연구와 개발 · 건축항목 영업기획 등의 서비스를 제공하는 기구에 종사하는 것을 가리킨다.

우선 건축자문기업의 발전역사 · 경영특징 · 경영범위 등 기본상황을 소개한다. 중국건축자문기업의 현황은 본 장의 중점내용으로, 역사발전과정 · 발전현황 및 직면한 경쟁과 도전 등 세 가지 방면에서 상세한 서술을 전개한다. 현황분석의 기초 위에, 나아가 중국건축자문기업이 직면한 발전기회와 미래 발전방향을 분석한다. 마지막으로, 국외건축자문업의 현황과 전망에 대해서 살펴보고자 한다.

6.1 건축자문의 개술(概述)

6.1.1 건축자문기업의 발전역사

1. 건축자문기업 발전의 중요한 역사적 사건

1830년대 영국에서 처음으로 자문공정사(Consulting Engineers) 직업이 출현한 이래, 공정자문업은 이미 170여 년 역사를 가지고 있다. 공정자문업의 역사적 사건들은 아래와 같다.

- 1818년, 영국 토목공정사협회(Institution of Civil Engineers) 성립.
- 1852년, 미국 토목공정사협회(American Society of Civil Engineers) 성립.
- 1904년, 덴마크 국가자문공정사협회(National Institution of Consulting Engineers) 성립.
- 1907년, 미국 와이오밍(Wyoming) 주에서 처음으로 허가공업공정사(Permitted Industrial Engineer)를 통과시켜 전문 직업의 등록법으로 하였다.
- 1910년, 미국 자문공정사협회(American Council of Consulting Engineers) 성립 1956년 자문공정사 이사회(American Board of Administration Consulting Engineer)로 개명.
- 1913년, 국제자문공정사연합회(FIDIC: International Federation of Consulting Engineers)정식 성립. 이 조직은 공정자문업계에서 가장 중요하고 권위있는 국제조직이자 자율조직으로, 현재 70개 이상의 국가와 지역성원협회가 있으며, 연합회가 제정한 직업준칙 및 각종 규범성문건은 국제공정도급 · 국제공정자문과 감리 등의 업무활동 중에 이미 광범위하게 응용되고 있다.
- 1945년, 제2차 세계대전이 시작한 후, 서방국가의 공정자문과 감리업종이 빠른 속도로 발전했고 각국의 자문공정사협회가 연이어 성립되었다. 공정자문과 감리는 공정건설업의 제3의 산업으로, 각 국가정부의 인정과 지지를 얻으면서, 세계범위 내의 건축업이 전문화 · 규범화 · 과학화 · 경제화 · 시장화 방향으로의 발전을 촉진하였다.
- 1957년, 유명한 FIDIC(International Federation of Consulting Engineers)계약이 세상에 출현하면서, 세계 공정계에 큰 변화를 몰고 왔고, 세계은행 · 아시아개발은행 등 국제조직에 의해 보편적으로 채택되었다.
- 1964년, 브라질 정부는 새로운 법안을 통과시켜, 국내회사가 수주할 능력이 없는 항목은 국외기업이 수주하도록 허가했다. 동시에 "계획 및 항목 연구금융기금"을 설립해서 공정항목 · 공정회사에 장기 대출을 제공했다.
- 1973년, 미국 공정사학회(American Society of Engineers)와 미국 공정사협회(American Council of Engineers)가 합병하여 미국 자문공정사협회

(ACEC: American Consulting Engineers Council)를 성립했다.

- 1973년, 한국에서 "공정자문서비스촉진법"[9]을 제정했는데, 한국 국내 공정회사가 능력이 되는 범위 내에서 주요공정자문 혹 공정수주의 주요 책임자가 되도록 규정했다. 국내능력을 초과하는 항목은 정부의 허가를 거쳐 국외 공정회사에 위탁할 수 있도록 규정하고 있다.

2. 건축자문업의 발전과 변천

국제공정자문업은 인류사회 경제발전을 따라 발전한다. 특히 과학기술의 진보와 지식경제의 추동하에, 사회전문화분업이 일정 정도까지 발전한 산물이다. 시장경제는 자문서비스의 공급과 수요를 형성하였고, 자문업은 기타산업 중에서 두드러진 발전을 보이고 있고, 자문업 내부의 세분화가 이루어지고 있다. 구체적으로 살펴보면, 국제공정자문업의 발전은 대략 세 시기를 거쳐 왔다.

(1) 개체자문시기

1850년대 미국건축사 매티슨이 최초로 토목공정협회가 성립되었고, 토목공정건설 중 분리되어 나온 기술업무자문을 독립적으로 맡기 시작했다.

(2) 동업자문시기

20세기, 개체자문은 이미 토목공정에서 공업 · 농업 · 교통 등의 영역으로 확장되었고, 자문형식도 개체독립자문에서 동업인회사로 발전했다. 1913년 프랑스 · 벨기에 · 덴마크 · 핀란드 · 네덜란드 등 국가가 발기해서 국제 자문공정사 연합회(FIDIC)를 성립해서, 공정자문의 표준화 · 국제화 · 산업화 발전을 촉진하면서 공정자문시대의 도래를 예고하였다.

(3) 종합자문시기

제2차 세계대전 이후 지금까지, 세계기술혁명과 사회경제의 발전에 따라, 국제적

9) 1993년 엔지니어링진흥법으로 개정 시행됨.

인 공정자문업은 신속히 발전했다. 미국과 서유럽경제의 진흥이 자문업의 신속한 발전을 가져왔고, 고품질의 공정기술자문업은 경제건설의 품질과 이익을 보증했다. 업무범위는 건축업에서 수리 · 전력 · 교통 · 기계 · 야금 등의 영역으로 확장되었고, 학문 · 업종을 넘나들고 경제와 기술을 융합하는 종합성 서비스 업종이 되었다.

현재 공정자문은 이미 종합화 · 국제화를 향해 발전하고 있으며, 기술을 핵심으로 하는 좁은 서비스 영역을 벗어나, 융자 · 건설 및 경영 영역으로 확장하고 있다. 100년 이상의 발전을 통해, 공정자문은 국제적으로 이미 규모가 방대한 산업으로 자리잡았다. 공정자문은 이미 지식을 기초로 하는 지식서비스업종이 되었으며, 정보를 기초로 전문가의 지식 · 경험 · 기술에 의거해 고객이 위탁한 문제에 대하여 분석과 연구를 진행, 건의 · 방안 · 조치를 제의하여, 필요한 시기에 협조하는 일종의 고차원, 지식집약형의 서비스가 되었다. 신경제가 빠르게 발전하는 21세기에 공정자문업은 이미 중요한 역할을 담당하고 있다. 공정자문서비스는 전세계에서 년영업액이 4,220억 달러가 넘는 산업으로 자리잡았고, 업계 생산액도 전세계 고정자산이 형성하는(생산액) 총액의 6.4%를 점하고 있고, 선진국은 평균 천 명에 한 명의 자문공정사를 보유하고 있다.

현재 공정자문활동은 공정건설의 전과정에서, 투자정책결정자와 항목발주처를 위해 경제 · 기술 · 관리 등 여러 학문이 일체가 되는 종합적 자문서비스를 제공한다. 이는 전문적인 계획연구 진행, 공정항목의 타당성조사 및 평가, 항목융자계획, 공정진행지질조사설계, 발주처의 설비구매 및 입찰평가 협조, 건축시공과정의 감리 및 사후교육서비스와 평가 등을 포함한다.

위에서 서술한 바를 종합하면, 공정자문업의 발전은 아래 4가지 특징을 가지고 있다.

① 전문자문에서 종합자문으로 발전

② 공정기술자문에서 전략자문으로 발전

③ 대중화 공정자문에서 주문형 공정자문으로 발전. 전세계 저명 건축설계회사는 특정시장에 대한 서비스를 강조한다. 각종 다른 유형의 건축설계에 대해

자신의 특색을 형성하여, 특정한 시장에서 신용도를 높여 경제 이익을 창출하고 있다. 예를 들어 미국의 RTKL사는 상가 건물에 정통해 있고, KPF · SOM은 고층건축, Pkings & WILLS는 교육시설 건축을 특성화하고 있다.

④ 국내자문에서 국제자문으로 발전. 저명 국제공정자문회사들이 출현하고 있는데 대표적으로 미국의 HARZA 공정회사, 프랑스의 SOGREAH 자문회사, 대만의 야신(亞新)공정고문회사 등이 있다. 최근 국제경제기술 교류와 합작의 끊임없는 강화에 따라, 개발도상국의 공정자문업도 신속히 발전하고 있다.

6.1.2 건축자문기업의 경영특징과 범위

1. 건축자문기업의 경영특징

건축자문기업은 다음과 같은 경영특징을 보인다.

(1) 설립특징에서 보면, 건축자문회사는 독립법인지위를 가진 경영실체로, 현지 공상관리부문 관할범위의 규정에 따라 등급별로 등기 · 등록한다.

(2) 인원규모에서 보면 건축자문회사는 서비스형 기업에 속하고 형식과 규모에서 다양화된 발전추세를 보이고 있는데, 수 명으로 구성된 동업인기업 및 종사자가 수백 명이 넘는 유한책임회사 그리고 수 천 명 이상의 대형 건축자문기업을 포함한다. 국제적으로 다수의 건축자문기업 규모는 수 십 명 정도이고, 유한책임회사와 동업인회사의 형식을 채용하는 경우가 많다.

(3) 기업경영특색에서 보면 건축자문기업은 공업 규모화생산의 대량상품과 구별되는데, 건축항목의 유일성에 따라 건축자문기업 역시 일회성과 과정성의 서비스 상품이다. 기술 · 기능 · 목표 등 관련 구체적 요소 방면에서 모방 · 이식할 수 없는 주문형서비스 마케팅의 범위에 속한다. 그 외에, 건축자문기업의 서비스대상은 고객의 수요를 핵심으로 하지만, 기타 기업과 구별되는 점은 건축자문기업은 위탁한 고객의 이익을 고려할 뿐만 아니라 국제적으로 규정된 FIDIC조항의 제한사항을 따라서 업무를 전개해야 한다는 점이다. 건축자문기업의 과정성 서비스는 개방형 시스템 사이클

로서 초기의 계획항목평가단계 · 항목 구체집행 관리자문단계 · 항목 정책결정 관리자문단계 · 고객의 검수평가단계 등 모두 시간의 경과에 따라 품질의 개선을 전개할 수 있다. 국제적으로 저명한 건축자문기업은 종합서비스 · 전문서비스 · 마케팅모델과 네트워크 · 선진기술장비 · 이론모델 · 경험모델 · 유명 전문가 등 자신만의 경영특색을 가지고 있다.

(4) 건축공정자문기업의 방식은 주로 계약협의로 계약하며, 고객요구에 근거하여 서비스를 제공한다. 공정자문계약은 공개입찰 · 지명입찰 · 수의계약 등 형식을 취할 수 있다. 공정자문의 담당방식은 회사방식과 개인자문전문가방식을 주로 하고, 이 외에 연합자문방식 · 하도급방식 및 시공과 자문연합방식이 있다. 전략자문 · 공정자문 · 기술자문 및 각종 공정항목의 자문에도 종사할 수 있다.

2. 건축자문기업의 경영 범위

일반적으로, 건축자문기업의 핵심업무는 건설항목투자분석 전개이다. 한 걸음 나아가, 담당하는 업무범위에서 보면, 주요하게 발주처가 전면 위탁하는 전과정 자문서비스를 받아들이는 것이며, 과정서비스 중, 단계를 따라가며 자문성과를 발주처에게 제출하여 감독 · 심사를 받는다. 그 외에 발주처의 단계적 자문서비스 요구에 근거하여, 발주처가 어떤 건축항목 공정관리 과정 중 특별히 항목의 가행성연구 · 건설감리 등 중요한 부분에서 건축자문기업을 청하여 업무를 맡기기도 한다.

국제적으로, 현재 발주처 · 도급업체 · 건축자문서비스를 삼위일체로 하는 건축시장과 독립자문 공정사 협회를 중심으로 하는 건축시장 전문가 관리체계가 이미 형성되었다. 여기에서 말하는 건축자문서비스는 세계은행의 정의에 따라 4가지 유형을 포괄한다.

(1) **투자 전의 조사:** 구체항목의 진행을 결정하기 전 행하는 조사를 포함한다.
(2) **준비성 서비스:** 항목의 내용을 명확히 하고, 그 실시를 준비하는데 필요한 기술 · 경제와 기타업무를 포함한다.
(3) **항목 실시성 서비스:** 건설공정감독 및 항목관리, 즉, 공정건설감리를 포함한다.

(4) 기술지원

중국의 건축자문기업은 어려운 창업의 과정을 겪어왔다. 비교하여 말하면, 건축자문기업의 업무범위는 자신만의 특색을 가지고 있는데, 그 업무범위는 발전초기의 주로 국가기본건설항목 · 기술도입과 기술개조항목의 가행성연구에 종사했지만, 현재는 이미 가행성연구에서 시작해서 공정설계 · 공정입찰 · 항목관리 · 시공감독 · 준공검수 등 전과정의 자문서비스로 확장되었다. 구체적으로 말하면, 아래의 몇 가지 방면을 포함한다.

(1) **전반기업무:** 항목계획 · 항목건의서작성 · 가행성연구보고작성 · 평가자문

(2) **공정지질조사 및 설계:** 공정지질조사 · 초보설계 · 시공도설계 · 시공도심사

(3) **기타자문:** 입찰자문 · 관리자문

(4) **확장 서비스:** 건설감리 · 항목관리 · 항목관리총도급 · 공정총도급

6.1.3 FIDIC의 간략한 소개와 중국공정자문업의 FIDIC조항 학습과정의 개황

FIDIC(Federation International des Ingenieurs Conseils)는 국제자문공정사연합회의 약칭으로, 1913년에 성립되었다. 최초에는 유럽 내의 프랑스 · 벨기에 등 3개 독립의 자문공정사 협회였다. 1949년 영국 토목공정사 협회가 정식대표가 되고, 다음 해 주최자의 신분으로 런던에서 FIDIC대표회의를 주관하였다. 일반 역사학자는 이 회의를 국제 자문공정사 연합회의 탄생으로 기술하고 있다. 1959년 미국 · 남아프리카공화국 · 오스트레일리아와 캐나다가 연합회에 가입하였고, FIDIC는 이로부터 지역의 구분을 타파하고 하나의 진정한 국제조직이 되었다.

현재 FIDIC조직은 전세계 범위에서 67개 성원협회를 가지고 있고, 약 40만의 독립적으로 자문업무에 종사하는 공정사를 대표한다. 독립성은 이 조직의 특징 중의 하나이다. 창립시기에, FIDIC조직의 가장 중요한 직업도덕준칙의 하나가 자문공정사의 행위는 반드시 도급업체 · 제조업체 · 공급업체에서 벗어나 독립되어야 한다는 것이었다. 이것은 반드시 독립된 신분으로 위탁인에게 공정자문서비스를 제공하고,

위탁인의 이익을 위해 책임을 다하고, 이로써 보수를 받아야 한다는 것을 의미한다.

FIDIC조직은 성립 이래, 국제공정자문서비스업에 관련된 자료를 제공해 왔는데, 회원의 요구에 따라 교류정보를 제공하고, 출판물을 발행하고, 자문업계의 회의 · 교육을 주최하고, 풍부한 조정인 · 중재인 · 전문가 자원창고를 만들어서, 개발도상국 국가의 자문업 발전을 돕고 있다. 여기에 중국의 예로 중국 공정자문업이 FIDIC조항을 학습하는 과정을 개략적으로 소개한다.

- 1996년, 중국공정자문협회(CNAEC)가 FIDIC의 정식회원이 됨.
- 1999년 9월, 중국공정자문협회가 주관하여, 쓰촨성(四川省) 국제공정자문회사와 얼탄(二灘) 수전개발유한회사가 "공정자문단위학습운용FIDIC조항 연구토론반"을 청두(成都)와 얼탄(二灘)에서 거행.
- 1999년 11월, 중국공정자문협회가 신화사 · 경제일보사 등 기자를 얼탄(二灘) 수력발전소로 초청하여, FIDIC조항을 운용해서 항목관리를 진행한 경험을 취재.
- 2000년 4월, 중국자문대표단이 말레이시아 쿠알라룸프르에서 개최된 아태지역 공정기술자문발전계획조직(TCDPAP)발전회원대회에 참가.
- 2001년 4월, FIDIC · 베이징 청화대학 · 중국공정자문협회가 연합해서 청화대학에 교육센터를 성립
- 2001년 10월, TCDPAP년회와 FIDIC아태분회 전체회의와 아태지구공정개척합작신세기국제논단이 중국 후베이(湖北)성 이창(宜昌)시(장강 삼협댐 소재지)에서 개최
- 2002년 5월 20일, 전국정협 부주석 천진화(陳錦華)가 상하이에서 열린 '상하이 지속발전 국제공정 자문논단'에 참석, FIDIC 전임 주석 피터슨도 본 회의에 참석
- 2002년 5월, '베이징 지속발전 공정자문과 투융자항목 합작회의' 개최
- 2005년 3월, 하이난(海南) 산야(三亞)에서 '중국 청년 자문 공정사 논단' 성립 및 '1회 청년논단' 개최

6.2 중국 건축자문기업 현황

6.2.1 중국 건축자문기업의 역사발전 과정

20세기 중엽 이래, 중국의 건축자문업은 험난한 발전과정을 겪어오면서, 뚜렷한 사회적 · 경제적 이익을 얻었다. 건축자문업의 발전역사는 맹아단계 · 초보형성단계 · 위기후퇴단계 · 조정단계와 급속발전단계의 5단계로 나눌 수 있다.

1. 맹아단계

일찍이 중화인민공화국 성립(1949년) 이전, 중국에 공정자문의 맹아가 출현했다. 당시 남 · 북 실업부문의 할거발전에 따라, 부분 실업부문은 기업경쟁력을 강화하기 위해, 별도로 자신의 설계 및 시공관리기구를 건립하였다. 중화인민공화국 성립 이후, 대규모 경제건설의 수요에 따라, 공정자문회사가 점진적으로 정상궤도에 진입하였다.

2. 초보형성단계

중화인민공화국 성립 초기, 전반적으로 구소련을 배우자는 국정 배경하에, 중국 투자정책결정체제는 구소련의 모델을 사용했으며, 방안연구 · 건설건의서 · 기술경제분석 등 가행성연구와 유사한 방법을 채용하여, 비교적 좋은 효과를 얻었다. 제1차 5개년 계획기간(一五計劃)동안 156항 국가중점건설공정을 진행하면서, 기본상 모두 기술경제분석을 진행하고, 기본건설절차에 따라 실시되는 항목논증과정을 진행하였다.

이와 동시에, 중국의 각 전문분야의 공정설계원이 왕성히 발전해 일어나면서, 대량의 공정설계임무 및 항목 전반기업무를 떠맡게 되었다. 이 기간, 국가는 많은 공정지질조사설계회사를 성립해서, 중대형 공정지질조사설계에 종사하였다. 계획경제체제 하에서 이러한 설계원은 각자의 업종 주관부문에 부속되어 있었는데, 공정건설항목에 대한 자문서비스업무도 정부의 통일적 명령성 계획하에 완성되었으며, 하나의 독립적인 사회성 산업을 형성하지 못했다. 하지만 짧은 기간동안 각 공업분야의 전문기술인원역량을 배양하고, 중국 공정자문업발전의 조직과 대오 기초를 다졌고, 초보적으로 항목건설 전반기 공정자문서비스체계를 형성하였다.

3. 위기후퇴단계

1960~70년대는 문화대혁명 정책의 실수로, 중국 국민경제의 발전이 정체와 혼란에 빠져 들어서, 기본건설항목의 전반기작업이 나날이 쇠약해지고, 적지 않은 건설항목에서 경제규율을 위배하고, 경제이익을 고려하지 않는 상황이 발생했다. 이러한 사회 경제적 혼란은 공정건설항목의 거대한 경제손실을 가져왔을 뿐만 아니라, 동시에 공정자문서비스능력의 발전이 정체되었다. 특히 고급전문기술인원의 양성이 큰 영향을 받았는데, 중국 공정자문업의 발전에 거대한 위기가 스며들면서 전체 공정자문업종은 퇴보 국면을 맞이하게 되었다.

4. 조정단계

1978년 개혁개방 이후, 경제체제의 개혁과 대외개방을 실행하면서, 기존의 경제규율을 위배하고 과학적 정책결정 순서를 소홀히 해서 발생한 항목정책결정의 착오를 반성하면서 변화가 생겼고, 국외 선진경험을 학습하고, 항목정책결정의 민주화·과학화 추세가 일어났다. 이러한 형세의 수요에 적응하기 위해서, 80년대부터 국가 각 부서 위원회, 각 업종 및 성·시·자치구가 각종 전문적·종합적 공정자문회사를 성립하고, 국제형 회사는 주로 국제융자·국제공정의 자문서비스에 종사하고, 성·시·자치구의 공정자문회사는 주로 지역성 건설항목평가·감리 등 미시적 업무에 종사했다.

1982년 원(原) 국가계획원회가 가행성연구를 기본건설단계에 포함시키는 것을 명확히 규정하였는데, 이는 중국 건설부문에서 공정자문을 추진하는 상징이다. 1983년 원(原) 국가계획위원회는 투자전반기업무 중시를 요구하면서, 항목 가행성연구가 기본건설단계에 들어가도록 명확히 규정하였다. 1985년 중국정부가 항목에 대해 "선평가, 후결정"의 제도를 실행하도록 결정하였고, 특별히 중대형 중점 건설항목과 일정 금액 이상의 기술혁신항목의 경우, 반드시 자격이 있는 자문회사의 평가를 거치고, 동시에, 공정항목의 건설관리를 강화하고, 공정설계입찰 · 설비구매입찰 · 시공감리 · 후평가 등 일련의 개혁조치를 실시하였다.

주목할 것은, 이 단계에서 이미 중국의 공업체계와 맞물린, 항목정책결정 및 공정관리 전과정에 걸친, 비교적 완정된 공정자문서비스 능력 및 체계를 형성하였다는 것이다.

5. 급속발전단계

1990년대 이래, 중국 사회주의 시장경제 체제목표의 점차적 확립에 따라, 정부관리경제 및 사회 자원배치의 방식에도 변화가 생겨서, 국가투자체제개혁의 진행이 빨라졌는데, 특히 1992년 이후 중국기본건설체제개혁이 심도있게 진행되면서, 공정입찰제도와 건설감리제도가 정비되고, 중국의 공정자문시장도 나날이 확대되고 규범화 되면서 가행성연구 · 공정감리 · 견적자문 · 공정예결산 등이 공정건설의 필수단계가 되었다. 이와 동시에 공정감리 · 견적자문 · 기술고문 등 각종 전문분야의 중개서비스조직이 생겨나서, 중국 공정자문업은 신속한 발전을 얻었다.

1992년 말 전국적 업종조직인 중국공정자문협회가 성립되어, 중국공정자문업종이 본격적으로 형성되었다. 1992년 원(原) 국가계획위원회가 정식으로 공정지질조사설계를 공정자문의 범주로 포함시키고, 공정자문회사자질인증을 진행하면서, 공정지질조사 · 설계 · 감리인증과 공존하게 되었다. 1994년 원(原) 국가계획위원회가 공정자문업관리임시방법 · 공정자문회사자격인정임시방법을 반포하면서, 공정자문회사의 성격에 대하여 정립하고, 자격인정을 실행하여, 공정자문회사의 발전 및 관리를 규범화 · 과학화하였다. 1996년 중국공정자문협회가 국제자문공정사연합회(FIDIC)의 정식 성원이 되었고, 아태지역 공정기술자문 발전계획조직(TCDPAP: Technical Consultancy Development Program for Asia & the Pacific)정식회원과 의장국가가 되었다.

하지만 이 시기의 공정자문업무는 충분한 보급 및 확산이 이루어지지 못해서, 사회의 각 투자주체의 보편적인 인가를 얻지는 못해서, 업무는 주로 국가중점항목 · 정부투자항목과 외자투자항목에 국한되어 있었다. 종합적으로 보면, 중국의 공정자문업의 시장화가 진일보 향상되어야 한다.

이 시기 중국건축공정자문기업의 유형은 다음의 4가지가 있다.

(1) 조건이 되는 지질조사설계회사는 업무의 확장을 통해 항목전반기업무에 들어갔는데 "전문공정자문회사"로 지칭된다.
(2) 국가 일부 공정건설의 관리부문, 원(原) 각급 정부투자관리부문은 원래의 일부 공정건설 전반기 관리업무를 분리, 공정자문회사를 성립하였고 "종합성공정자문회사"로 지칭했다. 이 중 성립이 가장 이른 것은 중국국제공정자문회사와 중국국제경제자문회사로, 주로 국제융자 · 국제공정의 자문서비스에 종사한다.
(3) 업무를 확장하기 위해, 공정자문업무자격을 취득한 공정감리회사와 공정견적회사
(4) 합작 · 합자 · 공동출자 등의 형식으로 성립한 민영 혹은 외자공정자문회사

정부정책의 방향에서 볼 수 있듯이, 정부기구의 개혁 · 과학연구설계회사의 전면적인 변화 및 각종 종합공정자문회사의 개편과 함께, 중국 WTO가입에 따른 공정자문시장의 진일보 개방으로 중국 공정자문업의 발전은 전면적인 국제경쟁의 시대로 진입했으며, 공정자문업 적자생존의 산업재편과정이 심도있게 전개되고 있다.

6.2.2 중국 건축자문기업의 발전현황

20여 년의 개혁개방과 현대화 과정을 거치면서, 중국은 아시아 최대의 공정건설시장과 세계적으로 잠재력과 활력이 가장 큰 건설시장의 하나가 되었다. 국내 공정자문기구는 크게 3 부분으로 구성된다. 첫째는 각 지역의 투자주관부서에 예속된 종합성공정자문기구이고, 둘째는 국가 원래의 각 업종 관리부문에 예속된 자문기구와 연구 · 설계회사 등이고, 셋째는 최근 몇 년간 공정기술인원이 각종 창업의 방식을 통하여 설립한 민영자문기구이다. 2003년 말까지, 지질조사설계자문기업의 자료로 보면, 중국에는 지질조사설계자문기업이 12,375개, 종사인원은 83만여 명에 달한다(표 6-1).

표 6-1 2003년 중국지질조사설계자문기업 상황

지 표	2003년	2000년	증가(%)
종사회사(개)	12,375	10,753	15
甲급(개)	1,928	1,261	53
乙급(개)	3,410	2,446	39
종사인원(만 명)	83.32	63.52	31
영업수익(억 위안)	1,476	495	198
완성 시공도 투자액(억 위안)	19,609	13,840	42
완성 시공도 건축면적(만 ㎡)	117,181	57,129	105

자료출처 : 건설부 전국 공사지질조사설계기업 통계자료.

건설공사에서 공정자문업무를 서비스하는 공정자문업은 신흥산업으로 규범적인 관리체계를 형성하지 못했고, 다양화 · 대규모의 종합형 공정자문회사는 많지 않아서, 아직 국제시장에서 경쟁력을 가지고 있지는 못하다. 현재 많은 공정항목에서 공정자문서비스가 실시되지 못하고 있는데, 공정기술인원 중에 공정자문자격증을 갖춘 인원 역시 부족하여, 공정건설의 수요를 만족할 수 없는 상황이다. 중국의 공정자문업은 80년대 중후기에 대외도급공사와 노무합작 및 기타 방식으로 국제시장에 진출했다. 국가 관련 주관부문이 공정자문을 자질관리에 편입시켜서, 심사인가를 거쳐 증서를 수여한 후에야 국제업무를 시작할 수 있는데, 현재 중국에서 국제 공정자문업에 종사할 수 있는 업체는 겨우 수십 개에 불과하다. 십여 년간, 중국의 공정자문회사는 세계의 50여 개 이상의 국가(지역)에서 항목을 수주하고 있지만, 이러한 항목은 주로 개발도상국에 분포해 있고, 유럽 · 미국의 항목은 극소한 실정이다. 중국공정자문업종은 새로운 발전을 이룩하고 있지만, 국제수준과 비교했을 때, 여전히 거대한 차이가 존재하고 있다. 관련된 통계자료에 따르면, 세계 200위 이내의 자문회사의 2000년 영업액이 161억 달러에 달하는데, 중국은 200위 내에 6개 회사가 진입해 있고, 2000년 영업수익은 5,160만 달러로 겨우 0.3%를 차지하고 있다.

다음으로, 내부환경의 우세, 내부환경의 열세, 외부환경의 기회, 외부환경의 위협의 4개 관점에서 중국 건축자문기업의 발전현황을 분석하고자 한다.

1. 내부환경 우세 분석

(1) 국가정책의 적극 지지로, 양호한 정책환경 구비

중국정부는 건축자문업종발전에 유리한 정책조치를 잇달아 발표해 왔다.

1992년 중국공정자문협회가 성립되면서, 중국의 공정자문업종이 정식으로 형성되었다. 1994년 원(原) 국가계획위원회에서 '공정자문업 관리 임시방법'과 '공정자문회사 자격인정 임시방법'을 반포하고, 공정자문회사의 성격에 대한 정립과 자격인정을 실행해서, 공정자문회사의 발전 및 관리를 규범화, 과학화했다.

1993년, 경제무역부는 실력을 구비한 설계원에 대외공정자문설계경영권을 부여해서, 해외에서 공정자문설계업무를 개척하게 하여, 중국 대외도급공정과 노무합작의 질적인 발전을 촉진했다.

2001년 말까지 중국이 대외에서 계약한 자문설계항목은 3,633개이고, 계약총액은 17억 3,285만 달러, 달성한 영업액은 9억 9,507만 달러이다. 2002년 중국이 대외설계자문에서 달성한 영업액은 8,273만 달러로, 전년에 비해 38.8% 증가했다. 새로 체결한 계약액은 8,479만 달러이고, 년말 대외설계자문인원은 756명으로 전년에 비해 206명 증가했는데, 중국의 대외경제기술합작이 보다 활발해지고 있는 상황을 보여준다.

2002년 등록 자문공정사 개인영업 자격관리업무를 시작했는데, 2004년 처음으로 자문공정사 영업자격 전국통일시험을 실시하였고, 이로써 건축자문의 미래발전을 위해 규범화된 인재보장을 제공하게 되었다.

(2) 국내건축자문 수요량과 발전공간 거대

선진국과 비교 분석해 보면, 선진국의 공정자문산업의 부가가치는 국내 GDP의 0.1%를 점하고 있는데, 중국은 단지 0.01%를 점하고 있는 실정이다. 미국 공정신문기록(ENR)이 2002년에 발표한 2001년도 세계 200위 국제 공정자문설계 도급업체의 국제수입통계를 보면, 중국은 이미 11개 기업이 200위 내에 진입하면서 기업수의 5.5%를 점하고 있다. 하지만 11개 기업의 국외영업 총수익은 1.56억 달러로, 200위 기업 총수입 176.5억 달러의 1%에 못 미쳐, 순위 30위 프랑스 한 회사의 영업액과 비슷한 실정이다. 이상의 통계숫자가 설명하듯이, 중국공정자문기업의 발전공간은 거대하다. WTO가입 이후, 중국 고정자산투자의 대폭 증가와, 공정자문업에 대한 인식제고는 공정자문시장의 수요를 더욱 증가시킬 것이다.

(3) 전통적 브랜드인 대형 공정설계지질조사회사가 발휘하는 협력효과의 우세

중국의 대형 공정지질조사설계원은 중화인민공화국 건립 후 왕성히 발전하여, 대량의 공정설계임무와 항목 전반기 업무를 수행했으며, 기술과 인재집약형 기업으로, 비교적 짧은 시간 동안 전 업종의 전문기술인원을 배양하여, 중국 공정자문업 발전의 기초를 공고히 하였고, 항목건설 각 단계의 자문서비스체계를 형성하였다. 대다수 대형 설계회사는 공정자문설계기구로의 전환을 위해 노력하고 있다. 일부 대형 설계원은 전문공종이 많고, 기술역량이 강하고, 업무범위가 넓고, 경영 · 자원 · 기술 등의 방면에서 협력효과까지 구비하고 있어서, 경영범위(다단계서비스)와 서비스영역(다업종확장)을 확대해서, 연합 및 합병을 실행하여 재편한 후, 국제형 종합성 공정자문회사로 발전할 수 있다.

(4) 국내환경 우세와 네트워크 우세 두드러짐

국외 건축자문기업에 비해 중국본지 건축자문기업은 국내사정 · 법률법규 · 풍습 · 인심 등에 대해 잘 알고 있으며, 양호한 인적 네트워크를 가지고 있어서, 입안한 항목이 요구하는 지식 · 정보를 비교적 빠르게 확보할 수 있고, 원활한 소통능력을 통해, 필요한 서비스와 상업자원을 제공할 수 있고, 신속하게 국내 업무네트워크를 만드는데 유리하고, 또한 항목 발주처 · 건축도급업체 등과 장기적인 우호관계를 만들기 쉽다.

2. 내부환경 열세 분석

(1) 중국 건축자문기업에 대한 정부의 지나친 관여

현재 중국 건축자문회사에는 다양한 조직형식이 있는데, 그 근원을 살펴보면 많든 적든 정부부문과 업무상 연계되어 있고, 이로 인해 정부와 기업이 분리되지 못해서 정부의 간섭이 지나치게 많고, 항목자문과정 중에 관련부문과 지도자에 좌지되거나 간섭을 받기 쉽다. 이로 인해 자문항목의 평가결과는 그 객관성과 독립성을 보장하기 힘들다.

(2) 중국 건축자문기업의 업종운영절차 진일보 명확화 필요

국제경험에 따르면, 발주처가 건축자문공정사를 선택하는 것은 일반적으로 완정된 절차를 가지고 있다. FIDIC 중에서 전문적으로 이러한 순서를 규정하고 있는데 "Selection by ability" 조항에서 항목조작순서를 설명하고 있는데, 기술감당능력 · 관리의 능력 · 자원의 가용성 · 업무의 독립성 · 합리적 비용수취구조 · 영업의 성실 등까지 포괄 설명하고 있다. 중국의 사정을 살펴보면, 중국 건축자문 공정사는 엄격한 자질심사가 없어서, 전반적으로 종합적 소질이 낮은 실정이다. 중국의 경우 감리공정사의 직업도덕에 대해서 아무런 규정이 없어서, 단지 FIDIC의 관련 준칙을 참조하고 있는데, 이러한 "참조"는 구체적 운영과정 중 탄력성은 가져오나 원칙은 잃게 한다.

(3) 중국 건축자문기업의 고급 · 전문화 인재 부족

국제관례의 표준에 따라 선별하면, 현재 중국 내 건축 자문공정사 인력들 모두가 자문업무를 감당할 수 있는 요건을 갖춘 것은 아니다. 일련의 고학력 · 업무경험이 풍부한 고급공정사의 경우, 기술 면에서는 우수하지만, 이것이 자문공정사로서의 자격에 반드시 적합한 것은 아닌데, 왜냐하면 경제 · 법률 · FIDIC 시스템에 대한 지식이 부족할 뿐 아니라 국제경쟁에 참여할 경우 외국어는 이들 대부분에게 장애가 되고 있다.

이외에, 자문업무의 성격 때문에, 자문인원은 반드시 반응이 빠르고 사고가 명석해야 해서, 자문업무에서 요구하는 평균연령이 30~50세 정도인데, 국외자문기구 중에는 고급자문인원의 경우 연령이 비교적 높고, 초 · 중급 자문인원은 대부분 젊은 층인데 비해, 중국의 자문기구에서는 양극으로 극단화되어서 50세 이상과 35세 이하가 절대다수를 점하고 있는데, 자문업무에 요구되는 평균연령대의 부족은 문화대혁명으로 대표되는 현대중국역사에 기인한다.

(4) 중국 건축자문기업관리의 상대적 낙후와 자문품질의 진일보 향상 필요

중국의 대다수 건축자문기업이 행정관리부서에서 분리되었기 때문에, 기업화 운영의 관리방식 · 이념 등의 빠른 전환이 힘든 실정이다. 일부 공정자문회사에서는 경제효과 · 전략결정관념 · 시간관념 · 정보관념 · 인재개발 및 지속교육관념 등 기본적인 관리개념조차 결핍되어 있는 실정이다. 그리고 실제 자문과정 중, 시스템공정 · VE(Value engineering) · 정보관리 · 전산보조관리 등과 같은 기본관리방법도 운용하지 않는 경우가 많다.

자문회사의 상품은 일종의 지식상품으로, 자문서비스는 공정의 품질에서 성공여부까지, 어느 정도 중요한 역할을 한다. 거시적인 관점에서 볼 때, 하나의 항목에서 전반기자문 · 항목가행성계획에서 중대한 결함이 나타난다면, 고객에게 끼치는 손실은 엄청난 것이다. 미시적인 관점에서 볼 때, 일부 가행성연구에서 시장분석의 내용이 부실하고, 평가를 위한 데이터조사에서 과학적인 태도가 결핍되고, 거짓이 포함되고, 많은 데이터가 실제 조사를 통하지 않고 추측이나 반추 혹은 거짓으로 만들어진 경우가 있다. 그리고 목표의 실시상황에 대한 고려가 부족하여, 과도하게 이상적으로 설정하거나, 투자평가를 과도하게 낮추거나, 경제효과를 높이거나, 위험 분석을 건성으로 작성하는 경우도 있다. 그리고 시공감리회사에서 현장도 방문하지 않고 품질심사와 공정계량을 통과시키는 경우조차 있다. 이러한 자문행위는 공정품질의 저하를 직접적으로 초래할 수 있는 것이다.

3. 외부환경의 기회 분석

(1) 급속한 경제발전

최근 몇 년 동안, 중국의 종합적 국력이 신장되고, 국민경제의 발전 속도도 안정적인 속도를 보임에 따라, 국가가 적극적인 재정정책을 실시하면서, 기초시설의 건설과 같은 고정자산투자에 박차를 가하고 있다. 현재 중국은 공업화와 도시화의 급속발전단계에 있고 각 업종에서 대량의 건설항목을 수행하고자 하는데, 이것은 건축자문업에 큰 발전기회와 시장공간을 가져 왔다.

(2) 국제투자의 증가, 융자경로의 다원화, 투자환경의 개선

조사에 따르면, 1978년 개혁개방에서 2001년까지 중국 누계 이용 외자가

5,685.74억 달러로, 그 중 외상직접투자는 3,955.15억 달러였다. 이러한 자금은 중국의 기초시설건설 등의 영역에 활발하다. 2003년 전체 사회의 고정자산 투자는 5조 5,100억 위안으로, 전년 같은 기간에 비해 26.7% 증가했고, 건설업 총생산액은 2조 1,900억 위안으로, 전년에 비해 23% 증가했다. 2003년 중국의 건설업 부가가치는 최고치를 기록했으며, 건설업이 국민경제발전의 지주산업으로서의 역할이 더욱 명확해지고 있다. 중국 서부 대개발이 가속화되면서, 서부의 우혜정책과 양호한 환경이 대규모 외자를 흡입하고 있는데, 서부지구의 투자는 2003년에 7,100억 위안으로, 2002년에 비해 26.4% 증가했고, 2000 · 2001 · 2002년 14.4% · 19.3% · 20.6% 고속성장에 이은 것으로, 필연적으로 건축자문기업의 발전을 가져올 것이다.

(3) WTO가입 이후 경쟁환경의 투명화 및 공평화

2001년 중국이 정식으로 WTO에 가입한 후, 중국정부는 WTO협의에 따라 관세를 낮추거나, 비관세 장벽을 철폐하는 등의 약속을 이행하기 시작하였고, 이와 동시에 〈정부구매협의〉가 확정한 관련원칙에 근거해서, 최혜국 대우원칙 · 투명도원칙 · 개발도상국가 참여장려 원칙 등을 포함하여 원래 중국이 제정에 참여하지 못했던 무역협정이 다시는 존재하지 않게 되었다. 이것은 중국의 건축자문기업의 경쟁의 전개를 위해 보다 큰 활동공간과 여지를 제공하고 있다. 동시에 시장경제체제의 확립에 따라서, 사회주의 법제건설의 부단한 완성과, 특히 정부의 투명행정 추진과 정부항목의 시장화 운영은 종합공정자문회사들을 엄준한 도전에 직면하게 하고 있다.

(4) 중국 내의 정책환경변화

1992년 이래, 중국 공정건설시장이 확대되고 규범화되어 왔으며, 공정입찰제와 건설감리제도가 추진되면서 정비되어 왔고 공정자문업에 새로운 발전이 있었다. 원(原) 국가계획위원회 · 국가공정자문협회 · 건설부가 문건을 발표하여, 공정자문의 서비스내용을 거시경제문제와 발전계획자문으로 구분했으며, 지질조사설계 · 건설감리도 공정자문의 범위로 포함시켰고, 또한 별도로 공정자문자질증서를 발급하여, 공정지질조사 · 설계 · 감리증서와 함께 건축시장에서 자리매김하게 되었다.

4. 외부환경의 위협

(1) 기업의 잠재 진입상대의 위협

중국의 WTO가입에 따라, 많은 국외의 공정자문회사가 중국시장에 진입하기 시작하면서 사무소를 설치하거나, 독자 혹은 합자의 자문회사를 설립했다. 예를 들어 100년 이상 역사를 가진 미국 PSI회사는 천 명이 넘는 전문가를 가지고 세계 각지에서 고객에게 현장지원 · 설계지원 · 건축구조지원 · 유지보수관리의 서비스를 제공하고 있다. 이러한 외자자문기업은 두터운 자금실력과 견실하고 숙련된 기술경험, 전면적 프로세스 관리서비스는 중국 현재 발전단계에 있는 건축자문기업에 각 방면에서 큰 위협이 되고 있다.

(2) 대체 서비스 상품의 위협

건축자문기업이 제공하는 생산품은 지식서비스상품에 속한다. 건설항목은 본래 하나의 항목으로, 그 완공에 따라 종결된다. 현재 중국의 상황에서, 많은 대형 종합성 건설기업은 이미 기업내부에 자신의 자문부분을 조직하기 시작하였고, 또한 건축기업이 공정자문을 실행하는 능력은 선천적으로 형성된 것으로, 기술상의 결함이나 인재의 부족은 존재하지 않는다. 즉, 건축기업에 있어서 공정자문은 진입 기술장벽이 존재하지 않는다. 항목 준공 후, 생산관리기구에 양도하여 운영하게 되면 공정지휘부는 그 사명을 완성한 것이다. 국내건축자문기업의 업무현황은 대부분 자문회사업무의 경우 그 범위가 좁아서 일반적으로 공정결산의 회계감사에 국한되어 있다. 그 외에 건축자문기업의 주요 업무는 항목에 대한 투자와 재무분석인데, 많은 대형의 회계회사 · 관리자문회사가 이미 건축자문기업의 영역으로 진입하고 있는 실정인데, 건축자문이 기술장벽의 제한을 받을 지라도, 시간이 지남에 따라 이러한 장벽은 사라질 것으로 보인다.

(3) 현존하는 경쟁기업간의 경쟁현황

2003년 6월 말까지, 중국에서 이미 공정자문자격증서를 획득한 회사가 3,000개를 넘어섰고, 종사인원은 50만 명에 달한다. 그 중 8개 회사는 공정자문업 세계 200

위권에 진입했지만, 진입한 기업의 총영업액이 세계공정자문 총영업액의 1%에도 미치지 못하는 실정이다. 현재 중국의 종합공정자문기구가 목표로 하는 시장은, 현재 시장의 파이를 나눠먹는 경쟁국면에 직면해 있는데, 대형 전문공정자문업체 간의 경쟁을 제외하고도, 일련의 금융기구 · 감리회사 · 견적회사 및 민영자문기업(예 회계사 사무소)에다, 외국의 유명한 자문기구도 중국자문시장에 끊임없이 진입하고 있는 실정이다.

(4) 구매업체의 가격협상능력

국제건축시장의 주체는 항목발주처 · 자문업체 · 도급업체와 공급업체이다. 가치사슬(Value chain) 원리에 따라 분석하면, 건축자문업체가 주로 대하는 구매업체는 항목발주처인데, 구매업체의 가격협상 능력은 다음 두 가지 방면에 체현되어 있다. 우선, 건축자문시장 경쟁규칙이 투명화됨에 따라 발주처가 시장가격 · 자문업무에 대해 파악하게 되고, 따라서 발주처가 자문항목의 시장가격 · 정확도 · 진도 등에 대한 투명도 요구가 점점 높아지고 있다. 다음으로 FIDIC조항이 중국 내에서 점진적으로 보급됨에 따라서, 국가건축자문법규도 정비되고, 구매업체의 이러한 가격협상능력은 더욱 강해질 것이다.

6.2.3 중국 건축공정자문업이 직면한 경쟁과 도전

1. 정책기제에 의한 도전

(1) 전체개황

중국정부는 사회경제의 발전과 WTO가입에 따른, 공정자문업 발전에 대한 중장기 계획을 아직 마련하지 못하고 있다. 동시에 종합성 공정자문회사는 체제의 전환과정 중에 나타나는 문제에 전문적인 연구가 부족하여, 정책적인 보조가 어려운 실정이다. 현재 공정자문업의 제도 변화에 대한 명확한 지도의견과 정책의 지지가 여전히 결핍된 실정이고, 중국 공정자문기업의 현황에서 볼 때, 중국 대다수 부문 · 지방공정자문기업은 스스로 각자의 체계를 구성하다 보니, 불필요한 중복이 많고 비효율적이어서 WTO에 부합하지 못하는 많은 점들이 존재한다.

(2) 관리체제 방면의 도전

정부관리체계 방면에서, 건축자문 방면의 법률법규가 완비되지 못하고, 정부부서 간의 역할 경계도 명확하지 못하고, 정보화 수준도 낮은 실정이어서 WTO가 요구하는 투명도 원칙과는 상당한 거리가 존재한다. 업종관리체제상에서 구역 · 계통간 분할, 다두관리(多頭管理)[10] 등의 현실은 국제관례분류(CPC)와 맞물리기 어렵다. 지질조사설계 회사를 예로 들면, 현재 중국의 지질조사설계는 건설부 지질조사설계사(投計司)가 관리하고, 공정자문은 국가발전개혁위원회에서 관리하고, 시공감리는 건설부 건축관리사(管理司)가 관리하고 있는 실정이다. 업종협회는 현재 중국지질조사설계협회 · 공정감리협회 · 공정자문협회 · 국제공정자문협회 등이 있는데, 각각 다른 부문에 속해 있다. 시장감독기제 방면에서 과다한 자격허가 · 심사비준절차 · 시장진입제한 등 문제가 있는데, WTO가 요구한 규제 축소 · 자유경쟁의 원칙과 위배된다. 일부 지역과 부문에 존재하는 지방보호와 업종보호 문제는 WTO의 비차별원칙 · 공평성원칙과 위배되는 것이다.

(3) 운영제도 방면의 도전

내부기제로 보면, 중국 건축공정자문회사의 업무는 주로 계획 및 행정분배에 의거해 실시되었는데, 기업직원의 심사 · 격려제도가 여전히 부족하고, 보상이 보편적으로 낮다. 외부기제로 보면, 공정자문기업은 어떤 관련된 회사에 예속되어서는 안되지만, 중국의 많은 건축공정자문회사는 실제로 여전히 정부부문 혹은 기업에 예속되어, 서비스의 객관성 · 공정성에 문제점을 가지고 있다.

2. 새로운 시장환경의 경쟁과 도전

현재, 국내항목투자결정 및 건설과정에서, 아직 완전하게 계획경제체제의 영향을 벗어나지 못해서, 공정자문에 대한 인식이 깊지 못하고, 정책결정의 과학화 · 민주

10) "多頭"는 우두머리가 많다는 뜻.

화 · 절차화의 강화가 필요하다. 국내공정자문회사 서비스시장의 잠재요구가 크다 하더라도 실제시장의 수요는 여전히 작은 상황이다. 투자체제의 개혁에 따라서, 투자주체의 다원화는 필연적으로 자문고객의 다원화를 수반하게 된다. 건축자문기업은 반드시 여러 투자주체의 수요에 긴밀히 결합해야 하고, 공정자문을 위주로 투자건설과 항목자문의 전과정에서, 항목평가를 기초로, 공정항목의 투자준비단계 · 실시단계 및 최후평가단계로 확대하고, 내외적으로 투자영역의 정책자문 · 계획자문 · 관리자문 등으로 개척해야 한다.

(1) 국외공정자문회사의 진입

90년대 이후, 중국은 기초시설 영역에서 대규모 외자를 도입 · 이용해 왔는데, 십여 년의 발전과정에서, 국외공정자문회사는 이미 일정부분의 시장을 점유하고 있고, 특히 중요 건설항목의 전반기 정책결정과정 중에 국외관련저명기구를 초청하여 자문서비스를 받기도 했다. 예를 들어, 중국 윈난성의 루부거(魯布革)수력발전소는 국제공개입찰을 실시했는데 그 효과가 두드러졌다.

(2) 시장환경과 공평경쟁기제의 미비

시장환경의 불량은 중국 공정자문업의 발전을 제약하는 객관요인의 하나이다. 구역 · 계통간 분할, 정부와 기업의 미구분으로, 자문업무가 부문과 경계에서 받는 영향이 비교적 크다. 자문업무가 거의 포화상태인 자문회사도, 여러 가지 고려로, 자신의 인력과 물력이 불충분함에도 불구하고, 부단히 자문업무를 수주하여 자문서비스 품질을 떨어뜨리고 있다. 다른 한편으로는, 여러 원인으로, 중국 대다수 공정자문회사임무가 매우 부족하고 국제시장에서 점유하는 부분도 매우 작다. 또한 서비스 대상도 주로 아시아 · 아프리카 등 소수국가와 지역에 국한되어 있으며, 유럽 · 미국 · 일본 등과 같은 선진국의 시장진입은 어려운 실정이다.

(3) 전통적인 시장의 축소

중국 공정자문업의 과거 서비스대상은 기본적으로 각급 정부 및 그 투자주관부문으로 시장이 주로 여러 비준신청한 투자항목에 국한되어 있었지만, 심사비준체계와 중국경제의 고성장으로 중국자문업계에 안정된 시장보장을 제공하였다. 중국정부의 새로운 투자정책의 실시에 따라, 적극적인 재정정책이 종결단계에 이르면서, 공정자문의 전통시장은 극도로 위축될 가능성이 있다. 관련된 방면의 계산에 따르면, 심사비준 항목을 예로 들면, 현재 비준 신청 중인 항목 중, 이후 심사비준을 필요로 하는 항목은 10%에 불과하고, 준심사제(核准制)와 비안제(備案制)[11]가 적용되는 항목은 각각 23%와 67%를 점하고 있다. 이로 인해, 시장개혁의 새로운 추세에 직면해서, 공정자문업은 정부 및 기존 업무범위를 공고히 함과 동시에, 시장환경의 변화에 적응하는 반응기제를 갖추어서, 중국시장으로 진입하는 외국기업과의 경쟁에서 시장의 점유율을 확보해야 한다. 중국 공정자문기업은 한편으로 정밀한 시장세분을 진행하고, 잠재된 서비스 세분시장을 발굴하고, 다른 한편으로는 시장개발을 가속화하고, 세분화된 고객의 수요에 밀착하여, 자문업무방식을 개선하고, 자문서비스의 효율을 제고하고, 자문평가의 품질을 보장해야 고객 및 시장을 획득할 수 있다.

3. 중국사회의 국내공정자문의 지위와 역할에 대한 인식미비에 따른 문제점과 도전

(1) 공정자문개념 모호의 원인

역사발전 원인과 정책체제 국한 등의 원인으로 인하여, 각 업계의 분류체계 중, 중국에는 공정지질조사설계 개념만 있고, 공정자문의 개념이 없었다. 개혁개방 초기, 정부에서 분리되어 나온 공정자문업무도 공정전반기항목의 논증에 국한되어 있었다. 1992년 원(原) 국가계획위원회가 정식으로 공정지질조사설계를 공정자문범위에 포함시키고, 공정자문회사 자질인정을 실시하면서, 공정지질조사 · 설계 · 감리인증과 병존하게 되었다. 이 때에 이르러, 국가산업정책은 공정자문을 서비스업으로 확정하고, 그 서비스범위는 9개의 큰 분류를 포함하는데, 국제 공정자문업의 서비스범위를 기본적으로 포함한다. 단, 전략성계획과 공정자문 후 평가 등에 속한 업무는 아직 완전하게 전개되지는 않고 있다. 공정자문업의 주체인 공정지질조사설계회사는 공정지

11) 전통적인 심사비준제에 비하여, 기업의 재량권과 자율을 보다 많이 수용하고 융통성이 있는 심사제도라는 성격을 가지며, 그런 면에서 비안제(備案制)는 준심사제(核准制)보다 더 적극적인 개념이라 할 수 있다.

질조사설계를 위주로 하는 업무범위를 완전하게 벗어나진 못했고, 공정자문회사는 전반기논증 · 평가자문 업무에 주로 국한되어 있고, 종합공정자문회사는 극히 적은 실정이다.

(2) 사회 각계의 공정자문에 대한 개념 모호

국가통계국이 대외에 반포한 웹사이트에서, 국가통계시스템은 여전히 완정(完整)된 자문업 통계지표를 가지지 못해서, 때론 서비스업에 때론 건설업 내에 포함되는 실정이다. 신문매체와 기업도 공정자문업을 서비스업과 기타 산업에 혼돈하는 경우가 많고, 과학적이고 공정한 산업이라는 신용이 높지 못한 편이다. 재정부가 반포한 회계제도 역시 공정자문업의 특징을 명확히 드러내지 못하고 있다. 자문업계 내에서도 "건축자문", "공정자문", "지질조사설계자문" 등으로 명칭이 통일되지 못하고 있는 실정이다. 선진국에서는 공정자문업무에 종사하는 것은 공정기술영역의 꽃으로 인식되어, 그 종사자는 고급지식 · 복합형 인재로 인정받으며, 지식서비스에서 대해 상당히 높은 보수를 받고 있다. 특히 공정자문업무 중 전반기 자문은 전체 공정에서 매우 중요한 부분으로, 발주처의 중시를 받는 부분이다. 하지만 중국의 공정자문은 아직 사회와 정부 지도자의 의식 중 제대로 된 지위를 얻지 못하고 있는 상황이다.

(3) 항목공정관리 중의 지위와 권위 부족

중국에서는 아직 공정자문을 활용하여 항목 결정과 준비 과정에서 항목의 관리 수준을 높이고, 최고의 종합적인 효과를 추구할 수 있는지에 대한 보편적인 이해와 인식이 부족한 실정이다. 중국 공정자문업은 진정한 시장경제에서의 적응시간이 충분하지 못해서, 민영투자에 의한 중소형 건축항목의 대다수 발주처는 공정자문 및 그 역할에 대해 이해가 부족하거나 근본적으로 이해 못하는 실정이어서, 자문기업의 서비스가 수립해야 할 형상과 권위는 아직 성립되지 못한 실정이다. 중국의 공정자문업무가 항목 발주처에 의해 익숙해지고 실제로 서비스를 수용하기는 아직도 갈 길이 멀다. 공정자문서비스는 중국 내에서 아직 광범위하게 활용되지 못해서 치열한 시장경쟁국면은 형성되지 못하고 있고, 공정자문업종도 공정건설관리 중 스스로의 합당한 지위를 확립하지 못하고 있다.

그러나 최근 중국 항목관리 분야는, 사유화 조류의 충격으로, 투자방식이 변화하고 있고, BOT항목이 대량으로 진행되고 있다.

4. 고급인력자원 결핍에 따른 문제

(1) 업종인원 보유 현황

중국자문공정사협회의 통계자료에 따르면, 현재 중국에 3,000개의 공정자문회사가 있고, 협회등록종사인원은 50만 명을 상회한다. 협회에 미등록된 관련업무 종사인원을 포함하면, 현재 중국에서 공정자문업무에 종사하는 인원수는 100만 명에 이를 것으로 추산된다.

중국 건축자문 전문기술인원은 약 30만 명으로, 그 중 1급 등록건축사가 9,000명, 2급 등록건축사가 2.2만 명, 1급 등록구조사가 1.6만 명이다. 이 외에도 많은 등록자격을 구비한 인원이 등록을 하지 않은 경우도 많다.

(2) 중국 공정자문 영업인원의 전체적인 낮은 수준과 불합리한 시스템

중국 자문공정사의 전문 기술수준은 높은 편이고, 현장경험도 많은 편이다. 하지만 지식범위가 좁고, 종합적 관리능력이 부족한데, 특히 경제 · 상업업무 · 관리 · 법률 등의 방면에서 지식과 능력이 부족하고, 현장소장 · 외국어능력인재 · 복합형인재가 부족하며, 국제관례에 익숙하여 국제공정자문에 종사할 수 있는 인재는 더욱 적은 상황이다. 중국 공정자문회사는 인원소질이 낮고, 조직구조가 불합리하고, 심사 · 격려제도도 잘 갖추어져 있지 못하고, 교육비용투자도 적고, 인원의 유동이 힘든 상황이다.

(3) 전과정 자문을 제공할 수 있는 영업인재의 결핍

현재 중국에서 건축자문서비스를 제공할 수 있는 인원은 적지 않지만, 공정항목 전과정을 책임질 수 있는 자문공정사는 극소수이다. 공정자문업의 발전에 따라, 많은 인원이 대학 · 과학연구기관 · 공정설계회사 · 공정감리 등의 부문에서 옮겨오고 있다. 그들은 한 방면의 전문지식을 구비하고 있지만, 자문에 대한 기초이론과 실천경험이 부족하고, 기술을 중시하고 영업을 경시하는 경향이 많다. 공정자문업이 점진적으로 국제수준과 맞물려 가면서, 공정자문사의 업무도 전체 공정항목을 수주해서, 전반적인 관점에서 위탁인을 위해 서비스해야 한다. 따라서 현재 공정자문업에서 가장 부족한 것은 전과정 자문인재이다.

(4) 고급인력자원의 육성과 비축 필요

고급인력자원은 자문기업이 제공하는 지식서비스의 핵심역량이기 때문에, 시장경제에서는 공정자문업체가 하나의 학습형 조직이 되기를 요구하고 있다. 업무 중에는 최대한 종합적으로 다양한 학과지식을 활용하여 높은 품질의 공정자문성과를 이뤄내기 위해, 젊고 다재다능한 국제형 복합인재를 필요로 한다. 따라서, 인재를 모으고 · 교육하고 · 소질을 끊임없이 개발하는 것은 자문기업의 경쟁력 제고를 위해 가장 먼저 해결해야 하는 문제이다. 자문기업의 확대 수요에 근거하여, 공사 · 경제 · 융자 · 법률 · 항목관리지식에 익숙한 우수인재를 모으고, 끊임없는 인재격려체제와 혁신인재를 중시하는 기제를 완성하여, 우수인재의 응집력을 강화해야 한다. 인재자원을 유치할 경우 교육방법, 기업내부 인재자원 강화방안을 고려해야 하고, 각종 기제를 만들어서 유용한 인재를 유치하고, 임시업무에 참여하게 하여 자문품질을 제고하여 발주처의 각종 요구를 만족시킬 수 있어야 한다. 인원 유실 방지 역시 중요한데, WTO가입 이후 외국자문기업이 중국으로 진입하면서, 종종 현지화 전략으로 중국기업으로부터 인재를 스카우트해가는 경향이 많기 때문에 중국 자문기업은 인재를 안정시키기 위한 조치가 필요하다.

6.3 중국 건축자문기업의 미래전망

20여 년간의 개혁개방과 현대화 과정을 거치면서, 중국의 건축시장은 아시아 최대의 건설시장이 되었고 전세계에서 가장 큰 잠재력과 활력을 갖춘 건설시장 중의 하나가 되었다. 하지만 중국 공정자문업은 여전히 시작단계이고 발전도 완만하며 규모에도 제한이 있는데, 특히 국제시장에서의 경쟁력도 아직 확보하지 못한 상황에서 중국 공정자문업의 개방에 따른 외국자문업의 중국진출로 경쟁이 보다 격렬해지게 되었다. 과거 20년 동안, 전세계 200개의 저명 국제공정자문기업 중 141개 회사가 이미 중국시장에 진입한 실정이다.

중국은 이미 WTO에 가입하였다. WTO규칙의 근본목적은 시장진입문제 해결이다. 국민대우 · 최혜국대우, 차별금지 원칙에 따라, 각국에 관세감면과 수입승낙 등 방식으로 시장을 개방할 것을 요구하고 있다. WTO의 이행에 따라 전세계가 일체화된 시스템으로 연계되어서 국제경제활동규칙을 준수하게 되면서, 새로운 기회와 도전도 가져올 것이다. 중국이 WTO에 가입하기 위해 약속했던 승낙에 따라, 중국 건설시장과 공정자문시장의 개방은 보다 가속화 될 것이다. 서비스 무역 총협정에 따라 정부는 여러 부분에서 승낙을 이행해야 하는데, 공정견적자문기업을 예로 들면, 공정견적자문업종의 시장진입제한에서, 2005년 후에는 외상독자(外商獨資)의 공정견적자문기업의 설립을 허가해야 한다. 외국견적자문기구의 중국시장 진입 후, 중국 공정자문업과 시장 · 인재 · 업무에서의 경쟁으로 중국 공정자문시장에 필연적으로 충격을 가져올 것이다.

6.3.1 중국 건축자문업이 직면한 발전기회

현재 중국의 공정자문기구발전은 적극적 정부정책 · 시장경제 · WTO가입 · 지식경제시대라는 4대 발전기회를 맞이 하였다.

1. 적극적인 정책환경과 제도규범의 완비

제도와 국가경제환경 두 가지 방면 모두 자문공정사를 위한 개인적 발전의 계기를 마련했다. 제도상에서 최근 국가가 자문업종의 시장화와 현대화 운행을 위해 항목자본금제도 · 항목법인제도 · 항목계약제도 · 항목입찰제도 · 공정건의제도를 포함한 5대 제도를 전체 공정항목관리의 전과정에 포함하면서, 공정 · 경제 · 관리를 이해하는 자문공정사가 불공평한 경쟁으로 인해 개인업적에 영향을 받지 않게 됐으며, 업종인재들 중 두드러지게 높은 지위를 확보하고 높은 임금을 받을 수 있게 되었다. 현재 중국 내 우수 자문공정사 중 40～50만 위안의 연봉이 적지 않다.

국가경제무역위원회가 2002년 반포한 “공상영역 고정자산 투자자문기구 자질관리방법(시행)” 중 자문의 업무범위에 대한 규정을 보면, 공정자문 관련 부분에 큰 발전의 여지가 있다. 각급 정부기구의 개혁 과정에서, 행정기구가 과거에 관리했던 전문성 · 기술성 강한 행정관리업무를 위탁 혹은 중개기구에 권한을 부여하여 담당하도록 하고 있다. 건설공정방면에서, 계획평가 · 설계평가 · 입찰자문 등 많은 부분의 업무가 정부기구에서 직접 부담하지 않고, 사회의 많은 공정자문기구에 위탁하여 부담하도록 하고 있다. 이것은 중국 공정자문업의 발전에 광활한 앞날을 마련해 주는 계기이다. 국가경제발전에서 각 공정항목이 각각 시행되고 있는데, 특히 올림픽경기장건설 · 남수북조(南水北調) 공정 · 서부대개발과 동북 노후 공업기지혁신으로 대표되는 건설항목이 중국의 공정자문기구에 실천의 무대를 제공하고 있다.

2. 시장경제체제의 정비와 확대

중국 공정자문업은 20여 년의 발전으로 이미 일정한 산업규모를 이루었지만, 아직도 비교적 미비한 수준으로, 특히 선진국과 비교하면 산업규모 · 자문회사의 실력 · 시장성숙 정도 등의 방면에서 명확한 차이가 존재한다. 시장경제체제의 진일보 완성으로, 특히 투자체제개혁의 심화로, 각종 시장과 투자주체의 공정자문에 대한 수요가 점점 많아지고, 공정자문의 내용과 범위도 더욱 확장되고, 공정자문업의 산업발전공간도 더욱 커지고, 시장규모와 산업화 수준도 진일보 향상될 것이다.

국제 대시장 환경으로 보면, 대외시장 개방이 확대되면서 중국시장에 있는 외국회사가 ‘국민대우’를 받게 되므로, 중국 공정자문기업이 국제적으로 저명한 공정자문회사와 치열한 경쟁을 통해 발전을 촉진하고, 서방선진국가의 공정자문에 관한 관념과 경험을 학습할 수 있고, 기술과 관리 수준을 향상할 수 있고, 더 나아가 국제경쟁능력을 강화할 수 있어 중국 공정자문업의 개혁과 조정에 유익한 참고가 될 수 있다.

시장의 수요에서 살펴보면, 외자기구가 제공하는 고품질의 자문서비스는, 국내시장수요를 크게 촉진시킬 것이고, 공정자문서비스에 대한 인지도를 향상시켜서, 잠재된 시장수요의 현실수요로의 전환을 촉진시킬 것이다.

시장주체의 관점에서 보면, 중국의 많은 공정자문회사가 체제개혁 중에 있다. 연합과 개편 · 전문화로 자원의 최적화 배치를 이루고, 규모의 우세를 발휘해서 업무범위를 확장한다면, 기업이 더 많은 겸용성과 시장경쟁력을 확보하여 더 큰 범위에서 발전공간을 추구할 수 있다.

3. WTO 가입에 따른 발전기회

중국의 WTO 가입은 중국시장이 대외 개방되는 것과 외국시장도 중국에 개방된다는 것을 의미한다. 이로써 중국 공정자문회사가 국제경쟁에 참여할 수 있는 보다 많은 기회를 가질 수 있다. 구체적으로 말하면, WTO규칙 조례 중, 건설업과 관련 있는 내용은 아래의 항목들이다.

(1) 다방면 · 무조건 · 안정적인 최혜국대우를 받는다. 이 항목은 중국건설업의 국제공정도급과 건축노무합작 환경의 개선에 이익이 된다. 만일 어느 국가의 정부공정이 WTO회원국의 건축회사만 입찰에 참가하도록 허락한다면, WTO가입 이후 중국의 건축공정자문기업은 기타 국가와 동등하게 이러한 정부공사의 입찰에 참여할 자격을 가진다.

(2) 개발도상국의 권리를 받는다. "서비스무역 총협정"의 규정에 근거, 개발도상국은 시장개방에 있어서 일정한 융통성을 가질 수 있어서, 비교적 적은 부분 · 비교적 적은 유형의 서비스를 개방할 수 있고, 외국서비스의 시장진입시에 일련의 조건을 부가할 수 있다. 이 항목의 권리가 중국 건축시장진입제도의 제정근거 중 하나이다.

(3) 소송이용. 각 회원국이 기본적인 안전이익을 보호하기 위해 필요한 행동을 취할 수 있다. 소송과정에서 회원국은 기타 회원국이 의무와 구체적인 승낙을 이행하지 않았다고 여겼을 경우, 소송을 통해 해결할 수 있다.

WTO 가입 이후, 중국 공정자문회사와 외국자문회사가 전면적인 합작과 경쟁을 진행하면서, 중국 자문기업은 외국의 선진서비스상품 · 서비스개념과 관리경험을 학습할 수 있는 많은 기회를 가지게 되었는데, 이는 중국 공정자문기업경쟁력의 향상에 큰 도움이 될 수 있다. 중국 건축기업은 현지의 우세를 활용하여 국제대형 공정자문기업과의 합작을 강화하여, 수평적 · 수직적 연합의 형식으로 도급방식 · 융자통로 · 관리절차 · 항목후 평가 · 항목 대리 건설제 등 방면에서 국제공정자문업체와 접촉하여 선진 자문업무 경험을 학습 · 연구하여, 경쟁규칙에 익숙해질 수 있다. 도급업무를 예로 들면, 국제공정자문업체와 서로 발주업체 · 설계도급 · 시공도급 등의 형식으로 협력할 수 있고, 혹은 연합도급업체를 성립하여 경쟁을 진행할 수 있다. 외국대형회사와의 합작을 통해 국제선진공정관리방법을 학습할 수 있고, 국제관리에 익숙해질 수 있어서 "닭을 빌려 달걀을 낳는 형태"가 될 수 있다. 또한 설계능력과 시공능력의 융합을 촉진하고, 관리수준과 자문서비스수준을 향상하여, 중국의 건축자문기업이 국제관례와 궤도를 같이 할 수 있어서, 중국의 건축공정자문기업이 대외경영에 견실한 기초를 마련할 수 있다.

WTO 가입 이후, 국내 항목심사비준과 전반기작업의 개혁으로, 원래 행정영역에서 해결할 수 있었던 일들이 현재는 시장기제를 통해 해결하게 되었다. 따라서, 많은 기업이 투자결정과 항목운영을 더욱 중시하게 되었는데, 특히 외국기업은 중국의 관련 법률, 정책과 부동산조작규범 · 절차에 익숙하지 못하여, 상응하는 자문회사를 찾아 투자자문 및 서비스를 요구할 수 밖에 없다. 이것은 중국 내 자문회사에게 큰 기회가 될 수 있다. 이러한 관점에서 보면, 공정자문업의 객관적 수요가 크게 증가하면서, 자문회사의 기회도 더욱 많아지게 될 것이다.

4. 지식경제시대의 도래에 따른 기회

지식경제시대가 수반하는 직접적인 변화는 고급지식서비스업이 국민경제의 주도산업이 된다는 것이다. 지식을 기반으로 하는 서비스업의 발전은 기하급수적인 속도로 GDP의 중요산업부분이 될 것이다. 표준화와 특색화 사이에서 적당한 균형점을 찾는 것이 나날이 중요해지는데, 이것은 공정자문업도 혁신의식을 가져야 한다는 것으로, 자문서비스 중 적시에 신기술 · 신지식에 바탕한 내용과 형식을 주입하여 생존과 발전의 공간을 개척해야 한다. 공정자문기술 혁신은 풍부한 정보와 인력 · 기술자원의 보유를 필요로 한다.

지식경제시대에 공정자문회사의 무형정보상품 중 지식의 함량은 상품 품질을 판단하는 중요한 지표가 되고, 기업경쟁력의 바탕이 된다.

(1) 기업의 외부경쟁력에 대해 말하자면, 공정자문기구의 경쟁은 정보량 · 정보경로 및 전달속도의 경쟁으로, 비교적 많은 정보경로나 독자적인 정보경로를 가지고 있고 특정부분의 정보자원(정책정보 포함)을 독점하는 자문기구는 경쟁 중 우세를 차지할 수 있다. 결정자의 결정능력도 미래의 불확정성의 파악에 있는데, 누가 보다 유효한 정보와 지식을 장악하는지, 누가 미래의 불확정성을 파악하는 능력이 강한지, 누가 예견능력이 강한지에 따라 시장경쟁 중 생존과 발전의 기회와 공간이 더욱 커질 수 있다. 이러한 의의에서, 투자결정자의 지식에 대한 수요는 끝이 없는데, 결정자 자신의 정보가공 능력은 필경 한계가 있으므로, 적절한 시기에 공정자문기구가 획득한 유용한 정보를 제공 받아, 결정자의 결정능력을 향상할 수 있는 중요한 수단으로 이용할 수 있다.

(2) 기업의 내부경쟁력에 대해 말하자면, 기업내부의 지식관리를 강화하는 것은 중국 공정자문기업이 발전기회를 잡기 위해서는 반드시 필요한 것이다. 지식관리는 한편으로 기업내부의 과정, 다른 한편으로 기업 각 조직부문과 기업직원 간의 과정이다. 기업지식관리의 목표는 기업직원의 지식과 능력을 충분히 발굴 · 이용하고, 기업내외의 합작 · 지식 · 경험의 교류를 충분히 실현하는 것이다. 지식관리는 기업이 과거 혹은 외부의 지식과 경험을 더욱 잘 참고해서, 불필요한 중복성 개발을 방지하고 기업의 합작능력을 향상시켜, 기업의 시장경쟁과 고객서비스에 필요한 시간을 개선한다. 이것은 기업이 선진 제도와 정책을 채용하여, 충분히 인원을 배치하고, 인원을 격려하고, 인원을 교육하고, 지식을 부의 근원으로 볼 것을 요구하는 것이다.

6.3.2 중국 건축자문업의 미래 발전 방향

중국의 건축자문업 현황과 중국시장수요를 종합 분석한 기초 위에, 비교우세를 드러낸다는 전제 하에, 국유종합성 공정자문기업의 선택할 수 있는 미래 발전 방향은, 기업화 · 현대화 · 국제화 · 다원화이다.

1. 조직형식의 기업화

공정자문회사의 조직형식에서, 중국 공정자문업은 선진국가, 심지어는 일부 개발도상국과 비교해도 상당한 격차가 존재한다. 중국의 공정자문기구는 주로 지질조사설계회사와 종합성 공정자문회사로 조직되어 있는데, 각 유형 회사의 구체적인 정황은 각자 다르다. 단, 투자건설영역의 중개서비스기구로서, 분리 · 개혁을 실행하고, 사회화 · 시장화된 기업법인이 되었는데, 이것이 절대다수 공정자문회사 개혁의 기본 방향이 될 것이다.

최근 몇 년 동안, 지질조사설계 · 공정견적 · 건설감리 등 회사는 많은 개선이 있었지만 개혁이 완전히 이루어지지 않은 실정이다. 종합성 공정자문회사 개혁은 상대적으로 지체되어 있고, 많은 회사는 여전히 기업 · 사업성질이 나눠지지 않고 있다. 2003년 초에서 지금까지, 원래의 일부분 공정자문회사가 분리 · 개혁을 통해 새로운 공정자문회사가 각지에서 점진적으로 형성되고 있고, 공정류 본과생이 각 공정자문회사의 주력군으로 자리잡아, 공정자문회사의 업무범위가 공정자문 · 공정가격심사 · 입찰대리 · 견적관리자문 · 사법검정 등까지 확장되고 있다. 인원자격은 회계감사 · 자산평가 · 견적공정 · 자문공정 · 사법검정 등의 분야를 포함하고 있는데, 경쟁이 점점 치열해지고 있다. 공정자문회사는 기업의 형태로, 반드시 시장규범에 따라 경영되어야 한다.

생산경영조직의 모델에서, 중국의 공정자문회사는 반드시 국제에서 통용되는 공정회사 · 공정자문설계회사 · 자문설계사무소 · 암반토목공정회사 등 모델을 참조하여 개편을 진행해야 한다. 자산경영조직의 모델에서는 자산의 다원화를 실현하고, 법인통치구조를 확립하고, 점진적으로 현대기업제도를 건립해야 한다.

기업화의 방향은 일종의 지속가능한 발전 전략으로, 반드시 재산권구조의 개선을 통해, 현대기업제도를 건립하고, 회사제의 개혁을 통해 소유권과 경영권의 분리를 실시한다. 공정자문업은 경쟁산업에 속하기 때문에, 국유자산은 대부분 혹은 전부 퇴출되어서, 다원투자주체의 유한책임회사 · 주식회사로 개편해야 한다. 이와 동시에 개혁을 빨리하여, 기제를 바꾸고, 경영기업화 · 서비스사회화 · 자문결과 상품화의 방향으로 발전해야 하고, 공평경쟁을 향한 공정자문시장을 건립해서, 자문시장의 육성과 규범화 관리를 강화하고, 여러 계층의 · 주안점이 다른 공정자문업 체계를 형성해야 한다.

2. 관리제도의 현대화와 업종협회의 자율화

공정자문기업은 서비스 개념 · 방법 · 순서 및 업무조직 등 각 단계에 따른 적절한 조치를 통해, 차별화된 서비스를 전개해야, 지속적인 시장을 획득할 수 있다. 공정자문업 서비스상품의 표현형식은 자문문서이고, 이것은 지식노동의 성과이자 서비스 개념의 체현이다. 혁신의식과 시장개척능력을 구비한 자문기업은 기계적인 변화없는 표준격식문서를 고수해서는 안되고, 업계 내에서 통용되는 조건의 기초 위에서 세밀하고 정확하게 고객의 구체적인 목표를 파악해서, 자문문서를 전문화와 계열화된 방향으로 심도있게 개발하여, 기업판 · 정부판 · 은행판 · 공업판 · 사업판 · 공익판 등 기업주체별로 지적재산권을 구비한 계열화된 자문서비스상품을 통해 최대한 분산된 고객집단 및 그 수요에 적응할 수 있어야 한다.

국제관례에 따르면, 자문업은 전문적인 업종협회관리가 있어야 하고, 정부의 간섭은 최소화되어야 하는데, 건축자문업 역시 예외가 아니다. 국제적인 공정자문협회가 발휘하는 역할에 비교해서, 중국업종학회는 학술활동 전개를 주로 하고, 실무성 업무는 관여하지 않고 있다. 따라서 이후의 발전 실천 중 그들을 이끌어 관리과학화 · 경제실체화 · 조직의 국제화 방향으로 발전시키고, 등록관리의 중임을 담당하게 해야 한다. 장기적인 관점에서 보면, 종사인원은 점진적으로 전문학회와 업종협회에서 관리 진행하여, 업종학회가 종사인원의 자격관리를 책임지고, 협회가 전문인사의 영업등록관리를 책임져야 한다.

이외에 관리제도개념상 중국의 공정자문기업은 항목관리를 핵심으로, 항목 집약경영 견적체계를 기초로 하는 항목 관리체계를 수립해야 하는데, 이는 현대 공정자문업의 발전추세이다. 국내의 공정자문업종은 그 시작이 비교적 늦어서 완전한 의미의 국제공정자문회사와 큰 격차가 존재한다. 이러한 항목관리제도 중, 채용할 조직기구는 일반 기능식 조직구조와는 확연히 다른 항목을 중심으로 하는 조직구조 형식으로, 각 항목은 하나의 소형회사처럼 운영되고, 각 항목 조직은 항목의 완성까지 엄격하게 최선을 다하면서, 신속하고 효율적으로 항목목표와 고객의 수요에 반응해야 한다.

3. 기업간 연합을 통한 국제화

전략적 연맹은 두 개 혹은 두 개 이상의 경영주체 간에 특정한 전략목표를 위해 건립하는 일종의 합작관계이다. 이러한 연맹은 다른 기업구성원들의 빠른 연합을 가능하게 하는데, 완성할 임무의 출처가 불안정하여, 수요차이 및 계절적 원인으로 야기되는 공정자문업무능력의 조정이 필요하고, 빠르게 변화하는 시장에 적응하기 위해서 탄력적이고 기민한 능력이 필요하다.

정부관리모델의 전환과 경쟁의 가속화에 따라, 국유공정자문기업이 확보하고 있던 우세점도 점점 상실되고 있고, 기능이 단일하고, 규모가 작은 약점이 점점 드러나고 있다. 자금 · 기술 · 정보네트워크 · 관리 등 많은 방면에서 국외 유명자문기구의 실력가 큰 격차가 존재한다. 극소수 실력을 구비한 자문기업이 업무범위와 경영규모를 확대하는 방식으로 실력을 증강해서 국외대형공정자문회사에 필적하는 것을 제외한, 절대다수의 자문기업을 살펴보면 자신 스스로 실력을 강화시키는 방식으로 시장경쟁에 참여하고 있는데 규모의 경제를 이루지 못해 자원의 낭비를 초래하고 있는 상황이다. 이외에 공정자문서비스에 종사하는 각 단계의 기업은 연합방식으로 전과정 공정자문서비스 혹은 각 단계별 자문서비스를 제공할 수 있는 공정자문기구를 성립하는데, 이러한 연합은 전과정 항목관리의 발전에 유리하고, 업종구조의 조정을 통해 산업의 향상에도 유리하고, 국제자문기구에 필적할 수 있는 능력을 배양하는데 유리하다.

따라서 국유공정자문기업에 대해 말하면, 최선의 선택은 기업의 수직 · 수평 연합의 재조직을 통해 전략연맹을 구성하는 것이다. 국유대형지질조사설계원이 시장을 주도하고, 자산을 축으로, 지역과 업종, 전문영역의 벽을 파괴해서, 공고한 전략적 동반자 관계의 건립을 통하여 다국적경영의 대형그룹을 형성하는 것이 바람직하다. 이것을 위해, 대형지질조사설계회사는 적극적으로 인력구조조정을 실시하고, 전체 구성원의 소질을 높이고, 업종 · 지역의 차이를 극복하여, 국제공정자문회사를 모델로 하는 대형기업그룹을 이루어 종합자질을 획득하여, 국제적 관리체계 · 운영기제 · 관리모델을 건립하여, 일정한 전방위 자문서비스 능력을 구비하고, 업종특색을 가진 공정자문기업그룹을 형성하여, 안으로는 중국에 진입한 국외공정자문회사에 대항하고, 또한 국외자문회사와 합자 · 합작하여, 비교우세를 발휘, 국내외 시장을 점유해야 한다.

그 외에, 중국 내 공정자문회사에 국제화 운영방식을 도입하는데 여전히 큰 난관이 존재한다. 이것은 국내 대다수 공정자문기구가 국제관례에 익숙하지 못하고, 국제시장고객의 수요 · 경쟁추세를 이해하지 못하고, 국외공정항목건설 요구에 적응하기 힘들고, 국제경쟁 중 구비해야 할 데이터 · 자료 · 정보 · 법규 등의 자원이 결핍하여 발생하는 문제점이다. 중국기업의 상호 협조를 통해 이룩한 기반 위에서 시야를 넓혀, 점진적으로 나날이 험해지는 국제화 경쟁 국면에 적응해야 한다.

4. 경영업무의 다원화

중국의 공정자문업무의 발전에 전략적 조정을 통하여, 미래의 중국 공정자문시장은 다원화 · 다층 구조를 지향해야 한다. 국제공정자문시장에서 자문회사의 주력분야도 다르고, 그 경영규모 · 서비스 내용범위도 다르다. 건축설계사무소와 같이 개인설립이 많고 직원이 많지 않은 곳은 주로 건축자문설계에 종사한다. 국제공정자문회사 같이 자문을 주업으로 하고 경영범위가 넓으면, 여러 종류의 전문자문서비스를 담당할 수 있는 다국적 회사가 될 수 있다.

경영업무의 범위에서, 중국의 공정자문기업이 노력할 방향은 자문 · 설계 · 구매 · 건설을 일체화한 다원화 업무를 추구하는 공정자문회사이다. 구체적으로 말하면, 한 방면으로, 서비스 범위가 항목 건설의 전체 프로세스를 포함하고, 항목 투자의 전반기업무에서 시작해서 투자생산(혹은 교부사용)까지로, 일반적으로는 불리는 "턴키방식"이다. 이 방식은 일정 기간 동안 국제건축시장에서 가장 응용이 많았던 방식이다. 다른 방면으로, 시장의 변화와 발전에 근거해, 경영구조를 조정하고, 체제개혁의 기회를 이용해, 이익이 없거나 곁가지 업무는 정리하고, 주도업무를 드러내고, 특히 비교우세를 가지고 있는 업무에 집중해야 한다. 그리고 내부자원구조의 최적화를 통해, 기업내부의 새로운 경제성장점을 배양해야 한다.

국제적으로 공정자문의 업무는 항목준비 · 건설 및 준공생산 전과정의 모든 단계를 꿰뚫고 있는데, 투자기회연구를 포함해서, 항목건의서와 가행성연구보고 편제 혹은 평가, 공정지질조사 · 설계 · 견적 · 입찰 · 구매 · 계약관리자문과 시공감리 · 생산준비 · 인원교육 · 준공검수자문 및 항목완공 투자생산 후 평가 등을 포함한다. 중국의 공정자문기구는 독립적으로 창업된 경우는 아주 적은데(시공감리를 주로 하는 공정감리회사는 제외), 절대 다수가 정부부문 · 기업그룹 · 학교 혹은 기타 사업회사에 예속되어 있고, 자산의 대부분은 국유이고, 그 업무경영은 통상 지질조사설계와 붙어 있고, 현 단계의 주 영업업무는 항목의 전반기작업서비스이고, 가장 많은 업무는 건설단계의 시공감리로 기타 업무는 아직 보편화되지 않았다. 이러한 낡은 것을 답습하는 업무경영범위와 계획경제의 색채가 잔존한 제도를 고수하는 것은 행정의 간여와 체제의 제한이 과도하기 때문에, 공정자문회사가 독립적인 독자경영과 업무범위를 확대하는데 불리하다.

이러한 돌출한 문제와 엄준한 발전형세에 직면해서, 중국의 공정자문업은 다원화 업무 발전전략을 채택하고, 다원화의 업무 발전틀을 마련하고, 업무범위는 전후로 확장하는 방식으로, 전과정 자문능력을 구비해서, 국제경쟁에 적응해야 한다. 마케팅 중의 가치 사슬 원리를 활용하고, 업무범위를 확장해서 전반기 항목융자자문과 항목 후 평가까지 포함해야 한다. 따라서 미래의 중국 공정자문업무는 계획과 가행성연구를 제공하는 외에, 공정설계담당 · 설비구매 및 입찰자문 · 시공감리업무 · 입찰문서제정 · 도급업체의 시공조직설계심사 등 전과정 서비스를 책임지고, 산업발전정책연구 · 업계 및 기업발전전략계획 · 투융자방안 및 위험분석 · 항목 후 평가 · 항목 및 기업경영관리방면의 자문 및 항목관리 대리건설제, 항목관리 전과정 자문 등을 포함한다.

6.4 외국 건축자문업의 현황과 전망

6.4.1 선진국의 건축자문산업 발전 현황

전체적으로 보면, 선진국은 실력이 견실하고 현대화된 국제공정자문 다국적집단을 보유하고 있다. 미국 · 독일 · 프랑스 등과 같은 국가는 이미 한 세기가 넘는 발전과정을 거치면서, 공정자문업이 전문영역도 광범위하고, 업무범위도 크고, 상대적으로 완비된 업계법규를 가지고 있는 성숙한 시장이 되었다. 또한 여러 종류의 기구와 종사인원을 보유하고, 회사 수도 많고, 기술수준도 높고, 시장경쟁도 치열하다. 현재 적극적으로 해외의 광활한 시장을 개척하고 있는데 이런 국가들의 미래 발전동향은 전세계적 발전추세를 대표한다. 구체적으로 말하면, 이런 선진국가에서 건축자문업의 발전은 아래의 공통된 특징을 보인다.

(1) 공정자문회사의 규모에서 보면, 선진국의 공정자문기업의 일반적 규모는 크지 않지만, 조직형식은 기업화 운영의 규범성에 부합한다. 독일의 독립자문회사협회의 260개 성원회사는, 종사인원은 4만 명으로 평균 회사 1곳당 150여명의 인원이 있는데 200명 이상이 단지 30%를 점유하고 있다. 중대형 공정자문회사의 대다수는 주식회사이고, 소형은 개인 혹은 동업의 형태이다. 위에서 언급한 독일의 260개 회사 중, 38%는 주식회사, 62%는 개인소유이다.

(2) 자문업체의 전체 건축시장 중의 지위와 역할에서 보자면, 국제건축시장의 주체는 발주처 · 자문업체 · 도급업체와 공급업체다. 공정자문업체는 공정건설이 필요로 하는 기술 · 경제 · 관리 방면의 지식 · 기능과 경험을 장악하고 있으므로, 구체적으로 공정건설의 전과정을 조직 · 관리감독하고 시장기제의 효율적인 운영과 항목건설의 성패에 중대한 역할을 한다. 일반적으로 말해서, 공정자문서비스의 강점과 약점은 종종 각국 건설업의 전체경쟁력의 차이에 영향을 미치는데, 모든 선진국가는 높은 수준의 공정자문에 종사하는 다량의 인원을 보유하고 있다. 선진국의 경험에 비추어 보면, 공정자문을 어느 나라가 담당하고 있는지에 따라, 그 공정도급의 대부분을 그 나라에서 담당하고 있을 정도이다.

(3) 국외의 건축자문회사는 일반적으로 공정자문회사라는 명칭을 사용한다. 자문서비스 범위와 특징의 다름에 따라, 설계회사 · 설계사무소 · 항목관리회사 등으로 칭하기도 하고, 업무범위와 전문화에 따라 모델이 다양화되는 추세를 띄고 있다. 이외에 국외공정자문회사는 자발 · 확산 · 파생의 성격이 많아서, 초기에는 동업 혹은 개인 영업회사로 성립하지만, 시장경쟁 중 발전 혹은 합병을 통해 각 지역에 지사를 성립해서 국제화된 회사로 발전하고 있다.

(4) 국제적으로 대다수 자문회사는 비교적 높은 기술이론지식과 풍부한 실천경험을 가진 각 방면의 기술경제전문가를 보유하고 있는데, 계획 및 가행성연구를 제공할 수 있다. 공정설계 · 설비구매 · 시공감리 각항 작업을 담당한다. 입찰문서를 작성하고 · 도급업체의 시공조직설계 심사 등 전과정 서비스를 제공할 수 있다. 그래서 일부 회사가 자문업무에서 공정시공까지 도급할 수 있기 때문에, 이것은 일괄도급의 종합 항목 중에서 큰 우세가 있다. 이로 인해, 선진국의 공정자문업은 전문화 · 정밀기술 · 치밀한 업무처리 · 서비스의 바탕으로 발주처의 신임을 얻어, 객관 · 공정한 직업도덕으로 높은 권위성을 확보할 수 있었다.

(5) 공정자문이 비교적 발달한 국가에서는 업종협회조직의 역할 발휘가 중시되고 있는데, 자율성 업종협회는 대부분 큰 성망과 권위를 가지고 있어서, 협회의 가입은 자문기구 혹은 자문공정사에게는 신분과 명예의 체현이다. 대표적인 협회로는 국제자문공정사연합회(FIDIC), 미국건축사연합회 등이 있다. 이들은 공정자문협회의 명예와 영향력을 이용해서, 직접 나서서 회원회사를 조직하여 항목자문을 실시한다.

(6) 공정자문업이 발달한 국가에서, 자문서비스에 종사하는 공정기술인원은 전체 공정기술인원 중 상당한 비중을 차지하고 있는데, 미국 0.7%, 캐나다 0.9%, 덴마크 1.6%, 노르웨이 1.2%, 핀란드 2.1%, 네덜란드 0.5%를 나타내고 있다.

(7) 공정자문시장의 규모는 상당히 긍정적이고, 공정자문업무는 국제화 · 규범화 방향으로 발전하고 있고, 국제업무도 부단하게 증가하고 있다.

1. 미국 공정자문업의 발전 개황

미국의 공정자문업은 20세기 초 발전하기 시작해서, 1910년 미국은 일찍이 “미국자문공정사협회(1956년 자문공정사 이사회로 개명)”를 형성했다. 제2차 세계대전 후 점진적으로 독립된 공정자문서비스업종을 형성했고, 1973년 미국공정사 학회와 미국공정사 협회가 합병해서 미국 자문공정사 협회(ACEC)가 성립되었다. 70년대 말기까지, 미국은 전국적으로 공정자문회사가 8,750개 있었으며, 고용인원(대부분 공정사)은 26만 명이었다. 80년대 초기, 미국경제가 어려워졌지만, 자문업은 홀로 미국경제를 골짜기에서 끌어올리며, 자신 또한 신속한 발전을 얻었다. 미국의 2/3 이상의 재단과 기업이 자문업무를 중시하고, 자문서비스를 자주 이용하고 있다. 통계에 따르면, 미국자문업의 연간 영업액은 300억 달러 이상인데, 그 중 공정기술자문 영업액이 전체 자문업의 80% 이상을 점하고 있다. 1996년까지, 52개 주와 지역성원을 포함한 조직이 되었으며, 회원으로 전 미국에서 5,000여 개의 독립적인 자문회사를 확보하고, 고용된 각 전문기술인원은 19만 명을 초과하고, 그들이 매년 개인공정과 공공 공정에서 1,000억 달러에 달하는 공정의 설계업무를 진행하고 있다.

현재, 미국은 10,000개의 건축설계사무소(회사)를 가지고 있으며 최소 건축설계사무소의 인원은 1인이고, 최대 건축설계회사(HOK회사)는 1,800명이고, 그 중 85%에 이르는 건축설계사무소는 6인 이하의 규모이다. 미국의 건축설계사무소(회사) 중 50% 이상이 미국건축사학회(AIA)의 회원이다. 미국의 건축설계사무소(회사)는 동업제 · 개인회사 · 전문회사 · 유한책임회사 등 다양한 형식으로 성립할 수 있고, 유한동업제 회사(예:SOM회사)의 형태도 있다. 미국의 건축설계사무소(회사) 중 유한책임 성격의 회사가 대다수를 차지하고, 무한책임의 동업제 회사는 아주 적은 편이다.

2. 독일 공정자문업의 발전 개황

독일 자문업의 역사는 유구하다. 현재 자문업은 상당히 성숙 발전되어 있다. 우선 공정자문업의 건설업종에서의 역할을 보면, 공정건설 중의 공정자문업의 역할이 지대하다. 공정 전반기준비에서 공정건설과정 · 공정시설운영보수까지 모두 각종 자문회사가 해당 서비스를 제공하고 있다. 공정자문회사는 주로 건축사사무소 · 구조공정사사무소 · 전문설계사무소와 공정총도급회사 등이 있다. 정부가 자문회사에 대한 자질관리를 하지 않고, 그 자격등급은 건축사협회 · 공정사협회 등 각종 협회 스스로에 의해 평가되고, 자문회사의 생존과 발전은 시장경쟁에 의해 결정된다. 독일 내무부가 명문으로 규정하기를 정부가 투자하는 항목은 대중에게 공개하고, 입찰형식으로 자문서비스기구에 위탁하여 예측과 평가를 진행한다. 관리자문 부분에 종사하는 회사는 7,000여 개 정도 있다.

회사발전모델에서 보면, 독일의 자문기구의 규모는 양극화 분포를 보이고 있으며, 대형 · 소형회사의 양극화로 발전하고 있다. 우선 점진적으로 대규모의 종합자문기구로 발전하는 추세인데 이런 형태는 상대적으로 적다. 다음으로 일련의 전문기술의 장점을 구비한 소형화자문기구로의 발전추세이다. 두 가지 모두 장단점이 있는데, 모두 각기 다른 고객의 다양한 수요에 적응하기 위해 형성되었다. 대형항목에 대해 말하면 항목기능의 다양화와 공정규모가 점점 확대되고 있고, 항목 자문도급기업에 대한 기술능력과 위험 대처능력에 대한 요구가 점점 높아지고 있다. 이러한 종류의 항목에 대해, 발주처는 종종 여러 자문회사의 연합체에 흥미를 느끼지 못하고, 큰 대형자문회사를 보다 신임하는 편이다.

회사의 예속관계에서 보자면, 독일 공정자문회사는 일반적으로 정부부문과 관련 건축회사와 독립되어서, 독립 혹은 연합으로 자문항목을 선택 담당하기 때문에, 각 조직부문의 제약을 받지 않는다. 이런 기초 위에서, 고객이 위탁한 공정항목에 대해서 객관적으로 평가와 예측을 진행하고, 확실히 가능한 방안을 제의하고 적절한 실용적인 건의를 할 수 있다.

인재교육과 기술개발의 기력을 보면, 독일의 공정자문회사는 기술개발과 인재개발을 특별히 중시해서, 매년 투입하는 비용은 한 해 예산의 10% 이상을 점하고 있고, 100년에 가까운 역사발전을 통하여, 독일 공정자문회사는 인재 · 기술 · 설비 등의 방면에서 상당한 우세를 가지고 있다.

3. 영국 공정자문업의 발전 개황

영국 건설업이 창출해 온 업적은 일찍이 전세계 동종업계의 탄복을 받아왔다. 영국은 16만 개의 각종 도급업체를 가지고 있고, 종업원수는 140만, 매년 생산액은 영국 GDP의 10%을 점하고 있다. 자문공정사협회 ACE(Association of Consulting Engineers)는 영국에서 공정 · 기술 및 관리자문의 주요자문협회의 하나이다. 이 자문협회는 650개의 회사회원을 가지고 있고, 대략 38,000명의 인원을 고용하고, 회원회사의 절대 다수는 건축공정과 관련된 기술자문(설계 및 관리 포함)에 종사하고 있다. 협회의 목적은 매우 간단하여, 회원회사를 도와 업무를 개척하고 상업이익을 향상시키는 것이다. 이 자문협회회사의 1999년 수입은 약 25.53파운드이다. 협회는 아래의 몇 가지 방면에서 중요한 역할을 하고 있다. (1) 협회는 각 회원회사의 이익을 정부에 대변하고, 기타 업종협회와 교류하는 중심 창구이다. (2) 협회는 건축공정기술자문의 총대표로서, 건축공정 업종표준 제정위원회에서 1석을 차지하고, 건축공정자문업의 의견과 이익을 대표한다. (3) 회원간 혹은 회원과 기타업종 회사간의 항목합작을 조직하고, 회원을 위해 국제 · 국내공정항목의 정보를 제공하고, 매월 회원을 위해 정보신문을 제공한다. (4) 협회는 공정자문업의 교육기지이다.

하지만 최근 영국건설업은 상대적으로 기타 공업부분에 비교하면, 발전이 느리고, 체제가 낙후되고, 효율이 떨어져 있다. 현재 항목 발주처들이 자문회사에 대해서 시공팀 조절 · 설계혁신, 빠르고 신뢰할 만한 서비스 및 가격 대비 가치 부분에서 불만을 표시하고 있다.

해외자문업무를 진흥하기 위하여 영국정부는 1956년에 영국자문국(BCB)을 성립하였다. 정부는 무역부와 환경보호부의 고급관리는 자주 BCB의 활동에 참가하기를 규정하고 있고, 해외주재 대사관으로 하여금 자문업을 위한 정보를 수집하게 하고 업무루트를 개척하는데 협조하도록 하고 있다. 이 외에 영국무역부는 "해외공정기금"을 설립하여, 자문회사의 국외대형공정 응찰을 장려하고 있고, 응찰 비용의 50%를 보조하고, 낙찰되면 응찰비용을 회수하고, 낙찰되지 못하면 보조한 것으로 친다.

4. 일본 공정자문업의 발전 개황

일본의 공정자문업의 시작은 비교적 늦었지만, 정보기술의 급속한 변화의 혜택으로, 정보자문과 정보기술자문시장에서 고속성장하고 있다.

1960년대 시작한 일본 공정자문업은 현재 안정발전단계에 이르렀고, 특히 "일본해외공정회사협회"가 성립되어서, 해외자문업무 개척을 돕고 있다. 주목할 만한 것은, 일본 건설업은 도급(발주처)－하도급(시공자)의 양자관계를 기본으로 하는데, 도급과 하도급은 각자의 공정사를 소유하고 있고 도급이 소유한 공정사는 영국, 미국형 공정사(자문공정사)로 일련의 업무를 실시한다. 자문공정사는 발주처의 업무합작자 · 전문기술제공자로 발주처업무의 일부분을 위탁받는 형식으로 분담한다. 이것은 일본 건설자문업의 두드러진 특징이다. 영국, 미국형은 발주처－공정사(자문공정사)－도급업체 3자 관계를 기본으로 한다.

그 외에, 일본정부는 자문업 발전에 중요한 역할을 하고 있다. 서방경제선진국들은 정부가 정책 개선 및 강력한 조치로 정보 자문업의 발전을 적극 추진하고 있는데, 이 중에서 일본정부의 역할이 가장 두드러지고 있고 그 효과도 현저하다. 예로 일본정부가 "기술성 대외무역 소득이윤에 대한 특수세제"를 추진하면서, 일본기업이 국외에서 담당한 자문업무, 사용화폐에서 발생한 소득이익에 대해서 세제상 혜택을 부여하고 있다.

6.4.2 국제공정자문업이 직면한 문제

세계 각국이 정치 · 경제 · 문화환경 정책 방면에서의 복잡성과 차이성 때문에, 공정자문시장환경과 기제에 다른 정도의 결함들이 나타나고 있다. 예를 들어, 정치적인 면에서 공정자문업의 부패문제는 공정자문의 공평 · 과학화의 저해요소이고, 공정자문업의 지속가능한 발전에 대한 큰 위협이다. 부패는 공정자문업의 제도를 흔들고, 공정 · 공평한 입장과 과학적 태도를 위협한다. FIDIC조항의 보편적용성과 가행성 등의 문제에서, 국제공정자문협회는 각국 정부 · 전국적 금융기구 · 정책결정자 · 비정부조직 · 기타업종 및 기업에 대해 FIDIC표준과 선진기술을 선도할 필요가 있고, 기술진보와 높은 표준의 업종 내부의 운용과 합작을 촉진해서, 이러한 차이를 극복할 수 있도록 해야 한다. 이외에 공정자문업에 대한 진입 장벽은 자문업계의 전체 업무의 확대와 다원화를 방해하고 있다. 이것은 건축자문업계의 지속가능한 발전에 영향을 미칠 것이다.

1. 지속가능한 발전과 공정항목에 대한 압력

세계 경제와 과학기술의 발전, 그리고 자원개발이용과 공업화 과정 중에서 환경보호에 대한 의식과 이에 상응하는 조치는 이미 투자에서 책임지고 고려해야 하는 필수사항이 되어서 공정자문업과 FIDIC의 모든 회원들도 이미 전세계적인 지속가능한 발전의 흐름에 동참하고 있다. 이러한 추세는 공정자문업의 고객, 특히 새로운 투자를 준비하고 있는 정책결정자에게 영향을 미쳐서, 그들은 자문공정사에게 경제 · 사회 · 환경 방면의 지속가능성과 투자항목에 대한 잠재된 영향에 대해 평가하기를 요구하고 있다. 이로 인해 투자가 야기하는 영향평가와 제어는 이미 투자자와 자문자가 공통으로 주목하는 문제가 되었고, 이로 인해 책임있는 투자를 요구하는 측과 투자책임을 지는 측 양자간에 파트너관계가 형성되었다. 투자에 책임을 지는 좋은 파트너관계가 없다면, 투자항목의 지속가능한 발전을 실현할 수 없고, 지속가능한 발전이 없다면 전세계적인 에너지 · 환경 위기 · 오염 등과 같이 시급히 해결되어야 할 문제를 대처할 방법이 없다. 따라서 투자가 자연환경에 끼칠 수 있는 영향에 대해 충분히 고려해야 하고, 파괴를 방지하거나 제어 가능한 범위 내로 감소시켜야 한다.

2. 지식경제의 도래와 과학기술의 혁신과 발전

현재 국제공정자문업은 혁신 부문에서 기타 업계에 비해 많이 뒤떨어져 있고, 서비스 수입도 미약한 실정이다. 국제공정자문업종의 경쟁이 날로 치열해지면서, 세계시장에서 고객의 수요는 끊임없이 높아지고 있다. 동시에 고객의 자문서비스에 대한 가격 대비 가치에 대한 요구가 점점 높아져서, 시장은 최저가격으로 최고의 서비스를 얻기를 기대하는데 이것은 국제공정자문업종이 미래의 시장 발전을 위해 끊임없이 노력하고 혁신하도록 요구하고 있다.

3. 국제공정자문 항목의 복잡화, 기술화와 더 높은 소질 요구

현재 세계과학기술의 신속한 발전과 신기술의 개발이 미래의 투자자문항목의 성격과 규모에 영향을 끼치고, 나아가 투자규모(항목규모)의 확대는 자문업무범위와 복잡성의 증대를 가져왔다. 그리고 국제공정자문시장의 치열한 경쟁 국면은 자문공정사에게 보다 많고 보다 좋은 개선방안과 신기술도입을 요구하고 있고, 기술요구와 규범의 끊임없는 향상과 갱신의 기초 위에, 자문공정사는 학습과 실천을 통해 자신의 기술능력과 항목건설관리능력 · 소통협조능력 · 리더십과 조직능력을 향상시켜야 한다. 그리고 항목체계 중의 각항 업무를 효율적으로 관리할 수 있는 능력을 구비해서, 항목 책임자와 국제시장의 요구를 만족시킬 수 있어야 한다.

6.4.3 국제공정자문업의 발전전망

세계는 다극화의 발전추세를 보이고 있는데, 평화와 발전 속에 각국은 경제발전을 추구하고 있다. 현대 사회에서 과학기술의 발전은 근본적인 변화를 일으키고 있는데, 과학기술의 각 분야끼리의 교류뿐만 아니라, 과학기술과 경제 · 사회간의 연계성은 더욱 밀접 · 복잡해지고 있다. 이것은 공정자문업의 발전에 압력과 동력으로 작용하고 있는데, 결정과정의 복잡화는 다방면의 종합적인 자문을 필요로 하게 되었다. 사회의 모순이 심화되면서, 자문업무에서 보다 종합적인 자문업무의 필요성이 증대되고 있다. 전통공업이 수반해 온 엄중한 환경오염, 도시인구밀집으로 야기되는 도시문제 · 교육문제, 장기간의 수탈성 개발이 야기한 자원문제, 세계경제발전의 불균형이 야기한 국제간 무역분쟁 등으로 복잡해진 사회문제는 공정자문업의 종합화 발전을 위한 조건을 제공하고 있다.

1. 거대한 잠재수요

공정자문업은 지식집약형산업으로 제공하는 것은 지식 서비스이다. 공정자문업은 정보시스템 · 전문기술 · 전문인재 · 기술인재와 기술분석 및 시장조사 · 기술개발 · 기업정책결정과 정부계획 등의 방면에서 대체할 수 없는 우세를 가지고 있다. 이로 인해, 치열한 시장경쟁 중에서, 고객은 일반적으로 공정자문회사와 영업인원의 자격을 중시하고 있으며, 점점 많은 기업과 정부부서가 자문서비스와 협력관계를 가지고 있다.

공정자문의 항목 융자 서비스영역에서 발전전망은 양호하다. 항목 융자활동은 금융 · 법률 · 세수 · 재무 · 시장 · 공정기술 · 경영관리에서 정치 등의 다방면의 복잡한 과정과 관련되어 있는데, 항목건설에 참여하는 투융자 각 방이 상술한 각 분야의 완정된 전문지식을 가지고 있지 못하면, 사회중개서비스의 도움을 받아야 한다. 공정자문서비스의 범위는 시장조사 · 항목 기획과 계획 · 가행성연구 · 지질조사설계 · 구매자문 · 공정감리 및 사후서비스 등의 광범위한 영역을 포괄한다. 공정자문업은 자신의 우세를 감안하여, 시장경쟁 중 외부능력을 빌리려는 기업의 수요, 각국 정부의 자문업에 대한 장려와 지지 하에서, 국제공정자문업 시장은 양호한 전망을 가지지만,

그 경쟁은 더욱 치열해질 것이다.

2. 지속가능한 발전

2000년 9월, FIDIC 2000년 연례회의가 미국공정자문협회(ACEC)주관, 중국공정자문협회(CNAEC)와 일본공정자문협회(AJCE)의 협조로 개최되었는데, 연례회의의 주제는 "지속가능한 발전－새로운 천년의 도전"이었고, 세계 45개 국가의 회원협회 · 회원대표 · 연합국 관련기구 · 국제금융조직대표 등 600여명이 회의에 참석했다.

세계인구의 급증, 정보기술의 혁신적 발전, 경제의 글로벌화, 사유화로 인한 변화, 전세계적 정치 · 경제 · 사회 · 문화 등 방면에서 일련의 심도있는 변혁이 일어났는데, 이를 위해, FIDIC는 스스로의 활동을 되돌아 보고, 지속가능한 발전을 위한 새로운 구상을 제기하고, 생태방면의 고려 외에, 사회 · 경제 등 방면의 문제에 대해서도 고려해서, 공정자문업의 지속가능한 발전의 전략문건을 제의하였고, 공정자문업의 지속가능한 발전을 선도하고 있다.

이러한 지속가능성은 공정자문업이 끊임없이 신기술과 경제서비스영역을 개척하는 데서 체현될 수 있고, 더 높은 차원에서, 그 업무구상과 방법에서 기술중심에서 체제와 사회문화의 영역까지 확장되어야 한다. 구체적으로 말하면, FIDIC의 지속가능한 발전전략은 주로 업종정책과 전문서비스 두 방면에 집중되어 있다.

(1) 업종정책은 업종태도, 공공관계, 합작을 포함한다. 이것은 주로 다음과 같은 곳에서 구현된다. ① 협조를 통한 경제성장 · 환경보호 · 사회발전을 위해 지속가능한 발전을 실현하고, 충고와 건의를 제공한다. ② 지속가능성 영향평가를 선도하고, 업종이 제공한 하나의 표준서비스로 한다. ③ 공정항목계획의 초기단계에서, FIDIC전략을 운용하여, 지속가능한 발전의 구상을 추구한다. ④ 공정자문기업은 내부적으로 선별사용 · 제공 · 각종방법사용 · 수단 · 기술을 통하여, 기업이 스스로 실력을 강화하도록 한다. ⑤ 자문공정사는 항목관리 · 위험관리 · 품질관리 등의 방면에서 독특한 재능 · 경험과 책임감을 발휘하여 공공정책 부문에 공헌을 한다.

(2) 전문서비스, 주요하게는 FIDIC회원이 제공하는 서비스를 지칭한다. 주로 다

음과 같은 곳에서 구현된다. ① 생태효율과 사회경제발전에 필요한 각종기술을 이용·개발 촉진해서, 특히 에너지수요를 절감하고 온실효과를 일으키는 물질의 배출을 억제하고, 이러한 기술을 모두가 공유해서, 외부비용의 내부화 정책·방법과 수단을 지지하고 선도한다. ② 관련 관리수단·방법과 절차의 발전을 장려한다. ③ 물·공기·토지의 지속가능한 관리를 계획·실시·촉진한다.

3. 규모화와 규범화

시장경제환경에서 "게임의 법칙"인 규범은 산업의 건강한 발전의 전제이다. 공정자문의 규범화는 세 가지 방면에서 실현되고 있다. 첫째, FIDIC조직의 설립과 발전이다. 90년대 이후, FIDIC는 국제공정자문계 최고 권위있는 조직의 하나로 발전했는데, FIDIC가 제정한 직업도덕규범·계약문건은 국제공정자문업이 공인한 하나의 행위준칙이다. 그 중 FIDIC이 창건한 발주처·도급업체·자문공정사 세 방면으로 구성되는 상호제약·상호협력의 관리모델은 많은 실례를 통해 과학적인 모델로 증명되었고, 공정항목의 실시를 규범적·효율적으로 보장할 수 있다. 둘째, 고객과의 계약이 규범적 자문절차에 들어서서, 우선 각 당사자의 책임과 권한·이익 관계를 명확히 하고, 각항 자문은 내용을 상세하게 설명해서, 공정자문의 목적성을 보증했다. 그리고 계약에 근거해서 항목 완성진도표를 제정하고, 동시에 각각의 세부사항을 전문가가 책임지게 하여, 진도상의 명확성과 공기 내 품질보증완성을 보증했다. 마지막은 항목 후 평가 방면에 치중되어 있다.

규모화의 실현은 많은 국제대형 유명기업이 공정자문회사와 건설회사·항목개발상·융자 측 및 연구소 간의 연합형식을 탐색하기 시작하였고, "설계-건설-경영"의 일체화를 이루고 있다. 이러한 대형그룹은 비교적 큰 임무를 담당할 수 있기 때문에, 정부가 투자하는 항목은 점점 이러한 기구를 선택하는 경향성을 띄게 되었다. 각종 형식의 연합은 이미 시장경제의 필요추세이다. 항목에 대한 연합응찰·그룹회사·합병 및 겸병·가상기업 등의 방식을 포함하여 각종 연합을 촉진·발전시키고, 기업규모와 경영규모를 확대해서, 집약화 경영을 실현한다. 합병과 겸병·혹은 그룹회사는 일종의 상호보완적인 성격이고, 자금·인재·기술의 집중과 재편제로, 기업의 규모와 경영범위를 확대할 수 있고, 시장경쟁력을 향상시켜, 비교적 큰 공정을 담당해서, 보다 빠르게 시장을 개척하고 발전할 수 있다. 그 중 연합경영체는 구체적인 항목의 임시조합으로, 자원을 공유하여, 상호보완으로, 기업이 신영역에 진입하고, 신기술을 도입하는 유효적인 수단이다. 하지만 연합경영체는 임시방편으로, 진정한 목표는 장시간의 합작과 조련을 통하여, 최종으로는 주식지분 상호보유 혹은 구매겸병으로, 다업종 · 전방위 · 다기능 · 전과정 서비스를 제공할 수 있는 대규모 국제공정자문기구를 형성하는 것이다. 이외에 시장경제의 조건 하에, 책임배상제도를 반드시 건립하여, 건설자문영역에 책임보험제도 · 담보제도를 건설하여, 자문회사의 위약으로 인한 발주처에 야기되는 손실을 피한다. 정부공정은 특히 그러하며, 장차 그 제도화 · 법규화가 필요하다.

4. 업체 간 합작협력

현재, 많은 개발도상국의 공정자문기업은 선진국의 공정자문회사와 경쟁력에서 대등하지 못한 상황을 조금씩 개선해가고 있다. 한 방면으로, 선진국의 공정자문회사와의 합작을 통해 업무를 실시함으로써 열세를 보완할 수 있다. 장점을 학습하여, 단점을 보완한다. 다른 방면으로, 개발도상국의 공정자문기업은 확대 · 합병 · 조정을 거쳐, 자원공유 · 윈윈(Win-Win)에 기초한 전략연맹을 건설하여, 규모와 실력을 구비해서 국제공정자문시장으로 진입하고 있다. 예를 들어, 기업의 융자통로 · 융자방식 · 융자수단 방면에서 저명한 국제자문회사의 실력을 이용할 수 있고, 개발도상국 본토 국내기업이 장악하고 있는 고객 네트워크 · 인력자원원가 및 서비스가격의 우세를 활용해서, 일련의 업무영역에서 외국회사와 경쟁을 통해 시장을 점유할 수 있다. WTO 가입과 외국업체의 진입에 따라, 개발도상국의 공정자문업은 경쟁과 합작을 통해 국제관례 · 내부 경영기제 전환과 외부경쟁방식에 익숙해져서, 신속한 현대화 · 국제화로, 초월식 발전을 실현한다.

이외에, 외국공정자문시장에서 국제화 정도가 비교적 높은데, 특히 WTO 가입 국가는 서비스 범위가 세계화되어서 해외공정자문업무를 담당할 수 있고, 해외지사를 성립할 수 있고, 영업인원은 단기간 해외서비스에 종사할 수 있다. 일련의 대형 과학기술중개기구의 업무는 점점 국제시장에서 수주하고 있는데, 예를 들어 영국기업집단(BTG:British Technology Group)은 국제지사가 있을 뿐만 아니라, 대략 75%의 자문업무를 해외에서 수주하고 있다. 다른 방면으로, 공정자문 외주에 치우치는 영국기업은 공정외주전략에 따라 구체적인 기술업무는 합작업체 혹은 외국회사에 넘겨서 완성하고, 기업자신은 핵심업무-예를 들면 수주를 통한 자금조달 · 설계이념 갱신 · 신상품 연구개발-에 집중하여, 기업자원배치의 최적화를 통하여 핵심경쟁력을 높이고 있다.

선진국 공정자문업은 백 여 년의 발전을 거치면서, 시장은 이미 성숙 · 포화된 상황이다. 현재 선진국경제발전은 쇠퇴와 정체에 빠져 공정자문시장이 축소되어, 자문기업도 해외시장개발에 주력하고 있고, 목표를 동아시아와 아프리카 등과 같이 경제발전이 비교적 빠른 지역이나 국가로 삼고 있는데, 중국 공정자문시장을 크게 주목하고 있다.

아태지구 개발도상국을 예로 들면, 이러한 신흥국가는 자국 경제를 적극 발전시키는 과정 중에, 기초시설의 발전 가속화 · 공업구조의 개혁, 정보 · 통신 등 신기술의 흡수와 응용 등과 같은 많은 새로운 정책을 실시하고 있다. 외국인 직접투자와 다변화된 융자를 장려하고, 수출을 중시하고 있다. 자문회사는 투자를 보증하는 품질과 효율을 구비한 역량, 신기술도입과 새로운 방법의 수용체로 여겨지고 있다.

특히 2000년 이후, 개발도상국이 기초시설건설 영역에서 대규모로 외자를 도입 · 이용함에 따라, 선진국 공정자문회사의 개발도상국 내 시장점유도 확대되었다. 중국시장을 예로, 미국 Louis Berger Group과 네덜란드 Rotterdam Maritime Group이 상하이 국제항공운수센터건설 항목의 결정자문업무에 참여하였는데, 이를 통해 국제화 발전의 추세를 볼 수 있다.

5. 항목 대리건설제

항목 대리건설의 본질은 전문화 공정항목관리 서비스로 최근 국제공정자문업 발전이 신속한 서비스항목이고, 고급업무 범주에 속하고 공정자문 기업의 실력수준과 서비스 기능에 대한 요구가 매우 높다.

항목 대리건설제의 시작과 발전의 원인으로부터 보면, 한 면으로, 선진국이 치열한 시장경쟁 중, 각 항목 참여자와 사회 대중의 다른 요구와 기대를 조화시키기 위해, 효율적으로 자원을 이용하고, 각 참여자의 이익과 수요를 만족하기 위해서, 점진적으로 원래의 공정관리방식을 전환하여 EC · EPC · PMC 등의 방식을 탄생시켰다. 다른 한 면으로 미국 · 영국 등의 국가가 산업전문연구보고를 제공하여, 본국의 회사가 시장을 개척하도록 하는 것 외에, 전문 해외무역발전계획 헌금 혹은 기금을 성립하여, 투자기회연구를 실시하고도 항목을 수주하지 못한 회사를 보조하고 있다. 프랑스 · 독일 · 캐나다 등의 국가는 직접보조자금이 없지만, 오히려 투자와 기성금담보세수 · 인재파견 · 정보교류 등의 방면에 정책적 혜택을 제공하고, 기업에게 국제 PMC · EPC 등 항목 수주를 격려하고 있다. 구체적인 예로, 프랑스의 CFCF는 프랑스무역진흥기구로, 국외항목 정보교류 네트워크의 역할을 하고 있다. 현지 항목의 관련정보는 우선 대사관과 CFCF를 거쳐 프랑스로 전해지고, 자문기업 관련의 장비부 · 농업부 · 해외합작부로 전달되어서, 이곳에서 다시 자문기업으로 전달된다. 프랑스 공정자문기업은 CFCF가 제공하는 정보를 통해 많은 도움을 얻을 수 있다.

항목 관리는 국제건설시장에서 이미 통용되는 공정항목 관리방식이다. 다년간의 교육을 통해, 국제시장은 전문건설고문의 항목관리회사가 출현했고, 독립적인 제3자의 자격으로 건설업체를 위해 전문서비스를 제공하고 있다. 예로써 영국의 Bovis, 미국의 Tenas, 홍콩의 마오성(茂盛) 등을 들 수 있다. 항목관리를 이용해서 전문화 · 직업화된 독립된 제3자(대리건설 항목 관리회사)를 선택화는 것은 위험을 감소 · 전가하는 최선 방안의 하나이고, 특히 해당 항목의 투자금액이 높을수록, 항목이 복잡할수록, 난이도가 높을수록, 투자발주처가 제공하는 자산담보 능력이 낮을수록, 항목관리는 그 우세를 더욱 드러낼 수 있다.

선진국가는 전통항목관리에서 현대항목관리로 진입하면서, 지속적인 노력으로 항목 대리건설제를 도입하는 발전조류는 필연적인 하나의 추세가 되었다. 이러한 발전방향에서, 대다수 개발도상국과 비교적 낙후된 국가도 그 뒤를 추격하여, 직접투자 · 앞선 출발점을 채용하여, 선진국과 합작을 통해 발전하는 모델로, 구체적 실천과정에 항목 대리건설제를 적용 · 개발하고 있다.

7

중국 건설시장 진출을 위한 유효전략

7.1 외국기업 진입 관련 중국 건설시장의 환경현황

1. 중국시장 진입방식

외국기업에 건설시장의 문호를 개방하고 있는 중국의 의도는, WTO 가입에 따른 의무를 이행하는 것이기도 하지만, 또 한편으로는, 중국시장 내의 국제경쟁을 통하여 중국 건설업의 전체 경쟁력을 제고하기 위한 목적도 있다. 건축설계자문회사의 예를 보면, 중국 내에는 이미 100여 개 이상의 중외합작 또는 합영의 건축설계사무소가 있으며, 세계 순위 200위 내의 공정회사와 설계자문회사 중 140여 개 회사가 중국 내 사무실을 설립하였다.

측량설계자문기업을 예로 들면, 2003년 중국에 진입한 외상투자측량설계자문기업은 6% 증가했고, 그 중 홍콩 · 마카오 · 타이완 기업의 증가율은 12%이다. 이들의 중국시장 진입 방식은 아래의 세 가지로 대별된다.

① 중외합자 혹 합작설계회사

중외합자, 합작회사의 설립은 외국측에는 중국시장에 들어오는 중요한 기회를 제공한다. 중국의 법률 · 정책과 시장환경을 숙지하는데 유리하여, 그들이 독자적으로 중국시장에 진입하는데 기초를 놓아주고, 또한 중국의 인재 등 각종 자원을 이용하는데 유리하여, 외국자본의 현지화를 실현한다. 한편, 중국 기업 입장에서는 해외 건설자문기업과의 근거리 합작을 통해 학습과 교류 기회를 가질 수 있고, 기업의 개혁을 촉진하고 경쟁력을 강화할 수 있다.

② 중국에서 개업하는 외국설계기구

독립적으로 중국에 사무처 혹은 지사를 설립하여, 독립적으로 설계전반기자문 및 방안설계 등 작업을 수행하는 경우이다. 현행 시장진입 조건하에서는, 그들은 여전히 자신의 중국측 시공도 설계 파트너를 찾아야 한다. 이러한 외국 설계자문기구는 종종 의식적으로 현지화 전략을 실행하는데, 핵심 설계인원은 일반적으로 중국 전통의 중대형 설계원 출신이다. 이 같은 설계업체들은 우세한 브랜드 · 기술과 자금실력 · 능숙한 상업운영기교를 바탕으로 고급설계시장을 효과적으로 공략하고 있다. WTO 과도기가 끝나가면서, 이러한 설계기업들의 발전공간은 더욱 확대되고 있다. 만약 중국의 설계자문기구들이 신속히 전략을 세워 도전에 대응하지 못한다면, 수 년 후 고급설계시장은 아마 이들 외국기업에 점거될 것이다.

③ "비행설계" 기구

"비행설계(飛行設計)" 기구는 외국설계기구나 개인이 직접적으로 국제현상설계나 입찰을 통해 중국시장에 진입하는 것이다. 실제운영과정에서, 외국설계기구가 중국 내 환경을 잘 모르기 때문에, 현상설계 혹은 입찰기구는 종종 중국측과 합작하여 설계를 진행한다. 이러한 방식은 종종 설계협조 방면의 문제가 존재하고, 후기 설계서비스 보장 역시 비교적 힘들다.

전체적으로 말하면, 외국설계기구가 중국에서 건설자문을 전개할 때 다음과 같은 특징이 나타난다.

① 항목 분포가 점에서 면으로, 도시에서 지역으로 발전
② 항목이 임시기구를 이끄는 데에서 정식 설계사무실로 발전
③ 단독 독자설계에서 연합설계로 발전
④ 설계내용은 국부적인 도시설계에서 상세계획, 나아가 도시 혹은 구역 발전개념 계획으로 발전
⑤ 정부 혹은 재단 국제자본의 역량 활용
⑥ 점진적으로 국제궤도에 접합하기 위한 비용

2. 외자기업 중국공정자문시장 진입 관리제도

WTO 가입 이전까지, 중국의 공정감찰시장은 외국기업에 개방되어 있지 않았다. 그리고 중국정부가 WTO 가입하면서 약속한 이행조건 중, 국제관례에 따라, 공정 지질조사 시장에 대한 진입은 승낙하지 않아서, 이후에도 외국기업 혹은 개인이 중국공정 지질조사 시장으로 진입하는 것을 허가하지 않는다. 현재, 외국기업이 공정자문시장에 진입하는 것은 주로 공정설계시장으로, 가장 일반적인 것이 다국적 교부(중외합

작)와 상업존재(외상투자공정설계기업)의 두 가지 방식으로 중국공정설계시장에 진입하고 있다.

(1) 다국적 교부방식

① WTO 가입 이전

WTO 가입 이전, 다국적 교부방식으로 중국 공정설계시장에 진입한 외국기업에 대하여, 중국은 주로 "중화인민공화국건축법", "건설공정품질관리조례", "건설공정지질조사설계관리조례"와 관련부문규정에 따라 관리를 했는데, 중국경내 항목의 방안설계에 독립 종사하는 것만 허가하고, 방안설계 종사 후의 시공도 단계의 공정설계 임무는 허락하지 않았다. 이로 인해, 거의 모든 중국 중점항목의 국제입찰은 모두 방안입찰로, 외국기업의 방안설계안이 선정되면, 반드시 중국 내 지질조사설계기업과 합작을 진행하여, 후자로 하여금 방안설계 외의 후속 공정설계업무를 완성하게 하였다. 또한 반드시 후자가 발주처와 설계계약을 체결한다. 외국기업은 합작한 중국 국내설계회사와 계약을 체결하여 합작을 진행할 수 있다. 이로 인해, WTO 가입 이전에, 중국은 실제적으로는 외국기업에 대하여 공정 지질조사 · 설계시장을 완전하게 개방하지 않았고, 중국 국내 공정 지질조사 설계기업을 보호하는 정책을 실시하였다. 말하자면, 이 당시에 방안설계 이외에, 외국기업은 중국기업에 봉사하는 것만이 허가됐고, 외국기업이 독립적으로 중국 내의 설계임무를 담당하는 것은 허가되지 않았다.

더욱이 이 단계에서, 중국정부가 다국적 교부방식으로 중국공정설계시장에 진입하는 외국기업을 관리하는 것은, 정부가 진입 심사비준하는 특징을 가지고 있었고, 이것은 중국 내 기업에 대한 관리방식과 유사했다. 주요한 관리수단과 내용은 다음과 같다.

외국기업에 대하여 자격심사 및 심사결정을 진행하고, 외국기업과 중국 내 항목 발주처가 체결한 계약서에 대하여 심사를 진행하고, 외국기업이 담당하는 항목 범위에 제한을 두었다. 동시에 베이징 · 상하이 등지에서 일부 지방성 관리규정을 실시하여, 외국설계기구에 대하여 설계자격 심사내용 · 수주항목범위 · 계약서내용 등을 세분화하는 것 외에, 아래와 같은 관리내용을 추가하였다. 건설행정주관부문은 외국설계기구 설계자격에 대하여 심사를 진행하고, 심사 합격한 경우에 항목설계허가증 혹 임시설계허가증을 발급하고, 외국설계기구는 증서를 획득한 후에 설계를 담당할 수 있다. 설계입찰 혹은 현상설계로 설계단위를 선택할 때, 발주처는 사전에 건설주관부문과 함께 응찰회사에 대해 자격심사를 진행한다. 외국설계기구에 설계를 위탁할 경우, 발주처는 계획주관부문이 심사 발급한 항목건설비준문건을 취득한 후, 건설주관부문과 연계해서 관련된 설계업무를 상의해야 한다.

② WTO 가입 이후의 진퇴양난

중국은 WTO 가입과정에서 외국기업이나 혹은 개인이 다국적 교부방식으로 중국공정설계시장에 진입하는 것을 허가하기로 승낙했고, 더욱이 "방안설계에 대해 제한이 없다. 방안설계 이외의 건축설계서비스 · 공정서비스 · 집중공정서비스에 대하여, 중국 전문기구와 합작을 진행할 것을 요구한다." 승낙 중 외국설계기구에 대해 설계자격심사와 프로젝트범위를 제한할 수 있다는 요구를 제기하지 않았기 때문에, WTO 가입 승낙은 중국정부부문이 중외합작설계에 대해 습관적으로 진행해 온 자격심사 · 계약심사 등 주요관리방식과 모순되는 상황이 되었다. 이 때문에, 2001년 11월 1일, 국무원은 "국무원 제1기 행정 심사비준 항목 취소에 관한 결정(國發[2002] 24호)"에서 "중외합작 설계공정항목 임시규정"과 "건설공정 지질조사설계 계약서 관리방법"을 폐지하였고, 이때부터 원래의 주로 외국기업의 설계시장 진입을 제한하기 위해 진입 심사를 진행하던 관리방식은 철저하게 종결을 선언하였다. 현재까지 '외국기업이 어떻게 다국적 교부의 방식으로 중국 국내 공정설계항목을 수주하였는가' 에 대한 구체적인 관리규정상, 정책의 공백이 드러났는데, 이것이 직접적으로 중외합작설계관리 상의 혼란을 가져왔다.

그리고 모순은 여기에서 그치는 것이 아니다. 중국 현행의 "건축법", "건설공정 지질조사설계관리조례", "건설공정품질관리조례" 등 법률법규는 공정설계자격을 구비한 회사만이 중국 내에서 공정설계활동에 종사할 수 있다고 규정하고 있다. 이것이 중국의 WTO 가입 승낙과 충돌하고 있다. 외국기업은 중국정부가 심사비준한 공정설계자질을 가지고 있지 않기 때문에, 법률 · 법규의 규정에 따르면, 중국 내에서 공정

설계활동에 종사할 수 없다. 하지만 WTO 가입 시, 중국정부가 "방안설계에 대해서는 제한이 없고, 방안설계 이외의 건축설계서비스 · 공정서비스 · 집중공정서비스에 대해서는 중국전문기구와 합작을 진행할 것을 요구한다"고 승낙하였다. 현재 중국정부는 관련부문이 승인한 내용에 대해서 아직 명확한 해석을 진행하지 않고 있으며, 이 때문에 승낙한 함의에 대한 해석을 놓고 다양한 의견들이 존재하고 있다. 국외기업이 합작설계의 방식으로 중국시장으로 진입하는 것을 허가하는 승낙은 외국기업에 보다 자유롭게 중국공정설계시장에 진입할 권리를 주고 있다. 이처럼, 중국기업은 반드시 공정설계자질을 취득한 후에야 공정지질조사설계활동에 종사할 수 있는데 반하여, 외국기업은 오히려 공정설계자질을 구비하지 않는 상황에서도 중외합작설계방식으로 종사할 수 있어서, 실제로는 외국기업에게 "초국민(超國民)"의 대우를 주었다.

(2) 외상투자공정설계기업 방식

① WTO 가입 이전 진입 관리제도의 주요 내용

WTO 가입 이전, 중국정부는 주로 중국의 관련법률 · 법규 · 부문규정 및 "중외합영공정 설계기구성립 심사비준관리의 규정"과 "국외독자공정 설계자문회사 전문공정 설계자질신고 관련문제에 관한 통지"의 두 규정에 근거하여, 중외합자와 전문설계독자기업에 대해 관리해 왔다. 중외합자와 전문설계독자기업의 시장진입 심사 중, 그에 대해 특수한 표준을 채용함이 없이, 중국 내 기업과 동일한 심사표준을 적용했다. 관련시장의 관리에 있어서도, 기본적으로 같은 정책이었다. 하지만 1997년 이후, 중국정부 관련부문이 건설시장 정돈작업을 시작하면서, 기업의 공정설계전문자질 외의 나머지 공정설계자질의 신청작업을 정지하였다.

② WTO 가입 이후의 진퇴양난

현행 진입관리와 WTO 가입 승낙이 서로 모순되는데, 승낙에서 중국은 국외 "건축 · 공정 · 도시계획서비스에 종사하는 등록건축사 · 공정사 혹은 기업이 중국에 합자 혹은 독자기업을 성립"하는 방식으로 중국지질조사설계시장에 진입하는 것을 허가하고, "중국이 WTO 가입한 날로부터, 합자기업을 설립할 수 있고, 또한 중국이

WTO 가입한 후 5년 내, 외상(外商) 독자기업의 설립을 허가한다"고 규정하고 있다.

건설부 · 대외무역경제합작부는 2002년 9월 27일 "외상(外商)투자건설공정설계회사 관리규정"(건설부 · 대외무역합작부 령 제114호, 이하 114호령으로 약칭)을 반포하였는데, 2002년 12월 1일부터 시행하고, 동시에 "중외합영(合營)공정설계기구 성립 심사비준관리의 규정"은 폐지되었다. 114호령은 투자자가 중국 내에 외자건설공정설계기업 · 중외합자경영건설공정설계회사와 중외합작경영건설공정설계회사를 설립하는 절차 · 요구 등 방면 내용에 대하여 규정하고 있는데, 일정한 기술장벽을 설치하였다. 이 규정 중 외국기업에게 다음과 같은 것을 요구하고 있다. "외자 건설공정설계기업은 건설공정 설계기업자질을 신청하고, 확보한 중국 등록건축사 · 등록공정사 자격의 외국서비스제공자 인원수는 각각 자질등급표준이 규정한 등록영업인원총수의 1/4보다 적지 않아야 한다. 관련 전문설계경력을 가진 외국서비스제공자 인원수는 자질등급표준이 규정한 기술핵심 총인원수의 1/4보다 적지 않아야 한다.", "중외 합자경영 · 중외합작경영 건설공정 설계회사는 건설공정 설계기업자질을 신청하고 확보한 중국등록건축사 · 등록공정사 자격의 외국서비스제공자 인원수는 자질등급표준이 규정한 등록영업인원총수의 1/8보다 적지 않아야 한다. 관련전문설계경력을 가진 외국서비스제공자 인원수는 자질등급표준이 규정한 기술핵심 총인원수의 1/8보다 적지 않아야 한다." 동시에 "외상투자건설공정설계회사 중, 외국서비스제공자가 중국에서 건축사 · 공정사 및 기술핵심으로 등록하려면, 매 인원당 매년 중국 영토 내 누계 거주시간이 6개월 이상이어야 한다"고 요구하고 있다. 따라서 중국의 현행 등록건축사 · 등록공정사의 관리제도하에서, 외국인이 중국등록자격을 취득하기는 매우 어렵고, 자질의 요구조건에 도달하기도 매우 어렵다.

그러나, 114호령이 규정하는 제한조건을 중국의 WTO 가입 전의 규정과 비교하면, 더 많은 제한성을 추가해서, 진입 문턱을 높여 놓았고, 또한 이러한 규정과 제한조건은 중국의 WTO 가입 승낙시 제출한 제한조건 중에 포함되지 않았으므로, 일부 국가들의 질의를 받고 있다. 특히 미국과 유럽연합은 줄기차게 공격하고 있으며, 이 두 개의 제한조건을 취소하라고 요구하고 있다. 중국정부가 WTO 가입과정 중 시장진입 제한방면에 관하여 속칭 "조부(祖父) 조항의 승낙"을 했기 때문에, 즉 "각 계약협의 혹 주주권리협의에 대하여, 현존 외국서비스제공자가 경영종사하거나 서비스 제공하는 허가 중 열거된 소유권 · 경영과 활동범위의 조건을 설립 혹은 비준하는 것은 중국이 WTO에 가입하기 전보다 제한성을 갖진 않을 것이다." 114호령 규정 중에 설치한 모종의 기술장벽은, 객관적으로 외국기업이 상업존재 방식으로 중국시장에 진입하는 것을 한층 더 곤란하게 만들고 있으므로, 외국의 관련정부기구와 기업이 이 점을 특별히 주시하는 것이다. 국외기업이 상업존재의 방식으로 중국설계시장에 진입하는 것을 허가하는 WTO 승낙과 중국 현행 공정지질조사 설계시장 진입관리 사이에 발생한 모순은, 이미 관련 정부주관부문을 진퇴양난의 당혹스런 처지에 빠뜨렸다. 현재, 중국정부부문이 큰 압력을 받고 있는 바, 아마 이 두 가지 제한조건은 최종적으로 취소될 수도 있을 것이다. 이렇게 되면, 외국기업이 합자 · 독자기업을 성립하는 것이 비교적 쉬워질 것이다.

3. 외국기업 진입에 대한 관리제도 전망

현재, 국제 공정자문시장에서, 공정자문회사의 시장 점유액은 이미 절반 이상을 넘어섰다. 국제 공정자문업의 현재 추세는 아래와 같다.

① 기업기능의 다양화. 기업경영범위가 중국 공정지질조사설계회사가 주요 종사하는 지질조사, 설계업무에 국한되지 않고, 공정 전반기에서부터 타당성분석 · 지질조사 · 설계 · 입찰대리 · 시공감리 등 공정건설의 전과정 서비스를 포함하고 있다. 기업의 항목 수행방식이 전통적인 DBB방식에서 BOT(건설-운영-양도)와 EPC(공정설계-구매-건설) 등 공정총도급방식으로 변화하고 있고, 공정지질조사설계자문은 기술능력뿐만 아니라 일정한 관리수준과 융자능력까지 갖출 것을 요구하고 있다.

② 국제대형공정회사의 기업규모가 대형화되고, 비교적 강한 경쟁력을 구비하여, 대량의 시장 부분을 점유

③ 글로벌경제화로 공정지질조사설계자문의 경쟁이 국제화되어서, 국제합작과 경쟁이 병존

④ 업종의 경계가 모호해져서, 개발도상국이 종종 시장개방을 강요당해서 전통

영역이 침범당하는 위험에 직면

⑤ 공정건설시장의 경쟁에서, 기술에 연관된 노무와 설비를 수출하는 경쟁이 많아지고, 전문기술 · 특허기술 등 기술경쟁의 특징이 더욱 두드러지고, 전통적인 노무수출에 근거한 시장점유 방식은 각국이 보편적으로 제한하기 때문에 이미 경쟁력을 가질 수 없게 되었다. 지식경제가 발전함에 따라 기업은 대량의 여러 전문분야 · 여러 언어에 능숙한 복합형 인재를 보유할 것이 요구되는데, 공정지질조사설계자문의 경쟁은 종종 인재의 경쟁으로 나타난다.

그러나, 현재 중국은 공정건설을 여러 단계로 나누고, 각각 시장진입 관리제도를 제정했다. 공정자문기업의 업무범위와 경영방식이 모두 큰 제한을 받기 때문에, 공정건설의 객관적 수요에 적응할 수 없고, 공정자문기업의 경쟁력 결핍과 업무단일화를 가져온다. 이것은 시장경제체제 하의 공정건설활동의 객관적 법칙과 부합하지 않고, 공정자문업의 전체 발전을 방해하고 있다. 따라서 공정건설관리 중의 계통분할을 없애서 통일된 공정자문업 시장 진입 관리제도를 제정하는 것이 공정자문업종 개혁의 핵심이다.

외국공정건설자문기업의 자국시장 진입과 관련한 중국 내의 관련 의견과 주장을 정리하면 다음과 같다. 공정건설요구에 부합하는 합리적인 공정자문체계를 제정하게 되면, 여러 기능부문의 관리권한을 조정하고, 기능의 교차 · 중복 인증 · 관리계층 과다의 문제를 해결해서, 기업발전을 위해 널찍한 시장환경을 제공할 수 있다. 공정자문기업이 국제적으로 통용되는 공정총도급 · 항목관리 등 여러 방식의 서비스를 채용하도록 유도 · 장려하여, 공정지질조사설계회사와 전문가의 공정건설 전 과정에 대한 관리서비스 역할을 발휘하여 공정자문업의 건강 · 지속발전을 실현할 수 있고, 국제적으로 통용되는 개인영업자격을 위주로 하는 공정지질조사설계시장 진입 관리제도의 실현을 위하여 조건을 창조한다.

이를 위해, 우선 필요한 것은 공정건설 전 과정 서비스를 위한 공정자문법률체계 건립 · 관련 관리제도 정비 · 공정자문업의 건강한 발전을 위한 법률적 보장이다. 외국기업이 "초국민대우"를 누리고 있는데, 신속한 조치로 시장진입정책에 하나의 표준을 실행하고, 외국설계기업의 진입관리를 강화해야 한다. 외국기술인원 · 업적 등 조작성이 강한 것에 대해서 구체적인 심사조건을 명확하게 제출해야 한다.

현재 관련규정이 외국설계기업 · 설계인원에게 반드시 일정 경력과 신용을 구비하도록 제기하고 있지만, 구체적인 심사요구는 아직 없는 실정이다. 따라서 외국회사의 해외업적 · 인원표준 등, 심사내용의 구체적인 방법과 조치를 조속히 연구해야 한다. 중국에서 영업하는 외국 등록사 및 기술인원이 독립적으로 작업하는데 필요한 기본능력을 구비하고 있는지 확인한다. 외국서비스 제공자에 대하여 기본능력의 테스트 진행을 고려할 수 있다. 그 내용은 중국어능력 · 관련 법률법규에 대한 이해도 · 관련기술표준규범의 이해능력 등이다. 기본능력을 구비해야만 기술인원의 자격으로 공정설계활동을 진행할 수 있다. 중국기업이 중외합자 · 합작 혹은 외상독자로 변경되는 것에 대하여, 반드시 원 구비자격을 재심사해서, 중국 내 기업이 자격증을 팔아서 이익을 취하는 것과 외국기업이 이러한 방식으로 불합리한 경쟁을 진행하는 것을 방지해야 한다.

건축법 · 입찰법 및 관련규정의 수정과 관련하여, 집행과정에서 어려운 문제를 중점 연구 · 해결해야 한다. 예를 들면 입찰항목범위 확정상의 합리성문제, 입찰참가단위의 공평경쟁문제, 암실거래 및 지방보호주의 제약문제, 방안(方案) 보상비의 합리성과 유효성 등이 문제이다. "방안설계"의 정의와 업무범위를 조속히 확정해서, 건축설계의 관련규범에 명확히 한다. 법률형식으로 명확히 하여, 외국기업이 다국적 교부 방식으로 방안설계에 종사하는 범위를 엄격히 제한해서, 현재 외국기업이 방안설계의 명의로 실제로는 독립적으로 초보설계 심지어 시공도설계까지 종사하는 현황을 고쳐야 한다.

선진국이 주요하게 기술법규 · 표준 · 합격평정절차를 주요내용으로 하는 기술성 무역장벽 설치를 사용하지, 행정수단으로 외국기업의 진입을 제한하지 않는다는 것을 거울삼아, 합리적인 공정설계 기술장벽을 설치하는 방안을 연구한다. 국내공정 설계자질 등급표준 수정시에, 중국영토 내에서 공정설계활동에 종사하는 등록영업인원의 관련자격취득 · 국내거류시간의 요구를 강화하는 것을 고려한다. 중국의 관련품질 · 시장관리규정 중에서, 설계도지를 중문설계문건으로 채용하도록 규정하고, 중국 등록영업자격인원의 서명을 취득하는 규정을 엄격히 집행한다. 외국회사가 합작설계방식으로 중국 내 프로젝트의 도면출도를 진행할 때, 모든 설계문건은 반드시 중문표현을 채용하도록 명확히 한다. 외국기업관련 서명인원의 자격요구를 명확히 한다. 중외합자설계항목 지적재산권 보호내용 등을 명확히 한다.

7.2 한국기업에 필요한 중국 건설시장 진출전략

중국 건설업체가 보유하고 있는 시공기술과 저임 노동력을 고려할 때, 우리 건설업체가 중국 건설시장에서 내세울 수 있는 비교우위를 찾기는 쉽지 않다. 2002년 한국 해외건설협회가 중국 건설시장 진출 경험이 있거나 관심을 갖고 진출준비 중인 국내 건설업체를 대상으로, 중국 건설시장 중 진입이 가장 용이한 분야에 대한 설문조사 결과를 보면, 부동산개발의 주택 및 건축분야가 1위(18.8%)이고 석유화학플랜트분야(15.4%), 환경분야(14.9%), 올림픽관련시설 건설분야(12.9%)순으로 나타났다.

현장경험과 감각을 바탕으로 한 이 같은 설문조사결과와 중국 내 외국인 투자현황, 그리고 앞에서 고찰한 중국 건설시장 및 부동산시장의 전반적인 동향과 전망을 고려하면, 유망진출 시장은 중국의 산업화에 따라 설비투자 증가가 예상되는 석유화학 플랜트공사분야와 환경관련 설비시장, 주택, 오피스 등 도시 부동산개발시장, 그리고 관련 장비, 건자재, 주택인테리어 등의 연관분야 틈새시장을 목표로 한 진출전략 수립이 필요하다.

1. 중국 건설 및 부동산시장 개방 및 투자환경 변화전망

개혁개방 이래 경제체제의 전환과 사유제와 시장기능을 확대, 강화해 온 중국의 실험은 매우 성공적으로 진행되고 있으며, 거시적 통제의 틀을 유지하는 가운데 지속적으로 업그레이드 되고 가속화되고 있다고 할 수 있다. 이 같은 추세 속에서 부동산시장의 형성 및 발전전망도 매우 낙관적이다. 단기적이고 부분적인 혼란과 굴절은 불가피하겠지만, 중국경제는 이제까지와 같은 고도성장 추세를 유지해 나갈 것이고, 건설 및 부동산 개발분야의 수요도 증대될 것이다. 특히 WTO 가입과 준비작업이 진행중인 2008년 베이징 올림픽 개최, 2010년 상하이 세계박람회 개최 준비과정을 통하여, 중국의 건설 및 부동산시장은 획기적인 발전전기를 맞게 될 것이다.

WTO 가입과 2008년 베이징 올림픽 개최, 그리고 2010년 상하이 세계박람회 개최가 갖는 의미는, 그와 관련한 건설 및 부동산시장의 외형적 성장이라는 측면 외에, 중국사회의 국제화, 개방화 수준이 양적 질적으로 제고되면서 외국기업의 중국 내수시장 진출을 가로막고 있는 각종 제도적 비제도적 진입장벽과 거래관행의 완화 또는 철폐를 기대할 수 있다는 점에 더욱 중요한 의미가 있다.

WTO 가입에 다른 완전한 시장개방 효과와 실질적인 혜택이 있기까지는 앞으로도 상당한 시간이 더 필요할 것이며, 특히 비관세장벽과 입찰절차와 관련한 비제도적, 관료적 관행으로 얽혀있는 건설시장의 경우는 더욱 그러할 것이다. 그러나, 장기적으로는 상호주의와 여타 국가들의 개방요구 등에 따라, 점차로 중국의 투자관련 제도가 개선되고 관세율이 인하됨에 따라 외국기업이 중국의 건설 및 부동산시장에 진출하기 위한 환경과 여건들이 대폭 개선될 것으로 보인다.

외국의 부동산기업은 중개대리, 자문, 감정평가, 부동산 담보, 저당, 보험, 설계, 물업관리(物業管理) 등과 연계하여 중국에 진출할 것으로 보인다. 이들은 자금, 기술, 관리 등의 분야에서 실력이 우세하므로 중국 부동산시장에 강력한 영향을 미칠 것이다. WTO 가입에 따라 예상되는 중국 부동산시장에의 영향과 변화를 전망해 보면 다음과 같다.

① 외국기업의 진입에 따라 시장기제가 전면적으로 도입될 것이며, 이는 중국 내 부동산관련 기업들에게 전례없는 충격과 압력이 될 것이다. 따라서 중국 부동산기업들은 상호간의 합병을 통하여 생존을 모색할 것으로 예상된다. 자금, 기술, 관리 등의 분야에서 탁월한 외국업체들과 경쟁하려면 중국기업들의 변화와 경쟁력 강화를 위한 자구노력이 불가피하기 때문이다.

② 토지사용권 양도제도에 미칠 영향이다. 중국은 1980년대 중반부터 토지사용

제도 개혁을 본격적으로 추진하며 국유토지의 토지사용권을 분리하여, 상품화와 유상양도제도를 시행해 왔다. 그러나 현재 90% 이상이 협의에 의한 양도방식으로 진행되고 있으며 그 절차가 투명하지 못하다. 따라서 WTO 가입 후 시장화된 입찰양도방식을 보편적으로 채택하고 있는 외국기업들이 중국 부동산시장에 진출하게 되면, 중국의 현행 토지사용권 양도방식도 충격과 도전에 직면할 것으로 예상된다.

③ 외국상품과의 경쟁이다. 부동산개발 과정 중에 대량의 건자재, 기전설비(엘리베이터, 에어컨 등), 위생용품 등을 사용하는데, 관세의 하락과 각종 수입품에 대한 제한조건이 완화됨으로써 외국상품이 대량으로 중국시장에 진입할 것으로 보인다. 이는 중국 국내생산품시장에 거대한 충격을 주어, 국내생산품 가격을 낮추게 될 것이다.

현재, 외국자본은 공공건축, 대외판매주택, 오피스텔 등의 사업에 진출해 있다. 주택건설사업에의 참여는 제한받고 있으나, 이러한 제한도 머지않아 철폐될 것으로 보인다. 따라서 중국 국내개발기업은 외국자본의 규모의 경영, 자금력, 관리수준, 자금동원 능력, 고급인력 등과 치열한 경쟁을 피할 수 없을 것이다.

한편, WTO 가입에 따라 중국 부동산시장에 나타날 긍정적 영향은 다음과 같다.

① 각종 부동산가격이 상대적으로 하락할 것이다. 이제까지는 고급건축물 건설에 필요한 고급건자재 대부분을 수입에 의존했는데, WTO 가입에 따라 건자재 분야의 관세가 인하될 것이므로, 건설원가가 상대적으로 절감되어 대다수의 부동산가격의 하락을 유발시킬 것이다.

② 주택소비가 활성화될 것이다. 가전, 의복, 화장품 등의 생활용품의 가격하락으로 일반주민들의 가계소비지출이 감소하여 주택구매능력이 현저하게 상승할 것이다. 이와 동시에, 외국의 금융, 보험업종들이 대량 유입되어 주민의 주택구매와 연관된 다양한 금융서비스를 제공할 것이다.

③ 고품질 고가격의 대외판매주택에 대한 수요가 증가할 것이다. WTO 가입에 따라 중국 진출 외국인 등을 중심으로 상업, 주거, 오락이 일체화된 고품질의 부동산에 대한 수요가 증가할 것으로 예상된다.

④ 부동산업과 결합된 금융, 보험 등의 업종이 본격적으로 발전할 것이다. 즉, 외

국은행과 보험업의 진입은 더욱 완비되고 다양한 방식의 금융서비스 제공을 촉진할 것이다.

2. 분야별 특화 및 지역별 분화 발전전망

(1) 기반시설건설시장 및 관련내수시장

중국의 경제성장과 산업화 추진에 따라 전력 및 석유화학 플랜트 시설물에 대한 투자수요가 급속히 증가할 것으로 전망된다. 중국 제조업 중 석유화학분야의 외국인 투자는 41.9억 달러로 제조업 투자 중 1위를 차지하고 있다.

한편, 건설시장의 특성상 현지 네트워크의 위력과 유용성은 여타 어느 산업 보다 크다는 점을 고려하면, 현재 중국 정부가 추진 중인 경제구조 조정국면을 전략적으로 활용할 필요가 있다. 예를 들면, 중국정부가 2001년부터 시작한 10 · 5계획(2001~05)의 방침에 따라서, 전력 및 건축자재, 자동차, 비철금속 등을 비롯한 13개 산업에 대한 구조조정을 추진하고 있는 상황을 면밀하게 파악한 후, 적자상태나 경영효율이 낮은 국유기업에 대한 구조조정 국면을 이용하여, 유력 중국 국유기업과 합작파트너 관계를 맺고, 현지 네트워크를 구축하면서 중국 내수시장 개척을 시도해 볼 필요가 있다.

서부 대개발과 관련, 중국은 향후 10년 동안 인프라 확충에 중점을 두고 추진하고 있다. 주목할 것은 '서기동수(西氣東輸)' 나 '서전동송(西電東送)'[12] 등과 같은 대형 프로젝트 및 각종 기반시설 건설사업이다. 서부지역 인프라사업에는 대규모 재원이 투입되고 세계 유수기업과 치열한 경쟁을 벌여야 하는 만큼 대외경제협력기금(EDCF) 자금을 활용해 특정사업에 집중적으로 자금을 배정하고, 국내 기업의 경쟁력을 제고하면서 연관사업과 연결, 확장해 나가는 전략이 필요하다.

(2) 주택건설시장

중국의 주택시장은 국가가 중점적으로 지원하는 저 · 중소득층 주민을 대상으로 하는 복지형 주택 및 소형 주택시장과 부유층과 외국인들을 대상으로 하는 고급주택

12) 서부지역의 자원과 에너지자원을 경제발전이 빠르게 진행되는 상하이와 저장, 장쑤성 등 동부연해지역으로 운송하는 체제를 계획, 건설 중이다.

시장으로 대별된다. 이중 우리 건설업체가 관심을 가져야 할 분야는 후자가 될 것이다. 중국의 부동산 개발 및 고급주택시장에 진출한다 해도 시공분야는 거의 경쟁력이 없으므로, 시장경제체제에서의 기획 및 파이낸싱과 결합한 상품을 개발하여야 할 것이다.

중국 건설부는 중소득층 대상 주택건설을 지속적으로 확대하고 주택소비를 촉진하고자 하는 건설업 발전 방안을 수립하였다. 특히 현재 1가구 평균 점유 규모가 20㎡에 불과한 주택공간이 향후 10년 이내에 30㎡ 규모로 확대될 것으로 기대하고 있다. 이 같은 전망에 따라 중국 인구를 12억, 가구당 3인 가족으로 잡고 향후 10년 이내에 신규로 창출될 주택 수요량을 추산해 보면, 단위 면적 30㎡ 규모 주택 1억 3천만여 호에 달한다. 10년 후 중국의 도시화율을 약 33%로 가정하면 도시지역에만 단위 면적 30㎡ 규모 주택 4,000만 호 이상의 신규주택 수요가 추산된다.

주택시장의 경우, 베이징과 상하이 같은 대도시에서는 고급주택의 경우에도 이미 내국인 구매수요가 외국인의 수요를 추월하였으며, 지역별, 주택형태별로 다양화되고, 특성화되고 있다. 따라서 급증하고 있는 도시 신부유층을 겨냥한 특성화된 고급아파트시장 진출전략 수립이 필요하다고 판단된다.

① 베이징시 외국인 주택시장

지속적인 경제 및 사회, 문화 발전, 외국인 직원의 다양화, 임대자들의 요구수준 향상, 특히 외국인 직원들의 대량 유입 가능성을 고려해 볼 때, 베이징시의 외국인 주택시장 전망은 매우 밝다. WTO 가입 등 여러 가지 유리한 조건들이 나타남에 따라 베이징 진출 외국기업 및 외국인 종사자들이 갈수록 증가하면서, 외국인들이 선호하는 고급주택에 대한 수요가 증가하고 있다.

이에 따라 최근에는 외국인 주택 임대가격이 상승하고 있으며, 이에 따라 주택 공급물량도 증가하고 있다. 주택개발업체들은 외국인 대상 주택시장의 발전을 예상하고 이에 대한 투자를 확대하고 있다. 최근 진행되는 외국인 주택시장의 주요 변화는 다음과 같다.

첫째, 베이징 진출 다국적 기업들의 단기고용사원 채용이 증가하면서 단기임대

추세가 확대되고 있다.

둘째, 단기임대와 단독거주자가 증가하면서 소형주택에 대한 수요가 급증하고 있다.

셋째, 편리한 교통, 좋은 환경, 고품질의 고급 별장식 주택에 대한 수요가 증가하고 있다. 앞으로 일정기간 동안은 중국 국적의 고급경영자, 현지 고용 외국인 직원, 중 · 저직급의 외국인 직원들이 외국인 주택의 주요 수요자 그룹을 형성하게 되고 수요가 유효공급을 웃도는 상황이 지속될 것으로 전망된다.

시장기능 도입 및 확대에 따라 주택보유에 대한 일반 시민들의 관심이 증대되고, 지속적인 경제성장이 예상되므로 중국 부동산시장의 중장기적 발전전망은 매우 밝다. 그러나 2002년 이후에는 부동산시장이 다소 침체 또는 성장률이 둔화되면서 지역별, 제품별 차별화가 본격적으로 진행되고 있다. 따라서 중국 부동산시장 진출시에는 전략지역 선정, 제품 선정 및 기획 등에 있어서 차별화 전략을 추진하면서, 동시에 특정분야의 명품 브랜드를 구축하는 방안을 고려해야 한다.

시장질서의 정돈 · 규범화와 지역주의 타파 등은 외국투자기업의 활동여건 개선에도 기여할 것이나, 건설업체에 대한 기술인력 · 장비 · 공사실적 등의 확보 · 이행기준에 대한 감독 강화 등 환경변화에 능동적으로 대응하며, 적극적으로 시장을 개척해 나가는 전략이 필요하다.

② 상하이시 고급주택시장

상하이에서는 여러 구매층을 공략하기 위한 새로운 주택단지를 계속 건설하고 있으며, 종류와 형태 등에서 사람들의 구미에 맞도록 발전, 개선을 거듭하고 있다. 투자의 형태도 종전의 중저가 주택 위주에서 쉬자훼이(徐家匯), 홍챠오(虹橋), 푸동(浦東) 등지의 고급호화주택으로 선호대상이 바뀌고 있다.

중앙 정부도 국내 수요촉진을 위한 환경조성을 위해 노력하고 있다. 주택 구입시 주택담보대출 비율이 내국인의 경우 80%, 외국인의 경우 70%까지 융자가 가능하고, 장기저리(20~30년, 연 5%)이다. 2차 매입 시에도 50~60% 융자를 해주고 있다. 따라서 상하이의 주택투자는 상하이인 뿐만 아니라 외지의 사람들과 외국인들까지 적극적으로 참여하고 있다.

분양하는 업체들도 주위의 환경, 문화생활 공간, 서비스 등의 특색을 내세워 서로 경쟁하고 있다. 그리고 주택마다 면적 계산법이 다른 경우도 있고, 일조량이나 일조방향, 전망 등에 따라서도 각 층마다 가격의 차이가 크다. 일반적으로 높은 층일수록 가격이 높다.

그동안 집을 구입할 때에 각각 다르고 불분명한 면적계산법으로 인하여 피해를 입은 사람들이 있어 중국 건설부는 최근에 '주택 면적계산과 주택권 등기문제에 관한 방안' 을 만들었다. 방안 중에는 쉽게 시비가 걸릴 수 있었던 계단, 홀 등의 공공시설 부분에 대한 사용면적 계산문제 등도 명시하고 있다.

한편, 내부마감공사가 안된 상태에서 분양 후, 입주자가 내부마감 및 실내장식 공사를 하는 중국의 주택시장 분양관행에 따라, 주택내부마감 및 인테리어시장의 성장가능성이 매우 높다.[13)]

3. 한국기업 진출현황

외국기업의 중국 건설시장 진출 조건을 보면, 외국기업들이 참여할 수 있는 분야에 한해 중국정부가 발급해 주는 '외국기업공사도급 자격증(外國企業承包工程資質證)' 은 외국인의 전액투자 및 기부프로젝트, 국제금융기관 차관프로젝트, 중국기업이 수행하기 어려운 분야의 J/V 프로젝트로 제한되어 있다.

중국 건설시장에서 외국기업의 진출이 활발한 분야는 금융이 수반된 BOT사업과 부동산 투자개발사업, 그리고 현지기업이 수행할 수 없는 특수기술 플랜트 공사분야이다. 향후 경제발전으로 인한 전력소비 증가가 예상되고, 안정적인 자금 확보가 가능한 정부가 판매처이므로, 전력플랜트를 중심으로 한 BOT사업분야는 진출전망이 밝다. 그러나 기술축적을 목적으로 하는 경우 외에는 외국기업에 대해 시공분야 참여기회를 제한하는 것을 기본적인 정책기조로 하고 있다고 볼 수 있다.

중국 건설시장에 진출했던 우리기업들은 대부분 투자개발형 공사분야를 중심으로, 주로 베이징 및 상하이 등 대도시지역에 진출하였으나, 1997년 외환 · 금융위기

13) 2002년 5월부터 「주택 내부마감 관리방법(住宅室內裝飾裝修管理辦法)」(중화인민공화국 건설부령 제110호)이 시행되고 있다.

이후에는 본사의 사업축소 방침으로 대부분 철수하였거나, 현지 연락사무소 수준으로 유지하고 있는 경우가 많다.

투자개발형 공사가 활성화된 1997년에 최고의 수주(18.1억 달러) 실적을 기록하였으나 IMF 이후에는 수주가 거의 없는 편이다.

1992년 8월 한중수교 이후 주로 부동산개발 분야에 주력하여 1994년에 수주가 본격화되었고 1997년에는 투자개발형 공사 수주증가로 18.1억 달러를 수주하여, 전 세계 국가 중 가장 활발한 진출을 보였다. 그러나 외환 · 금융위기 이후인 1998년 수주액은 전년비 95% 이상 줄어든 6,493만 달러, 1999년에는 신규수주는 단 한 건도 없이 추가공사(2.1억 달러)만 있었으며, 그 후에도 소규모 공사만 수주하고 있는 실정이다. 진출유망 분야인 토목 및 플랜트 공사수주는 토목 15%, 특수 플랜트 10%로 총 25% 정도에 그치고 있으며 진출지역도 베이징과 상하이 등 대도시와 환발해지역에 80%가 집중되어 있다.[14)]

2002년 이후 상황이 다소 호전되었다. 2002년 3월에는 대림산업이 1억 2,680만 달러 규모의 복합 화력발전소 공사의 시공, 설계 용역 및 기자재 공급을 계약함으로써 향후 플랜트 분야로의 진출 확대를 기대하고 있다. 2002년 4월 말 현재 한국 기업이 중국에서 총 7건에 1억 4,022만 달러 규모의 공사를 계약함으로써 이란, 싱가포르, 리비아에 이어 4위를 차지하였다.

발주형태별로 살펴보면, 1990년대 중반에는 투자개발형 공사가 큰 비중을 차지한 반면, 2002년에는 지명입찰에 의한 계약실적의 비중이 더 커졌다. 금융조달 형태로는 일반도급형 공사계약이 대부분이었으며, 수주형태로는 원청 단독계약이 가장 큰 비중을 차지하였다.

중국 건설시장에서 비교적 좋은 성과를 거두고 있는 업체와 분야는, 삼성물산 및 삼성엔지니어링이 추진한 고급주택시장, 도시기반시설(상하이시 내부순환선 프로젝트), 대림이 난징(南京)시에서 수주한 석유화학플랜트 분야, 삼능건설의 칭다오(青島) 주택건설, 기타 중소업체가 진출성과를 거두고 있는 환경설비 분야 등이 있다.

진출유망 분야인 토목 및 플랜트 공사수주는 토목 15%, 특수 플랜트 10%로 총

14) 박인성. 2004. 「중국의 건설 및 부동산시장 구조 및 동향연구」. 한국건설산업연구원: p.73-74.

25% 정도에 그치고 있으며 진출지역도 베이징과 상하이 등 대도시와 환발해지역에 80%가 집중되어 있다. 특히 2002년 3월 대림산업이 1억 2,680만 달러 규모의 복합화력발전소 공사의 시공, 설계 용역 및 기자재 공급을 계약함으로써 향후 플랜트 분야의 진출 확대가능성을 열어 놓았다.

최근에는 상하이시에 지사를 설치한 우림건설이 상하이와 쑤저우의 중간에 위치한 장쑤성 쿤산(昆山)시 개발구 내에 대규모 토지의 토지사용권 등 권리를 확보하고, 주거단지와 호텔, 교육, 문화, 의료시설까지 포함한 미니 신도시 규모의 개발, 건설을 추진하고 있다. 2006년 말 착공식 거행과 분양사무실과 모델하우스를 오픈하고, 2007년 2월부터 분양을 시작하고자 준비 중에 있다.

4. 한국기업 진출전략상의 문제점

우리 건설업체들의 투자진출 성과는 매우 부진하고, 기 진출한 기업 중 적지 않은 기업들이 대 중국 투자 규모와 비중을 줄이고 있는 실정이다. 성과 부진의 원인은 대체로, 중국의 상관습과 상행위에 대한 이해부족, 생산기지 이전방식의 투자이점 상실, 시장환경변화에 대한 능동적 대응자세 부족 등을 들 수 있으며, 특히 경직된 투자패턴이 가장 큰 원인으로 꼽히고 있다. 종합적으로 함축하여 말하면, 급속하게 성장하며 부상하고 있는 중국 건설시장에 대한 우리 건설업체들의 대응은 전략적이지 못하다고 할 수 있다.

1996~97년 사이 일부 국내 기업이 체계적인 준비없이 성급하게 개발사업을 중심으로 진출했으나 소기의 성과를 거두지 못했다. 국내 건설사들의 계약수주 실적을 보면, 1996년에 6억 7,831만 달러, 97년 18억 1,308만 달러에서 IMF 경제위기를 맞은 후인 2001년에는 1,330만 달러 수준으로 하락하였다.

2002년 4월, 해외건설협회와 한국건설산업연구원이 공동으로 중국 진출 경험이 있거나 계획 중인 국내 건설업체 27개 사를 대상으로 실시한 설문조사 결과, 중국건설시장 진출의 가장 큰 장애요인은 시장의 불확실성(24.7%)과 사회주의체제 특유의 체제적 특성(24.4%), 하도급공사관리 등 시공상의 어려움(18.1%), 관시(關係)구축과 관리(16.1%), 국내기업의 열악한 경영여건(12.8%), 정부의 해외건설지원 미흡(4.2%)

등으로 지적되었다. 설문조사 결과는 다음과 같다(최근 5년 간 중국에서 용역 또는 시공경험이 있는 국내 업체는 하도급업체 2개사를 포함해서 총 21개사이다). 응답업체의 78.6%가 최근 중국 건설시장의 대내외적 환경변화가 국내 기업의 중국 건설시장 진출에 긍정적으로 작용할 것으로 전망하였다[15].

1991년 이후 우리 기업의 중국 건설시장 진출 이후에 대한 평가에 대해서는, 성공 39%, 실패 42%로 답하였다. 성공요인은 적절한 진출분야의 선정, 실패요인으로는 현지에 대한 사전준비 미흡을 가장 중요한 요인으로 지적하였다. 또한 외국 선진업체나 현지업체와의 파트너십 구축에 의한 전략적 제휴가 중요함에도 불구하고 쉽지 않다고 지적하였다.

아직까지 한국 기업의 중국 건설시장 진출형태는 계열사 기업에 의한 내부 발주가 대부분이며, 시공방식도 국내에서 하는 방식을 그대로 중국에 적용하고 있다. 삼성엔지니어링이 광동성 선전에 삼성전관 공장 건설, 포스코가 상하이 푸동지구에 사옥건설과 같이 자사의 중국사업 투자에 수반하여 발주하는 생산시설 또는 사옥을 건설하는 행태가 주종을 이루고 있으며, 공사시공 및 하도급방식은 국내에서 하던 방식을 그대로 적용하고 있다. 따라서 중국 건설시장을 개척하기 위해서는 중국 현지 기업의 행태를 파악하고, 국내의 패턴과 관성에서 벗어나, 수주 및 시공, 하도급분야에서 경쟁력 있는 방식과 패턴을 개발하여야 한다. 그러나 그 동안의 경험을 통해서 볼 때 쉽지 않은 과제이다.

이외에도, 중국 건설시장 내 외국기업 참여가 허용되고 있는 차관공사나 투자개발형 공사에의 진출에도 각종 비제도적 장벽이 많다. 차관공사의 경우, 세계은행 등 국제금융기관의 차관 프로젝트도 자국기업에 유리하도록 소규모 패키지로 입찰을 분리할 뿐 아니라 중국기업에 7.5%의 가산점을 부여하고 있으며, 입찰시 내부적인 담합행위도 존재한다. 신규 공사에 참여하기 위해 외국기업은 매번 중국 건설부의 면허와 허가를 받아야 하는 등 제도와 절차가 까다로우며 '관시(關係)' 라고 불리는 인맥문화에 따라 공사 발주 등이 영향받고 있는 등, 비제도적 장벽과 난관이 적지 않다. 이외에도 과실송금 문제, 투자개발형 공사 수행시 인허가 문제, 관련 법규의 미비 등

15) 박인성. 2004.「중국의 건설 및 부동산시장 구조 및 동향연구」. 한국건설산업연구원: p.74-75.

으로 공사진행 또한 순탄치 못한 실정이다.

한편, ENR지 통계에 의하면, 1997년 이후 중국기업이 해외건설 수주시장에서 우리기업을 추월하였다. 1999년도 중국기업의 해외공사수주액이 100억 달러를 넘어섰다. 중국 기업들은 석유화학플랜트, 고급기술 발전소 등 전문분야를 제외한 인프라 프로젝트에서 시공능력과 가격 면에서 우리 보다 강한 경쟁력을 갖추고 있으며, 기초기술부분에서 우리보다 앞선 부분도 적지 않다.

5. 중국 건설시장 진출전략

중국 건설업체의 기술수준과 저임노동력, 수주관행 등의 환경을 고려해 볼 때, 중국 내 건설시장에서 우리 기업이 현지 중국기업과 입찰경쟁을 통하여 공사를 수주하기는 거의 불가능하다고 보아야 할 것이다. 따라서 현 단계에서 개척 가능한 분야는 한국 및 외국기업 발주공사, 경쟁력있는 고급기술 및 특수기술 확보분야, 기획 및 프로젝트 파이넨싱과 연계한 부동산 개발 등이 있다. 또한 한국식 패턴이 아닌 중국 내 각 지방별 현지 건설기업들의 시공 및 하도급 패턴과 운영 경험을 파악하려는 노력과 보다 체계적이고 전략적인 대응이 필요하다. 중국 부동산 및 건설시장 투자진출 전략 수립시 중시해야 할 내용을 정리해 보면 다음과 같다.

첫째, 중국의 건설 및 부동산시장 관련제도 및 정책 등, 전반적 투자환경에 관하여 체계적이고 심층적인 실태조사의 축적이 필요하다. 대표적인 예로 「도시부동산 관리법」(1994), 「건축법」(1997), 「입찰법」(2000) 등 관련 제도와 거래 및 계약에 관한 각종 관행들에 대한 올바른 이해가 요구된다.

둘째, 정책과 제도와 같이 공식화된 투자환경 외에 보이지 않는 비공식적인 투자환경, 가령, 인맥과 거래관행 등을 올바로 꿰뚫고 연결할 수 있는 현지 네트워크의 구축이 필요하다. 중국시장 개척을 위한 관씨 네트워크 구축을 종합적 체계적으로 추진하기 위해서는, 정부부문이 각개 기업단위로 행해지고 있는 대 중국 관련 기능과 활동들을 큰 그림 속에서 체계화하고 적극적으로 지원할 필요가 있다. 즉, 정부 · 기업 · 학연(學硏) 등의 대 중국 교류 및 협력 창구의 기능과 업무행태를 체계화하고, 대중 교류 및 협력사업을 지원할 수 있는 기반네트워크의 구축이 필요하다.

셋째, 지역별로 시장을 구분하여, 우선 순위와 지역별 특성에 따라, 진출 · 개척하는 전략이 필요하다. 중국에 대한 인식과 전략 수립시에는 공간적으로 구분하여 지역별 특성을 구체적으로 파악하여야 한다. 따라서 각 성(省) 및 도시별 특성에 따라 투자환경 및 진출전략에 대한 조사, 연구를 진행하고, 중점적으로 진출할 전략지역을 선정하여 역량을 집중시켜야 한다. 이와 함께 유망종목별 투자, 진출을 통하여, 투자환경과 연관된 부문 및 종목으로의 연결효과를 탐색하여야 한다.

넷째, 급속히 증가하고 있는 중국 내 고소득층에 초점을 맞춘 고급주택 기획개발을 위한 전략이 필요하다. 이와 관련하여 최근 중국 내에 급속하게 확산 전파되고 있는 한국 텔레비전 드라마(韓劇)의 방영을 통해서 확산되고 있는 한국의 주택과 주생활에 대한 관심과 온돌로 상징되는 우리의 바닥난방 방식 등을 중국 주택시장 진출 및 개척을 위한 전략과 연결하기 위한 체계적이고 적극적인 노력이 요구된다.

다섯째, 주택인테리어와 건자재 관련 틈새시장을 적극적으로 공략할 필요가 있다. 즉, 인테리어, 설비 등 종목별로 경쟁력을 갖춘 업종 등 관련분야별 틈새품목을 탐색 · 공략하는 전략이 필요하다. 특히 건자재시장[16]에 있어서는 우리 기업이 지리적 인접성으로 인한 물류비용의 절감 등 기타 경쟁국보다 유리한 조건에 있으므로 이를 적극적으로 활용할 필요가 있다. 건자재시장은 신소재자재나 화학제품 등 기술경쟁력이 있는 제품 위주의 진출이 유리하다. 또한 중국 부동산개발공사와 건축설계, 중개업무, 부동산관련 금융 등의 합작을 추진하는 방안도 있다. 한편, 중소 건설업체나 건자재 업체는, 타국업체들이 진출해 있지 않은 중 · 소도시나 대도시의 틈새시장에 진출하는 것이 유리할 것이다. 그러나 이를 위해서는 장기적이고 단계적 프로그램에 의한 현지화 노력이 필수적이다. 즉, 정확한 현지 조사와 이해를 바탕으로, 꾸준한 현지 관시(關係)를 구축하는 것이 무엇보다도 중요하다.

여섯째, 단독 진출보다는 중국 국유기업이나 중국진출 경험이 있고, 중국문화와 현지사정에 밝은 화교기업 등과의 동반투자방안을 모색하는 것이 바람직하다.

일곱째, 학술연구 및 엔지니어링 분야의 교류를 통하여, 연관 분야 및 종목별 시

16) 1999년 중국의 건축실내장식마감재시장의 규모는 1,000억 위안(약 12조원)이었으며, 2000년에는 1,200～1,300억 위안에 달할 것으로 추산된다. 베이징시의 경우에는 2000년 건자재시장의 규모가 100억 위안을 넘어섰다

장 개척을 위한 기반시설 네트워크를 구축 및 관리하기 위한 기획과 전략이 필요하다. 교류협력을 위한 네트워크 구축은 우리 기업의 중국 건설시장 진출과 지원을 위한 인프라 구축과 연계시킨다는 개념으로 추진하여야 하며, 공신력과 영향력 있는 기관이나 기업간의 네트워크 구축을 위해 정부출연 연구기관이나 정부투자기업(토지공사, 주택공사, 도로공사 등)이 적극적으로 전략적 역할을 담당하여야 한다.

가령 협력이 필요한 중국 내의 대상 기관이나 전문가 그룹과 공동연구를 추진하면서 관련정보 수집 및 네트워크를 구축하고, 그러한 네트워크의 틀 안에서 개별 업종 및 기업과의 연결을 지원해 줄 수 있는 체계적이고 장기적인 전략을 수립 · 추진하여야 한다.

예를 들면, 국토연구원과 중국 상하이시 도시계획설계연구원(上海市城市規劃設計研究院)이 '서울과 상하이의 주택문제 및 신도시 개발정책에 관한 연구' 프로젝트(수행기간:1999. 8~2000. 9), 국토연구원과 저장대학 동남토지관리학원과 공동으로 수행한 '한중 토지정책 비교연구'(수행기간:2001~현재) 과제와 한국토지공사, 대한주택공사 등이 교류하고 있는 중국측 파트너 기관과의 교류 등 현재 진행 중인 한 · 중간 건설관련 기관 및 기구간의 교류를 중국 건설시장 개척을 위한 유용한 교류협력 네트워크 인프라로 활용 · 관리하며 점진적으로 확대 · 발전시켜 나갈 수 있는 큰 그림과 추진전략이 필요하다. 이와 관련해서 한국토지공사, 대한주택공사, 한국도로공사, 철도공사 등 국내의 대규모 국영건설기업이 보다 적극적이고 전략적으로 對중국 교류협력을 위한 기반시설 네트워크 구축을 선도하는 역할을 담당할 수 있는 방안을 검토하여야 할 것이다.

8

중국 건설산업의 연구개발(R&D)

8.1 건설 R&D 개술

유네스코의 규정에 따르면, R&D(Research & Development)는 과학기술영역 중, 지식총량 증가와 이러한 지식의 운용으로 새로운 응용을 창조 · 진행하는 계통성 · 창조성 활동으로, 과학기술활동의 핵심 활동이다. R&D 활동은 기초연구 · 응용연구 · 실험연구 등 세 종류의 활동을 포함한다.

(1) 기초연구는 현상과 객관사실의 기본 원리의 신지식(객관 사물의 본질, 법칙의 활용, 새로운 발견의 획득, 새로운 학설)을 실험 혹은 이론 연구를 통해서 얻는 것으로, 이것은 어떤 전문적이거나 특정의 응용 혹은 사용을 목적으로 하지는 않는다. 그 성과는 과학논문과 과학저작을 주요 형식으로 한다.

(2) 응용연구는 새로운 지식을 얻고 혁신적 연구를 진행하는 것으로, 주로 어떠한 특정한 목적 또는 목표를 위한 것이다. 응용연구는 기초연구성과의 가능한 용도를 확인하기 위한 것이거나, 소기의 목표에 이르기 위해 사용한 새로운 방법(원리) 혹은 새로운 과정을 탐색하는 것이다. 그 성과 형식은 역시 과학논문 · 전문저서 · 원리 모형 또는 발명 특허 위주이다.

(3) 실험발전은 기초연구 · 응용연구와 실제실험으로부터 얻은 지식을 이용하는 것을 말하며, 새로운 생산품, 재료와 장치를 생산하는 것, 새로운 예술품, 시스템과 서비스를 만드는 것, 그리고 이미 생산 또는 만들어진 실질적인 생산물에 대하여 개조 또는 체계적인 작업을 진행하는 것이다. 그 성과적 형태는 주로 특허, 전문기술, 새로운 상품이 가지고 있는 기본적 특징의 생산물 원형 또는 새로운 장치를 갖춘 기본 특징의 원시 샘플 등이다. 사회과학영역에서 실험발전은 기초연구, 응용연구를 통해 획득한 지식을 실시할 수 있는 계획(실험을 진행하거나 실시된 시험 프로젝트를 평가하는 것을 포함)의 과정을 일컫는다.

건설 R&D 성과는 광범위한 건설기술인력의 근면한 노동의 결정체로서, 사회의 고귀한 지식 자산이다. 건설 R&D 성과는 주로 세 가지로 나뉘는데, 과학기술(이론)

성과, 응용기술성과와 과학연구성과이다. 건설 R&D 성과는 건설업 중에서 활용되며, 그 새로운 기술, 도구, 공예는 건설업 시공효율과 생산효율의 큰 상승을 가져오고, 에너지 및 건자재 절약, 노동력의 감소 등 방면에서 명확한 효과와 이익을 가져온다. 건설 R&D 성과에 대한 효과적인 관리를 진행한다면, 건설 과학기술의 끊임없는 발전과 세대교체가 가능하며, 건설 과학기술이 왕성한 생명력을 갖게 되어, 건설업의 기술진보와 혁신으로 이어질 것이다. 자세하게 설명하자면, 하나의 건설 R&D 성과는 다음 세 가지 주요 특성을 가지고 있다.

(1) 건설 R&D 성과는 건설영역 내의 과학연구활동(연구, 설계, 실험)의 결과이다.
(2) 건설 R&D 성과는 반드시 일정한 창조성과 선진성을 가지고, 건설영역 내에 발견, 발명, 창조, 전진하는 바가 있어야 한다.
(3) 건설 R&D 성과는 반드시 일정한 학술수준과 실험가치를 가지고 있어야 하며, 정식적인 검증과 평가 등 여러 검정형식을 통해 확정적인 결과를 얻어야 한다.

현재와 같은 중국의 과학기술체계는 오랜 기간에 걸쳐 형성된 것이다. 정부과학기술 주관부서, 과학연구소와 기업을 기본구성요소로 하여, 전체적으로 서로 독립적으로 운영되며, 건설영역의 과학기술 업무체계 역시 상술한 특징을 가지고 있다. R&D 활동 진행의 주체는 건설연구개발기구, 건설기업, 대학교의 건축 연구소 세 개로 나뉜다. 중국건설업의 최근 발전상황을 보면, 건설업 R&D 주체는 대부분 다음 다섯 유형으로 나눌 수 있다.

1. 정부 관련부분이 연구개발을 진행한다. 예를 들어 사회과학원, 정부의 관련 기능부서 등인데, 이들은 주로 정책, 법규 등 소프트웨어 방면의 연구개발을 통해 국가의 거시적인 방향을 정하거나 정책조정 등을 진행한다.

2. 하드웨어적인 연구개발에 대하여 실력있는 부동산개발기업이 자체적으로 연구개발하기도 한다. 어떠한 특허를 획득한다면, 기업의 과학기술함량과 기업이미지를 높일 수 있을 뿐만 아니라, 향후 시장 개척에도 유리하다.

3. 연구개발 위탁을 통하기도 한다. 대부분의 부동산 개발회사는 대학, 전문학원, 연구기구 등에 위탁을 통해 연구개발한다. 프로젝트의 성격에 근거해서, "하나의 프로젝트, 하나의 위탁" 식인데 계약의 협정을 통하여, 어느 년도까지의 기한을 두어 연구개발의 요구사항을 제기한다. 역시 그들의 특허를 구입하거나, 신기술의 유상임대를 통하기도 한다.

4. 합작 연구개발인데, 부동산개발기업은 설계업체, 대학, 전문학교, 과학연구소와 합작 연구개발을 하기도 한다.

5. 기업연합을 통해 연구개발을 진행한다.

8.1.1 건설산업의 R&D 활동의 대상 요소와 특징

1. 건설 R&D 활동의 주요 대상

건설업의 연구개발 작업은 주로 건설 관련공사 중의 새로운 기술, 구조, 자재, 설비, 관리방법 등 기술 문제의 해결의 진행과 관련 있으며, 기초공사, 암반공사, 구조공사, 건축재료, 건설 환경 및 설비, 건설 항진공사, 특수 공사, 다리 및 도로공사 등의 응용 연구개발을 포함한다. 그렇기 때문에 강력한 전문 기술성과 연구 실험성을 가지고 있다.

2. 건설 R&D 활동의 전체 관건 요소

R&D는 국가, 산업 및 기업발전에 아주 중요한 역할을 하고 있다. 거시적으로는, R&D 및 그 성과 응용능력은 국가간 실질 경쟁력의 근본이며, 미시적으로는 R&D는 기업 진흥의 근본 수단이다. 기업은 산업구조의 기본 구성 단위로서, 기초과학의 바탕 아래 생산력으로의 전환을 위해서는 반드시 기업을 통해서만 가능하다. R&D의 성과물 전환은 하나의 완성된 순환과정을 가지고 있는데, "기초연구(R)－기술개발(D)－상품생산(P)－시장판매(M)－기초연구(R)"의 과정을 통해 구성된 순환체계이다. "R－D－P－M－R"의 전환순환을 보면 기업은 전환 중개의 중요한 역할을 책임

지고 있다. 이것이 바로 기초과학이 과학기술연구개발의 과정을 통해 기업 내에서 전환되어 선진의 기술 및 생산품으로 바뀌는 것이다. R&D는 기업가치 유지를 위한 근본이며, 기업이 지속적으로 안정 발전하는 보증이다.

3. 건설 R&D 활동의 일반적 특징

건설업의 R&D 활동은 비록 기타 업종 과학기술 활동과 비슷한 특징을 가지고 있지만, 건설업의 복잡성과 그 역할적 중요성 때문에 그 과학기술 활동은 특수한 발전적 특징을 나타낸다. 이와 함께 건설 생산품 생산의 특징은 건설 생산품의 기술 혁신활동을 둘러싼 자신만이 가진 특성에 따라 결정되기 때문에, 주로 다음과 같은 특징을 나타낸다.

(1) 건설 생산품 생산의 고정성, 일회성, 복잡성과 생산조직의 임시적인 성질은 건설 생산품 생산의 혁신적 활동이 제조업과 비교해 더욱 불확실성을 갖게 한다.

(2) 건설업의 기술 혁신은 일시적인 특정실시대상과 과정에 중점을 둔 연합체 조직 중에 존재한다. 공사완성 후에 이 연합조직은 해산되고, 공사 중 축적된 기술혁신은 일반적으로 상응하는 공정설계, 공정자문, 자재설비공급 등 회사의 협력을 얻는 것이 필요하고, 이는 공동합작의 활동으로, 이런 모순은 쉽게 건설체인 내부 R&D 활동의 비연속성을 가져온다.

(3) 건설 생산품은 광범위한 사회와 환경 효응을 가지고 있다. 사용자 및 생산자를 포함하는 인원의 안전 · 건강과 생활수준에 대하여 직접적인 영향이 있어, 엄격한 법률과 규칙의 감독 · 검사 등 통제를 받고, 일단 문제가 발생하면, 책임지는 측이 시공업체 외에, 설계인원 · 관리인원 등 개인책임인원이 있다. 그래서 R&D 활동은 공사가 미치는 범위 확대에 따라, 리스크 역시 점차 증가하는 특징을 가지고 있다.

(4) 건설상품 생산의 계약특성은 생산자와 사용자의 소통을 제한하는데, 건설항목의 도급계약 중의 불확정 요소는 건설기업경영의 리스크를 높이고, 동시에 시공과정 중 보편적으로 자금부족의 압력이 존재하여, 생산자의 신기술개발 및 도입에 대한 적극성을 떨어뜨린다.

8.1.2 R&D 활동 건설산업의 역할

기업의 핵심 경쟁력은 기업 내부자원 · 지식과 기술 등의 지속적인 축적 · 정리와 완성의 과정에 있다. 이러한 내부자원 중에 "핵심" 두 글자를 가장 체현할 수 있는 것은 바로 기업의 핵심기술이다. 이것은 기업이 지속적 발전을 가능하게 하는 강력한 "엔진"이다. 그래서 제때 국내 건설 R&D 기술발전의 동태와 경향을 이해하고 파악해야 하며, R&D 기술혁신체계를 더욱 완비 및 확대하고, R&D의 투자를 더욱 늘여야 한다.

건설 R&D 기술의 관건은 "남이 없을 때 내가 보유하고, 남이 보유할 때 나는 정통하고, 남들이 정통할 때 나는 앞서 나간다(人无我有, 人有我精, 人精我前)"를 실행하는 것이다. 이러할 때 경쟁에서 유리한 위치를 차지한다.

서방선진국 건설산업에서 건설 R&D의 공헌도는 50%를 넘는다. 심지어 70~80%에 이르기도 한다. R&D 활동을 통한 기술혁신의 전개는 기업 핵심경쟁력의 관건이다. 일부 국가들은 R&D 활동 기술혁신을 장려하기 위해 심지어 정부를 통해서 일부 특수권익을 설정한다. 예를 들어 일본정부는 건설기업의 R&D 혁신을 장려하기 위해, 도급회사의 R&D 활동 여부를 자격심사 조건의 하나로 하고 있다. 이와 함께 정부 프로젝트(정부 직접 혹은 간접 관리하는 공정)를 계획할 때 입찰가격의 기초 위에 도급회사에 1%의 R&D 경비보조 등을 허가하고 있다.

8.2 중국 건설산업 과학기술 및 R&D 활동현황

8.2.1 중국 건설산업 과학기술 활동 개람

과학기술 활동은 각 과학기술영역 즉 자연과학, 공정과 기술, 의학과학, 농업과학, 인문사회과학 중 과학기술지식의 생산 · 발전 · 전달 · 응용과 밀접히 관련된 계통의 활동이다. 과학기술 활동은 다음과 같이 크게 세 가지로 나눌 수 있다.

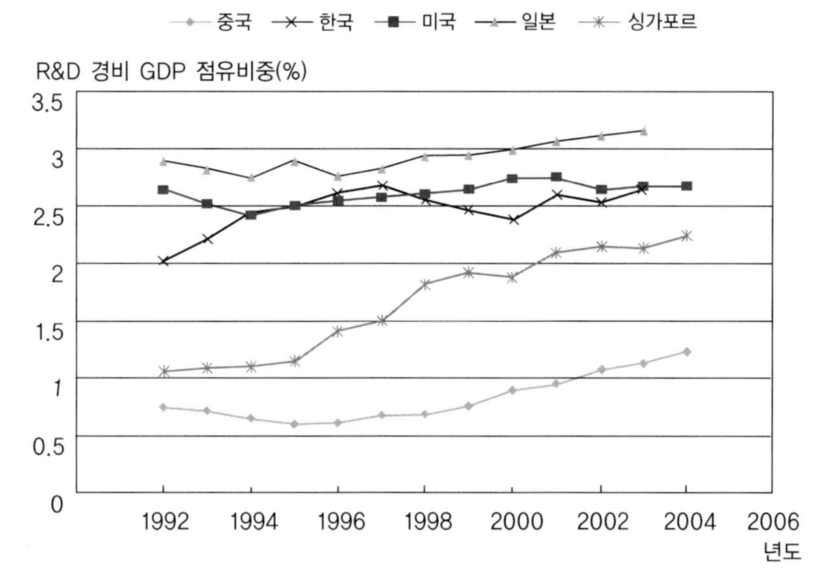

그림 8-1 **R&D 경비 GDP 비중의 국제 비교**

1. 연구와 시험발전활동(R&D)
2. 연구와 발전성과 응용
3. 과학기술 서비스

연구개발(R&D)은 과학기술 활동의 핵심으로 지식총량 증가를 가리키고, 이러한 지식을 이용하여 새로운 응용을 창조하고 진행하는 계통적이며 창조적인 작업이다.

그림 8-1에서 알 수 있듯이, 1990년대 이후 각국의 R&D 경비 GDP 점유비중은 총체적으로 증가하는 추세에 있다. 중국 · 한국 · 미국 · 일본 · 싱가포르 등 국가의 상황을 비교해보면, 중국의 R&D 경비의 GDP 비중은 가장 낮지만, 2000년 이후의 비중은 빠른 폭으로 상승하였다. 일본의 비중이 가장 높고, 싱가포르의 비중 증가추세가 가장 명확하며, 한국은 기본적으로 2.5%의 수준을 유지하고 있다.

2001~2002년 중국이 대규모의 2000년 R&D 자원조사를 실시했는데, 그 대상범위는 국민경제 각 업종 중 과학기술 활동이 있는 각 종류의 사업단위[17]인데, 아래

17) 사업단위란 교육, 위생 등의 비영리부문(단체)를 말한다.

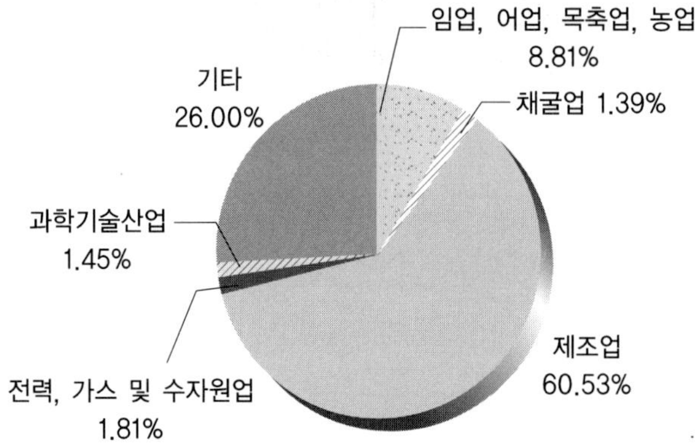

그림 8-2 2000년 전국 과학기술활동 업종별 회사수량 구조도

는 건설업 과학기술 활동 분석의 기초 위에, 건설업 R&D 활동의 현황을 상세히 진술한 것이다. 2000년 전국 각 업종이 전개한 과학기술 활동의 단위는 50,813개이고, 업종유형별로 보면, 농업 · 임업 · 목축업 · 어업의 과학기술 활동 단위가 4,477개, 광산업 회사가 708개, 제조업이 30,756개, 전력 · 가스 및 수력사업이 921개, 건설업 과학기술 활동 실시 단위는 738개로써 전국 과학기술 활동 단위 수의 1.45%를 차지하고 있다(그림 8-2 참조).

건설업 관련의 738개 과학기술 활동 단위 중에서 R&D 활동의 단위는 455개이며, 이는 과학기술 활동 사업단위 수의 61.7%이다. 그 중 중국 동부 · 중부 · 서부지역의 R&D 활동 단위 수는 각각 311 · 85 · 59개로 확실한 지역차를 나타내고 있다(그림 8-3 참조).

관련기관의 계산에 의하면, 중국 건설업 경제 수익의 성장 중에서, 20~30%가 기술진보에 의한 것인데 반해, 선진국은 50% 이상을 차지하고 있다. 이로써 알 수 있듯이 중국 건설업의 과학기술연구개발 수준은 선진국과 비교했을 때 큰 차이를 나타내고 있으며, 주로 다음과 같은 부분에서 나타나고 있다.

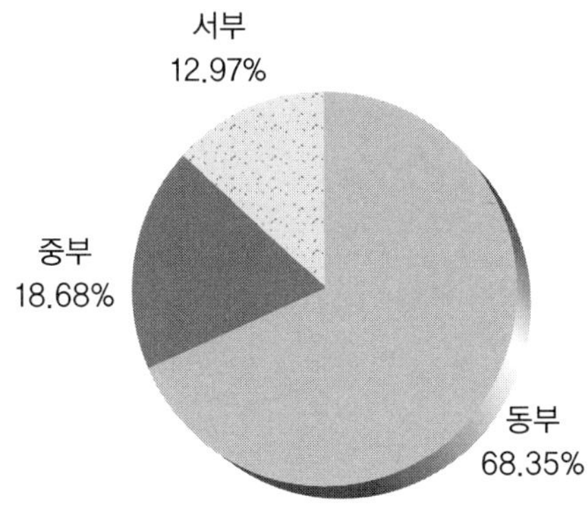

그림 8-3 2000년 전국 건설업 R&D 활동 전개의 회사수량 지역분포 구조도

1. 시공기술

중국은 암반공사 · 방진공사 · 종합파괴 · 대형 구조와 설비 전체 조립, 프리스트레스(pre-stressed) 콘크리트와 대규모의 콘크리트 공사 등에서 국제 선진국에 가까운 수준에 이르렀지만, 다른 많은 기술부분에서는 아직 낮은 수준에 머물러 있다. 대다수는 단지 일반적인 기술, 즉 거푸집 · 콘크리트시공기술 등에 대한 개선이었고, 기술함량이 높고 첨단과학기술에 근거를 둔 시공기술의 장악은 많지 않아, 선진기계설비 · 실용공기구 · 신자재 · 신기술에 이르면, 중국 내 기업의 경쟁력은 부족해 보인다. 예를 들어, 아치교, 사장교, 현수교 이러한 세 가지 종류의 교량은 전세계에 이미 널리 사용되고 있지만, 일부 대형의 국가1급 시공기업을 포함해서 중국의 많은 시공기업이 그 핵심기술에 대해 지금까지 접해 본 적조차 없다. 지능화건축의 설계와 실시는 중국에서 최근에야 시작되었다. 이밖에 중국 현재 도시 오수 재사용률이 선진국의 25%이다. 이미 건설된 주택 약 400억 평방미터 모두가 에너지 소모량이 높은 건축물이며, 새로 지어진 주택의 95% 이상이 에너지 소모량이 높은 건축물이다. 건축물 에너지 소모량은 사회 전체 총소모량의 25%를 차지하는데, 그 중 건축 난방 · 공조 · 조명이 14%, 건축시공 에너지 소모량이 11%이다. 중국 난방 실시 지역에서 에너지 소모량은 선진국의 동일 조건 지역의 3배에 이른다.

2. 기술개발과 혁신능력

우선 기술연구개발의 주력인원의 구성으로 볼 때, 중국 건설업 전문기술직과 중등전문학교(中專) 이상 학력 소지자는 총 인원의 10.3%로서, 전국 평균 17%보다 낮다. 그리고 56%의 관리인력 역시 국가규정이 요구하는 자격을 갖추지 못하고 있다. 일선 현장 노동자는 주로 대량의 비숙련공인 농민공(농민구성 노동자)으로 구성되어 있다.

다음으로 연구개발의 주체로 봤을 때, 중국의 기술혁신과 연구는 일반적으로 연구소 · 중점대학에서 주로 진행하고 있다. 하지만 과학기술 성과가 형성된 후, 매우 적은 부분만이 생산력으로 전환되고, 나머지는 사용되지 않고 방치되고 있다. 자체의 과학연구기구를 설립한 건축기업은 많지 않고, 과학기술 개발은 상대적으로 미약하다. 선진국의 대형 건설기업은 모두 실력 있는 과학연구기구와 선진 · 완비 · 대형의 연구시험시설을 갖추고 있고, 일반적으로 매년 영업액의 1~3%를 연구와 개발에 투자하고, 대량의 기업특허를 보유하고 있다. 그러나 중국의 일부 건설업체는 종종 이러한 기술실천총괄작업 · 기술의 발명과 숙련 · 기술이론 연구와 갱신을 소홀히 하여, 자체 지적재산권을 가진 혁신기술을 가진 기업의 수가 매우 적다. 중국이 WTO에 가입한 후, 국제도급시장규모의 확대는 국내기업에 학습향상의 기회를 증가시켰고, 시장경쟁기제의 진일보 완성은, 기술개발과 혁신이 건설기업의 주요한 경쟁수단이 되게 하고 있다.

마지막으로, 중국 현재 건설기업의 연구개발 현황을 보면, 건설업이 업종의 업무분할 및 관리체제의 영향을 받아서, 건설기업 대다수가 단일의 구체 공정항목을 향한 생산경영활동에 국한되어 있다. 해외 선진기업과 비교했을 때, 기술 · 관리인원이 종사인원에서 차지하는 비율이든, 기계설비 1인당 동력점유량이든, 보편적으로 낮은 수준이다. 이는 기술혁신의 전개에 큰 제약을 주는데, 건설기업의 기술연구개발 혁신활동이 과거 오랜 시간 동안, 구체 공정항목의 기술개조, 관리기술의 개선 등에만 눈을 돌렸기 때문이다. 계획적 · 지속적인 신상품 및 신기술의 개발과 비축이 부족하여, 독창적인 기술발명 · 종합기술의 공정 중의 응용은 매우 적다.

3. 기술혁신과 과학기술 진보를 위한 자금력의 부족

기술혁신의 속도가 빨라지고 있다. 20세기 초 이전, 과학 발견에서 기술의 발명 제품의 생산까지 약 30년이 걸렸지만, 20세기 초부터 20세기 중반까지는 대략 10년, 20세기 하반기에는 5년 정도까지 줄어들었다. 현재 정보산업 중, 혁신의 속도는 더욱 빨라져, 어떠한 제품은 갱신의 시간이 몇 달 정도이며, 심지어 몇 주일 때도 있다. 해외 건설업은 R&D를 중시하여 정부뿐만 아니라, 과학연구기구, 대학과 전문학교 그리고 기업 역시 투자를 아끼지 않고 있다. 그러나 중국은 건설업 R&D 방면의 투자의 정도가 공업 · 과학연구업 외에는 아주 적다. 2000년 건설업 R&D 경비지출은 일부 지역과 업종에만 집중되고, 전국 건설업 R&D 경비 지출은 단지 0.6% 정도이다. 기술이 필요 없기 때문에 건설업과 밀접히 연관된 부동산에서 걸작품이 생겨날 수 없다. 선진국은 주택산업에서 멀찌감치 앞서 달리고 있는데, 유럽은 완정(完整)된 · 표준화 · 계열화의 건축주택체계를 형성하였다. 미국의 주택건설 시장의 발전이 매우 훌륭한데, 주택용 자재와 부품의 표준화 · 계열화 · 전문화 · 상업화 · 사회화 정도가 높아 거의 100%에 가깝고, 일본은 경강구조의 공업화 주택방면에서 세계의 흐름을 주도하고 있다. 그러나 중국은 주택건축에서 아직도 전통적인 방법을 취하고 있고, 수작업을 주로 하며, 특히 몇 천 년 답습한 벽돌구조를 아직 사용하고 있다. 현재 정부가 점차 점토벽돌 사용을 금지하여, 기타 구조의 주택들이 늘어나고, 수작업의 비율 역시 줄어들고 있지만, 전체적으로 말하면, 중국 건설업의 수준은 전체 계획, 토지의 효율적인 이용뿐만 아니라 건설업 배치환경 · 기능 품질 · 부품 · 자재 · 설계 · 시공 등 전 분야에서 낙후된 국면에 처해 있다. 건설산업 개발에서 해결해야 할 문제는 아직 많다. 예를 들면, 구시가지 개조, 도시방재 시스템 완성, 거주조건 개선, 실내설비와 부품품질의 끊임없는 개선, 연구환경정리의 기술, 전자기술 · 정보기술 · 생물기술 · 신자재 · 신에너지 등 신기술의 주택건축에의 응용, 신형의 에너지절약 건축 등이다.

8.2.2 건설산업 과학기술과 R&D 활동인원 현황

건설업은 일찍이 노동집약형 산업이었다. 기술 함량이 비교적 낮고, 직원 전체문화 · 기술소양이 상대적으로 낮았다. 21세기 들어, 건설업 상품의 과학기술함량의 신속한 증가로, 건설업 대오에 대한 문화 · 기술 소양에 대해 많은 요구사항이 제출되었다.

2000년 전국 건설업 종사자는 242만 1천 7백 명이고, 건설 과학기술 활동에 종사하는 인원은 총 6만 1천 7백 명으로 건설업 종사자의 2.53%이다. 즉 평균 1,000명당 25명 정도가 과학기술 활동에 종사한다. 건설업 과학기술 활동인원은 총 6만 1천 7백 명 중에서 전문과학자와 공정사가 총 3만 8천 명으로 총 과학기술 활동인원의 62.17%이다.

2000년 전국 건설업 R&D 활동인원 환산 총인원은 9,446인/년이다. 그 중 과학자, 기술자는 6,975인/년인데 전체의 73.84%이다. 그 밖에 건설산업 R&D 활동인원 중 4년제 대학 이상의 학력은 3,716명이다. R&D 인원의 인/년 방식의 환산으로 지

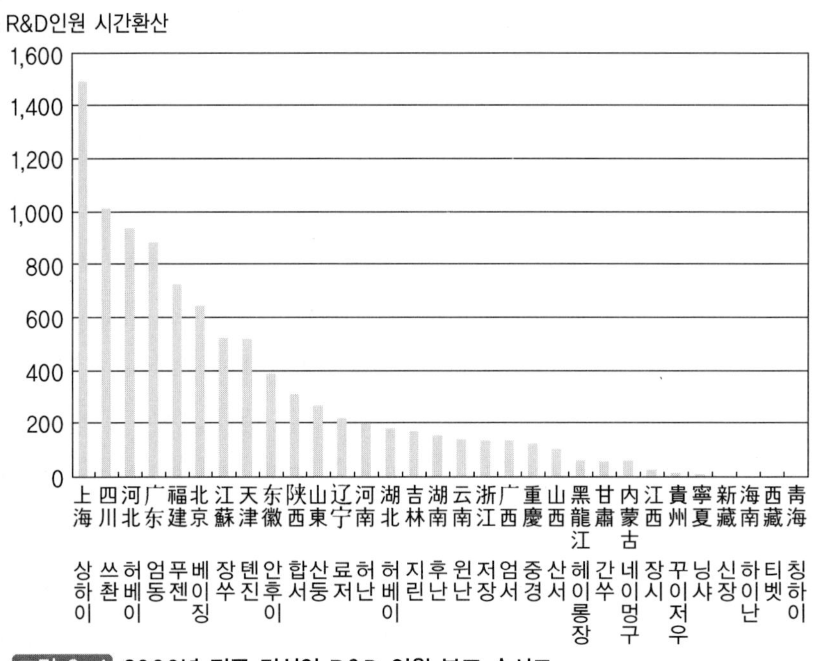

그림 8-4 2000년 전국 건설업 R&D 인원 분포 순서도

역 순서를 보면 그림 8-4와 같다. 그림에서 알 수 있듯이, 상하이(上海)의 건설업 R&D 활동인원(전체시간으로 환산) 이 약 1,500인/년으로 가장 많고, 그 다음이 쓰촨성(四川省) · 허베이성(河北省) · 광둥성(廣東省) · 푸젠성(福建省) · 베이징(北京) · 장쑤성(江蘇省) · 텐진(天津) 등 성시(省市)가 500인/년을 초과했다.

그러나 헤이롱장성(黑龍江省) · 간쑤성(甘肅省) · 네이멍구(內蒙古) · 장시성(江西省) · 꾸이저우성(貴州省) · 닝샤(寧夏) · 신장(新藏) · 하이난성(海南省) · 티벳(西藏) · 칭하이(青海) 등 성시(省市)는 100인/년에 못 미쳤다.

8.2.3 건설산업 과학기술 활동경비 조달 현황

과학기술 경비조달 투자수준, 특히 연구개발(R&D) 투자의 수준 여하가 한 국가 또는 지역의 과학기술 실력을 반영할 뿐 아니라, 정부 및 사회 전체의 과학기술사업에 대한 지지 정도를 나타낸다. 과학기술 활동경비 조달총액을 볼 때, 2000년 과학기술 활동조달 경비총액은 2,346억 6천 8백만 위안이며, 그 중 건설업은 20억 1천 7백만 위안으로 총경비의 0.86%이다. 상세사항은 표 8-1과 같다.

과학기술 활동경비의 조달경로를 보면, 정부자금은 593억 3천 9백만 위안으로

표 8-1 2000년 중국 과학기술 활동경비 조달경로 현황(단위:만 위안)

경비 조달경로	합계	농, 임, 목축, 어업	광업	제조업	전력, 가스, 수력	건설업	기타	건설업 점유비중 (%)
정부자금	5,933,920	80,070	28,915	784,487	9,421	7,315	9,141,267	0.12
기업자금 사업	12,963,664	101,386	503,637	9,769,045	400,016	183,169	5,023,712	1.41
단위자금 금융	1,364,660	25,446	2,602	59,587	770	1,058	2,006,411	0.08
기관대출	1,962,129	39,353	40,860	1,593,610	55,561	6,006	1,275,197	0.31
해외자금	303,387	3,463	498	166,658	90	200	226,739	0.07
기타자금	939,074	17,896	31,242	383,483	25,778	3,946	132,478	0.42
합계	23,466,834	267,614	607,754	12,756,869	491,636	201,694	476,729	0.86

총액의 25.29%이다. 기업자금은 1,296억 3천 7백만 위안으로 총액의 55.24%이다. 해외자본은 30억 3천 4백만 위안으로 총액의 1.29%를 차지한다. 건설업 내부 과학기술 경비조달 경로를 보면, 정부자금은 7,315만 위안으로 총액의 3.63%이다. 기업자금은 18억 3천 1백 6십 9만 위안으로 전체의 90.82%이다. 해외자금은 200만 위안으로 0.1%를 차지한다. 이로부터 알 수 있듯이, 건설업의 과학기술 활동경비 대부분은 기업자금에서 왔고 정부자금은 작은 부분을 차지한다. 특히 해외자금은 건설과학기술 활동의 이용이 거의 공백이다. 그래서 기업은 외부융자를 빌려 건설기업 과학기술 활동의 경로를 확대하고 있다. 점차적으로 정부자금을 선도로 형성하고, 자주적인 조달을 세우며, 금융기관의 대출을 확대하고, 사업단위의 자금을 받아들이고, 해외자금을 흡수하는 등 여러 경로로 경비를 조달하는 새로운 길을 적극 탐색하여, 자금 원천(原泉)상 건설기업의 발전에 활력을 넣도록 해야 한다.

과학기술 활동경비 조달은 각 지역에서 불균형을 보이고 있는데 전체적으로 동부지역 · 중부지역 · 서부지역의 과학기술 활동경비 조달경로는 계단형 변화를 보이고 있다. 동부지역은 전국 총액의 69.66%를 차지하고 중부지역은 12.93%, 서부지역은 17.41%를 차지하고 있다(자세한 사항은 그림 8-5를 참조). 성(省)별 각도에서 보면, 조달 총액의 상위 10위는 광둥(廣東) · 쓰촨(四川) · 상하이(上海) · 톈진(天津) · 랴오닝(遼寧) · 베이징(北京) · 푸젠(福建) · 산둥(山東) · 장쑤(江蘇) · 허베이(河北)이고, 광둥(廣東) · 쓰촨(四川) · 상하이(上海) 3개 성시(省市)의 자금 조달액은 각각 66,744만 위안, 24,658만 위안, 10,671만 위안으로 3개 성시(省市)의 합계액은 전국의 건설업 과학기술 경비의 50.6%를 차지한다. 특히 광둥성(廣東省)의 조달총액은 전국 기타 성시(省市)를 크게 상위하여, 전국 건설업 과학기술 활동 조달자금 총액의 33.9%를 차지한다. 이와 크게 대비되는 것이 간쑤(甘肅) · 칭하이(靑海) · 장시(江西) · 네이멍구(內蒙古) · 신장(新藏) · 닝샤(寧夏) · 꾸이저우(貴州) · 하이난(海南) · 티벳(西藏) 성의 자금 조달액은 각각 1,000만 위안보다 낮다. 이들 9개 성의 전체 합계도 전국의 1.42% 밖에 되지 않는다. 전국 GDP의 지역분포로 봤을 때, 동 · 중 · 서부의 비율은 62% · 28% · 10%로 결국 건설과학기술 투자의 이러한 지역계단식 변화와 지역의 경제발전 현황과는 밀접한 관계가 있다.

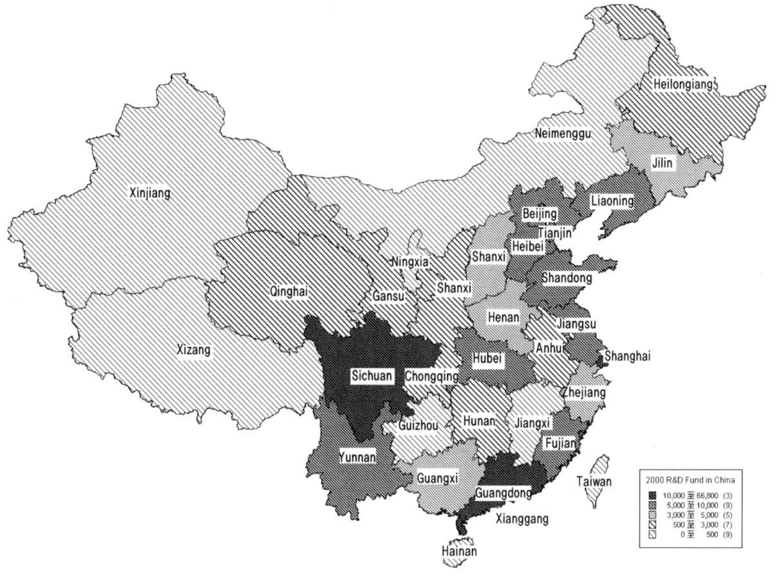

그림 8-5 중국 건설업 과학기술 활동경비 조달지역 분포도

8.2.4 건설산업 과학기술과 R&D 활동경비 지출 현황

2000년 중국 건설업 과학기술 총경비 지출은 15억 3천만 위안이며, 그 중 인력 노무비는 6.08%로 39.7%를 차지한다. 고정자산지출은 5억 4천 3백만 위안으로 35.5%를 차지한다(그림 8-6 참조). 선진국의 R&D의 노무비용은 R&D 총경비 중 차지하는 비중이 45% 정도인데, 그 중 독일은 60%에 달한다. 중국의 R&D 노무비용이 R&D 총비용 중 차지하는 비중은 선진국의 평균수준보다 낮다. 그러나 중국의 경제적 위상의 상승과 급여제도 개혁의 심화로, R&D 노무비용이 R&D 총경비에서 차지하는 비중도 역시 점차 증가하고 있다.

2000년 중국 건설업 R&D 총경비 지출은 5억 3천 2백만 위안이며, 그 중 기초연구 · 응용연구 · 시험발전의 경비는 각각 1천 1백만 위안, 6천 4백만 위안, 4억 5천 7백만 위안으로 총지출경비의 2.05%, 12.12%, 85.84%를 차지한다(자세한 사항은 표 8-2를 참조). 지역별로 보면, R&D 경비지출은 주로 동부지역에 집중되어 있는데,

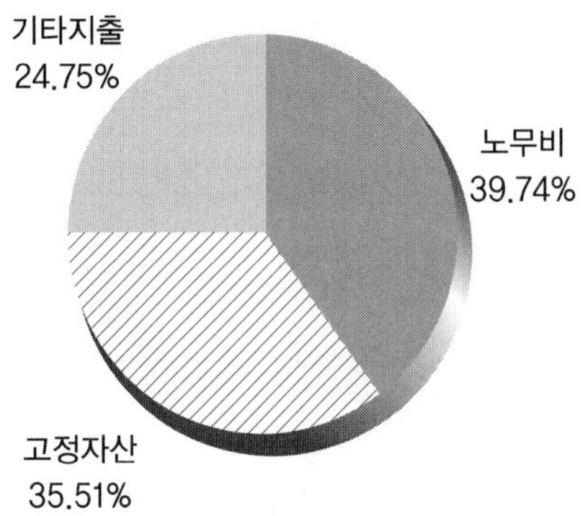

그림 8-6 건설업 과학기술 경비지출 구성도

그 액수는 4억 9백만 위안으로, 총지출의 76.91%를 차지한다. 중부 · 서부 지역의 합계는 23.09%이다. 중서부의 기초연구는 더욱 취약한데, 경비 지출이 100만 위안이 안 되며, 중서부 총경비지출의 0.74%을 차지하고 있을 뿐이다.

표 8-2 2000년 건설업 R&D 경비지출 상황

지역	기초연구	응용연구	실험발전	R&D 경비지출 합계
동부	998	5,270	34,654	40,922
중부	34	828	6,085	6,947
서부	57	350	4,934	5,341
전국	1,089	6,448	45,673	53,210

위의 데이터에서 나타나듯이 중국 건설업의 기초연구 투자는 확연하게 낮은 편이고, 그 중 중서부 지역의 상황이 더욱 심각하다. 일반적으로 기초연구는 과학 규율을 탐구하는 활동이므로, 지역경제에 대한 직접적인 공헌이 시험발전과 응용연구에 비해 낮다. 그러나 건설업 R&D 활동의 3대 항목 중, 기초연구는 한 국가의 장기 발전의 중요한 보장으로, 기초연구의 투자지출은 독창적인 기술과 상품의 생산수량과 품질에 직접적으로 영향을 미친다. 연구에서 나타나듯이, R&D 경비의 이러한 3가지 연구 중의 합리적인 배치는, 기초연구 10~12%, 응용연구 25~30%, 실험발전

60~63%이다. 상대적으로 중국 건설업의 R&D의 기초연구 경비는 매우 낮다. 이것은 하나의 위험신호로, 정부가 건설업경제의 총생산액 발전을 위해, 실용성이 강한 실험개발을 중시하고, 기초연구를 홀시하는 근시안적 전략 때문이다. 물론 이러한 정책은 일정한 시기 동안 비교적 명확한 성과를 얻을 수도 있지만, 장기적인 안목으로 볼 때, 즉시 조정되지 않는다면, 건설업 과학기술 전체의 협조발전에 필히 제약이 되고, 과학기술 발전의 뒷심을 부족하게 하여, 건설업 경제발전의 전체적인 국면에 영향을 미칠 것이다. 일본이 2차 세계대전 이후 신속하게 재건할 수 있었던 이유는 "기술도입"에서 "기술입국"의 산업정책 이외에도, 각 산업의 발전초기에 강력한 기초연구 투자를 유지했기 때문이다. 통계에 의하면 일본은 1960년대 기초연구에 대한 투자가 줄곧 30% 정도였다. 경제의 급속한 발전은 대량의 혁신을 필요로 하고, 만약 견실한 기초연구가 없으면, 혁신은 지식원천을 잃고, 단순히 기술도입과 모방에 의지하여, 경제의 지속적인 발전을 이루기 힘들다. 이로 알 수 있듯이, 중국 건설산업 기초연구의 비율이 매우 적은데, 이 현상은 정부부문과 과학연구 관련기구의 심사숙고가 필요한 부분이다.

8.2.5 건설산업 과학기술 활동 성과 분석

건설업 과학기술 활동이 낳은 성과는 주로 특허신청, 과학기술 논문, 과학기술 저작 등 세 가지 방면으로 나누어진다. 2000년 전국 건설업 과학기술 활동기업의 특허신청 수량은 140건이며, 과학기술 논문발표는 1,837편, 과학기술저작은 376부이다. 이러한 성과유형으로 볼 때, 건설업 과학기술 논문이 가장 많고, 발명특허신청과 특허신청수는 적은 편이다. 발명특허가 창조성이 가장 크며, 기술함량이 가장 높은 성과유형이므로, 이것은 중국 건설업이 과학기술 연구개발방면에서 기타 국가와 비교하여 아직 큰 차이가 있음을 나타낸다. 건설업 방면의 과학기술 경쟁력은 비교적 작다. 지역분포의 각도에서 봤을 때, 동부지역이 얻은 성과가 중부와 서부에 비해 명확히 크다. 특히 특허신청과 과학기술저작 출판방면에서, 중부와 서부지역은 특허방면에 대한 투자 및 과학기술 성과의 총괄이 이루어져야 함을 알 수 있다.

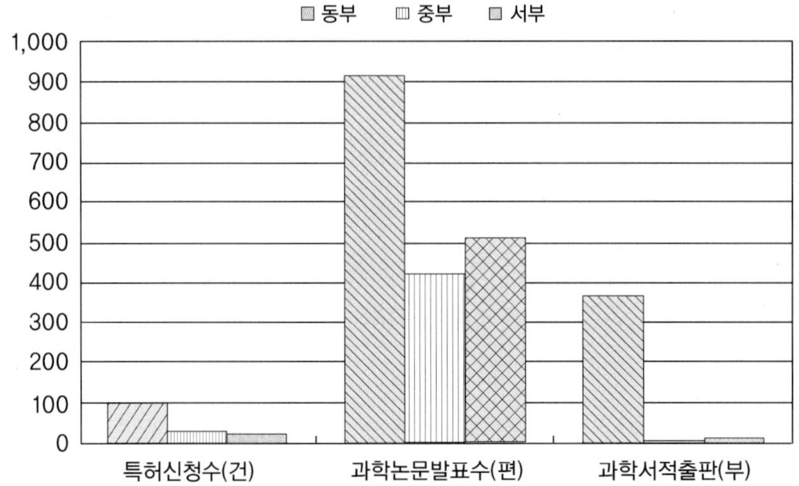

그림 8-7 2000년 건설업 과학기술 성과 유형

8.3 중국 건설기업의 R&D 활동

건설기술의 큰 진전은 대부분 신자재 · 신설비의 출현 및 IT기술의 도입으로 이루어진다. 건축사를 되돌아 보면, 건설기술 발전과정은 큰 사건으로 입증이 된다. 기원 후 1000년경에 교량의 주요재료는 목재에서 석재로 되었고, 교량건축기술의 중대한 변화를 가져와 1차 기술혁신 절정기를 이루었다. 1775년 전후 주철 위주의 재료의 응용은 교량건축기술의 제2차 기술혁신 절정기를 가져왔다. 1800~1920년의 시기에 신재료의 출현과 신기계설비의 출현은 건설업 생산기술에 연속적인 진전을 가져왔는데, 예를 들면 1842년 폴란드의 모르타르 특허, 1850년의 강화콘크리트 기술, 1856년 Bessemer의 강(鋼)처리 기술, 1861년의 기중기 기술, 1885년의 마천루 건설에 사용된 강(鋼)구조 프레임 기술과 1912년의 콘크리트 교반기의 등장 등은 건설기술의 중대 혁신을 가져왔다. 1960년대 이래 정보기술이 점차 계획 · 설계 · 시공 · 관리 등의 방면에서 전 방위적으로 건설과정에 침투하면서, 정보화 · 지능화의 방향을 따라 건설기술의 변혁을 추동하고 있다.

1949년 이후 중국의 건설기술 역시 큰 진보를 이루었다. 일찍이 계획경제체제시기에 중국건설업은 이미 건설업 기술진보의 내용을 소위 "오신(五新)"-신재료 · 신설비 · 신구조 · 신공예 · 신기술-의 보급에 귀결시켰다. 특히 1994년 이래, 중국건설부는 건설업 10항 신기술을 보급하기 시작하였는데, 건설 R&D 활동은 이전에 볼 수 없었던 중시를 받았다. 건설업이 10대 신기술 항목을 보급 응용한 10년간, 4기의 전국건설업 신기술 응용 시범공정 130여 항을 완성했고, 대규모의 성(省)정부급 건설업 신기술 응용 시범공정 역시 건설업의 기술진보를 가져왔고, 거대한 경제 · 사회적 효과를 가져왔다. 현재 제5기 건설부 건설업 신기술 시범공정이 진행 중이다. 실천이 증명하는 바, 기업은 기술진보의 주체이고, 공정은 신기술 응용의 운반체(carrier)이다. 시범공정의 시범 · 선도작용은 신기술응용을 조직 · 보급하는 하나의 효과적인 수단이다. 이미 평가심사를 거친 130여 개의 전국 시범공정 중, 다수는 건설규모가 크고 · 기술이 복잡하고 · 품질표준요구가 높고 · 사회영향이 큰 토목공정과 공업건설항목이다. 예를 들면 상하이 진마오빌딩(金茂大厦) · 수도국제공항 제2터미널 · 광둥(廣東) 올림픽경기장 · 중주부(中組部)사무실 등이다. 시범공정의 건설업체는 10개 항목의 신기술과 기타 신기술을 적극적으로 보급하는 R&D의 주력군이며, 공정에 존재하는 핵심기술문제에 의거해서, 기술연구와 혁신을 전개하고, 관련기술의 발전을 선도 · 촉진하고, 기업의 관리수준과 공정건설품질을 상승시키고, 기업의 핵심 경쟁력을 증대시킨다.

최근 중국 일부 건설기업은 이미 과학기술성과의 전화를 빨리하기 시작했다. 과학기술성과를 빨리 시장에 투입시켜, 건설업 전체 발전능력과 수준을 상승시키고 있다. 중국 건공그룹을 예로 들면, 최근 들어, 매년 400만 위안의 자금을 중점 과학연구로 쓰고 있다.

8.3.1 중국 건설기업의 R&D 활동 형식

계획경제체제시기에는 중국 건설업의 연구개발이 주로 건설대오가 있는 정부부문이 설립한 전문연구기구와 대학에 의해 실행되었다. 건축기업의 임무는 신기술을 보급 · 응용하고, 신기술 혁신과 기술조직조치 및 합리화 건의활동 등을 통하여 노동조건을 개선하고 · 생산효율과 공정품질을 높이고, 비용을 줄이는 것이다. 중국의 개혁개방 이래, 사회주의 시장경제 체제와 정부의 기능전환 과정 중, 건설업 원래의 사업단위편제(즉, 관에서 설립한 연구기구)가 기업화경영을 실행하고, 1999년부터 분기적으로 기업화 혹은 기업 내로 병합하여, 기업성격은 그들이 점차 건설업을 위해 공적기술(General technology)과 기초기술(Infra-technology)을 제공하는 기능을 상실케 하고, 이로부터 혁신 체인(Innovation Chain)의 합리적 구조에 영향을 미쳤다.

대학의 과학연구 활동은 비교적 활발하지만, 전체적으로 각 학교의 개별적인 체계로 인해서, 연구의 중복 또는 연구성과의 산업화 정도가 낮다. 주의를 기울일 만한 것은, 현재 중국 건설업 연구소의 대부분은 계획경제 체제시기에 관련업종주관부문과 지방정부가 각각 설립한 것이어서, 소속관계에서 오는 명확한 전문특색과 지방특색을 가지고 있었다. 이는 건설업의 기술혁신에 유리한 것이며, 각 대학의 개별적이며 중복된 연구의 상황을 어느 정도 보충할 수 있다. 특히 이들은 본래 관에서 설립한 연구원으로 기초기술연구의 기능까지 겸하여 책임지고 있었다. 예를 들어 각종 표준 · 측량과 시험방법 · 과학과 공사데이터베이스 건립 등, 이들 기술발전의 "기술도구(Technical tools)"는 기술을 기초로 하는 전체 경제성장 과정 중 없는 곳이 거의 없고, 건설업 기술혁신 체인(Technical Innovation Chain)에서도 없어서는 안 되는 중요한 부분이다. 그러나 기초기술은 쉽게 시장의 실패를 가져오기 때문에, 기업이 이러한 연구에 일반적으로 투자를 꺼리고 있어서, 정부의 연구소 설립은 필수불가결하다.

현재 중국의 건설 R&D 체제는 산(産) · 학(學) · 연(硏) 분업 · 합작의 방향으로 발전하고 있고, 기업 · 중점대학 · 연구기구 3자는 기술혁신의 주체이다. 기업 · 중점대학 · 연구기관이 종사하는 사업성격이 각기 다르고, 각기 다른 과학기술 자원우세를 가지고 있기 때문에, 명확히, 만약 그들이 각기 개별적인 체계로 중복 연구한다면, 반드시 자원의 낭비와 기술혁신의 유효성 저하를 가져올 것이다. 적절한 분업 · 협력은 혁신 비용을 줄이고, 혁신 효율을 높일 수 있다.

주지하다시피, 어떠한 공정건설이라도 모두 하나의 여러 학문 · 전문기술 적용의 집성(集成) 과정인데, 건설기업은 일반 공업기업처럼 특정한 생산품의 종합적 기술을 가지고 있지 않고, 동시에 기업 역시 많은 학문 · 전문영역에 균등하게 기술선도지위를 가질 수 없다. 그러므로 산(産) · 학(學) · 연(硏) 각각이 분업과 협력을 통해야만, 공정항목 상에서 선진기술 또는 최신기술을 구현할 수 있다. 동시에, 이러한 분업과 협력으로 효과적으로 혁신 체인(Innovation Chain) 각 부분상의 문제－특히 대학의 과학연구와 경제건설이 분리된 문제－를 해결하고, 효과적으로 중국건설업의 혁신능력과 국제경쟁력을 높일 수 있다. 건설업 산(産) · 학(學) · 연(硏) 각 주체의 기술혁신상의 분업은 일반적으로 다음과 같은 원리적 규정을 참고하여 진행한다.

① 대학: 창조와 지식전달의 주체로서, 기초연구에 힘쓰고, 국제 학술교류를 조직하고, 과학기술인재를 배양한다.

② 연구소: 응용기술의 혁신 주체로서, 공공항목의 과제연구(관련기초연구 포함)와 기초기술과 공통적 기술의 연구개발 등을 담당한다.

③ 건설기업: 건설업 기술혁신의 핵심으로서, 현장시공기술을 주로 하는 기술개발과 응용을 담당한다. 시장을 목표로 하는 기술개발 투자주체이다.

건설업의 산(産) · 학(學) · 연(硏) 각 주체는 기본적으로 상술한 연구개발기능의 분업을 기초로 기술혁신 활동에 종사해야 한다. 동시에 과학기술계약을 주축으로 광범위한 기술자문 · 서비스 · 협력관계를 수립해야 한다. 이러한 산(産) · 학(學) · 연(硏)의 분업 · 협력 · 상호작용의 혁신주체와 정부는 교육 · 정보서비스 · 생산요소시장 · 성과시장 등 혁신적인 환경을 건립하여, 공동으로 중국건설업의 기술혁신 무대를 만들고, 효과적으로 건설기술 및 그 기술혁신의 특징을 적용하여, 신지식의 생산 · 전달 · 응용을 촉진해야 한다.

8.3.2 중국 건설기업의 R&D 활동에 존재하는 주요문제

개혁개방을 통한 20여 년의 발전을 거치면서 중국 건설업의 기술력과 경제력은 큰 발전을 거듭하였고, 또한 해외기술의 도입을 통해 이미 대대적으로 건설기업의 기술 수준을 향상시키면서, 일반적으로 소화 · 흡수 · 모방과 혁신의 능력을 갖추면서, 일부 연구분야와 일부 구체적인 기술방면에서, 때로 이미 국제 선진 반열에 올랐으나, 해외 선진국 건설기업과 비교했을 때, 중국의 수많은 건설기업들은 아직 국제시장 경쟁력을 갖추지 못하고 있는 실정이다. 건설기업 R&D 형식을 보면, 몇 차례의 개혁을 거쳤지만 아직 적지 않은 문제가 있으며, 일부 새로운 문제까지 생겨나고 있다. 예를 들면, 정부측 연구기관의 개혁은 산업적 방면에서 정부 업무의 약화와 혁신체인(Innovation Chain) 구조에 있어 불리한 영향을 가져왔다. 즉 각 대학의 개별체계 · 중복 연구로 연구성과가 건설경제의 활성화로 이어지지 못했다. 또한, 기업 연구기구의 수량 증가는 비교적 빠르지만, 기술혁신에 대한 투자도 부족(무기력 혹은 동력의 부족)하였다.

1. 현재 중국건설업 기술혁신기제 미완성

현재 중국의 건설업체 기술혁신에 대한 투자가 부족하고, 혁신적 성과가 적고, 산업화 비율이 낮다. 산업생산 효과가 뚜렷하지 않다. 기업의 이익을 얻는 능력이 부족하다. 생산이윤율과 자본금이윤율이 낮아 과학기술개발에 대한 투자가 부족하다. 단지 소수의 기업이 기술연구개발 센터를 설립했고, 대부분 기업은 연구개발센터가 없는 실정이고, 있다고 해도 형식적인 것에 불과하며 연구개발에 대한 투자가 적다. 현재 중국 중대형 건설업체 내 기술개발업무에 종사하는 기술인원은 직원의 2%에 미치지 않으며, 선진국은 10~15%에 이른다. 건설부의 2003년 151개 건축과 공정자문업체의 조사에서 나타나듯이, 기업 연구개발 투자는 생산액의 0.5% 이하가 약 54%이며, 2% 이상의 비율은 단지 조사기업의 4%였다.

2. 기업 기술 진보의 추진력 부족 및 프로젝트 조직 방식의 문제

현재 중국의 건설업 생산액의 증대는 주로 종사인원의 수량에 의해 실현되고 있다. 중국 건설기술의 건설업 중에서의 공헌율은 단지 20~35%이며, 이는 선진국의 70~80% 수준에 크게 미달한다. 다른 방면으로, 설계 · 시공의 분리 · 발주처의 공정

분할발주 등 원인으로, 시공업체의 전체 업무는 설계도면과 규범표준에 따라 시공하기 때문에, 그 기술혁신 공간이 매우 제한적이다. 실천이 증명하는 것은, 각 항의 중대한 기술 혁신은 모두 설계 · 시공 · 자재 등 다방면의 요소를 포함한다는 것이다. 중국의 대다수의 건설지질조사설계회사를 예로 들면, 기업의 설계연구개발의 투자는 평균 1% 미만이고, 대다수의 설계회사는 높은 생산액을 추구하는 데만 열중한다. 또한 이를 위해 대량의 "생산성"설계를 진행한다. 이로 일어나는 외국회사들과 형성된 기술 · 품질의 차이는, 또한 직접적으로 사회의 중국 · 외국설계기구에 대한 인정도의 차이를 가져온다.

3. 연구개발자금 투자의 부족

중국의 과학기술 투자는 장기적으로 국내 총 생산액의 0.5~0.7% 사이를 맴돌고 있다. 선진국의 2.5~3%뿐 아니라 신흥공업국의 1.5~2%와도 많은 차이를 가지고 있다. 산업화되는 자금이 부족하기 때문에, 현재 중국의 매년 과학기술 성과의 상품으로의 전화는 단지 10~15% 정도로, 선진국의 60~70%보다 훨씬 낮은 수준이다. 성과 전화 자금은 스스로 조달 56%, 과학기술 기획대출 27%, 위험투자 2%를 차지한다. 특히 현재 건설시장행위가 더욱 혼란해졌다. 기업의 등급 · 가격에 대한 압박이 심해져서, 기업은 공정 수주를 위해서 종종 자금을 출연하는 방식을 취하고 있는데, 이 결과 원래 긴장된 자금문제가 더욱 심화 되었다. 일부 기업은 문건에 기술개발비용의 비율을 명기하고 있지만, 자주 유용 · 점용된다. 심지어 일부 기업은 정상 생산에 필요한 원자재의 구매자금조차 마련하지 못하여, 연구개발투자는 사실상 불가능하다고 볼 수 있다.

4. 건설기업 경영관리 이념과 수준이 낮음

선진 경영관리수단을 응용하려는 의지가 부족하여, 정보관리기술과 전자상무(商務)의 건설분야 응용은 아직 낮은 편이다. 공정설계 · 항목관리이든, 정보시스템방면이든, 컴퓨터 소프트웨어의 응용수준이 비교적 낮아서, 많은 설계 · 시공업체들이-대기업을 포함해서-심지어 국제입찰에서 요구하는 ETABS · Primavera 등 응용공정

프로그램을 이용하지 않고 있다. 시공과정에서 선진 시공기술과 재료를 채용하려는 노력이 부족하고, 과학기술함량이 높지 않다. 시공공구의 보급률과 설비공구의 완정률 역시 낮다. 현장 시공과정에서 선진적이며 실용적인 소형공구의 사용이 적고, 대다수의 공사는 수작업으로 진행된다. 좋은 기계설비는 일반적으로 대형 · 주요 항목에서 사용된다. 이외에도 건축법률 · 규범 · 전문기술표준 및 관련기술문건의 조항에 대한 정확한 이해가 부족하고, 설계 · 시공과정에서 임의성이 높고, 규범에 의하지 않는 설계와 시공의 현상이 때로 발생하여, 건물 장래의 안전과 품질을 보장할 수 없다.

8.3.3 중국 건설기업 R&D

상술한 중국 건설 R&D 활동에 존재하는 문제에 대하여, 중국 건설기업 R&D 활동의 미래는 기업의 주도작용을 강화하는 방향으로 가야 하고, 또한 선진체제의 도입과 제3자의 협조를 통하여, 건설 R&D가 건설산업에서 더욱 중요한 역할을 발휘하도록 해야 한다.

1. 기업의 주도적 역할

기업은 우선 주체의식을 강화하고, 주체적 역할을 발휘해야 한다. 특히 중대형기업-구조조정 이후의 연구기관을 포함하여-은 기술혁신 활동과정에서 자발적으로 중심과 선도의 역할을 발휘해야 한다. 시장수요 · 기술혁신과 생산경영 세 가지를 결합하여 일체화 한다. 관련 과학연구기관과 중점대학은 인원 · 설비의 우세를 충분히 발휘하여, 적극적으로 응용 기초성 연구를 전개하고, 자주혁신 능력을 높여야 한다.

2. 체제 인도 작용

건설사업의 과학혁신체계를 건립하여, 국가혁신체계의 중요한 구성부분으로 한다. 주로 다음 4가지의 전문체계를 포괄한다. 기업위주의 개발응용체계, 과학연구기관과 중점대학 위주의 지식혁신과 인재교육체계, 업종학회와 기술자문기구 위주의 중개서비스체계, 정부부문 위주의 정책법규제정체계 및 이상 4가지 전문체계 내부의 운영기제와 상호간의 연계와 합작기제이다. 이 혁신체계의 특징은 기업을 핵심으로 한 유기적 총체라 하겠다.

3. 제3자의 협조 작용

제3자인 업종협회와 건설주관부문은 이러한 체제 중에서 없어서는 안되는 협조 작용을 한다. 업종협회와 각 기술자문 서비스기구는 유대와 교량의 역할을 하는데, 기업을 위하여 시기적절한 효과적인 서비스를 제공한다. 각급 건설주관부문은 조사연구에 집중하고, 정책법규를 제정하며, 업종과학기술혁신체계건설과 혁신활동에 대하여 폭넓은 지도를 강화한다. 이렇게 서로간의 연계 · 협조를 통하여 상호기제를 구비한 건설과학기술혁신체계를 형성하여, 적극적으로 신기술산업화를 추진하고, 전통산업을 조속히 개조 및 향상하고, 낙후된 생산능력은 향상시킨다.

8.3.4 중점대학 관련 연구시설의 건설 R&D 전개 현황

중국의 건축 R&D 체제는 현재 산(産) · 학(學) · 연(硏)의 분업 · 합작의 방향으로 발전하고 있다. 그러나 전체 체계 중, 현재 중점대학이 사실 건설 R&D 활동의 중견역량이다. 특히 기초연구방면이 그러하다. 여기에서 중점대학의 R&D 진행상황에 대해 진술하기로 한다.

1. 중국 중점대학의 R&D 과제 발전

2001년부터 중국 중점대학 R&D 과제수량 · 경비지출 · 참가인원은 그림 8-8과 같이 매년 상승하는 추세이다. R&D 과제수는 2001년의 141,992항에서 2003년의 200,120항으로 증가하여, 연평균 증가율이 18.7%이다. R&D 과제의 경비지출이 2001년의 758,722만 위안에서 2003년 1,262,116만 위안으로 증가해, 연평균 증가율이 29.0%이다. R&D 과제 참여 과학기술 인원의 증가는 상대적으로 평탄해서, 2001년의 162,423인/년에서 178,637인/년으로, 연평균 4.9%의 증가율을 보이고 있다.

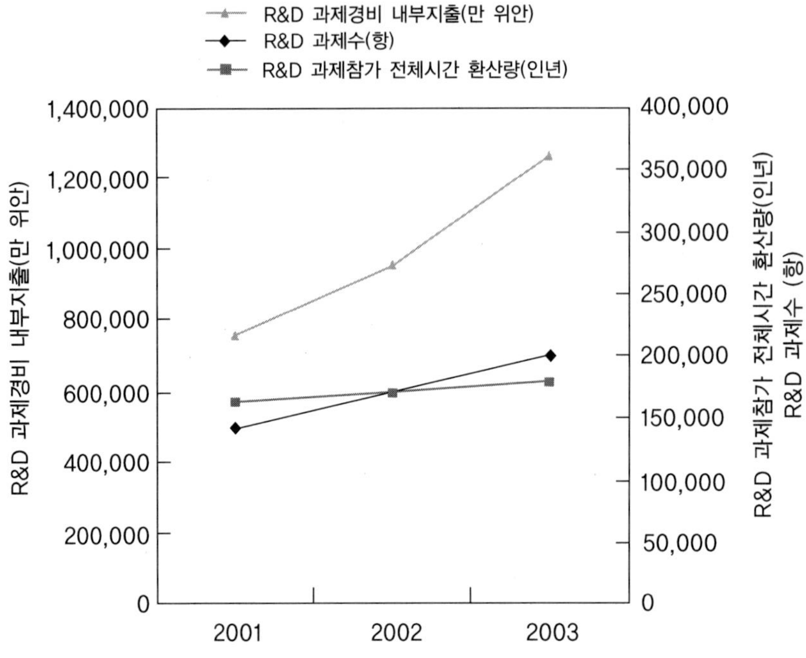

그림 8-8 2001~2003년 중국 중점대학 R&D 과제 변화

2. 중국 중점대학 건설 R&D 과제의 발전

2001년부터 중국 중점대학 건설 R&D 과제의 변화 상황과 전체 R&D 과제의 변화는 기본적으로 일치한다. 건설 R&D 과제의 수량 · 경비지출 · 참가인원은 매년 상승 추세이다(그림 8-9 참조). R&D 과제수는 2001년의 2,767항에서 2003년의 4,344항으로, 연평균 증가율이 25.3%이다. 건설 R&D 과제의 경비지출은 2001년의 23,344만 위안에서 2003년 42,617만 위안으로 연평균 증가율이 35.1%이다. 건설 R&D 과제 과학기술인원은 2001년의 3,138명에서 3,653명으로 증가하여, 연평균 증가율이 7.9%이다.

건설 R&D 과제 참여자의 수준을 보면, 과제수는 2001년의 0.9항에서 2003년의 1.2항으로 증가했고, 경비 지출은 2001년의 7.4만 위안에서 2003년 11.7만 위안으로 증가했다(표 8-3 참조).

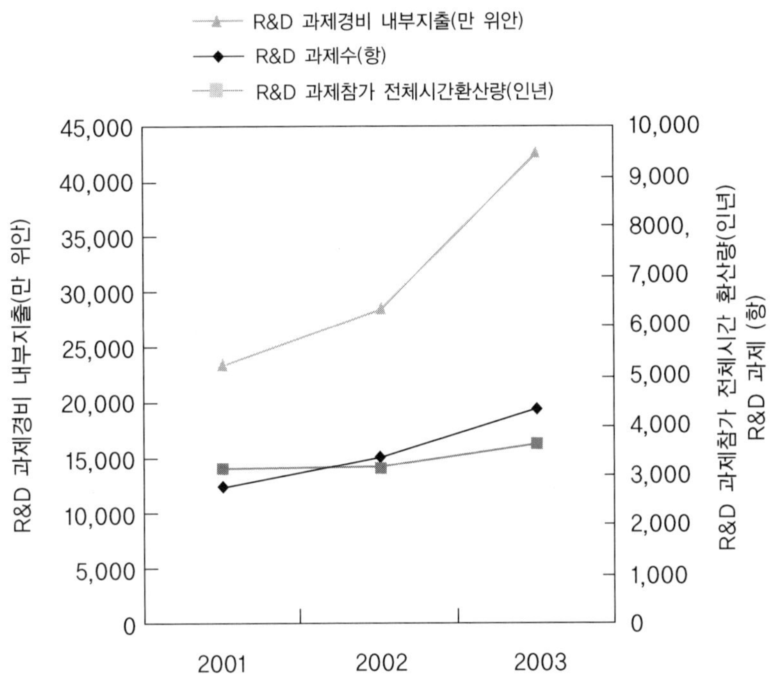

그림 8-9 2001~2003년 중국 중점대학 건설 R&D 과제 변화

전체 학과 R&D에 대한 건설학과의 R&D 비중을 보면, 건설 R&D 과제수 · 건설 R&D 과제 참가시간 · 건설 R&D 과제경비 내부지출이 차지하는 비중이 기본적으로 안정 추세이다. 건설 R&D 과제수와 건설 R&D 과제 참가시간의 비중은 모두 2% 정도의 수준을 유지하고 있고, 건설 R&D 과제경비 내부지출의 비중은 3% 정도를 유지하고 있다.

표 8-3 2001 ~ 2003년 중국 중점대학 건설 R&D 과제량(항/인, 위안/인)

년도	과제수 (항)	과제경비 내부지출 (만 위안)	과제참가인원 총시간량 (인년)	인당과제수 (항/인년)	인당경비액 (만 위안/인년)
2001	2,767	23,344	3,138	0.9	7.4
2002	3,376	28,338	3,148	1.1	9.0
2003	4,344	42,617	3,653	1.2	11.7

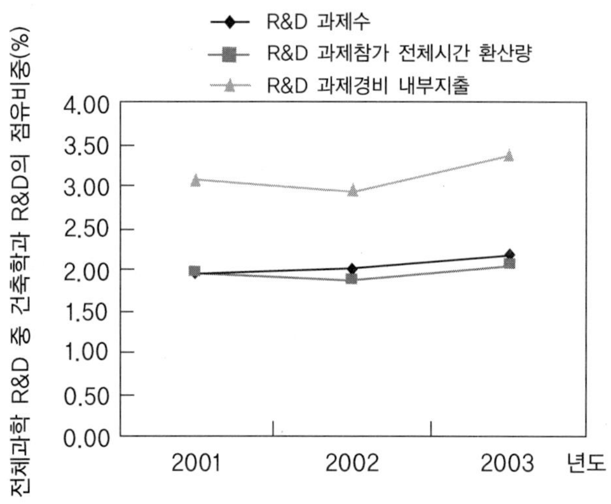

그림 8-10 2001~2003년 중국 중점대학 건설 R&D 과제 전체비중 상황

8.4 주요 건설 연구기관의 R&D 활동

현재 중국 주요 연구기구는 독립연구기구 · 중대형 공업기업 · 중점대학의 세 가지로 나뉘는데, 2005년 건설부가 발표한 18개의 "건설업 10항 신기술자문서비스기구"의 명단을 보면,

중국건축과학연구원(中國建築科學研究院), 중예그룹건축연구총원(中冶集團建築研究總院), 철도과학연구원(鐵道科學研究院), 중국거푸집협회(中國模板協會), 중국설비협회(中國安裝協會), 중국건축업협회건축방수분회(中國建築業協會建築防水分會), 중건총공사과기부(中建總公司科技部), 중건건축과학기술연구원(中建建築科學技術研究院), 베이징시건축공정연구원(北京市建築工程研究院), 중국항만건설(그룹)본사(中國港灣建設(集團)總公司), 중국도로교량(그룹)본사(中國路橋(集團)總公司), 동제대학토목공정학원(同濟大學土木工程學院), 하해대학토목공정학원(河海大學土木工程學院), 동남대학토목학원(東南大學土木學院), 중국기계공업건설본사(中國機械工業建設

總公司), 상하이건공재료공정유한공사(上海建工材料工程有限公司), 베이징시설비설치공정공사(北京市設備安裝工程公司), 베이징중웨이도로콘크리트기술연구원(北京中伟路混凝土技術研究院)이다. 여기에서는 대표성을 가진 3개의 연구개발기구를 선택해서 중국건설 R&D 활동의 현황을 소개하고자 한다. 이 장의 부록에는 중국 주요 건설산업 연구개발기구 리스트를 기재했다.

8.4.1 중국건축과학연구원(中國建築科學研究院)

중국건축과학연구원은 1953년에 창립되었다. 원래는 건설부 직속의 가장 큰 종합성 과학연구기구였는데, 2000년 10월 1일에 과학연구사업단위에서 과학기술형(科技型)기업으로 전환되었다. 중국건축과학연구원의 과학연구 작업은 건축구조 · 방진공사 · 지반기초 · 건축물리 · 주택체계 및 상품 · 지능화건축 · 건축CAD · 건축환경과 에너지절약 · 건축기계와 시공 · 신형화학자재 · 건축방화 · 건축장식 등 분야의 79개 연구영역에 이른다.

현재 중국건축과학연구원은 중국과학원 원사 1명, 중국공정원 원사 1명, 전국설계대가(大師) 1명, 국무원이 비준한 특수수당을 받는 전문가 73명, 국가급 특출한 공헌을 한 청년전문가 9명, 박사지도교수 19명, 석사지도교수 57명을 보유하고 있다. 808명의 전문기술인원 중에서 교수급 고급공정사 146명, 고급공정사 310명, 중급기술인원 261명이다. 연구원은 국가 1급 등록구조공정사 104명, 1급 등록건축사 44명, 등록감리공정사 47명, 견적공정사 9명, 현장소장 111명을 보유하고 있다.

중국건축과학연구원이 완성한 연구성과는 2,176항이며, 주편의 표준 · 규범이 453권이다. 그 중 국가급 포상을 91회 획득했고, 각 성(省)부서급 과학기술진보상이 364회, 획득한 특허수는 163항이다. "건축과학", "공정품질", "건축기계", "건축기계화", "중국엘리베이터", "공정방진"을 출판하고, "건축구조학보"와 "토목공정학보" 등 전문간행물 출판에 협력하고 있다. 중국공정건설표준화 · 건설사업과학기술진보촉진 · 공정품질관리강화를 위하여, 중국건설업의 발전을 위하여, 연구원은 큰 공헌을 하여 왔다.

구조조정 이후 중국건축과학연구원은 중국 건설사업 국가급 과학연구소가 되었고, 국제지명도 있는 과학연구기구를 가지고 있고, 시장 적응력을 갖추고, 끊임없는 혁신의 과학기술형기업의 정립과 5개 발전목표를 가지고 있다. 즉, 구조조정과 건설사업의 맹렬한 발전에 적응하는, 국가급 과학기술형 기업이 된다. 건설사업의 중대과학기술 연구를 맡을 수 있으며, 건설사업 과학기술의 선도를 담당한다. 건설사업 표준규범연구 · 편제와 관리임무를 맡고, 건설사업의 기술지지 단위가 된다. 국가급 품질검수센터 기능을 맡고, 업종품질관리의 기술지지를 한다. 양호한 기업문화를 형성하여 일류의 과학기술집단과 개발집단이 되고, 끊임없이 시장을 개척하고 과학연구를 촉진하여 양호한 순환발전을 이룬다. 동시에 구조조정 중 "4대 혁신"(관념혁신 · 제도혁신 · 관리혁신 · 기술혁신)과 "3대 강화"(중대기술 작업강화 · 표준규범 작업강화 · 국가급 품질검수센터 작업강화)와 "3대 강조"(국유경제 통제 핵심능력 강조 · 현대기업제도건립 강조 · 인재격려와 제약기제완비 강조)를 강조하고 있다.

중국건축과학연구원 설계프로그램 · 종합설계 · 공정구조 · 건축환경 · 신형건재 · 공정총도급 · 기전일체화 · 방진방화를 핵심업무로 확정하고, 이로써 산업화를 실현하는 돌파구로 삼고 있다. 건축 에너지절약기술 · 주택단지 지능화기술 · 시공관리 프로그램 · 건축환경기술을 후속 핵심업무로 하고 있다. 건축보험 종합평가 기술과 시스템운영 · CIMS기술응용을 잠재 핵심업무로 하여, 끊임없이 기술혁신을 강화하고, 건설사업의 과학기술진보를 촉진하기 위하여 부단히 노력하고 있다.

8.4.2 중건본사 과기부(中建總公司科技部)

중건본사의 전체 이름은 중국건축공정본사(中國建築工程總公司)이다. 1982년 창립되어, 국가개혁개방정책과 함께, 대량의 국가투자를 받지 않고, 국가의 자연자원과 경영특허를 이용하지 않고, 완전경쟁의 건설업과 부동산업을 핵심업무로 하여 발전해 나온, 국가 중요 기간회사이다.

20여 년간 중건본사는 국내외 시장에서, 과감히 경쟁하고, 혁신에 능하고, 회사의 역대 지도자와 전체 근로자의 헌신적인 노동과 노력을 거쳐, 중건본사는 중국 내 최대의 건설기업그룹과 최대의 국제도급업체가 되었으며, 세계 주택공정 건설업체 1위이며, 세계에서 물화 노동량이 가장 큰 기업 중의 하나이다. 중건본사는 1984년부터 세계 225개 메이저 도급업체 순위에 올랐고, 2005년도 국제도급업체 17위에 랭크 되었다. 2005년 8월 국가자원위원회(國資委) 1차 경영성과 결과 발표에서 중건본사는 25개 A급 기업명단 중 유일한 건설기업이었다. 중건본사는 매년 사회에 70만개의 일자리를 제공하고 있으며, 중국 사회의 조화발전에 큰 공헌을 하고 있다.

중건본사는 1994년부터 연속으로 중국 500대 최대 서비스기업 국제 경제 합작량 제1위이다. 1982년 설립부터 2005년 8월까지, 총 도급계약액은 8천 6백 억 위안, 완성영업액은 7천 억 위안, 그 중 해외도급은 약 30%이다. 2005년 회사의 자산총액은 이미 천억 위안을 넘어섰고, 명실상부한 중국 건설업체의 으뜸이다. 중건본사는 과학기술의 앞선 기술경쟁력을 보유하고 있는데, 유인위성 "션조우(神丹)"호의 항공실험 비행과정에서 "로켓 수직조립 측량공장 종합시공기술"로 국가과학기술진보 1등상을 수상했다. 2004년까지 중건본사는 국가급 과학기술진보 및 발명상을 31회 수상했다. 각 성(省)정부급 과기진보상은 약 500회 수상했고, 중국 건설업 최고상인 루반상(魯班賞)을 80회 수상하였다.

China State Construction Engineering Corporation

중건본사는 "고(高) · 대(大) · 신(新) · 특(特) · 중(重)"의 도급공사로 세상에 알려졌는데, "중국건축"은 이미 국내외 유명한 건설업 브랜드가 되었다.

회사는 국내외에서 대규모의 공기(工期)긴박 · 높은 품질요구 · 큰 난이도요구의 대형 · 특대형 공정을 완성하였고, 중국 션전(深圳)국제무역센터와 신씽광장(新興廣場)의 건설에서 건설업사(建設業史)에 남을 만한 시공속도를 이루었고, 일부 항목은 이미 현지의 랜드마크 역할을 하고 있다. 21세기 초 세계인의 이목을 집중시킨 "세계 최고의 빌딩" 상하이의 글로벌 금융센터와 중앙방송국 신사옥 공사를 연속으로 수주하는 성과를 이루었다.

명실상부한 중국 최대의 건설기업그룹과 최대의 국제도급업체로서, 중국건축공정본사는 과학기술진보와 과학기술혁신을 기업지속발전의 중요 지주(支柱)로 여기고 있다. 또한 중국공정건설업의 전반적인 기술진보를 기업의 중대한 책임으로 여기고 있다. 50여 년의 끊임없는 노력은 중건본사가 공업과 민용 건축공정건설 및 대형 공공시설건설 등 영역에서 두터운 과학기술우위를 점하게 하였고, 줄곧 중국건설업 생산력발전의 방향을 이끌어 왔다. 현재까지 중건본사는 국가과학기술진보상을 27회 획득한, 국내 최다 수상의 건설기업이다. 또한 각 종류의 성(省)정부급 과학기술진보상을 400여 회 획득했다. 국가급 공법 38회, 성급 공법 133회 획득했다. 또한 건설시공기업 중 유일하게 국가중점실험실을 보유하고 있다. 두 군데의 박사후(Post-doc) 과학연구 작업실을 건립했고, 국내 건설업 제1의 기업이 자주적으로 완성한 "건축공정시공기술표준(建築工程施工工藝標準)"을 수립했다. 현재 중건본사는 고층과 초고층 건축설계와 시공기술 · 고층탑류의 시설 시공기술 · 대형공업시설설계 · 시공 및 설치기술 · 복잡한 깊은 기초 시공기술 · 고성능콘크리트연구와 생산기술 · 복잡한 공간 강(剛)구조체계 연구와 설치기술 · 신형건설설비 연구와 제조기술 · 건설기업 관리와 생산응용 정보기술 · 국제공정 총도급 및 공정항목관리 등 다방면에서 국내 선도 지위에 있으며, 이러한 우수한 성과 · 중요연구기구 및 선도기술은 중건본사의 기술적 우위를 가능하게 했다.

8.4.3 상하이 동제대학 토목공정학원(同濟大學土木工程學院)

동제대학 토목공정학원은 국내 동급 전공 중, 교학(敎學)과 연구실력 최강의 학원의 하나이다. 현재 원내 건축공정과 · 지하건설 및 공정과 · 교량공정과 · 측량 및 국토정보공정과 · 철도건축공정과 · 구조공정 및 방재연구소의 6개 학과 · 연구소, 그 외 토목공정 방재 국가중점 실험실을 갖추고 있다. 현재 교직원이 472명, 그 중 중국과학원 원사와 중국공정원 원사가 5명 · 박사 지도교수가 55명 · 석사 지도교수가 105명 · 정고급직명이 98명, 부고급직명이 135명이다. 10개의 석사과정, 7개의 박사

과정을 설립하고, 토목공정 박사후(Post-doc) 과정을 설립했다. 토목공정학원의 전체적인 실력은 국내 상위에 있으며, 교량공정학과는 상하이시 "중점 중의 중점"학과이고, 구조공정 · 암토공정학과는 상하이시 중점학과이다. 교량 및 터널공정 · 구조공정 · 암토공정의 세 가지 2급 학과는 전국 중점학과이다. 오랜 기간 쌓아 온 연구성과와 성적은 국내외에 유명하고, 배양해 낸 토목공정방면의 전문인재는 국민경제건설의 각 전선에서 활약하고 있다.

토목공정학원은 학부 · 석박사생의 배양 외에 국가급 혹은 성(省)정부급 중대 · 중점 과학연구항목 및 각종 기업 위탁의 기술개발 항목을 수행하고 있으며, 적극적으로 전국 · 상하이지역의 각종 중대공정항목의 건설 · 연구 및 개발에 참가하고 있다. 항목은 토건공정의 각 영역에 미치고, 국내외 토건공정계에 좋은 명성을 얻고 있다.

토목공정학원 단기의 목표는 고급의 건설인재를 배양하고, 일류의 교수진을 형성하고, 적극적으로 국내 중대공정 건설항목 중의 연구와 개발작업에 참여하고, 토목공정학과의 응용기초와 신기술영역에서 혁신을 탐색하여, 국제 토건공정영역에서 의 중국기업의 지위상승에 이바지하고 있다.

동제대학은 토목공정 방재 국가중점실험실을 보유하고 있는데, 이는 1988년에 국가계획위원회의 비준하여 동제대학에 설립되었다. 1991년 국가 정식검수를 통과하고, 국내외에 개방하여, 중국토목공정영역에서 유일한 국가중점실험실이 되었다.

중점실험실은 4개의 국가중점학과와 5개의 박사과정 및 1개의 박사 후 과정을 두어 연구작업을 전개한다. 중점실험실은 토목공정 구조방진 및 방풍을 주 연구대상으로 하여, 국제 최전방을 조준하고 · 연구 이슈를 추적하고 · 기초성연구와 중대공정을 위해 서비스하는 응용기술연구의 전개에 역점을 둔다. 주요 연구방향은 공정구조방진응용기초연구 · 구조풍(風)공정응용기초연구 · 도시방재연구 · 검측과 진동제어연구 · 교량방풍연구 · 건축구조방풍연구 · 교량방진연구 · 구조방진연구 · 구조진동제어연구 · 도시방재 및 진동환경평가 등이다.

8.5 중국 건설산업 주요 연구개발 기구 명단

명칭	주소	우편번호
중국건축과학연구소	北京市朝阳区安定门外小黃庄路9号	100013
중국건축기술연구센터	北京市车壮大街19号	100044
중국도시계획설계연구원	北京市海淀区三里河路9号	100037
건설부종합지질조사연구원	北京市东直门内大街177号	100007
건설부도시건설연구원	北京市朝阳区惠新南里2号院	100029
건설부정책연구센터	北京市海淀区百萬庄	100835
건설부도농건설경제연구소	北京市海淀区百萬庄	100835
창샤(長沙)건설기계연구원	湖南省区沙市九號信箱	410013
판양(瀋陽)가스열에너지연구소	辽宇省潘阳市铁西路肇工北街33号	110026
북경건축기계종합연구소	北京市安内方家胡同21号	100009
중국건축제1공정국건축과학연구소	北京市南苑新华路1号	100076
중국건축제3공정국 건축기술연구설계원	湖北省武汉市武昌区珞狮路34号	430070
중국건축제4공정국 건축과학연구설계소	贵州省贵阳市甘郐塘甘平路4号	550006
중국건축공정본사정보연구소	北京市南苑新华路1号	100076
중국건축동북설계연구원	辽宇省藩阳市和平区光荣街65号	110006
중국건축서북설계연구원	陕西省西安市西七路173号	710003
중국건축서남설계연구원	四川省成都市金华街168号	610081
중국건축서남지질조사연구원	四川省成都市新华大道德盛路22号	610017
중국건축북경설계연구원	北京市海淀區萬寿路甲15号	100036
중국건축재료과학연구원	北京市朝阳区管庄东里	100024
국가건축재료공업국 크리스탈연구소	北京市朝阳区覇	100018
국가건축재료공업국 유리철강연구설계원	北京市延庆贤北京261信箱	102101
친황다오(秦皇島)유리연구원	河北省秦皇岛市河北大街西段91号	66004
하얼빈(哈尔滨)유리철강연구소	黑尔江省哈尔滨市红旗大街54号	150036
상하이(上海)유리철강연구소	上海市南市区济阳路70号	200126

명칭	주소	우편번호
난징(南京)유리연구설계원	江苏省南京市雨花壹區安德里30号	210012
쑤저우(蘇州)콘크리트시멘트제품 연구원	江苏省苏州市金阊区三香路162号	215004
허페이(合肥)시멘트연구설계원	安徽省合肥市望江东路44号	230051
산둥(山東)공업세라믹연구설계원	山东省淄博市柳泉路西三巷	255031
시안(西安)벽체재료연구설계원	陕西省西安市雁塔区南郊三 村	710061
셴양(咸陽)세라믹연구설계원	陕西省咸阳市秦都区渭阳西路35号	712000
셴양(咸陽)비금속광산연구소	陕西省咸阳市秦都区滨海路5号	712021
국가건축재료공업국지질연구소	北京市东城区	100010
우시(無錫)자동제어설비연구설계소	江苏省无锡市南长区锡山新村107号	214031
중국신형건축재료공사 창저우(常州)건재연구설계소	江苏省常州市天宇区劳动中路50号	213001
중국건축방수재료공사 쑤저우(蘇州)연구설계소	江苏省苏州市金阊区广济路284号	215008
중국신형건축재료공사 타일기술개발연구센터	广东省广州市荔湾市增搓路	510160
국가건축재료공업국표준화연구소	北京市朝阳区管庄	100024
랴오닝성(遼寧省)건설과학연구원	辽宁省潘阳市和平南大街88号	110005
지린성(吉林省)건축재료 공업설계연구원	吉林省长春市西朝阳桥外升阳街21号	130062
쓰촨성(四川省)건축과학연구원	四川省成都市一环路北三段9号	610081
베이징시건축재료과학연구원	北京市石景山区金顶街西福村1号	100041
지린성(吉林省)건축과학연구설계원	吉林省长春市宽平大路38号	130011
광저우시(廣州市)주택	广东省广州市豪贤路102号	510055
과학연구설계소		
장쑤성(江蘇省)화이인시(淮陰市) 건축과학연구소	江苏省淮阳市淮海北路88号	223001

9

중국 건설산업의 발전전략

이 장에서는 미래 건설업 발전의 각종 유리한 요소 · 새로운 시장수요구조 · 새로운 수요방식 및 건설업이 직면하고 있는 각종 도전을 포함한, 중국 건설업 시장의 미래에 대하여 예측과 전망을 하고자 한다. 중국 건설업 산업구조에 대하여 객관적인 분석을 하였고, 비교연구의 기초에서, 중국 건설업 산업구조조정의 방향과 거시적 조치를 제출하였다. 이 장은 기업발전 전략선택의 기초이자, 정부와 업종협회가 관련 정책을 제정하고 업종관리를 진행하는 근거이다.

9.1 중국 건설산업의 전망

9.1.1 건설업 환경변화

최근 국제 건설시장에서 많은 변화가 발생하였다. 관련 전문가의 말을 빌면 "최근 5년의 변화가 지난 50년의 변화보다 크다." 이러한 변화는 광범위하고, 깊이가 있으며, 모두 이전에 없던 것들이다. 세계 각국의 정부 · 발주처 · 공정자문기구 · 도급업체 및 과학연구기관 모두 이에 대하여 연구를 진행하고, 상응하는 정책과 방안을 제시하고 있다. 중국이 WTO에 가입하여, 중국의 건설시장 역시 자연스럽게 국제 건설시장 속에 융화되고, 국제 건설시장의 중요한 구성부분이 되었다. 향후 중국 건설시장의 변화와 발전의 추세는 다음과 같이 요약할 수 있다.

1. 국제화 시장으로의 융화

글로벌 경제 일체화 속도의 증가에 따라, 건설시장의 국제화는 점차 뚜렷해지고 있다. 건설시장의 국제화는 글로벌 교통의 형성 · 글로벌 시장의 확대 · 글로벌 정보의 소통이라는 세 가지 요소에 기초하고 있다. 국제화 건설시장의 형성은 반드시 세계적 범위의 경쟁을 가져온다. 이전 중국의 설계업체 · 감리업체 · 도급업체는 단지 국내 동일업종과 경쟁하면 되었지만, 현재는 외국의 설계업체 · 감리업체 · 도급업체의 대량진입으로, 그들은 더욱 큰 경쟁압력을 상대해야 한다. 게다가, 이러한 경쟁의 추세는 되돌릴 수 없고, 점차 격렬해질 것이다. 건설시장의 국제화는 격렬한 경쟁만을 가져오는 것이 아니라, 국제 건설시장 진입의 통로 역시 제공하고 있다. 설계업체 · 감리업체 · 도급업체는 이러한 경쟁에 참여하여, 치열한 경쟁의 건설시장에서 계약을 따내야 한다. 전문능력 · 인재와 지식구조를 구비하는 외에도, 국제경쟁의 공통언어(Common Language)의 습득 역시 국제관례가 되었다. 예를 들어 국제자문공정사연합(FIDIC)이 제정한 〈토목공정시공계약조건〉(제4판)은 현재 국제 공정건설 중 광범위하게 사용되고 있다. 국제관례는 국제건설업경쟁의 "게임의 법칙"으로서 효과적으로 건설시장 경쟁의 질서를 규범화하고, 동시에, 국제관례의 이해를 통하여 항목참가자가 자신의 국제경쟁력을 강화하는데 도움이 된다. 국제건설시장과 건설업의 관례는 기본적으로 세계은행을 대표로 하는 국제개발기구가 제정한 〈구매지남(指南)〉과 FIDIC가 제정한 각종기술과 업종규범이다. 중국 건설업과 국제시장의 연결은 이미 늦출 수 없는 상황이고, 연결의 목표는 중국 건설업의 관리수준의 향상을 통하여, 중국의 설계업체 · 감리업체 및 시공업체 모두가 국제시장경쟁의 자격과 능력을 갖추는 것이다. 국제관례에 대한 학습과 실천은 중국 건설관리부문 및 발주처 · 설계업체 · 시공업체 · 감리업체가 시급히 해결해야 할 문제이다.

2. 기초시설항목 확대

국제적으로 개인투자가 점차 공정항목, 특히 기초시설 건설항목에 참여하고 있다. 이는 항목투자와 건설방식의 변화를 일으켰다. 중국정부는 기초시설 건설 중 BOT의 도입에 대하여 대담한 시도를 했으며, 이후 교통 · 도시상수도 · 화력발전 등 항목에 BOT방식을 선택하였으나, 응용범위는 극히 제한적이었다. 개인융자(PFI, Private-Finance Initiation) 모형은 국제적으로 기초시설항목 개발에 쓰인 모형으로, 80년대 초 영국에서 시작되었다. PFI정의는 항목 개발경영과정 중, 개인기업 혹은 기구가 재산권을 가지고, 자신의 자금 · 인원 · 설비 · 기술관리에서의 우세를 이용하여, 기초시설과 공공사업을 개발 · 건설 · 경영하는 모형이다. 이러한 모형에서 정부주관부문은 항목에 대하여 설계 · 시공 · 경영 전과정 일체화 입찰을 시행하고, 항목회사에 계약기한 내 재산권 · 건설 · 경영 3권을 일체화 시키고, 항목개발과정 중의 대부분의 리스크를 사유기구에 전가하여, 항목의 개발 · 운영을 더욱 효율적이게 한다. 또한 경제적, 사회적 이익 모두 향상을 가져온다. PFI의 출현은 사유자금의 투자영역을 더욱 확장시키고, 사유자금이 공공항목에서 더욱 광범위한 응용을 얻게 한다. 동시에, 정부의 기초시설건설투자에서 재정곤란의 국면을 완화시켜 준다. PFI모형이 전세계 정부건설항목개발의 중요한 모형이 되었기 때문에, 국제적으로 설계사무소(설계회사)와 건설회사는 진지하게 대책을 연구 중이며, 어떻게 PFI 모형의 프로젝트에 참여 · 수주하는가의 문제가 건설업 발전전략의 하나의 중요한 방면이 되었다.

3. 발주처 위주의 시장발전

건설시장경쟁의 가열로 인해, 건설시장은 이미 구매자 위주의 시장이 되었다. 구매자인 발주처의 건설업에 대한 요구와 기대는 점점 높아져서, 건설상품의 원가는 점점 낮아지고 · 건설상품의 품질은 점차 높아지고 · 건설상품과 시장과정의 확정성은 끊임없이 높아지길 바란다. 이러한 요구는 건설업과 건설시장의 변화와 발전을 촉진할 것이다. 발주처 수요의 변화에 적응하여, 많은 참신한 수발주 모형이 생겨났다.

- D+B(Design+Build) : 도급자가 항목의 설계와 시공을 책임지는 방식, 즉 중국의 총도급방식.
- D+D+B(Develop+Design+Build) : 도급자가 항목 전반기 정책결정단계의 기획과관리 · 설계 및 시공을 책임지는 방식
- D+B+FM(Design+Build+Facility Management) : 설계+시공+시설물유지관리
- F+P+D+B+FM(Finance+Procure+Design+Build+Facility Management) : 융자+구매+설계+시공+시설물유지관리

중국의 건설업은 발주처의 수발주 모형 수요의 변화에 대하여, 관심을 가지고 적응해야 하며, 중국의 건설회사와 설계회사 역시 그 기능 · 능력과 자원조직의 개혁을 시기적절하게 고려해야 한다.

4. 공정항목관리의 집성화와 정보화

집성화 관리(Intergrated Management)는 현대 공정항목관리의 발전방향이다. 전통적 공정항목관리(Project Management, PM)는 항목 실시단계의 관리이다. 그 범위는 설계준비단계 · 설계단계 · 시공단계 · 운영전준비단계 및 보수단계를 포함한다. 그 업무내용은 조직협조 · 투자제어 · 공정제어 · 품질제어 · 계약관리 · 정보관리 등을 포함한다. 이들 내용이 또한 중국공정감리 업무의 내용인데, 중국공정감리의 실제 업무에서 이러한 내용이 완전한 실현을 얻지는 못한다. 국제적으로 공정항목관리는 이미 항목의 결정단계(Decision Phase)까지 확대되었는데, 이것이 항목의 개발관리(Development Management, 즉 DM)이다. DM의 주요 업무내용은 항목 환경조사와 분석 · 항목정의 · 항목관리계획 · 융자계획 · 리스크분석 등이다. 대부분 건축물의 경영비용은 보통 건설원가보다 높기 때문에, 점점 더 많은 투자자들은 더욱 항목의 경영에 관심을 두고, 항목이 더 큰 수익을 얻을 수 있기를 희망하고, 고객을 만족시키고, 건물사용년한을 가능한 길게 하고, 경영효율을 높이고, 시설물의 현대화 등을 실현한다. 이러한 내용이 시설물유지관리(Facility Management, FM)이다. DM · PM과 FM은 전체 항목과정에서의 세 가지 다른 관리공구이다. 이러한 세 가지 관리공구는 집성하여 일체화 할 수 있는데, 이것이 집성화관리(Integrated Management)이고, 공정항목 라이프싸이클 관리시스템(Lifecycle Management System For Construction Project)을 구성한다. DM · PM과 FM의 집성으로, 관리자가 전체적인 관점에서 항목의 타당성을 논증하고, 항목의 설계 · 시공 및 항목의 경영 등 각 방면의 문제를 고려하여, 항목의 더 좋은 건설을 촉진하고, 최대한도에서 항목의 효과를 발휘한다.

국무원 사무청(辦公廳)이 발표한 "건설시장 질서를 진일보 정돈 · 규범하는 통지"에서 명확하게 지적해 내었듯이, 앞으로 공사건설 데이터베이스 관리와 전산 네트워크 건설을 주목해야 한다. 컴퓨터 및 정보 네트워크 기술을 충분히 운용하여, 법집행감독부문의 관리감독 수단을 강화하고, 공정건설항목의 실시상황과 건설시장 각 주체행위에 대한 감독을 강화한다. 기업상황(지질조사 · 설계 · 시공 · 감리 · 입찰대리기업 포함)관리와 전문기술인원(등록건축사 · 구조공정사 · 감리공정사 · 견적공정사와 건설기업현장소장(항목경리, 프로젝트매니저) 포함)관리와 공정항목관리의 3대 관리 데이터베이스를 중점적으로 건립하고, 기업과 전문기술인원의 기본상황 · 실적(위반의 불량기록 포함) 및 공정항목집행법정건설절차 · 품질안전사고 등을 정보 네트워크 상에 공개한다.

2006년 건설부는 기업자질 네트워크 신고관리 시스템을 완비할 것을 요구했다. 전자정무 네트워크 건설을 강화하고, 기업 · 개인 · 공정항목의 3대 데이터베이스 건설을 총괄적으로 계획하고 완비하여, 자질심사 중의 양적 지표를 명확히 한다. 또한, 네트워크상에서 기업자질 신고와 심사 및 공개시스템을 건설하여, 기본적으로 전국 건설항목 자질심사비준 정보화관리를 실현한다. 나아가 현장소장(항목경리, 프로젝트매니저) 데이터베이스 건설을 완비하여, 개인 영업자격과 기업자질 증서관리를 강화한다.

5. 건설시장 교역방식의 개혁

건설시장의 교역은 주요하게 발주처가 설계 위탁하고 · 자문 위탁하고 · 공정 수발주하는 행위를 말한다. 전통의 건설시장 교역은 주로 위탁자와 피위탁자가 건의서 혹은 입찰 등 방식을 통해 진행되어, 쌍방의 전체 교역과정에서 대량의 문건이 생겨나고, 대량의 도면과 문건자료의 저장과 전달을 진행해야 했다. 전달방식은 주로 인편을 통한 방식이었고, 이러한 방식은 정보전달의 속도가 느릴 뿐만 아니라, 쉽게 실수가 발생하였는데, 컴퓨터의 보급과 전자통신기술의 발전으로 이러한 국면은 크게 개선되었다. 현재 서방 선진국은 일종의 신기술-CALS(Commerce At Light Speed)을 연구하고 있다. CALS는 미국 국방부가 80년대 중반 무기제조과정에서 고안한 기술로서, 목적은 서로 다른 조직간의 전자방식을 통한 정보(도면 · 문건 · 지표 등을 포함)의 교환 · 공유로, 용지의 낭비를 줄이고, 비용을 줄이고, 무기개발주기를 줄이는 것이다. 이러한 기술은 후에 일본 · 유럽 등의 국가에서 상업 · 공업의 영역에 널리 응용되었다. 일부 국가는 어떻게 CALS를 건설분야에 응용할 것인가를 연구하고 있다. 일본은 이미 "건설CALS 행동계획"을 제정했고, 계획의 목표는 2010년까지 일본의 전체 공공 공정에서 CALS를 실현하는 것이다. 미국 일부 대학의 연구기구 역시 전자구매 등 방면의 연구를 진행하고 있다.

CALS를 건설업에 응용하는 과정에서, 반드시 건설시장 교역방식의 심도있는 개혁이 필요하다. CALS의 환경하에서, 모든 정보는 전자(電子)의 방식으로 전송과 교환이 가능하다. 특히 최근의 인터넷의 급속한 발전으로 건축시장에서의 많은 교역행위는 인터넷을 통해 실현될 수 있는데, 예를 들면 발주처는 입찰정보를 홈페이지로 만들어, 인터넷을 통해 사회에 공개할 수 있는 것이다. 발주처는 응찰업체에 대한 자격심사 역시 인터넷 상에서 할 수 있으며, 응찰업체의 응찰문건은 과거처럼 인편을 통해 전달할 필요가 없게 되었으며, 전자의 방식으로 입찰업체에 전달할 수 있다. 동일한 방법으로, 입찰의 결과 역시 전자메일의 형식으로 통지된다. 이처럼 처리하면, 비용을 절약하고, 효율을 높일 수 있다. 건설시장교역의 전자화를 실현하는 것은 외국에서는 이미 하나의 과제로 연구를 진행하여 왔고, 일부 국가는 심지어 정부가 조직한 전문인력이 연구를 진행하고, 동시에 대형 도급업체를 자금 지원하여, 그들(대형 도급업체)이 정보화시대의 발전을 따라잡도록 하고 있다.

6. 혁신의 중시

기업혁신은 주로 다음 몇 가지 함의를 포함한다. 시장의 변화에 근거하여, 기업의 제도혁신 · 기술혁신 · 관리혁신과 영업혁신 등을 진행하는 것이다. 지식폭발의 지식경제 시대에, 급격하게 변화하는 시장경제에서 "혁신은 하나의 민족진보의 영혼이며, 국가발전의 끊임없는 동력"이며, 역시 건설기업 확대발전의 동력원천이다. 혁신은 이미 많은 식견 있는 기업 지도자들에게 하나의 공식이 되었다. 건설기업이 혁신을 중시해야 하는 이유는 다음과 같다.

(1) 해외기업과의 격차존재

전체적이든 개별적이든, 기술 · 관리에서건 자산규모상에서건, 중국기업은 해외기업과 비교하여 경쟁력이 모두 약하다. 이는 건설시장 국제화 추세와 부합하지 않는다. 2004년까지 중국 건설기업은 53,309개, 종사자수는 2,557만 9천명이며, 기업평균 규모는 480명이다. 기업 노동생산율은 부가가치에 따라 계산하면, 단지 20,817위안/人이다. 선진국 90% 이상의 건설기업 평균규모는 20인 이하로, 중국 평균의 1/24이다. 동시에, 노동생산율은 중국기업의 수십 배이다. 일본건설기업의 1992년 노동생산율은 이미 33,925 달러/人에 달했으며, 캐나다는 43,051 달러/人이었다. 해외 건설기업과 비교했을 때, 중국회사는 자산규모 · 영업수입 · 노동생산율 · 이윤생산능력에 모두 거대한 차이가 있다. 이것은 중국 건설기업이 아직 규모의 경제를 형성되지 못했다는 것과 낮은 이윤율 상황을 벗어나지 못했다는 것을 나타낸다. ENR 통계에 따르면, 2004년 중국은 49개 기업이 국제 메이저 225개 도급기업 행렬에 들어 섰다. 그러나 49개 기업의 영업액 총합은 88억 2천 9백만 달러로 세계 4위의 프랑스 万喜(Vinci) 기업 하나의 영업액 92억 달러에도 못 미치고 있다. 이것은 중국 도급공정기업의 전체 실력이 국제 대규모 도급업체와 비교하여 여전히 상당한 차이가 있음을 설명해 준다. 다음으로, 앞에서 서술한 49개 기업의 평균 영업액은 단지 1억 8천만 달러인데, 일본은 평균 6억 8천만 달러이고, 미국 4억 달러, 한국 4억 4천만 달러로, 중국 대외 도급공정의 산업집중도가 비교적 낮음을 설명해 준다. 3번째로, 기업 총영업액 중에서 국제시장 영업액이 차지하는 비중은 기업 국제화 정도를 가늠하는 중요한 지표이다. 중국 공정도급업체 국제시장 영업액은 최고인 기업이 총영업액의 24%를 차지하고 있는데, 국제 대형 도급업체는 일반적으로 60% 이상을 차지하고 있다. 중국 건설회사의 국제공정수입의 49%와 31%는 각각 아시아와 아프리카에서 온다. 국제 공정시장의 60.1%를 차지하는 유럽 · 미국시장에서 오는 것은 단지 4.6%에 불과하다.

(2) 지식경제시대의 건설기업에 대한 혁신요구

지식경제의 두 가지 주요 특징은 첫째, 기술진보의 경제성장에 대한 공헌도가 점차 높아지고 있다는 것이고, 둘째, 과학기술 성과물의 실물경제효과로의 전화의 주기가 점차 짧아지고 있다는 것이다. 이로 보아, 지식경제는 중국 건설기업이 선진국가와의 차이를 줄이는데, 하나의 계기와 도전을 제공하였다. 만약 진보된 과학기술로 중국 건설기업을 무장하여, 끊임없이 관리 · 제도 · 기술 · 판매 등에서 혁신을 한다면, 선진국을 따라잡을 수도 있을 것이다. 그렇지 못하면, 국제화시장과 지식경제시대에서 도태되어 버릴 것이다. 그러나, 현재 중국 건설기업은 인재 · 기술 · 제도 · 관리 등에서 지식경제시대의 혁신에 대한 요구에 못 미치고 있다. 건설기업 인재가 부족하다. 현재 중국건설업 종사인원 중에서 대다수는 "농민공(농촌출신의 노동자)"이고, 전문대학 이상 학력이 전체의 3% 정도이다. 또한 최근 기업 이익이 대부분 이상적이지 못하여, 인재의 유출이 심각하다. 중국 기업이 기술연구와 개발에 쓰는 투자는 판매액의 0.3~0.5%만을 점하나, 선진국의 경우 일반적으로 5~9% 정도이고, 10% 이상의 경우도 있지만, 일반 기업은 3%를 넘는다. 제도적으로 양호한 혁신기제를 아직 형성하지 못했다. 기술혁신을 예로 들면, 현재 기술혁신 인재는 주로 대학과 정부기구에 집중되어 있고, 기업은 비록 혁신의 주체라 말들은 하지만, 일류 기술혁신 인재는 부족하다. 오랜 동안 과학연구와 생산체제 두 가지 문제를 해결할 효과적인 기제가 없어, 사회적으로 지적 · 물력 등 자원의 대량낭비를 낳고 있다. 예를 들면, 중국건설업의 기술공헌도는 단지 25~35%이나 선진국은 70~80%이다. 국가의 매년 특허발급은 6만여 건이나, 생산력으로 전화되는 것은 단지 1만여 건이고, 대략 80%의 특허기술이 사용되지 못하고 있다.

7. 민영건설경제의 점진적인 도약

여기서 말하는 민영건설경제는 계획경제조건하의 집체경제와 달리, 사회주의시장경제와 부합되는 새로운 공유제경제 실현형식이다. 이것은 재산권제도개혁을 통하여 형성된 민영경제를 포함하고, 혼합소유제 중 공유(公有)로 주식제어하는 주식제경제와 광대한 직공이 투자하여 주식에 가입한 주식합작 경제를 포함한다. 이는 노동자가 조달자금 · 자발참여 · 자주경영 · 자주손익부담의 일종의 민영경제이다. 현재 건설경제 개혁방향과 민영건설경제가 업종에서 차지하는 지위로 보면, 민영건설경제의 도약은 이미 필연적인 추세라 할 수 있다.

(1) 건설경제 개혁의 방향

중국 공산당의 15대 회의에서 확정한 국유기업개혁 방침에 따르면, 국유건설기업에 대해 "큰 것을 잡고, 작은 것은 놓아주는"방식을 취하고 있다. 대형 국유건설기업의 자본을 집중시키고, 중소형 국유기업은 점차 건설업 경쟁영역에서 퇴출시켜, 남은 공백은 민영건설경제로 채우도록 하는 것이다. 중국이 사회주의 초기단계에 있어, 보편적 "국유화"는 통하지 않고, "사유화"의 길을 걷는 것은 적합하지 않고, 유일하게 가능한 길이 보편적 "집체화"이다. 이것이 15대 회의에서 제출한 "공유제도를 주체로 하여, 다양한 소유제경제 공동발전"의 원칙을 확정하는 것이며, 건설업의 운영원가를 낮추는 것이다. 15대 회의의 국유기업개혁에 관한 몇 가지 중요한 결정에 근거하여, 2000년 2월 건설부가 "건설계통 국유기업 개혁과 발전을 진일보 추진하는데 관한 지도의견"에서 "앞으로 지질조사설계 · 건설업 · 부동산업에서 여러 종류의 경제성분이 서로 촉진하고 평등한 경쟁을 실행하여, 각종 비(非)국유 경제주체가 건설계통에서 발전하도록 장려하고, 각종 비(非)국유 경제성분의 건설기업 창설 · 병합을 허가하고, 국유기업 주식출자 및 인수합병을 허가하고, 상술한 세 개의 업종에서 앞으로, 과학기술기업의 제도개혁 · 조직개편 · 창설 외에 원칙적으로 국유기업을 새로 만들지 않을 것"을 지적했다.

(2) 민영건설경제 지위의 상승

건설업의 집체경제는 건설총생산액의 완성 · 노동취업수용 · 경제이익창조방면에서 업종 중 중요한 지위를 차지하고, 거대한 역할을 발휘하였다. 1997년에서 2005년까지 기업수 · 취업인수 · 총생산액 · 이윤총액 4방면에서, 도시민영건설회사(향촌집체건설경제 불포함)의 전업종 점유비율은 기타기업을 초과했다.

8. 도시 지하공간의 이용

도시 지하공간은 이미 귀중한 자연자원이 되었다. 현재 많은 현대화된 도시는 건설과정에서 이미 지하공간자원을 충분히 개발하여 이용하고 있다. 그 중에서 건설시장에 대한 영향이 가장 큰 것을 보면, 지하철 · 대형지하상가 · 터널 · 지하주차장 · 각종 공공관도 시설 · 지하 변전실 등이다. 이와 같은 지하공정은 현대화 도시의 고밀도와 라이프스타일의 고수준화에 적응하여, 도시의 생활 템포를 빠르게 하고, 지하공간자원을 합리적으로 이용하게 하였다. 지하공간의 응용범위 · 건설규모 및 기술수준으로 국가의 기술경제 종합실력을 가늠할 수 있는데, 중국의 WTO 가입과 함께 많은 도시들이 국제화 대도시를 향해 도약하고 있으며, 지하공간 자원을 이용하기 시작했다. 예를 들어 베이징(北京) · 상하이(上海) · 광저우(廣州) · 난징(南京) · 우한(武漢) 모두 지하철을 건설했거나 건설 중이고, 지하공간의 개발이용은 심도있고 다방면의 방향으로 발전하기 시작했다. 핵심기술에 대하여 연구를 진행하고, 지하공간발전과 자연생태보호를 결합시켜, 현대도시의 건설이 지속가능한 발전의 길을 가게 하였다. 이 추세는 건축시장 투자방향에 반드시 영향을 미치고, 건설시장주체가 시장을 확대하는데 새로운 발전기회를 제공하고 있다.

9. 환경보호와 에너지이용

현재 세계 각국의 환경보호의 의식은 점차 강화되고 있다. 인류의 지속가능한 발전의 필요성에 따라, 각국 정부의 조치 역시 점차 많아지고 있다. 이것이 건설업의 발전에 일정한 영향을 가져 왔다. 중국환경보호조례가 점차 완비됨에 따라, 건설업은 반드시 설계와 시공과정에서 건축물이 사용하는 재료와 설비가 환경에 미치는 영향을 고려해야 한다. 이를 위하여, 항목 설계단계에서부터 건축물의 실내환경 제어와 실외환경의 보호요구를 반드시 고려해야 한다. 건축물은 일정한 환경 내에 창작되므로, 소위 말하는 건축과 환경이 조화를 이루는 설계를 해야 하고, 시공단계에서는 가능한 환경에 끼치는 영향을 줄이고, 환경영향평가와 환경보호작업을 실시해야 한다. 예를 들어 2006년 7월 1일 개통된 칭장(靑藏)철로는 환경보호문제를 중시한 녹색철로이다. 이외에도, 에너지 부족문제 역시 전세계적인 중요한 과제가 되었다. 건축물은 일반적으로 에너지 소모가 높은 상품으로, 건설시장의 발전은 '어떻게 에너지를 충분히 효과적으로 이용할 것인가' 를 반드시 고려를 해야 한다. 현재 세계 각국은 모두 새로운 건설기술 · 선진의 시공기술과 신형 건축재료를 연구 · 개발하고 있으며, 이로써 에너지 소모를 줄이고, 자원을 절약하려 노력하고 있다. "11차 5개년 계획(十一五計劃:2006~2010)"에 따라, "건축 에너지절약 사업"은 이미 "11차 5개년 계획" 기간 중국 10대 에너지절약 공정의 하나가 되었다. 주택 에너지절약 발전목표에서, "11차 5개년 계획"의 목표는 2010년까지 국민 평균 GDP를 2000년의 두 배까지 높이고, 자원이용효율을 높이고, 단위 GDP 에너지소모량을 "10차 5개년 계획" 기간에 비하여 20%, 단위공업 부가가치 용수량을 30% 줄이고, 산업 고체폐기물 종합이용률을 60% 향상시키는 것이다. 중국건설 에너지절약은 두 단계의 목표를 제정하였는데, 1단계는 2010년까지 50%의 에너지 절약률에 이르는 것이고, 2단계는 2020년까지 65%의 에너지 절약률을 이루는 것이다.

중국 건설시장의 국제화 · 기초시설항목투자와 건설방식의 변화 · 공정항목관리의 집성화와 정보화 · 건설시장 조직형식과 교역방식의 개혁 등 발전추세에 직면하여, 모든 기업은 미래 시장 중의 자기의 위치에 대하여 심사숙고해야 한다. 중국의 건설기업은 현실을 명확히 인식하고 · 장점을 개발하고 단점을 보강하고 · 끊임없이 자신의 핵심경쟁력을 향상할 때만, 나날이 격렬해지는 시장경쟁에서 살아남을 수 있고, 발전을 확대할 수 있을 것이다.

9.1.2 건설업 발전경향

1. 국민경제의 발전

최근 중국 국민경제는 지속적인 빠른 발전의 양호한 형세를 유지하고 있다. 2004년 국내 총 생산량은 136,875억 9천만 위안에 이르렀고, 그 중에서 1차 산업 부가가치는 3,840억 위안, 2차 산업 부가가치는 11,113억 1천만 위안, 3차 산업 부가가치는 4,532억 6천만 위안의 부가가치를 보이고 있다. 그 중에서 건설업의 부가가치는 1,390억 9천만 위안이다. 고정자산 투자방면에서, 2004년 전 사회 고정자산 투자규모는 지속적으로 확대되었다. 연간 사회 고정자산 투자는 70,477억 4천만 위안으로, 전년도 대비 26.8% 증가하였고, 증가속도는 1996년 이래 최고 수준이었다.

2. 고정자산투자규모의 지속적인 성장

(1) 기초시설건설

세계은행의 통계자료를 보면, 중국에서 향후 10년 동안 기초시설건설에 필요한 자금이 2,700억 달러 이상에 달할 것이다. 베이징시만 보더라도 "10차 5개년 계획" 기간 동안 기초시설투자가 1,800억 위안이었다. 2001년 전국 교통기초시설 건설투자는 약 2,600억 위안이었고, 신설된 도로는 3만 2천km이며, 그 중 고속도로는 3,017km이다. 2002년 신설된 도로는 4만km이며, 그 중 고속도로는 2,500km이다. 2005년 연말까지 전국도로 총 길이는 193만 5백km이며, 그 중 신설 고속도로는 6,717km이다. 교통부가 확정한 도로 · 수로 교통발전의 2020년까지의 목표와 21세기 중엽의 전략목표에 따르면, 2020년까지, 도로는 기본적으로 국도주간선과 국가중점도로로 구성된 도로망을 형성하고, 동 · 중부지역 고속도로망과 서부지역 8개의 성간(省間)도로, 45개 도로주축과 96개 국가도로축을 건설한다. 2010년까지 전국 도로 전체길이는 200만km, 그 중 고속도로는 약 3만 5천km를 목표로 한다. 2020년까지 전국 도로 전체길이는 약 250만km와 고속도로 7만km 이상을 목표로 하고 있다. 따라서 향후 10~20년 동안 중국의 도로 · 교량의 건설은 지속 · 안정 발전의 시기가 될 것이다.

(2) 부동산

"제10차 5개년 계획"(2001~2005) 요구에 따라, 2005년 중국의 개인평균 주택건축면적은 22㎡이고, 2010년에는 25㎡까지 이를 것으로 보고 있다. 2006년 7월 4일 건설부가 발표한 자료에 따르면, 2005년 중국 도시 개인평균 주택건축면적은 26.11㎡이고, 그 중에서 동부지역이 28㎡, 중부지역이 23.9㎡, 서부지역이 25.24㎡이다. 중국 도시 가구별 평균 주택건축면적은 83.2㎡이며, 전국 도시 사유주택건축면적은 87.9억㎡이다. 중국정부의 경제 및 사회발전 장기간 계획에 따르면, 향후 10~20년 도시화는 더욱 가속화되어, 도시화율은 2001년의 37.7%에서 50% 정도로 증가할 것이고, 도시인구는 2억 여명이 증가할 것으로 전망했다. 새롭게 늘어나는 도시인구는 잠재적인 수요를 의미하는데, 도시경제발전 · 느린 거주수준향상, 주택철거 재건축 예측에 따라, 21세기 전반 20년간 매년 새로운 주택 수요가 4.86억㎡에서 5.49억㎡ 정도이고, 후반 30년간 매년 새로운 주택 수요는 5.76억㎡에서 6.53억㎡이다. 이러한 예측은 자연스럽고 · 평균적인 예측에 속하고, 개인평균면적은 비교적 완만한 속도로 증가할 것이다. 따라서 앞으로 50년은 중국 부동산업이 안정 발전하는 황금시기이다.

(3) 발전소 건설과 에너지관리공정

중국경제의 급속발전의 과정에서, 에너지 부족의 모순은 이미 나타나고 있다. 앞으로 화력발전 · 수력발전 · 원자력발전 등 에너지원의 건설은 계속될 것이고, 수자원 · 전력 · 가스 등의 에너지관리공정 역시 지속적인 투자가 이루어질 것이다.

(4) 환경공정

현재 시장의 규모로 보면, 환경공정이 매우 큰 시장이라고 보기는 어렵다. 하지만 각종 자료 등에서 나타나듯이, 중국에서 점차 지속가능한 발전이 강조되면서, 환경공정시장은 가장 잠재력이 있고 발전전망을 가진 시장이 되었다. 현재 보편적인 인식은 2006~2007년 이후 베이징 주택건설 규모와 공용공정 건설은 어느 정도의 위축이 있을 것이나, 그 밖의 부분, 특히 기초시설과 환경보호 방면에서, 지속적인 발전을 유지할 것으로 예상하고 있다. 전국 범위에서 본다면, 각 지역의 환경공정에 대한 투자는 모두 현저한 증가추세에 있고, 상하이(上海)는 최근 450억 위안을 추가하였고, 광둥성(廣東省)의 10차 5개년 계획기간의 환경보호에 대한 투자는 1,500억 위안에 이르고 있다. 이러한 수치로부터 환경공정 시장의 미래발전 전망을 볼 수 있다. 현재 이미 많은 국내외 기업들이 이 시장을 주목하고 있으며, 그들은 이 시장의 발전전망뿐 아니라, 이 신흥시장의 고액이윤에 더 많은 관심을 가지고 있다. 홍수와 오수처리공정을 전문연구하는 책임자는 해외기업이 참여하는 오수처리공정의 내부표준에서 자금수익률이 18% 이상에 달한다고 말한다. 현재 많은 보도에서 외자기업이 국내 각지의 오수 · 쓰레기처리공정에까지 발을 넓히고 있다는 것을 볼 수 있는데, 이것은 곧 이 시장의 이윤 전망을 측면에서 반영하고 있다. 현재 국가정책은 이 분야에 대한 다방면의 투자가 이루어지기를 확실히 바라고 있다.

(5) 제조업

중국은 제조업 대국이다. 경제 글로벌화가 진행되면서, 제조업은 중국에서 더욱 발전하였고, 자동차가 중국 일반시민의 가정소비재가 됨에 따라, 제조업에 대한 투자는 진일보 증가하였다. 이러한 투자는 주로 민간자본으로부터 나오고, 장강삼각주·주강(珠江)삼각주·환발해경제권 및 동북의 광범위한 영역에 분포하고 있다.

(6) 도시건설

중국의 일부 도시를 보면, 베이징의 "제10차 5개년 계획"(十五計劃:2001~2005)기간 고정자산투자 총규모는 8,000억 위안이다. 상하이는 10,000억 위안에 달하며, 그 중 중대항목 규모는 4,000억 위안에 이른다. 총칭(重庆) 총투자는 5,200억 위안이다. 107개 서부개발중대기초시설항목 투자총액이 약 2,400억 위안이다. 이로부터 알 수 있듯이, 국가의 중요 성시(省市)의 향후 5~10년 동안 투자규모는 40,000억 위안에 이를 것이다.

3. 도시화의 진전과 시장 확대

(1) 아직 낮은 도시화 수준

1998년 중국 도시화율은 18%이며, 건제진(建制鎮)[18] 비농업 인구수를 더해도 도시화율은 30% 정도이고, 2004년에는 41.8%까지 증가되었으나, 2000년 세계 평균 도시화율 47%·중진국 50%·선진국 79%에 비하면, 중국의 도시화 정도는 전체적으로 낮은 수준에 있다.

(2) 급속한 도시화

도시화 발전수준과 경제발전수준은 밀접한 관계가 있다. 경제발전을 초기단계·가속단계·후기단계 등 세 단계로 나눌 수 있다.

- **초기단계:** 도시화율이 30%보다 낮다. 도시인구의 증가가 완만하며, 발전속도가 느리다. 지역경제는 1차 산업 위주이다.
- **가속단계:** 인구와 경제활동이 급속히 도시로 집중됨에 따라, 도시화 정도는 신속히 향상되어, 대략 매년 100% 정도 상승한다. 도시수가 급속히 증가하고, 도

18) (중화인민공화국) 법률에 의거 정식으로 설치한 행정단위로서의 진(鎮). '鄉'과 동급인 소행정구.

시지역에 도시 밀집구역과 대도시 연계구역이 나타난다. 지역경제는 2차 산업 위주이고, 3차 산업의 비중이 점차 상승한다. 1차 산업의 비중은 점차 줄어든다.

- **후기단계:** 도시화 수준이 60~70%에 이른 후에, 도시인구의 비중은 다시 완만해지거나 심지어 정체된다. 도시와 농촌의 차이는 없어지고, 지역공간은 일체화되고, 교외화와 역도시화 현상이 나타난다. 3차 산업이 점차 주도적 역할을 한다.

중국 도시화 진전과 중국 정치경제발전은 매우 밀접하고, 상승 · 풍파 · 정체 등의 몇 가지 단계를 겪었다. 1952~1978년 도시화 수준은 매년 평균 0.21% 상승했다. 그 중 십여 년간 도시화 수준은 거의 17%선에 정체되어 있었으나, 1978년 이후 도시화는 점차 지속 · 가속 · 건강발전의 궤도에 오르고, 경제사회발전의 발걸음이 빨라짐과 함께, 도시화 수준 역시 지속 · 급속히 향상됐다. 1978~1995년 도시화 수준은 매년 평균 0.65% 상승했다. 현재 중국은 도시화 가속단계에 들어섰고, 앞으로 얼마 동안, 중국의 도시화 수준은 매년 100% 정도 증가할 것이다.

(3) 도시화에 따른 시장 확대

UN 인간거주센터(UN-HABITAT) 예측에 따르면, 세계 도시화율은 2025년 61%에 이를 것으로 보고 있다. 중국 도시화 발전추세에 대한 예측에 따르면, 2010년까지 중국 도시화 수준은 45% 정도에 이를 것이고, 도시인구는 6억 3천만 명에 이르지만, 여전히 세계 평균 도시화율에는 못 미칠 것이다. 도시화 진전이 가져오는 투자증대, 공정건설서비스에 대한 끊임없는 수요증가는 당연히 건설업에는 좋은 소식이다. 특히 중시해야 할 부분은, 도시화의 가속발전과 신형도시 기초시설건설 및 도시기초시설영역 서비스관리체제의 개혁이, 건설업에 공정건설의 공간을 제공할 뿐만 아니라, 건설업 및 상관산업의 공동발전에 기회를 제공한다.

4. 공용사업 개혁과 건설업의 승급

(1) 공용사업 개혁 추세

공용사업(수력 · 전력 · 가스 · 교통 · 의료 · 관광 및 기타 시정관련 공용사업 등을 포함) 관리체제의 개혁은 아직 깊이 전개되지는 않았으나, 이것은 장차 국유기업개혁 이후 중국 경제영역의 한 차례 개혁의 대상이 될 수 있으며, 투자자 · 기업 · 개인생산에 중요한 영향을 미치게 된다. 건설업은 기본건설임무의 중요한 실시자로, 기타 업종 · 자본형식과 비교하여, 공용사업의 건설과 훨씬 가까운 관계가 있다. 공용사업 관리체제의 개혁은 건설업이 투자자와 시장대상의 변화를 충분히 인식할 것을 요구할 뿐만 아니라, 건설업에 새로운 기회와 발전공간을 제공한다. 공용사업 관리체제 개혁의 추세는 다음 몇 가지 방면에 나타난다.

첫째, WTO 가입 이후 중국 투자영역 개방 및 국제화의 필연적 추세

둘째, 중국의 "10차 5개년 계획"에서 확실히 나타난 투융자 경로의 확대, 시장기제작용의 발휘, 도시건설의 가속화, 외자와 민자의 기초시설투자 장려

셋째, 투융자체제개혁

넷째, 중국 민간자본의 거대잠재력 · 발전요구와 중국공용사업 가속발전의 실제요구

다섯째, 중국정부에 대한 역할변화의 요구

(2) 공용사업 개혁 성공을 위한 탐색과 실천

실제적으로 중국에서 이미 공용사업 개혁의 실천이 적지 않게 나타나고 있다. 상하이의 도시건설방면의 방법은 하나의 전형이다. 그 본질은 두 가지 방면으로 개괄된다.

하나는, 중대 항목을 신탁의 방식으로 시민에게 양도하고, 민간저축자금을 끌어들인다.

둘째, 일부 원래 국가자본의 전통영역을 비(非) 국가자본인 민영기업에게 양도한다. 도로 · 교량 · 상수도 · 오수처리 등 경영성의 기초시설과 공용사업 항목의 건설을 민간에 양도한다.

상하이는 사회자본을 이용하여 도시건설을 진행한 방면에서 늘 전국의 선두에 있었다. 1990년대 중반, 상하이는 난푸(南浦) · 양푸(楊浦) · 쉬푸(徐浦)의 3대 교량과 후지아(沪嘉)도로 · 다푸로(打浦路)터널 20년의 경영권 및 옌안동루(延安東路)터널 30년의 경영권을 홍콩 중신타이푸(中信泰富)그룹에 양도했다. 이후 내부순환로 고가도로 35%의 전문경영권을 6억 달러에 상하이실업(上海實業)에 양도했다. 2002년 3월 민영기업 상하이 푸시(福禧)투자주식통제유한회사는 32억 7백만 위안에 상하이루챠오(路橋)발전주식회사 99.35%의 주식을 사들여서, 원래 루챠오발전주식회사가 경영하던 후항(滬杭, 상하이-항저우)고속도로 상하이구간의 30년의 경영권을 사 들였다. 3개월 후 민간자본이 80%를 점하는 상하이요우방(上海友邦)연합체는 총투자 8억 7천만 위안의 상하이에서 가장 큰 오수처리항목 주위안(竹園) 오수처리장의 국내입찰에서 1등으로 낙찰되어 항목의 융자 · 건설 및 20년 특허경영기간 내의 운영관리를 맡게 되었다. 관련전문가의 말에 의하면, 상하이시는 "10차 5개년 계획"기간의 환경보호에 800억에서 900억 위안을 투입할 것이고, 더 많은 민간기업이 파이의 일부를 나눠먹는 작업에 참여할 수 있을 것이라고 밝혔다. 상하이시 정부 역시 계획적으로 민간기업에게 도시환경보호시설 건설에서의 큰 역할을 양도하고 있는 것이다.

관계 통계자료에서 나타나듯이 현재 이러한 민간자본의 투자는 이미 상하이 도시기초시설 건설총투자의 절반을 넘어섰고, 그 중 고속도로의 70%는 민간자본으로 건설되었다. 대량의 민간자본이 상하이의 시정기초시설 건설 등의 고정자본영역에 투자되는 것은 상하이 민간자본 유동의 공격적 · 상징적인 현상이다. 더욱 중요한 것은, 민간자본이 공정항목에 참여한다는 것은 더 많은 투자자의 감독을 받을 수 있고, 효과적으로 운영을 규범할 수 있어, 시장가치를 더욱 잘 실현할 수 있다는 것이다.

2003년 6월 8일 세계에서 가장 긴 해양대교인 닝보(寧波)-항저우(杭州)간 콰하이(跨海)대교가 정식으로 기공식을 가졌다. 이 대교의 건설자금에서 민간자본은 50.25%를 차지하고 있다. 이처럼 민간자본의 기초공정 참여비율이 높은 것은 새로운 투자방향 모색의 한 예로 받아 들여지고 있다.

(3) 공용사업 개혁의 방향

공용사업은 도시경제와 사회발전의 매개체로서, 직접적으로 사회공익증대 · 대중의 생활수준 · 도시경제와 사회의 지속적인 발전에 관계된다. 따라서, 공용사업의 개혁은 체계적 · 점진적 · 장기적 공정이어야 하고, 내용은 다방면이어야 한다. 아래에 주요하게 다음 4가지 방면의 전망을 제출한다.

첫째, 독점적 경영에서 개방적인 시장운영방식으로의 변화이다. 특허경영 · 판매 · 경영입찰 등 각종 방식을 통해, 사회자본 · 시장화기제를 끌어들여 공용사업을 발전시킨다. 발전계획에서 정부가 계획내용을 제출하고 입찰경쟁을 전개하여 우수기업을 선택하여 진행 · 실시하는 방식과, 기업이 계획과 건설방안을 제출하여 정부가 비준 · 실시하는 방식의 두 가지를 결합한 방식을 채택한다. 국내외 각종 경제조직이 BOT 등의 방식을 채용하여 건설과 경영에 투자하는 것을 장려하고, 항목 발주처 책임제를 실시하여 투자자가 투융자 리스크를 부담하도록 한다. 경제 수익률이 없는 공익성 항목 건설은 정부가 직접 출자하되, 이 또한 시장규칙에 따라 운영하여야 한다. 소수의 정부관리항목에서 공정집중을 실행하고 기구를 사들이는 행위는, 정부가 항목의 건설실시를 조직하는 대표적인 경우이다.

둘째, 기존의 국유사업단위 개혁의 가속화이다. 체제개혁이나 조직의 개편을 통하여, 기타자본 · 기업과 평등하게 공용사업경영에 참여 · 경쟁하는 시장주체가 되고, 정부와 철저히 분리되어, 점차 국가독자기업 · 국가주식지배기업 · 국가주식참여기업 · 비국유기업이 병존하는 다원화의 재산권구조를 형성하여, 각종 기업이 평등한 신분으로 경쟁에 참여한다.

셋째, 가격형성기제와 재정지원체제의 개혁이다. 경영성의 시정공용사업 가격결정은 투자자의 적극성 · 소비자의 지불능력 · 사회의 전체이익과 관련이 있다.

넷째, 정부관리방식의 개혁이다. 정부는 직접경영관리자에서 시장제도관리자의 기능으로 변해야 하고, 과거의 기업관리 · 업종관리에서 시장관리로 바뀌어야 한다.

5. WTO 가입에 따른 발전기회 확대

(1) 건설투자 자극과 광범위한 시장 제공

건설업은 중국 국민경제의 중요 지주산업 중 하나이다. 앞으로 중국 경제의 안정적인 발전을 위해서, 더욱 많은 자금이 에너지 · 전력 · 수력 · 도로교량 · 공항 · 통신 등 기초시설의 건설에 쓰여야 하는데, 이를 위해 적극적 · 효과적으로 외자를 이용하는 것이 중국의 기본적인 정책이다. 중국의 WTO 가입은 중국이 앞으로 대외개방의 정책을 지속적으로 실시할 것임을 표방하고, 더욱 확대한 범위에서 세계경제체제에 융화되어, 해외기업에게 중국투자환경과 시장전망에 대한 확신을 주기 위함이다. 중국 내 건설시장은 해외기업에 개방하는 것이, 더욱 많은 해외기업들을 중국투자에 끌어들이고, 더욱 많은 국제 금융기구와 외국정부의 차관을 흡수할 수 있게 한다. 이러한 자금은 특히 교통 · 에너지 · 도시기초시설 · 환경보호 · 주택건설 등에서 중국경제의 안정적 발전을 위해 필요하다.

(2) 건설업 취업기회 증대와 건설원가 절감에 유리

현재 기업의 열악한 수익구조와, 다수의 실직노동자 문제는 중국 경제발전의 주요문제의 하나이다. 건설업은 본래 자금밀집형 · 노동력밀집형의 산업이다. 외국기업들이 중국시장에 진출하면서 자금 · 선진기술 · 선진관리기법 · 선진공법과 양질의 서비스는 가져올 수 있지만 시공작업인력까지 데려올 수는 없기에, 중국의 시공기업으로 보면 건설업시장 개방 이후 외자투입이 증가되고 시장규모가 확대되면, 이것은 기업에 더욱 많은 공정을 가능하게 하여 취업의 증가를 가져올 수 있다.

(3) 건설업관련 제도정비에 유리

중국의 공정건설관리체제와 건설시장기제의 건설은 아직 미완성 단계이다. 계획경제부터 시장경제까지 체제의 전화과정에서 발주처 · 설계업체 · 시공업체 · 감리업체 · 재료설비제공업체 등 건설시장 각 행위주체들이 상호 협조의 건강한 운영체계를 형성하지 못하였다. 문제의 근원은 시장법률과 법규의 정비가 부족하기 때문이다. WTO체제의 하나의 중요한 원칙은 법제건설과 법률의 투명성이다. WTO 가입 이후,

중국은 우선 관련법률 · 법규의 정비에 대한 책임과 의무가 있다. 가능한 빨리 국제관례와 연계하여 국제 건설업의 산업규범을 중국의 건설시장과 건설기업의 관리에 적용해야 한다.

(4) 국제화 경영에 유리

중국이 WTO에 가입한 후, 국내시장의 국제경쟁이 치열해지면, 중국은 자연히 국제시장으로 출로를 찾을 것이다. 만약 중국이 국내공정을 국제시장의 요구사항 · 국제표준 · 가격체계로 생산조직한다면, 중국 건설업은 비교적 빨리 국제수준에 이를 것이다. WTO 가입 이후, 국내외 건설기업은 연합 · 연합경영 · 합자 · 총도급의 방식으로 발전하고 있으며, 이는 건설업의 국제화 경영을 촉진하는데 유리하고, 국제화된 경영은 서로 장단점을 보완할 수 있을 것이다.

WTO 가입 후, 건설업 역시 중국 국민경제의 해외진출 발전전략과 마찬가지로 "해외진출"을 기치로 한다. 대외무역경제합작부의 통계에 의하면, 2002년 중국은 "해외진출"전략이 가속화되어, 한 해 새로운 해외 비(非)금융류 기업이 350개이며, 협의투자총액은 14억 4천 6백만 달러이며, 중국측 투자액은 9억 8천 3백만 달러이다. 전년대비 각각 12% · 48% · 25% 증가하였다. 2002년 말까지 중국 누계 해외설립 비(非)금융류 기업은 6,760개이며, 협의투자총액은 137억 8천만 달러이고, 중국측 투자액은 93억 4천만 달러이다. 체결 대외도급공정 계약액은 1,147억 8천만 달러이고, 완성 영업액은 827억 2천만 달러이다. 체결 대외노무합작 계약액은 295억 2천만 달러이고, 완성 영업액은 237억 6천만 달러이다. 해외노무파견은 연인원 273만 4천명이다. 2003년 중국 대외도급공정 완성 영업액은 138억 4천만 달러로 전년대비 23.6% 증가하였다. 새로 체결한 계약액은 176억 7천만 달러로 전년대비 17.4% 증가하였다. 2004년 대외도급공정 완성 영업액은 174억 7천만 달러로 전년대비 26% 증가하였다. 새로 체결한 계약액은 238만 4천 달러로 전년대비 35% 증가하였다. 2004년 말까지 중국의 해외설립 비(非)금융류 기업은 8,300개이고, 중국의 대외도급공정 누계 완성 영업액은 1,100억 달러를 초과했다.

9.1.3 건설시장 전망

1. 건설시장 총량예측

"11차 5개년 계획"기간 중 중국 국민경제는 지속적으로 안정적인 성장을 유지할 것이다. 성장속도는 합리적인 범위를 유지하고, "10차 5개년 계획"기간과 비교할 때, 증가 폭은 약간 하락할 것이다. 2010년까지 건설업 총생산액(영업액)은 90,000억 위안을 초과할 것이다. 연평균 성장 7%를 거듭해 건설업 부가가치는 15,000억 위안 이상에 달하고, 연평균 성장 8% 이상, 중국 국내 총 생산액의 7% 정도를 차지할 것이다. 2010년 중국 건설업 조직구조는 기본적으로 총 도급업체가 핵심이고, 전문도급회사와 시공회사는 주요 시공조직자가 되며, 대량의 노무용역회사가 기초가 되는 피라미드구조이다. 건설업 종사인원이 사회전체 종사인원에 차지하는 비율은 7% 이하로, 기업이윤증가는 점차 과학기술진보에 의존하게 되고, 국유독자기업 수량은 점차 줄어들고, 건설시장 주체의 자본속성 다원화 구조가 기본적으로 형성될 것이다.

2. 주요 건설상품 시장 전망

건설업의 상품구조에서 최근 이슈가 되는 상품은 주택 · 대형에너지항목 · 조절공정 및 도시기초시설이다. 국민경제의 지속 · 안정적 성장에 따라, 이러한 열기는 계속 뜨거워지고 있다. 그러나 경제성장동력 방향의 변화와 소비지출의 빠른 증가로, 환경보호와 수처리 · 쓰레기처리 · 도로(철로 · 고속도로) · 항만 · 공항 · 발전소 등 일부 기초시설영역은 투자지출의 중점영역이 될 것이다.

(1) 주택

주택건설은 장기성과 지속성을 가지고 있다. 주택은 국민생활에 없어서는 안될 기본소비재로서, 가치를 보전 · 증가할 수 있는 투자상품이다. 따라서, 국가의 부동산시장에 대한 거시적 조정은 주택건설시장에 적지 않는 영향을 줄 수 있지만, 주택상품은 중국경제 및 사회의 발전과 함께 절대수요량을 가진 가장 큰 성장 잠재력을 가진 분야이다. 관련 연구성과에서 보여지듯이, 2020년까지 도시민 평균 주거면적은

35㎡에 이를 것이며, 이에 따라 주택건설시장은 여전히 지속 · 안정적인 발전을 이루어 갈 것이다. 주민거주조건의 진일보 개선 역시 "11차 5개년 계획"의 중요한 목표의 하나이다.

(2) 철도

① 대규모 철도 건설계획

"중장기 철도망계획"에 따라 중국 철도망의 한 차례 대규모 건설이 곧 전개될 것이다. "중장기 철도망계획"은 규모확대 · 구조완비 · 품질향상 · 운송능력쾌속확충 · 장비수준의 빠른 개선의 철도망 발전목표를 확정하였다. 2020년까지 전국 철로 운영길이는 10만 km에 이르고, 주간선은 승객 · 화물 운송라인을 분리하고, 복선율과 전기화율(電氣化率)이 각각 50%에 이르며, 운송능력은 국민경제와 사회발전의 요구를 기본적으로 만족시킬 것이다. 주요 기술장비는 국제선진수준에 근접하도록 한다.

〈중장기 철도망계획〉에 따르면, 중국 철도망의 배치는 "8종(縱)"과 "8횡(橫)"이다. 여기서 "8종(縱)"은 징하(京哈) · 동부연해철로(東部沿海鐵路) · 징후(京滬) · 징지우(京九) · 징광(京廣) · 다짠(大湛) · 바오리우(包柳) · 란쿤(蘭昆)노선이며, "8횡(橫)"은 징란(京蘭) · 석탄운송북측노선(煤運北通道) · 석탄운송남측노선(煤運南通道) · 육교철로(陸橋鐵路, 롱하이(隴海)와 란신(蘭新)) · 닝시(寧西) · 옌장(沿江)철로 · 후쿤(滬昆) · 시난추하이(西南出海)노선이다.

계획에 따르면, 철도부문은 철로망 규모를 완비하고 확대하는 한편, 여객운송 전용선을 중점건설하고, 성(省)의 중심도시와 중대형 도시간의 쾌속 여객운송 노선을 건설하고, 환발해지구 · 장강삼각주지구 · 주강(珠江)삼각주지구 3개 도시간 쾌속 여객운송 시스템을 1만 2천km 이상 건설한다.

서부철로건설은 계획의 중점사항으로, 신노선 건설 계획은 1만 6천km이다. 서북 · 서남 국경진출입국제철로, 서북-화북(華北) 신노선, 서북-서남 신노선, 신장(新藏)-칭하이(靑海)시장(西藏)의 노선을 형성한다.

중장기적으로 볼 때, 철로건설의 투자 이슈는 주로 급행여객운송망 건설 · 대용량 화물운송노선 · 서부철로건설과 철도역 소통개선 등 4개 방면에 집중된다. 동시에 투자주체 역시 다원화 발전을 실현하여, 더욱 많은 민간자본과 외국자본이 철로건설의 투자기회를 가질 수 있을 것이다.

② 연해(沿海) 철로

연해철로는 중국철도망 계획 "8종(縱) 8횡(橫)"에서 "1종(縱)"에 해당된다. 계획 중의 연해철로는 북으로 랴오닝(遼寧)성의 다련(大連)시에서, 남으로 광시(廣西)성의 베이하이(北海)까지의 노선이다. "10차 5개년 계획" 중 계획된 이 노선은 랴오닝성(遼寧省)·산둥성(山東省)·장쑤성(江蘇省)·상하이(上海)·저장성(浙江省)·푸지엔성(福建省)·광둥성(廣東省)·광시성(廣西省) 등 8개 성(省)·시(市)·자치구(自治區)를 통과하며, 총 투자액은 약 500억 위안을 초과한다.

③ 범 아시아 철로 계획

중국의 쿤밍(昆明)에서 싱가포르에 이르는 범 아시아 철로는 중앙 노선·서측 노선과 동측 노선의 3대 철로건설 방안이 계획되어 있다. 중앙 노선방안은 쿤밍(昆明)에서 시작해서 위시(玉溪)·쓰마오(思茅)·징홍(景洪)·상용(尙勇)을 경유해 국경을 넘어 라오스로 이어지며, 쿤밍(昆明)에서 싱가포르까지의 철로의 총길이는 4,200km이다. 이 중에서 새롭게 건설되어야 하는 노선은 1,300km이다. 서측 노선방안은 광통(廣通)에서 시작해서 다리(大理)·바오산(保山)을 거쳐 루이리(瑞麗)에서 국경을 통과하는 487km구간의 철로이고, 교량과 터널의 비율이 52%이다. 쿤밍(昆明)에서 싱가포르까지의 철로의 총길이는 4,900km이다. 그 중에서 새롭게 건설되어야 하는 노선은 970km이다. 동측 노선방안은 쿤밍(昆明)에서 시작해서 남쪽 허코우(河口)에서 베트남철로와 연결되어, 철로 구간의 변화에 따른 개조를 실시하는 방안인데 쿤밍(昆明)에서 싱가포르까지의 철로의 총길이는 5,500km이다. 그 중 해외(베트남)에 새롭게 건설되어야 하는 노선은 430km이다. 이 방안의 장점은 기존의 철로설비를 충분히 이용할 수 있고, 새로 만드는 노선이 가장 적어, 쉽게 실시할 수 있다는 것이다. 전체적으로 범 아시아 철로계획은 10년 내 완성될 것이고, 총투자 예상금액은 20억 달러를 넘을 것이다.

(3) 도로

2004년 12월 17일 국무원은 〈국가고속도로망계획〉을 비준 · 통과시켰다. 이 계획은 방사선과 종횡 네트워크형 결합의 배치방안을 이용하여, 중심도시에서 방사형으로 뻗고, 가로방향으로 동서를 연결하고, 세로방향으로 남북을 뚫는 대통로를 형성하고, 7개 수도 방사선, 9개의 남북 노선과 18개의 동서노선으로 구성되어 간략하게 '7918망' 이라 부른다. 전체 길이는 8만 5천km이다. 그 중 간선도로가 6만 8천km, 지역 순환선 · 연결선 등 기타노선이 약 1만 7천km이다.

〈국가고속도로망계획〉에 따르면 국가고속도로망의 가까운 시일의 건설목표는 다음과 같다.

- 2007년 말까지 4만 2천km를 건설한다. 이는 전체목표의 반을 차지하며, 전면적으로 〈5종 7횡〉 국도 주간선 시스템을 형성한다.
- 2010년까지 5만~5만 5천km를 건설하고, 이는 전체목표의 60% 정도이다. 그 중 동부지역은 약 1만 8천~2만km이다. 중부지역은 약 1만 6천~1만 7천km이고, 서부지역은 약 1만 6천~1만 8천km이다. 2010년까지 국가 고속도로망으로부터 실현되는 효과는 기본적으로 "7918"계획중의 "5방사 2종 7횡"의 14개 노선이다.

5방사는 베이징(北京)－상하이(上海), 베이징(北京)－푸조우(福州), 베이징(北京)－홍콩/마카오, 베이징(北京)－쿤밍(昆明), 베이징(北京)－하얼빈(哈尔滨)

2종은 션양(沈陽)－하이코우(海口), 바오토우(包頭)－마오밍(茂名)

7횡은 칭다오(青島)－인촨(銀川), 난징(南京)－뤄양(洛陽), 상하이(上海)－시안(西安), 상하이(上海)－총칭(重庚), 상하이(上海)－쿤밍(昆明), 푸조우(福州)－인촨(銀川), 광저우(廣州)－쿤밍(昆明)

2010년까지 국가 고속도로망은 전체적으로 말하자면 "동망(東網), 중연(中聯), 서통(西通)"의 목표를 달성한다. 동부지역은 기본적으로 고속도로망을 형성하고, 장강삼각주 · 주강(珠江)삼각주 · 환발해지구는 비교적 완비된 도시 고속도로망을 형성한다. 중부지역은 지역내부의 연결을 확충해 이동을 더욱 편리하게 한다. 서부지역의 개발은 8개성(省)급 도로노선을 건설한다.

농촌지역 도로에 대한 건설투자 규모는 아주 광범위하다. "11차 5개년 계획"에서 도로건설계획을 보면, 5년 내 농촌지역의 도로 30여 만km를 증설하고, 농촌도로 120만km를 개설하여, 기본적으로 95%의 향(鄕), 80%의 건제촌(建制村)에 시멘트 포장도로를 건설한다.

(4) 항구 건설

국가계획에 따라 2010년 전 장강삼각주(長江三角洲), 주강삼각주(珠江三角洲), 발해만(渤海灣) 세 지역 연해 항구의 건설중점은 컨테이너처리 · 원유수입 · 철광석수입과 석탄수송 시스템의 진행이다. 세 지역의 서로 다른 특성에 따라, 다른 문제에 대하여, 중점 부분 역시 다르다.

장강삼각주(長江三角洲) 지역의 항구는 중점적으로 컨테이너 · 수입철광석 · 수입원유 Forward 운송시스템과 석탄 하역 운송시스템을 건설한다.

주강삼각주(珠江三角洲) 지역의 항구는 중점적으로 컨테이너 · 수입원유(가공유, LNG, LPG) Forward 운송 시스템과 석탄 하역 운송 시스템을 건설한다.

발해만(渤海灣)지역의 항구는 컨테이너 · 수입철광석 · 수입원유와 석탄 선적 Forward 운송 시스템을 건설한다. 그러므로 세 지역 항구의 건설 중점과 건설계획은 각각 다음과 같다.

장강삼각주(長江三角洲) 지역 항구의 건설을 통해 2010년까지 새로 증설되는 항구는 물동량 7억 TEU, 컨테이너 처리능력 3,000만 개, 수입철광석 하역능력 9,000만 개, 수입원유 하역능력 2,500만 개를 갖추게 된다. 2010년 이전까지 상하이(上海) · 닝보(寧波)항을 중심으로 쑤저우(蘇州)항 등 장강하류 연안지역의 항구를 공동으로 상하이(上海)국제항운센터 컨테이너 운송시스템을 건설한다. 닝보(寧波) · 조우산(舟山)항을 중심으로 상하이(上海) · 쑤저우(蘇州) · 난통(南通) · 진장(鎭江) 등 항구의 수입철광석 Forward 운송시스템을 건설하고, 닝보(寧波) · 조우샨(舟山)항을 중심으로 난징(南京) 등 항구의 원유 Forward 운송시스템을 형성한다. 이 지역의 공용부두와 에너지 등 기업용 부두로 공동 구성된 석탄 하역 운송시스템을 형성하고, 장강

입구 심수항(深水港) 처리공정 등을 건설한다.

주강삼각주(珠江三角洲) 지역 항구의 건설은 2010년 이전 새로 물동량 4만 TEU를 증설하고, 그 중 컨테이너 처리능력 3,100만 개, 수입원유 하역능력 2,400만 개까지 확대한다. 이를 위해 션전(深圳)·광저우(廣州)항을 중심으로 컨테이너 운송시스템으로, 홍콩·마카오 두 항구자원의 장점을 충분히 발휘한다. 주하이(珠海)·동관(東莞) 등 항구에 1:3의 컨테이너 운송설비를 건설한다. 주강(珠江)하구 후이저우(惠州) 등의 수입원유·액화석유가스 하역을 중심으로, 주강(珠江)하구 광저우(廣州)·동관(東莞) 등 항구의 가공유, 액화석유가스 등 수입원유·가스의 Forward 운송시스템을 건설한다.

발해만(渤海灣) 지역 항구의 건설은 2010년 이전 7억 4천 TEU의 물동량을 새로 증설해야 하고, 그 중 컨테이너 처리능력 2,400만 개, 대형 수입철광석 하역능력이 9,000만 개, 대형 수입원유 하역능력이 3,000만 개, 대형 석탄 선적능력이 23,300만 개까지 이르게 된다.

(5) 전철 건설

도시교통과 환경문제를 해결하기 위해서, 중국 대도시는 전철 건설을 공공교통의 기본방침으로 삼고 있다. 현재 전국 도시 전철 총길이는 405km에 이른다. 도시화 과정의 가속에 따라, 대도시의 교통문제 해결을 위해 전철은 큰 수요를 가지고 있다. 현재 건설 중인 항목은 5개 도시에 10개 노선으로 합계 255.79km이다. 미래 중국 도시 전철은 4가지 특징을 나타내고 있다. 첫째 수요가 커서 30개 가까운 도시에서 건설을 필요로 하고 있다. 둘째, 공정투자 종합견적이 하강세로 나타나고 있다. 셋째, 해외 다국적 회사의 선진기술이 중국으로 들어오고 있다. 넷째, 중국 내에 점진적으로 전철 생산체계가 형성되고 있다. 현재 이미 30개에 가까운 도시가 전철 건설의 초기 작업을 전개하고 있다. 베이징(北京)·상하이(上海)·광저우(廣州) 등 도시는 전철 건설을 더욱 촉진해서, 네트워크를 구성하려 한다. 션전(深圳)·난징(南京)·우한(武漢)·창춘(長春)·다롄(大連) 등은 1개 노선을 완공 혹은 건설 중인데, 새로운 노선의 전반기 작업을 진행하고 있다. 항저우(杭州)·션양(瀋陽)·청두(成都)·시안(西安)·

하얼빈(哈尔滨) · 쑤저우(蘇州) · 칭다오(青島) · 안산(鞍山) 등의 도시는 현재 전철 건설을 위한 초기 작업을 전개하고 있다. 경제가 발달한 지역, 즉 주강삼각주 지역 혹은 장강삼각주 지역은 건설구역 내의 전철 건설의 초기 작업을 준비하고 있는데, 향후 십 년 이내에 최소 1,200~1,500km의 여러 유형의 도시 전철 건설이 필요할 것으로 예측된다.

(6) 환경보호 공정

환경보호 공정은 향후 거대한 잠재력을 가지고 있는데, 도시오수 · 쓰레기 처리시설 건설, 수자원유역 정화, 전통에너지의 청결에너지로의 대체, 구 공업 오염원 예방치료 등을 포괄한다. 중국 오수처리시장의 규모는 5,000억 위안으로, 현재 중국에는 생활쓰레기 무해화 처리율이 제로인 도시가 아직도 160개 있다. 대부분 중소형 도시의 환경기초시설건설이 낙후되어 있고, 다른 방면으로, 하천준설 · 녹화공정 · 습지보호 등도 도시발전계획의 범주에 포함된다. 대부분 성시(省市)에서 환경보호기초시설에 대한 건설투자가 확대되고 있다.

(7) 에너지건설 항목

2004년 중국 전역에 "전력 부족 사태"가 발생함에 따라, 국가는 전력건설항목에 대한 개발을 가속화하여, 각 지역에서 핵발전소 · 수력발전소 · 화력발전소 · 풍력발전소 등의 항목이 진행되고 있다. 예를 들면, 향후 몇 년 내에 동남연해지역에 핵발전소 건설항목이 진행될 것이고, 총용량은 1,300만 kW로 예상하고 있다. 2020년까지, 중국 핵발전소의 비중은 전력 총설비 용량의 4%를 차지할 것이고 3,200만 kW에 달할 것으로 예상한다. 구이저우(貴州)성에는 서전동송(西電東送) 계획의 일환으로 2006년 4개의 수력발전소와 8개의 화력발전소를 건설하고자 한다. 저장(浙江)성 원저우(溫州)시는 2006년 100억 위안을 투자하여 전력부족을 해결하려 한다. 그리고 발전소 건설항목의 증가로 전력네트워크 건설도 증가하는 추세를 보이고 있다.

3. 건설시장 활황지역과 전망

(1) 장강(長江)삼각주 지역

2005년, 장강삼각주 지역이 달성한 전체 사회의 고정자산투자는 2조 147억 위안으로, 전년에 비해 15.84% 증가했고, 전국에서의 비중도 23.12%에 달한다. 투자총액에서는 상하이(上海) · 쑤저우(蘇州) · 항저우(杭州) · 난징(南京)의 4개 도시가 천억 위안을 초과했다.

2004년 증가폭으로 보면, 전장(鎭江), 조우산(舟山), 후저우(湖州) 3개 도시가 최상위 3개 도시로 각각 45.90% · 41.96% · 38.89%이다. 투자 증가량으로 보면, 상하이(上海)가 636.56억 위안으로 가장 많아 수위를 차지하고 있고, 난징(南京)이 224.6억 위안으로 2위, 닝보(寧波)가 190.39억 위안으로 3위를 차지하고 있다. 건설수요에서 보면, 세계박람회공정으로 대표되는 대량의 도시기초시설건설 항목 외에, 장강삼각주 지역의 성(省)간, 도시간 도로교통 건설의 비전이 밝다. 각 지역 교통발전계획에 따르면, 2004년부터, 상하이(上海)는 고속도로 · 국도 · 성도 세 방면에서 전면적인 확충을 꾀하고 있는데, 2007년까지 장강삼각주 지역의 모든 도로와 통하는 출입구는 35개 대로, 138개 차도로 확충될 것이다. 이와 동시에 장강삼각주의 에너지원 건설 역시 현재 수요가 커서, 전력기초시설의 건설이 활발히 전개되고 있다. 구체적으로는 상하이(上海) 인근의 연해지역에 핵발전소 건설항목을 진행 중인데, 그 총용량은 1,300만 kW로 예정되어 있다.

(2) 주강(珠江)삼각주 시장

2003년 8월 정식으로 "범 주강삼각주" 개념이 제기된 이래, 주강삼각주의 경제발전은 전에 없던 주목을 받고 있다. 주강삼각주는 자신의 경제발전목표를 제시 · 실천하고 있는데, 2010년까지 연평균 9% 성장으로 2조 500억 위안의 GDP규모를 달성하고자 한다. 2003년 "10대 중점공정"의 강력한 추진으로, 광둥(廣東)은 새로이 기초산업 · 기초시설 · 도시화건설의 고조를 맞으면서, 전 사회의 고정자산투자액은 4,988.9억 위안으로 전년에 비해 26.5% 증가하였고, 증가폭도 전년에 비해 14% 높아졌다. 광둥(廣東)성 정부가 추진하는 예상 총투자액 1,080억 위안 규모의 "주강삼각주 경제구 성간(省間) 특급 전철망 계획"에 따라, 향후 수 년간 전철의 건설이 지역 건설의 중점사항이 될 것이다. 이외에 광둥(廣東)성은 도로항구 · 전력 · 가스 · 고속화작업 · 환경보호 · 수리공정 등 10개 방면의 중요 건설항목에 4,874억 위안의 투자를 계획하고 있다. 에너지 · 교통 · 수리 등 건설수요는 도시기초시설건설 외에 주강삼각주 지역의 가장 큰 수요가 될 것으로 예견된다.

(3) 베이징(北京) · 텐진(天津) · 허베이(河北) 시장

베이징(北京) · 텐진(天津) · 허베이(河北) 시장은 중국 내 건설시장 중 가장 활발하고 가장 전망있는 하나의 지역으로 많은 건설기업의 주목을 받아왔으며, 많은 기업이 베이징 시장에 진입하는 것을 기업실력과 기업발전성장의 일종의 상징으로 여기고 있다. 향후 2, 3년간 베이징 · 텐진을 핵심으로 하는 수도경제권은 지속적인 주목을 받는 중심지역이 될 것이다. 베이징 건설시장은 올림픽 관련 공사를 위시해서 대규모의 도시기초시설 · 대형공용건축 · 교통 · 환경보호 등의 건설수요가 지속되고 있다. 텐진 건설시장은 향후 베이징과의 경제 일체화 과정 중, 도시간의 교통기초시설 건설의 거대한 수요가 새로운 성장을 주도할 수 있다. 베이징의 년 고정자산은 2,000억 위안을 초과했고, 텐진의 고정자산투자도 매년 상승의 추세를 보이고 있다. 대량의 주택건설 · 상업시설건설 · 도시도로교량건설 · 조경건설 등의 수요가 텐진 건설시장 미래의 지켜볼 사항이다. 중국과학원이 출판한 "베이징 · 텐진 · 허베이북부 교통발전연구 전문보고"에 의하면, 2015~2020년까지 이 지역에 5라인의 고속도로와 간선도로를 포함하는 운수대로망을 계획하고 있는데, 내부로는 베이징 · 텐진 · 허베이북부를 연결하고 외부로는 각 지역 · 해외와 연결하고, 환보하이(環渤海) 경제구의 9개 도시간의 이동시간을 3시간 이내로 단축시키고자 한다. 베이징 · 텐진 · 허베이 지역은 지역간의 협력을 강화하여, 향후 베이징 · 텐진 및 주위 6개 도시를 베이징 · 텐진을 핵심으로 하는 도시경제 집합체로 발전시키고자 하는데, 이에 수반되는 지역간의 대규모 교통시설의 건설도 필요하다.

(4) 동북(東北) 시장

"동북지역 진흥"은 "서부대개발"과 동일하게 중요한 기본 국가정책이다. 2003년 말, 갱신 · 개조 항목의 공표와 실시에 따라 동북지구는 주목받는 지역이 되었다. 정부가 투자하는 대량의 공업개조 항목, 공업기지건설이 건설업에 거대한 시장 기회를 제공하고 있고, 동북지역 경제의 발전은 필연적으로 기초시설건설의 거대한 수요를 수반하게 된다.

(5) 서부(西部) 시장

국가가 실시하는 서부대개발 전략은, 기초시설건설방면에서 교통 · 수리 · 에너지 · 통신의 4개 방면을 중시하고 있다. 교통건설 방면에서, 10차 5개년 기간 동안 국가는 28개의 서부철도건설 항목에 1,000억 위안의 투자비를 책정하였다. 서부지구 도로건설 수준의 향상을 위해, 교통부는 10차 5개년 기간 동안 483억 위안을 책정했는데 이는 교통부가 중국 전역에 책정한 자금의 50%에 해당하는 금액이다. 수리건설 방면에서는, 국무원 서부개발반 · 수리부 · 국가발전개혁위원회가 연합하여 "서부지구 수리발전계획 요강"을 발표하여 중점수리공정건설을 촉진하고 있다. 에너지 건설 방면에서, 국가는 서부지구의 에너지 우세를 발휘하기 위해서 샨시(山西) · 샨시(陝西) · 네이멍구(內蒙古) 서부지역에 석탄전력종합개발기지 · 서부가스기지 · 서남수전기지 및 신에너지원기지의 건설에 착수하고 있다. 통신건설 방면에서, 중국은 정보화를 적극 추진하는 과정에서, 서부지구의 정보화 발전을 지지하고 있는데 "8종 8횡"의 광통신 간선망의 기초 위에, 서부지구의 통신 간선과 지선 건설을 가속화하고자 한다.

(6) 중부(中部) 시장

허난(河南) · 장시(江西) · 안후이(安徽) · 샨시(山西) · 후난(湖南) · 후베이(湖北)의 중부 6개 성은 거대한 발전동력을 가지고 있다. 허페이(合肥) · 우후(蕪湖) 두 도시를 핵심으로 하는 안후이(安徽)는 장강삼각주의 한 자리를 차지하는데 뜻을 두고 있으며, 중부지역의 선두가 되기 위해 노력하고 있다. 후난(湖南)은 장강(長江)과 주강(珠江)을 연계하는 전략으로 범 주강삼각주를 연계하고 있다. "창지우(昌九)공업지대"를 핵심으로 하는 장시(江西)는 "3개 기지, 1개 배후단지"계획을 통해 장강(長江) · 주강(珠江) · 민강(閩江, 푸젠성)을 연계하여, 중부지역을 선도하고자 한다. "1+8"도시권을 추진하는 후베이(湖北)는 "6+1"전략으로, 우한(武漢)을 핵심으로 주위의 6개 성

그림 9-1 중국의 동부, 중부, 서부 경제지대 구분

을 조정하고자 한다. 중원 도시군을 핵심으로 하는 허난(河南)은 중부지구의 선두를 차지하기 위해 노력하고 있다. 샨시(山西)는 베이징 · 텐진지역의 환보하이(環渤海) 경제권을 연계하고 있다.

2004년 "정부업무보고"는 중부궐기촉진을 제출하였고, 2005년의 "정부업무보고"에서는 중부의 발전중점을 현대농업 · 교통 · 에너지 · 중요 원자재 · 제조업 · 하이테크산업 및 시장과 물류건설에 두고 있다. 중앙관련부문 역시 중부발전을 촉진하는 계획조치를 입안 중이며, 발전개혁위원회도 중부궐기를 지지하는 정책을 입안했는데, 양식 주생산 지역의 확대, 중부 6개성 도시군 · 경제지구 가속 발전에 대한 지도와 지지, 6개성 공업구조조정 가속화에 대한 지지, 6개성의 기타지구 우대정책의 동등한 향유, 기초교육투자확대 등의 내용을 포함하고 있다. 중부지구의 기초시설 건설 · 공업항목건설은 양호한 발전 전망을 가지고 있다.

9.2 중국 건설산업의 발전 전략

9.2.1 시장경쟁 운용제도의 건립

현대 산업경제학과 산업조직이론에 따르면, 정부는 산업경제와 산업구조의 조정 중에서 중요한 역할을 담당해야 한다. 중국이 직면한 문제는 다음과 같다. 첫째, 전통적인 정부관리 이념의 속박을 벗어나, 시장에 그 권한을 분담해야 한다. 둘째, 중국경제는 세계경제발전 국면 중의 특수성으로, 철저한 자유방임의 시장주의노선을 걸을 수는 없기 때문에, 여전히 정부산업정책이 산업발전 중 중요한 책임을 담당해야 한다. 그래서 높은 정부관리의 요구수준을 필요로 한다. 정부관리정책의 현대경제발전 중의 역할과 위치를 정확히 인식하고, 전통행정관리의 사유의 틀을 개혁해야 있다. 시장과 경제운영의 지식을 증진시키고, 당면한 산업발전형세를 과학적으로 분석 · 판단하고, 정부의 목표와 임무를 합리적으로 확정한다. 정부의 업종관리는 아래의 몇 가지 인식을 확립해야 한다.

1. 정부의 업계관리 역할 필요

현재, 정부의 기능전환과 시장에서의 퇴출은 이미 점진적으로 공인되어 가고 있고, 이 목표를 실현하는 것은 정부가 당면한 중요한 임무이고, 하나의 과정이 필요하다. 동시에, 반드시 새로운 사유 · 방식과 지식구조를 강화해서, 새로운 위치와 각도에서 시장에 대한 간여 · 관리 · 인도를 실시하여, 산업경제발전에 적극적인 역할을 촉진 · 가속한다.

2. 정부규제 완화와 도태기제 강화

현재, 건설업의 과도한 경쟁은 업종과 사회에서 보편적인 반응이 되었다. 따라서 정부가 업계의 진입에 대한 관리를 엄격히 하고, 기업수를 감소시켜 과도한 경쟁을 제한하자는 목소리가 높다. 업종집중도와 적당한 업종독점정도를 높이자는 목소리가 높다. 산업집중도를 높이는 것은 산업구조조정의 중요한 목표이지만, 우선 현재의 과도경쟁은 본질적으로 무질서 · 비규범 · 부정당 경쟁 병존의 반영임을 인식해야 한다. 현재 건설업 산업구조 현황을 분석해 보면, 중국의 건설기업의 수, 종업인원수 등이 국민경제에서 차지하는 비중은 여전히 선진국보다 낮은 실정이다. 존재하는 문제는 경쟁부족이지 경쟁과도가 아니다. 따라서 정부는 산업경제 제반 문제의 내재적 본질을 깊이 분석해서, 보다 규제를 완화하여 건설업 경쟁을 촉진하고, 충분한 경쟁을 통해서만 건설업의 적자생존을 실현할 수 있고, 충분한 경쟁을 통해서 실현한 산업집중도만이 자원의 이상적 배치방식가 된다. 따라서 정부는 건설업 진입허가를 더욱 개방할 필요가 있을 뿐 아니라, 건설업 내부에 존재하는 업종과 지역의 분할을 타파해서, 충분한 경쟁을 촉진시키고, 불공정 경쟁에 대한 관리강화를 통해서, 시장의 도태기제를 강화해서, 경쟁수준을 높여야 한다.

3. 정부관리의 선택적 적용

정부의 적극적 기능 변화로 시장의 영역에서 점차적으로 물러남과 동시에, 또한 집중해야 할 부분과 내용을 신중하게 과학적으로 선택해서, 관리 · 간여 · 인도 · 지지 정도를 강화해야 한다. 공공안전관리를 강화해서 공공이익을 보호하고, 국유건설기업이 여전히 건축산업의 주력을 담당하고 있는 조건에서, 산업 기업조직 구조조정방면에서 적극적인 역할을 발휘해야 한다. 정부투자 공정관리 체제개혁을 적극 추진해야 한다. 건설업에서 해외진출전략을 실시해서, 국제경쟁방면에서 중요한 역할을 발휘해야 한다.

9.2.2 건설기업의 합병과 재조직

1. 현대기업재산권 제도 건립: 투자주체의 다원화와 주식분산화

투자주체 다원화 혹은 주주권 분산은 현대경제발전의 산물로서, 현대기업제도의 주요 특징이자 전제이다. 투자주체가 단일한 기업은 현대기업제도를 수립할 방법이 없다.

국유기업 주식제 개조는 현대기업제도의 요구를 만족시킬 뿐 아니라, 국유재산권 효율저하 문제를 극복하는데 유리하다. "국유재산권"은 이론상 "유명무실"의 문제가 존재하기 때문에, 기업재산이 전국민에게 귀속되는 상황에서, 재산의 최종소유자를 구체화할 수 없어서, 국유재산권의 효율이 저하되기 쉽다. 국유기업재산권 개혁은 주식통제 혹은 주식참여를 통하여 국유재산권 비중을 감소시켜서, 국유자산의 경영효율을 높일 수 있다. 주식제 기업 투자자가 점유하는 주식의 양이 참여기업의 중대결정시 권리의 대소(大小)를 결정하기 때문에, 국유기업 주식제 개조 역시 정부가 직접적으로 기업행위를 간여하는 것을 약화시키는 유효한 조치이다.

다원화는 주체형식상의 '다원'을 지칭할 뿐만 아니라, 다원화 중의 투자주체가 현실에서 진정하게 독립된 법인지위 · 자주경영 · 자주손익부담을 향유하는지, 명실상부하게 그 응당한 역할을 발휘하는지에 있다. 개혁과정 중, 일련의 기업은 기타 주식을 흡수하였지만, 국가주식은 여전히 절대우세를 유지하고 있어서, 그 결과 재산권의 주체가 유명무실해지고, 정부가 여전히 기업에 대해 간여와 제어를 하기 때문에, 투자주체 다원화가 형식으로 흐르고 있다.

주식유한회사의 기업조직형식은 특별히 국유대형기업의 개조에 적합하다. 물론 이러한 주식회사 모두가 상장할 필요는 없다. 다른 측면에서, 개조 과정 중 기업재산권 구성 중의 국유자산 비율을 적당한 수준으로 낮출 수 있다. 현재 이 비율은 일반적으로 50% 이상으로, 실질적으로 재산권 주체 다원화를 실현할 방법이 없다. 구체적 정황에 근거하여, 비 핵심업종의 대형기업에 대하여 국가가 비교적 높은 비율의 주식보유를 고려하되, 반드시 50% 이상일 필요는 없을 것이다. 대형기업간에 상호주식보유 · 사회기구투자자 주식보유 · 관리층 주식보유 및 직원 주식보유 등 방식을 통하여 기업의 주식을 분산할 수 있다. 현재 중국 내 각 업종 내에 막강한 경쟁력을 가진 기업은 이러한 방식으로 주식제 개조를 진행할 수 있다. 경쟁 업종의 중형 국유기업에 대하여, 국가는 기구투자자를 통하여 일정한 주식권을 향유하고, 기타 여분의 주식권은 사회법인 · 기업경영자 · 직원에게 분산하여, 기업의 경쟁활력을 높이고, 완전 사유화할 수도 있다.

2. 국유기업 관리제도의 개혁

국유기업에 존재하는 문제는 종합적인 문제로서, 종합적인 판단과 변증법적 사고를 필요로 한다. 전면적 · 계통적으로 국유기업개혁을 대하여 재산권과 관리의 두 가지 중요방면의 내재관계를 분석해서 재산권개혁의 주요모순을 파악해야 한다. 재산권제도방면의 문제를 잘 해결하는 것은, 기업의 관리기제방면의 문제를 해결하기 위한 기초를 닦을 것이다. 국유기업에서 현대기업제도를 건립하기 위해서는 재산권 문제의 해결 외에도 체제와 기제혁신이 필요하다. 현대기업제도의 요구에 따라 관리체제개혁을 진행하고, 경영기제를 전환하고, 제도개혁과 관리강화를 긴밀히 결합시킨다.

3. 대형 국유시공기업의 개혁

현재 건설업 국유기업 개혁의 중점사항은 대형 국유시공기업의 개혁이다. 첫째, 현재 대형 국유시공기업은 중국건설업 산업발전에서 여전히 주력군의 역할을 하고 있고, 가장 풍부한 데이터베이스 · 공정시공과 관리경험 · 광범위한 대외교류합작 · 브랜드 신용의 우세 · 두터운 인력자원을 보유하고 있어서, 대형 국유시공기업의 문제를 해결하는 것은, 산업경제에서 가장 중요한 부분인 자원배치를 제대로 발휘하는 것이다. 둘째, 대형 국유시공기업의 재편은, 대형 국유시공기업 간의 재편이나 민간자본과의 재편을 막론하고, 반드시 재산권제도 개혁을 전제로 해야 한다. 셋째, 현재 건설업 내부 각 업종 간의 분할 · 봉쇄 · 업종독점 등에 의해 건설업의 충분한 경쟁조건이 제약되고 있는데, 이러한 현상은 건설업의 통일된 시장과 유효한 경쟁의 형성을 위협하고, 각자의 장기적인 발전에도 불리하다.

9.2.3 정부의 산업정책 지도 강화

1. 행정진입허가 장벽을 자연진입허가 장벽으로

시장경제 조건하의 진입 장벽은 주로 자금과 기술장벽으로, 치열한 경쟁으로 건립된 시장역량으로 진입 문턱이 조정된다. 산업이 일정한 규모로 발전하게 되면, 경제실력과 기술수준이 못 미치는 기업은 경솔하게 진입하지 못하게 되며, 설사 진입하더라도 생존하기 어렵다. 현재 건설업의 발전에서 중요한 조치는 자금의 진입을 유도하는 것인데, 새로운 자금의 진입이 없으면 업종은 구조조정과 산업 등급향상을 진행하는 것이 불가능하다. 인력의 과도한 팽창은 노동력 투입만 있고 자금투입이 없어 야기된 것이다. 따라서, 업계 외의 기업이 대량의 자금을 투입할 수 있고 기타 조건이 표준에 기본적으로 부합한다면, 기업의 경영상황과 경제상황의 전환을 위해 시장진입을 장려해야 하고 특별히 겸병과 각종 유형의 시공기업연합을 장려해야 한다.

2. 기업자격관리제도의 개혁

점진적으로 현행의 기업자질제어 위주의 관리제도를 기업자질제어와 영업자격을 같이 중시하는 제도로 전환해야 한다. 개인의 영업자격과 공정관리책임은 긴밀하게 연결한다. 국제관례에 따르면, 중대형 기업책임자의 한 명이 등록건축공정사, 노무형 기업책임자의 한 명을 고급기술공정사가 담당해야만 시공기업을 설립할 수 있다. 등록건축공정사 혹은 고급기술공정사는 공정의 품질과 안전을 책임져야 한다. 발생하는 품질과 안전사고에 대해서 기업을 처벌할 뿐 아니라 등록건축공정사와 고급기술기술공정사도 처벌하고, 중대한 사고의 경우 영업허가를 취소할 수 있다. 이렇게 품질안전책임과 개인의 일자리를 직접 연결하여, 의존행위나 맹목시공행위 모두 강한 제제를 받을 수 있다. 기업의 자질등급의 중요성은 점차 낮아져야 하고, 기업의 실력과 신망이 중시되어야 한다. 이는 업종진입의 기본요구이고 위법기업을 처벌하는 한 방법이다.

3. 업계정리퇴출제도의 건립과 기업퇴출장벽 완화

업계는 경쟁을 통한 기업의 도태제도를 통해 활력을 가질 수 있다. 시장경쟁에 적응할 수 없는 기업을 무리하게 지속시키는 것은 산업구조조정의 속도를 늦추는 것일 뿐이고, 전체 지역의 구조조정에도 불리하다. 업계진입허가장벽이 과도하게 낮아 야기된 과도한 경쟁 외에, 업계정리퇴출제도의 미비로 기업퇴출장벽이 과도하게 높은 것도 다른 하나의 중요한 요소이다. 시장경제 중 기업주체는 경쟁 중 자연히 형성되는 것이고, 행정권리와 행정기제에 의지해 확정 · 보호되는 것은 아니다. 시장의 각종 장벽을 타파하는 것은, 각종 유형의 기업들이 장애 없이 시장에 진입하도록 할 수 있고, 열세에 처한 기업은 스스로 업종 전환하거나 시장에서 퇴출하도록 할 수 있다. 이것은 자원배치 시장화와 자원배치의 효율성을 위한 필요조건으로, 업종규모를 합리적이고 안정되게 할 수 있다.

엄격한 건설시장 정리퇴출제도를 건립하고, 시장행위 · 품질과 안전 1표부결제(一票否決制)"를 실시한다. 기업자질심사비준 · 년도별 검사와 전문기술인원 영업자격등록 등의 방법을 통하여, 건설시장 법규위반행위가 있거나 혹은 중대한 공정품질안전사고가 발생한 감찰 · 설계 · 시공 · 감리 등 기업과 관련전문기술인원에게 상응하는 처벌을 부여하고, 내용의 엄중함에 따라 법에 의거 건설시장에서 정리 퇴출시킨다.

기업퇴출의 장벽은 주로 현지정부 · 국가관련기업의 파산 · 정산 등 정책법규의 제한과 사회보장제도의 미비 등 방면에서 기인하고 있다. 시장경제의 부단한 발전과 개선에 따라서, 각 방면에서 건축기업 퇴출장벽을 낮추어, 도태된 기업이 용이하게 업종전환 혹은 퇴출되도록 해야 한다.

4. 건설관리체제의 개혁, 계통별 분할문제의 해결

정부투자 공정관리체제개혁을 통하여, 정부투자공정을 정부가 직접 시장에 참여 · 간여하는 합리적인 수단으로 삼아, 업종관리와 기술진보를 촉진하는 시범역할 · 지렛대 역할을 발휘해야 한다. 정부투자공정의 개혁은 응당히 "건설 · 관리감독 · 사용"의 분할 · 정부기업분리 · 상대집중관리실시의 원칙에 따라, 권한과 책임 명확 · 제약유효 · 과학적 규범과 전문화 관리 · 사회화 운영의 관리체제 및 운영기제를 건립한다. 강제 입찰실행 등과 같은, 비정부 투자공정에 대한 간섭을 줄여서, 교육과 시장발전기제를 중시한다. 동시에 현행 계통별 분할의 국면을 타파해서, 지역봉쇄와 업종보호를 제거하고, 기타 사회투자와 개인투자공정의 건설관리체제개혁을 수반한다.

5. 시장신용구속제도의 점진적 건립과 발주처기성금지불담보 · 도급회사의 재도급공정 지불담보 등을 적극 추진

발주처기성금지불담보는 우선 부동산개발항목에서 실행할 수 있고, 도급회사 이행담보와 대등하게 제공한다. 도급회사의 재도급공정 지불담보는 도급회사가 계약약정에 따라 재도급회사 · 재료설비공급회사에게 비용지불하는 것을 보증한다. 공정담보의 담보인은 법에 의거 피담보인에게 반대담보를 제공할 것을 요구할 수 있다. 건축기업 공정품질서류 · 신용서류 · 공시제도 등에 대해서도 진일보한 연구를 진행한다.

9.2.4 건설시장 관리감독체계의 완비

건설부는 2006년 업무 중점사항에서 다음과 같이 제기하고 있다.

1. 건설시장 신용체계 건설을 적극 추진한다. "건설시장 신용체계 건설업무를 조속히 진행하는데 관한 지도의견"을 적극 관철 · 확정한다. 건설시장 관리감독체계의 연구와 건립을 강화하고, 관련 건설시장 책임주체 불량행위표준을 연구하여 초안을 작성하고, 전국통일의 시장관리감독 · 통일된 관리감독 표준 · 통일된 상벌기제를 모색한다. 건설시장 관리감독의 종합적 정보시스템의 건립과 완비로, 건설시장의 관리감독 수준을 높인다.

2. 법에 의거 공정담보제도를 추진하고 공정담보시장을 규범화한다. "부동산개발 항목 중 공정건설계약서담보 추진에 관한 규정(시험시행)"을 지속 관철 · 확정하고, 적극적으로 공정담보 시범업무를 추진한다. 기 시행의 시범도시는 경험을 정리하여 문제를 연구하고 한 단계 더 나아간다. 아직 시범지역이 안 된 도시는 관련 방법을 공포 · 실시한다.

3. 뇌물관행을 정리하고, 건설시장을 규범화해야 한다. 공정건설영역 중 뇌물수수가 많은 전문업무를 종합적으로 관리하고, 공정건설 중 뇌물이 쉽게 발생하기 쉬운 취약한 부분에 대해 분석을 강화하고, 조치강구 · 방법개선 · 규제제도 등을 연구하여, 근본적으로 정리 · 방비조치를 한다. "주택건축과 시정 기초시설 공정시공 입찰

관리감독에 관한 의견"을 관철 · 확정해서, 국유투자 입찰 관리감독을 강화한다. 건설공정교역센터에 대한 관리를 강화하고, 기율검사 · 감찰 및 기타 관련부문의 협조작업을 계속적으로 잘 풀어낸다. 건설공정교역센터에 대한 감독지도와 심사를 강화하고, 서비스 범위를 넓히고, 교역센터 자원을 충분히 이용하여 건설시장 신용시스템 건설과 시장관리감독을 위해 정보네트워크 서비스를 제공한다. 공정건설항목 입찰대리행위에 대한 관리감독을 강화해서, 법에 근거해 입찰대리활동을 규범화한다. 입찰활동의 중점부분에 대해 조사연구를 강화하여, 정곡을 찌르는 해결방법을 제시한다. 또한, 전국건설시장 관리감독 업무의 연구토론회를 조직 · 개최한다.

4. 노무 재도급 제도를 완성하여, 건설시장 노무질서를 규범화한다. "노무 재도급 제도를 건립 · 완비하여 건설노무기업을 발전시키는 것에 관한 의견"을 관철 · 실시하고, 2006년 전국에서 기본규범의 건설 노무 재도급 제도를 확립하여, 건설 노무 재도급 교역을 규범화 · 투명화해서, 농민공이 기본적으로 노무기업 혹은 기타 인력기업에 의해 직접적으로 포함되도록 하고, 노무감독이 재도급 업무를 담당하는 것을 기본적으로 금지한다. 각지에서 현실과 결합하고, 상응하는 정책조치를 적극적으로 연구하여, 노무 재도급 제도의 건설을 강화하고, 건설시장 노무질서를 규범화한다. "주택건축과 시정공정시공 재도급 관리방법"을 관철 · 확정해서, 공정 재도급 방식과 노무고용 방식에 대하여 검사를 실시하여, 노무감독을 통한 노무인력사용을 억제하고, 위법 재도급 행위를 발견하고 처벌해서 건설시장 질서를 규범화한다.

5. 공정감리제도의 완비를 위해, 공정총도급과 항목관리를 추진해야 한다. 전국건설공정 감리작업 회의정신을 관철 · 확정해서, "건설감리시장 관리규정"을 연구 · 기안하고, "건설공정감리조례"의 논증과 기안작업을 진행하고, 국가발전개혁위원회와 "건설공정감리와 자문서비스비용수취표준"을 제정 · 실시하고, "건설공정항목관리규범"을 연구실시하여 항목관리작업을 규범화한다. 공정감리통계작업을 조직하고, 공정항목관리와 정부투자공정 실시방식개혁 연구토론회를 조직 · 개최한다.

9.2.5 과학기술의 진보와 정보화 수준

1. 기술개혁에 의거한 구조조정 추진

건설업 구조조정의 중요한 목적은 기술혁신을 통하여 건설기업의 핵심경쟁력을 높이는 것이다. 현재 업계의 수직분할은 시공 부분에 국한되고, 업계의 수평분할은 타업종의 각종 건설시공기업에 국한되는데, 미래의 피라미드형 서비스 수요에 따라 공정총도급회사 · 시공총도급회사 · 시공기업 및 각종 전문공정회사로 분화 · 재구성될 것이다. 다른 유형의 기업은 각자 자신의 핵심경쟁력이 필요하고, 핵심경쟁력형성의 관건은 기술혁신에 근거한다.

공정총도급 회사의 핵심경쟁력은 주로 독창적인 기술설계 · 설비구매 · 시공설치 재도급기업과 토목건축설계에 대한 협조관리상에 체현되는데, 그 융자능력의 향상도 발전의 중점사항이다. 독창적인 기술설계를 가지고 있는지 판단하는 중요한 지표는, 설비제조 공급회사가 공정총도급의 요구에 따라, 현존의 설비 모델에 근거해 통합적인 제조(Integrated Manufacturing)를 진행하는 능력이다.

시공총도급회사 혹은 항목관리회사는 높은 기술력과 대형 설비시공능력 · 계약관리능력 · 시공도 심화설계 · 전문시공도협조능력을 갖출 것을 요구한다.

각종 전문공정회사는 전문상품시스템 혹은 기술의 연구개발을 핵심경쟁력으로 하고, 상품과 기술의 연구개발 · 공정설계 · 시공설치의 "일조룡(一條龍)"[19] 전문서비스를 형성해서, 각 영역에 서비스할 수 있어야 한다. 이 때의 커튼월 · 경강구조 · 지능화건물 · 운수시스템신호 · 환경보호공정 등과 같은 시공설치는 단지 상품서비스를 완성하는 부속 과정일 뿐이다.

2. 건설업기술 혁신의 중요사항

(1) 건설기능품질을 높여서 사회에 만족스런 건축상품을 제공

건축설계는 생산과 사용기능을 충분히 만족시켜야 하고, 과학적으로 사람 · 건

19) 【비유】 생산 공정 또는 사업의 단계에서 각 부문별로 긴밀히 연결된 것.

축 · 환경의 관계를 조화시키고, CAD · VR과 같은 현대설계 방법과 수단을 이용하여 설계품질과 수준을 높여야 한다. 예를 들어 거주지구의 건설은 사람을 핵심으로 하는 원칙을 체현해야 하고, 건축기능과 건축환경을 중시해야 한다. 에너지절약과 열환경 개선을 밀접히 결합시켜야 한다. 기술혁신을 통하여 벽체 · 문 · 창호 등의 보온밀봉 성능을 높인다. 다양한 에너지절약 기술과 관리조치를 채택하여 신축주택의 단위면적 에너지소비량을 대폭 줄일 수 있다. 기존의 건물의 개보수를 진행하여, 에너지원 절약과 열환경개선의 목적을 이룬다.

(2) 관건기술의 연구개발과 전통산업의 개조 · 업그레이드

관건기술을 연구개발해야 한다. 관건기술의 예는 다음과 같다.

① 초고층건축구조시스템 · 연결구조기술 · 대형 구조설계계산방법과 방진성능 · 풍진성능과 안정성 등 고층건축과 공간구조기술.

② 지하건축기초 및 구조기술 · 지하공간 시공기술 · 지하공간 환경보호 및 방재구재기술의 개발응용.

③ 구 건축물 품질검측설비와 기술 · 신용도 검정과 내구성 평가방법 · 구 건축물 보강 및 개조 기술.

④ 주택지구 하수처리 재활용 기술 및 상품 · 신에너지 이용 및 상품의 개발 · 주택지구의 지능화 집성시스템기술의 연구개발.

⑤ 도시도로 지하관도 종합부대공정관리 · 도시도로 비굴착기술 및 설비 · 도시도로 우오수분리공정 · 도시도로 유지보수기술.

⑥ 외부벽 외단열 기술 · 옥상 방수보온기술 · 문과 창호 보온단열기술 · 난방공급 온도제어와 계량기술 · 제냉기술 · 태양열 이용기술 등 건축 에너지절약 종합기술.

⑦ 상수도 관도 누수검사 및 보수기술 · 설비 및 측정기구와 절수기구 · 도시도로 조명 에너지절약기술.

⑧ 지역 쓰레기 소각발전기술, 쓰레기매립기체 회수이용기술.

철근콘크리트는 중국에서 사용되는 주요한 구조재료로, 예비응력기술을 이용하여 철근콘크리트구조를 발전시켜야 하고, 전통의 벽돌 · 콘크리트구조와 강구조에 대해 연구 개선해야 한다. 소형블록과 경량벽체 등 경제실용의 다층건축시스템을 널리 보급한다. 경량 강구조를 개발해서, 공업공장 · 창고와 공용건축에 사용하고, 장경간(long span)공간구조 · 현수구조 · 셸구조 · 막구조를 개발해야 한다. 강과 콘크리트의 혼합구조와 조합구조를 연구개발해서, 응용 중의 제조 및 시공 기술을 해결하고, 상응하는 공업화 건축체계를 건립해야 한다. 화학건자재를 건축장식 · 신형방수재료 · 문창호 · 관도(파이프, 도관)제품에 적극적으로 응용하고, 방화 · 방독 및 관련기술 문제도 연구 · 해결한다.

(3) 정보기술 응용의 보급과 전통산업의 개혁

정보기술을 운용해서 건설업을 전면적으로 향상시킨다. 정부 및 업계의 주관부문의 관리 · 정책결정 및 서비스수준을 높일 수 있다. 건설업은 정보기술을 운용하고, 현대관리와 결합해서, 기업관리수준과 핵심경쟁능력을 전면적으로 향상할 수 있다. 건설업 소프트웨어 산업화를 촉진하고, 건설업 전자업무와 인터넷에 기반한 협동건설시스템을 발전시켜, 공정항목건설 전과정의 정보화를 실현한다. 국제선진기술과의 접촉을 재촉하여, 국제수준의 현대화된 건축기업을 탄생시킨다.

(4) 주도적인 상품과 장비의 연구 · 제작

주도 상품과 장비, 예를 들면, 신형조적구조 · 이형기둥틀경구조 · 내부주입외부조적구조와 철근콘트리트 전단응력벽구조기술 · 경강틀구조 등 주택 신형구조기술과, 건설시공의 대형 탑식 기중기 · 깊은 기초 시공설비 · 토공사시공설비 · 고급노면시공기계세트 등의 관건 설비를 연구 · 제작해야 한다.

기업의 장비수준과 노동생산율을 높여야 하는데, 다방면의 원인으로 중국 건설기업기술장비의 수준은 낮고, 노후화된 기계의 비중이 커서, 건설업 공업화가 어려운 실정이다. 기업의 장비수준을 높이기 위하여, 건설기업 기계설비의 업데이트를 가속화하고, 점진적으로 선진기계를 사용하여, 전체 1/3을 차지하는 저성능 · 높은 에너지소모 · 안전이 보증되지 않는 노후기계를 대체해야 한다. 선진 시공기계와 각종 부품 · 제품생산설비를 연구 · 개발하여 2010년까지 건설업의 동력장비율을 8kW/人까지 달하게 한다. 일부 지방과 기업의 경우, 공정과 결합하여 건축로봇을 연구 · 개발 · 응용하고, 자동검측 · 자동계량 · 자동제어 등 신기술을 개발해서, 열악한 환경에서의 특수공정 시공작업과 생산 · 시공 자동화 문제를 해결한다.

3. 건설에너지절약과 자원절약 업무의 강조

국무원 건설자원 절약형 사회의 요구 및 "건설부 과기사(科技司) 2006년 업무중점"에 근거해 볼 때, 건설에너지절약과 자원절약은 장래 건축과학기술발전의 중점사항이 될 것이다. "건축법"의 수정과 결합해서 건축에너지절약 법률제도의 기초를 세우고, "건축에너지절약 조례"를 제정 · 실시한다. 건축에너지절약 작업의 관리감독을 지속적으로 강화한다. 건축에너지절약 통계작업을 추진한다. 대형 공공건축 에너지 회계조치 및 에너지 소모 정액제도를 연구 · 건립한다. 건축에너지절약의 신기술과 신재료의 개발이용을 조직하고 촉진한다.

9.2.6 해외시장진출 전략의 확대 실시

1. 구조조정 촉진을 통한 국제경쟁력 제고

공정항목 건설의 객관 규율과 국제수준의 요구에 따라, 전문화 · 과학화 · 시장화의 공정총도급과 공정관리서비스시스템을 건립하여, 국내외 공정건설시장의 수요에 부응하고 국제경쟁력을 보유한 공정총도급기업과 공정항목관리기업을 양성해야 한다. 현재 중시할 두 가지 중점사항은 다음과 같다.

첫째, 공업설계원을 국제관례에 부합하는 공정회사 혹은 공정자문회사로 전환시키기 위해서 유리한 정책환경을 창조한다. 둘째, 중앙이 관리하는 시공기업에 대하여, 구조조정을 진행하여, 본사의 자금능력을 확대하고, 업종을 넘나드는 전략적 재구성을 진행한다. 현재, 국내의 많은 회사가 이미 실질적인 재편을 시작했는데, 종신(中信)그룹 부속의 종신구어지(中信國際)합작회사와 구어화구어지(國華國際)공정도급회사가 종신(中信)건설로 재조직되었고, 중건본사(中建總公司)가 직영하던 중건(中建)도급공사와 해외부 · 서북시정설계원 등을 재조직하여 종지엔구어지(中建國際)로 만들었으며, 중국철도건축본사와 중국토목공정회사가 적극적으로 연계하고 있다. 재조직의 목적은 첫째, 국내외 일체화 전략을 적극적으로 실현해서, 국내의 항목관리능력과 해외의 업무능력을 결합하는 것이다.

둘째, 부단한 시장영역 확장으로, 새로운 핵심경쟁력을 배양하고, 기업자신의 재산권 · 체제개혁을 가속화하고, 자신의 산업구조 · 경영구조의 조정을 가속화하고, 설계 · 기술 · 자문능력의 발전을 가속화하기 위함이다.

2. 기술혁신 중시와 새로운 핵심경쟁력 추구

중국건설업의 현황으로 말하면, 동등 혹은 낙후된 발전수준은 중국 건설업 자원의 합리적인 흐름으로, 공간이 크고, 인원유동의 제한으로, 인원원가우세는 이미 점점 발휘하기 어려워졌다. 제련 · 석유화학 · 전력 등 공정영역에서는, 원가가격우세를 다시 심사해야 한다. 왜냐하면 이 영역에서, 그 차별화 경쟁(품질 · 기술 · 신뢰성 등)의 중요성이 원가가격경쟁보다 훨씬 더 중요하기 때문이다. 예로써, 미국의 벡텔의 핵심경쟁력은 주요하게 국방공정 · 석유화학 · 장거리 송유관 · 통신 · 기초시설 등 토목공정과 에너지 · 광산공정 항목에 있다. 기술혁신을 통해서 핵심능력을 보유하고, 동시에 시공과정 중 기술혁신에 편중된 전통적인 관념을 전환하여, 전체적으로 건설상품 공급체인의 각 부분에서 지속적으로 협조하는 기술혁신능력을 촉진한다. 일본의 관련자료에 따르면, 일본의 매년 건설상품 자체의 혁신은 시공기술 혁신보다 훨씬 많은 상황이고, 기업 핵심경쟁력을 형성하는 중요수단이 되었다. 건설상품 형성 중, 발주처 · 공정자문회사 · 도급회사의 3대 주체가 있는데, 공정자문회사는 발주처 혹은 사용자의 상품혁신에 대한 정보수요의 직접 전환자로서, 건설상품 형성과정 중의 각 단계에서 기술혁신의 자문과 정책결정에 참여하면서, 기타 각 조직과 전면 정보교류를 진행할 수 있다. 따라서 기업은 우선 자신의 공정자문능력을 배양하고 경쟁력을 향상해야 한다. 다른 방면으로, 기술혁신방면에서 국제시장에 존재하는 선진 자문서비스 시스템의 이용을 중시해야 한다. 자문서비스 시스템은 고객에게 높은 수준의 전면적인 국제화 서비스를 제공할 수 있고, 또한 국제시장의 중요한 구성요소이기 때문에, “해외지향”은 응당 자문서비스 시스템과의 합작을 중시해야 한다.

3. 해외시장의 목표선택과 신속한 투자개념 확립

중국 건설업을 많은 개발도상국과 비교하면, 자원부문에서 큰 우세를 가지고 있다. 중국의 공정도급은 자원개발항목과 많은 관련이 있고, 공정도급을 통하여 자원개발항목투자에 참여하는데, 시장점유를 확대하는데 유리할 뿐만 아니라, 현재 중국이 직면한 자원이 빠듯한 현실과 지속가능한 발전전략과도 부합한다. 건설기업은 자본 혹은 경영연합의 방식으로 이러한 우세를 발휘하고 있다. 예로 중국지질공정그룹과 중국석화그룹의 신성석유회사는 합자하여 종띠(中地)해외공정회사를 성립하여 적극적으로 석유탐사 · 우물 · 관도부설 등의 공정업무를 개척하고, 동시에 국외유전 및 천연가스전을 구매하여 자원을 투자 · 개발하고 있는데, 쌍방이 각자 숙련된 부분에서 국외시장 · 탐사 · 자금에 대한 우세를 충분히 발휘하고 있다. 이외에 회사설립 · 현지기업합자 · 타국과 자본합작방식투자 등을 포함한 투자현지화를 통해, 투자이념과 경영이념을 긴밀히 결합해야 한다. 이것은 다국적회사로의 발전에 있어 반드시 거쳐야 하는 길이다. 하지만 중국은 해외에 대한 명확한 장기전략이 결핍되어 있어서, 항목수주를 목표로, 견실한 시장 근거지를 확립하기가 어렵다.

4. 비교우위의 활용

WTO 가입과 건설업의 점진적 개방에 따라, 중국 현행의 대량 공정재료 · 기술 · 시공조직능력은 국제선진수준과의 격차로 도태가 가속화될 것이고, 이렇게 도태되는 기술과 능력을, 가능한 다른 국가 혹은 지역에 전이하는 것은 최대한으로 자원낭비를 감소시키는 최선의 선택이 될 수 있다. 이는 역시 국제자본시장의 규율로, 중국이 실시하는 “해외지향”전략의 중요한 부분이다. 실제로 현행 많은 개발도상국과 후진국의 경제발전수준은 중국에 비하여 낙후되어 있는데, 중국은 건설대국과 개발도상국으로 공정건설방면에서 이미 품질우수 · 가격저렴 · 실용을 특징으로 하는 기술과 생산능력을 형성하고 있어서, 선진국가의 선진기술과 생산체계에 비해서 이들 개발도상국의 수요에 보다 적합하고, 보다 높은 종합경제성을 가지고 있다. “해외지향”은 중국 내의 과도한 자원 혹은 낙후된 자원을 이전함으로써, 자원이용의 최대화를 이룰 뿐만 아니라, 국내시장의 압력을 효율적으로 경감할 수 있고, 국내기업이 국제선진도급회사의 강한 압박을 견뎌내기 위해, 선진기술을 융합 · 흡수하기 위한 시간과 공간을 확보할 수 있다.

5. 대외개방정책의 완비

건설부는 “건설부 건축시장관리사(管理司) 2006년 업무요점”에서 중국의 WTO 가입관련 시장진입승낙의 확정작업을 강조하고 있다. 또한, “외상투자 건설공정 서비스 관리규정”, “외상투자 공정설계회사 자질관리규정 실시방법”을 공포 · 실시하고, 관련 건축방안설계 심도와 내용의 관리방법을 제정하고, 국외기업의 중국시장 진입에 대한 규범관리를 강화하였다.

동시에 적극적으로 기업의 “해외진출”을 지원한다. 상무부 · 건설부 등 7개 부서위원회가 연합하여 반포한 “대외공정도급을 추진하는데 관한 지도의견”을 관철 · 확정하고, 각 부서위원회에 협조하여 지질조사설계 · 시공기업에 대하여 대외공정도급의 장려조치를 전개한다. 상무부와 연합 소집하여, 기업이 공정총도급 및 대외공정도급논단을 전개하도록 추동하고, 지도의견을 연구한다. 공정총도급 능력을 보유한 설계 · 시공기업을 인도 · 육성하고, 서비스 기능을 개선하여, 공정총도급을 적극 전개한다.

10

중국 건설산업의 국제적 특성 및 위상

본 장에서는 국제적 관점에서 중국 건설산업의 현황과 위상을 고찰한다. 첫째, 중국 건설기업의 해외건설시장에서의 활동과 국외 경영규모와 발전추세를, 둘째, 한국기업의 해외시장 개척이라는 측면에서 중국 건설시장의 현황과 특성을 살펴본다.

10.1 중국 건설기업의 해외시장 개척 동향

1. 중국 건설기업의 해외시장 개척 현황

최근 몇 년간 중국은 설계자문 · 건설시공 · 공정총도급 등 기업이 국제공정시장 개척을 가속화하면서, 경영규모를 신속히 확대하고, 기술수준을 끊임없이 향상하고 있다. 2004년 중국 대외수주공정 완성 영업액이 174.7억 달러로 전년에 비해 26% 증가했고, 새로운 계약체결액은 238.4억 달러로 전년에 비해 35% 증가했다. 이러한 발전추세는 이제 시작단계라고 할 수 있으며, 국가 규모와 잠재력을 고려할 때 향후 발전추세는 더욱 가속화 될 것으로 전망된다.[20]

"공정신문기요(工程新聞紀要)"에 실린 2003년 국제 대형도급회사의 국제지역 업무의 순위 현황을 보면, 중국기업은 아시아 건설시장에서 일본에 이어 2위를 차지하고 있으며, 아프리카 건설시장에서는 미국 · 프랑스에 이어 3위를 차지하고 있고, 라틴 아메리카에서는 6위를 차지하고 있다. 하지만 유럽 · 미국 · 캐나다 · 중동 건설시장에서 중국기업의 점유율은 낮은 편이고, 특히 유럽과 북미의 고급시장에서 중국 건설기업의 활동은 극히 미비한 실정이다.

중국 내부에서 제기되는 중국 건설기업의 해외시장 개척과 관련한 당면과제는 다음과 같다.

20) 2006년 말 국유자산감독관리위원회가 관리하는 중대형 국유기업인 중앙기업의 해외 자회사 자산총액은 576억 위안, 영업수입은 4,000여 억 위안, 이윤은 870억 위안에 달한다. 국유자산감독관리위원회 리롱롱(李榮融) 주임은 중앙기업의 해외자산에 대해 "소유자 관리 원칙"을 준수하는 한편, 부패 및 돈세탁 문제를 중점관리할 계획이라고 밝혔다(2007. 1. 10 인민일보 해외판 5면).

(1) 기술과 관리방면의 문제로, 높은 이윤이 보장되는 고급기술항목을 담당할 능력이 부족하다. 대다수 중국 건설기업의 해외시장진출이 아시아와 아프리카 지역에 집중되어 있는 중요한 원인이다.

(2) 자금부족, 융자능력부족. 국제 공정건축 서비스는 국제 서비스무역의 중요한 내용으로 세계 각국 정부와 상업계가 중시하고 있다. 금융서비스 국제화 · 자유화의 발전으로, 공정건축서비스를 위해 나날이 많은 다국적 금융서비스가 제공되었고, 이에는 다국적 은행과 보험회사 등의 서비스도 포함된다. 그러나, 중국이 지지하는 대외공정도급의 금융서비스시스템은 구축되려면 아직 멀었다.

(3) 기술과 법률 방면에서 국제시장과 보조를 맞추지 못하고 있다. 중국 국내의 영업표준 · 설비재료표준이 국제시장과 접목되지 않은 실정이다. 특정 국가의 건설시장에 진입할 경우, 현지의 시장규칙 · 건설표준규범 · 현지주민생활습관 · 건축재료 및 설비시장 등 모두 적응과정이 필요하고, 실제작업에서 어려움이 많다.

(4) 해외건설시장 진출영역이 증가하고 있고, 전력과 석유화학 등에서 일정한 실적을 달성하고는 있으나, 경쟁이 나날이 치열해지는 국제 공정도급 시장에서, 기업은 반드시 자신의 강대한 특색있는 브랜드를 형성해야 하며, 각자의 전문영역에서 품질로서 승부해야 한다.

(5) 해외공정입찰시, 대다수 단독으로 입찰에 응하고 있으며, 국제합작을 통해 자신의 부족한 자원을 보충하는 데 익숙하지 못하다. 국제적으로 저명한 도급회사도 종종 다국적 연합체로 경쟁입찰을 진행하면서 상호보완하는데 익숙하다. 예를 들면, 한국의 도급회사가 당시(70년대를 말하는 듯) 중동과 북아프리카에서 공정도급을 수주할 때, 영국표준을 채용하는 공정에 직면하면, 영국표준에 익숙한 인도회사의 공정기술인원과 합작을 진행하였다.

2. 중국 건설시장의 국제적 비중 및 위치

표 10-1은 2003년을 기준년으로 세계 10대 건설시장의 동향을 정리한 것으로, 중국이 미국과 일본에 이어서 3위이고, 한국이 10위를 차지하고 있다. 이들 10대 건설시장의 전세계 건설시장의 점유율은 77%이며, 이 중 미국 · 일본 · 중국의 3대 건

표 10-1 세계 10대 건설시장 동향

순위	국가	건설부문총 투자액 (억 달러)	1999년 경영액 (억 달러)	1999~2003 성장률 (%)	투자위험지수 (1=최저위험)	2001~2006 평균성장률 (예측치:%)
1	미국	8,162	7,255	1.7	4.7	2.7
2	일본	6,690	6,711	2.3	13.0	2.6
3	중국	3,987	3,408	10.0	42.1	11.6
4	독일	3,363	3,157	6.3	7.9	4.0
5	프랑스	1,942	1,610	6.5	8.2	4.4
6	영국	1,702	1,433	1.9	7.6	6.5
7	이태리	1,558	1,298	8.4	8.7	2.9
8	스페인	1,253	924	8.5	9.3	5.7
9	캐나다	883	714	4.6	10.5	5.6
10	한국	875	715	12.3	28.5	11.9

출처:建設部政策研究中心, 2005:pp.45-46.

설시장 점유율이 47%이다. 그러나 공정총량 측면에서 보면, 중국은 이미 전세계 최대의 건설시장이다.

한편, 세계 10대 건설시장 중, 국가별 투자위험지수를 보면, 중국(42.1)이 가장 크고, 한국(28.5)이 그 다음이다. 단, 이 두 국가 모두 막대한 건설이익을 보여주고 있다. 실제로 2010년경이면, 중국은 미국을 초과하여 세계 최대의 건설시장이 될 것으로 전망된다. 중국 건설시장의 성장배경은 인구의 증가 · 공업생산 증가 · 실제수입 증가와 급속한 도시화라고 할 수 있다.

3. 중국 건설기업의 국외경영규모

2003년 국제 건설공정수주시장 규모는 1조 2천억 달러이며, 중국은 국제공사도급시장의 1.1%을 점하고 있다. 글로벌 225개 국제공사도급회사에 진입한 회사가 43개로 1998년에 비해 13개사가 증가했다. 최근 중국의 1,000여 개 회사가 독립으로 국외영업을 하고 있는데 업적이 있는 곳이 600여 개 이상이 되고 출국인원수는 약 50만 명에 달한다.

2000년 중국의 국외도급공사액은 83억 7,897만 달러로 전년대비 1.7% 감소했고, 새로운 도급공사 계약액은 117억 1,870만 달러로 전년대비 15% 증가했다.

2002년 중국의 국외도급공사의 영업액은 111억 9,358만 달러로 전년에 비해 25.8% 증가했고, 새로운 도급공사계약은 150억 5,471만 달러로 전년에 비해 15.5% 증가했다. 국외의 국외도급공사에 종사하는 인원수는 7.8만 명으로 전년에 비해 1.8만 명 증가했다.

2003년 중국의 국외도급공사의 영업액은 138만 4천만 달러에 달했고 전년도에 비해 23.6% 증가했다. 새로운 도급공사계약은 176억 7천만 달러로 전년도 대비 17.4% 증가했다. 대표성 있는 기업의 조사결과에 근거하면 2001~2003년 기간 동안 중국건설업 국외영업수입은 평균 19% 이상 증가했다.

2004년 1~10월, 중국의 대외도급공사의 영업액은 130억 달러고 전년도 대비 37.3% 증가했다. 새로운 도급공사계약은 186억 6천만 달러로 전년대비 53% 증가했다. 2004년 10월 말까지 중국의 국외도급공사의 영업액 누계는 1,095.7억 달러고 계약액은 1,511억 1천만 달러이다.

4. 중국기업의 해외건설시장 경쟁력 관련 동향

최근 20년 이래, 중국 건설기업은 해외건설공정수주시장에서 장족의 발전을 이룩하였고, 한국과 일본의 건설기업이 중국건설기업을 국제건설시장에서 주요 경쟁자로 주목하고 있다. 한국건설산업연구원이 발표한 해외건설공정항목 수주시장 조사연구보고내용과 관련 통계자료를 근거로, 중국 · 한국 · 일본의 해외건설시장 점유율 변화추세는 표 10-2와 같이 정리된다.

중국의 시장점유율은 안정적으로 제고되고 있으나, 한국과 일본은 하강추세이다. 아시아 금융위기 이전에 한국 대형 건설기업들의 해외공정영업액은 총영업액의 40%에 달했으나, 현재는 10%에도 미치지 못하고 있다.

현재의 해외건설수주시장에서는, 건축기술에만 의지하지 않고, 첨단공정관리기술과 국제 융자도입 능력 및 기술, 그리고 공정항목에 대한 종합해석능력이 더욱 중시되고 있다. 이러한 시장변화에 대한 중국 건설기업의 적응 및 대응능력이 대폭 향상되었다. 중국 건설업의 시장화 정도가 부단히 심화되고, 고정자산 투자규모 증가추

표 10-2 1997 ~ 2001년 중, 한, 일 해외건설시장 점유율(%)

년도	1997	1998	1999	2000	2001
중국	3.7	4.3	5.1	4.1	5.4
한국	4.5	4.0	2.3	3.1	2.9
일본	11.7	16.2	9.7	7.6	7.8

출처:國家信息中心, 2005:pp.98.

세가 지속됨에 따라서, 건설기업의 경쟁력도 더욱 향상될 것이다. 약 2010년을 전후로 중국 건설기업은 해외건설시장에서 폭과 깊이에서, 질적인 비약을 이룩할 것으로 전망된다. 중국 기업들은 석유화학플랜트, 고급기술 발전소 등 전문분야를 제외한 인프라 프로젝트에서 시공능력과 가격 면에서 한국보다 강한 경쟁력을 갖추고 있으며, 기초기술부분에서 앞선 부분이 적지 않다.

10. 2 중국 건설기업의 해외진출의 새로운 추세

1. 해외건설시장 개척의 새로운 발전추세

중국 건설기업의 해외건설시장, 즉 국제공정도급시장에서 새로운 발전추세는 다음과 같다.

첫째, 도급수준이 제고되고 이윤수준이 호전되었다. 해외공사도급방식은 대략 (1) 노무수출, (2) 설계, (3) 토건하도급, (4) 공사총도급으로 구분할 수 있다. 지금까지는 중국의 해외시장도급수준이 낮아서 노무수출이 차지하는 비중이 비교적 컸다. 최근 들어 노무수출이 차지하는 비율이 점진적으로 줄어들고 있고, 공사총도급프로젝트(Design and Build)가 점진적으로 증가하고 있으며, 수력발전소 · 화력발전소 · 도로 · 석유탐사 등 이윤이 양호한 공사프로젝트들도 완공되고 있다.

둘째, 일련의 기업들은 시장개척을 위해 노력하고 자원 점유형 개발건설을 진행하여 양호한 성과를 얻고 있다. 중국 비철금속광업 건설그룹유한회사는 공사도급시장의 비중을 확대하는 동시에 적극적인 자원개발을 위하여 잠비아 · 몽고 · 베트남 · 이란 등에서 비철금속광을 개발하고 있다.

셋째, 기업은 국제시장의 수요를 만족하고, 시장수요에 적응하기 위한 경영능력을 강화해서, 고객을 위한 새로운 부가가치와 서비스를 제공하는 동시에 스스로의 시장을 개척하고 있다. 이것은 두 개의 부분에 반영되고 있는데 하나는 기업의 파이낸싱 능력을 강화하고 있는 것이다. 국제공사 총도급시장에서 파이낸싱 능력은 아주 중요해서 파이낸싱 능력이 좋으면 대규모 프로젝트나 더욱 더 많은 프로젝트를 수주할 수 있다. 그리고 다른 하나는 감찰설계 · 시공서비스 · 프로젝트관리서비스 등 고객을 위해 민첩한 서비스를 제공하는 능력을 강화해서 해외시장의 개척을 촉진하고 있다.

넷째, 미국 · 유럽과 같은 선진국의 시장에 점진적으로 진입하고 있다. 오랫동안 중국 건설기업은 해외건설시장에서 주로 케냐 · 방글라데시 · 모잠비크 · 팔레스타인 · 이라크 · 이집트 · 베트남 등 후진국가에 집중되어 있었는데 선진국 시장의 진입과 시장점유율이 점진적으로 상승하고 있다.

다섯째, 기업은 일련의 국제공사를 지향하는 기업을 향해 개혁을 실시해서 많은 효과를 거두고 있다. 일부 기업은 국제공사를 지향하는 기업을 위해 개혁 중 설계와 시공의 단순기능위주의 회사구조를 공사프로젝트 총도급 수주 능력을 구비한 종합기능의 회사로 변화시켰다. 전통적인 폐쇄형의 기업에서 과학화 · 현대화 그리고 국제적으로 통용되는 모델의 변화, 전통적인 간단한 노동력 모델에서 현대화 · 정보화가 집성된 시스템으로의 변화, 재산권 · 책임이 모호한 전통기업구조에서 시스템이 완비된 현대제도의 기업으로 변화를 시도하고 있다.

여섯째, 일련의 기업은 이미 국제공사도급의 경험을 축적해서 국제시장에 대하여 양호한 적응력을 가지고 있다.

2. 중국건설기업의 해외시장 개척전략

(1) 전략지역의 선정

중국 도급회사는 종합적인 실력이, 유럽과 미국의 도급회사 등과 격차가 크고, 또한 유럽 · 미국 시장이 상대적으로 성숙하여, 기술환경 요구가 비교적 높아서, 중국 도급회사가 진입하기에는 어려움이 많다. 따라서, 지역경제발전추세로 고려하여, 중국은 동남아시아 · 중동을 우선시 하고, 그 다음으로 아프리카 · 라틴 아메리카 · 러시아 시장이 실제적일 것이다.

동남아시아와 남아시아는 중국 대외공정도급의 전통적인 시장이다. 이 지역의 많은 국가들이 IMF 금융위기를 벗어난 후, 현재 경제가 회복되며 새로운 확대발전 단계에서, 적지 않은 국가가 보편적으로 도로 · 철도 · 항구 · 항공 · 전력 등의 건설 공백이 존재하므로, 이 지역 시장의 성장잠재력은 매우 크다.

최근에 경제발전속도가 가속화되고 있는 중동지역은, 경제기초가 비교적 양호하고, 건설시장의 잠재력도 매우 크다. 한편, 아프리카 국가들은 보편적으로 지불능력이 부족하므로, 중국기업은 진입책략상 석유생산국이나 경제기초가 상대적으로 양호한 지역, 또는 국제조직이 지지하는 항목을 선택할 필요가 있다.

(2) 전략 진출분야 및 영역

① 전력시설분야

개발도상국은 전력시설 분야의 건설이 활발하다. 베트남은 정부의 전력발전계획에 따라, 2003년부터 2010년까지 62개 발전소를 확충하고, 전국의 발전량을 2003년 340억kW에서 2010년의 881억kW로 제고한다고 한다. 이와 동시에 송전 · 분배 네트워크 및 변압소 시스템에 대한 건설계획도 가지고 있다. 2010년까지 14개의 전체길이 2,326km · 500kV의 송전공사, 70개의 전체길이 5,064km · 220kV의 송전공사, 15개의 총공률 12,900MW · 500kV의 변압소, 85개의 총공률 15,628MW, 220KV의 변압소 건설을 계획하고 있다.

인도는 최근 매년 10%의 전력부족 상황에 처해 있고, 농촌은 70%의 지역에서 전력사용에 어려움을 겪고 있다. 인도정부는 10년 내에 1,000억kW 증가의 발전 항목을 계획하고 있는데, 5년 내 84억 달러를 지출해서 전력 공용 사업에 사용하고자 한다.

최근 걸프만 국가의 전력수요는 세계평균수준의 3배를 넘지만 여전히 경제발전의 수요를 만족시키지 못하고 있다. 세계에너지위원회는 미래 10년 동안 걸프만 국가의 전력 수요를 감당하기 위해 1억kW의 전력설비가 필요할 것으로 예상하고 있다. 이란은 현재의 발전능력 3,000만kW를 매년 10%의 속도로 증가시켜서, 10년 내 총 발전능력을 배로 증가시킬 계획이다. 사우디아라비아는 매년 200만kW의 전력설비의 증가가 필요하고, 쿠웨이트는 10년 동안 36억 달러를 전력에 투자할 계획이다. 아랍 에미리트는 800만kW의 전력설비를 설치할 계획으로, 향후 2~4년 내 전력시설에 대한 자금 투입은 50억 달러 이상일 것으로 보인다.

② **교통기초시설 분야**

최근 개발도상국은 경제발전과정 중 교통병목의 제약으로, 도로교통 영역의 투자를 확대하기 시작했다.

인도정부는 수년 내, 총연장 12만km의 12개 고속도로 건설을 계획하고 있으며, 예상 총투자는 300억 달러이다. 인도네시아는 남북을 관통하는 5,000km의 철도 건설을 계획하고 있으며, 총투자는 160억 달러로 예상된다. 수단은 2001~2010년 철도 현대화 계획에 착수하여 철도연장을 3배로 증가시키고 국도와 정규도로 7,000km를 확충하고자 한다. 이란은 전국에 3,200km의 철도건설과 테헤란에 11개 노선의 경전철을 계획하고 있다. 크로아티아 · 보스니아헤르체고비나 · 헝가리 3국은 "5C도로 건설에 대한 공동입장과 협의비망록"에 공동 서명하여, 아드리아해 플로체항 · 사라예보 · 오시예크 · 부다페스트를 연결하는 총연장 620km의 범유럽교통로를 건설하기로 하였다.

참고문헌

단행본

[1] 陈东佐. 建筑法規概论[M]. 北京：中国建筑工业出版社, 2005.2

[2] 陈光健, 徐荣初, 叶佛容. 建設目現代管理[M]. 北京：机械工业出版社, 2004.9

[3] 邓卫. 建筑工程经济[M]. 北京：清華大學出版社, 2000.12

[4] 方东祥. 工程勘察投資市場管理－中国工程勘察投資市場准入管理制服改革研究[M]. 北京：知识产权出版社, 2005.1

[5] (美) 费雷德里克 · E · 古尔德. 建设工程管理－估算, 进度计划与项目控制(第2版)[M]. 北京：清華大學出版社, 2005.10

[6] 官立鸣, 孙正茂. 工程項目管理[M]. 北京：化學工业出版社, 2005.8

[7] 国家信息中心中国经济信息网. CEI中国行业发展报告(建筑业)[M]. 北京：中國經濟出版社, 2005.3

[8] 建設部政策法規司. 建設法律法規[M]. 北京：中 国建筑工业, 2004.7

[9] 建設部政策研究中心, 建設部工程质量安全监督与行业发展司. 中国建筑业改革与发展研究報告(2005)－市場形勢势变化与企业改革[M]. 北京：中国建筑工业出版社, 2005.9

[10] 金敏求, 李春敏. 建筑經濟學(第二版)[M]. 北京：中国建筑工业出版社, 2003.5

[11] 梁世连, 惠恩才. 工程項目管理學[M]. 大连：东北財經大學出版社, 2004.9

[12] 林知炎. 建設工程总承包实务[M]. 北京：中国建筑工业出版社, 2004.8

[13] 王孟钧, 杨承惁. WTO与中国建筑业[M]. 北京：中国建材工业出版社, 2002.5

[14] 汪文忠. 建筑企业跨国经营[M]. 北京：方志出版社, 2003.7

[15] 许元龙, 徐帆. 业主委托的工程項目管理[M]. 北京：中国建筑工业出版社, 2005.3

[16] 杨慎. 中国建筑业的改革[M]. 北京：中国建筑工业出版社, 2004.11

[17] 余红. 中国农民工考察[M]. 北京：昆仑出版社, 2004.5

[18] 张兴野. 中国建筑业人力资源整体开发的研究[M]. 北京：中国建筑工业出版社, 2004.2

[19] 中国建设設社,《建筑创作》杂志社. 点击中国建筑[M]. 北京：机械工业出版社, 2005.5

[20] 中国机械工业教育协会. 建設工程招投标与合同管理[M]. 北京 ： 机械工业出版社, 2004.8

[21]《中国工程項目管理知況體系》编委会. 中国工程項目管理知识体系[M]. 北京：中国建筑

工业出版社, 2003.6
[22] 注册咨询工程师(投资) 考试教材编写委员会. 工程咨询概论[M]. 北京 : 中国计划出版社, 2003.4
[23] (美)古尔德(Gould Frederick E), 毕星, 王安民等译. 建設工程管理 : 估算, 进度计划与項目控制[M]. 北京 : 清華大学出版社, 2005, (10)
[24] 国家电力公司 组编. 工程項目管理模式[M]. 北京 : 中国电力出版社, 2002
[25] 美 克劳夫(Clough, R.) 等編著 ; 张平华 译. 建筑項目管理, 第四版[M]. 北京 : 机械工业出版社, 2004.2
[26] 梁世连等主编. 工程項目管理學[M]. 第二版. 大连 : 东北財經大學出版社, 2004.9
[27] 李清立主编. 工程建設监理[M]. 北京 : 北方交通大学出版社, 2003.1
[28] 李世蓉, 邓铁军, 洪紅, 等. 工程建設項目管理[M]. 武汉 : 武汉理工大学出版社, 2002.
[29] 尹贻林. 工程項目管理學[M]. 天津 : 天津科学[技术出版社, 1997
[30] Bunny N G. The FIDIC Form of Contract[M]. London : Blackwell Scientific Publication, 1997.
[31] Christopher Lovelock. Services Marketing(the Fourth Edition). 北京 : 清華大学出版社, 2001.
[32] 中国建筑业统计年鉴[Z] 北京 : 中国統計出版社(1996, 1997, 1998, 2002, 2003, 2004)
[33] 全国全社会 R&D 資源清查办公室編. 全国 R&D 資源清查綜合資料汇編. 中國統計出版社, 2002, (5)
[34] 国家信息中心. 「中国行業發展報告(2004)-建築業」. 中国經濟出版社, 2005.3 '2006 中国房地産百强研究報告', 經濟日報等, 2006.4.3
[35] 建設部政策研究中心. 「中国建筑业改革与发展研究報告(2005)」. 中国建筑工业出版社, 2005
[36] 曾赛丰. 中国城市化理论论专研究. 湖南人民出版社, 2004.

论文类

[1] 白贤臣, 张艇. 建筑业劳动力市場的可持续发展[J]. 建筑, 2005, 11 : 25-27
[2] 陈东佐, 郎勇. 我国建筑法規与国济宽例接轨的探討[J]. 太原大学学報, 2003, 4(4) : 21-24

[3] 蔡惠军. 建筑劳动力市場建設的贤与发展展[J]. 建筑经济, 2002, 12：27-29
[4] 成学真, 胡春兰. 发展我国市政債券市場的可行性分析[J]. 宁夏社會科學, 2005, 3：53-57
[5] 初建宇, 田杰芳. 加强工程保险制约 促进建筑安全管理[J]. 華北科技学院学報, 2005, 2(1)：60-62
[6] 楚明锟, 郝亚光. 建筑业农民工的安全保障论析[J]. 商丘师范学院学報, 2005, 21(1)：145-147
[7] 杜静华. 对建筑工程保险制度强制实行的探讨[J]. 工程质量, 2005, 1：18-19
[8] 甘术志. 建筑劳务市場现状与合理导向[J]. 建筑, 2005, 8：37-38
[9] 关海鸥, 王振华, 刘克. 建筑业安全生产与文明施工中存在的问题与对策[J]. 建筑安全, 2004, 19(8)：47-50
[10] 胡绍兰. 论建筑工程保险管理[J]. 基建优化, 2003, 24(4)：23-25
[11] 金光哲. 浅谈建筑施工安全生产管理[J]. 吉林广播电视大学学報, 2005, 2：120-122
[12] 蓝滢, 郝亚光. 建筑业农民工的安全問題分析[J]. 山西建筑, 2004, 30(23)：138-139
[13] 郎勇. 当前形势下对我国建筑法规的探討[J]. 山西建筑, 2004, 30(18)：150-151, 165
[14] 李德彬. 浅议我国的建筑工程保險[J]. 彭城职业大学学報, 2003, 18(2)：66-69
[15] 梁成柱. WTO与我国的建筑法规[J]. 山西建筑, 2003, 29(4)：156-157
[16] 刘声. 建筑业农民工：头项“六座大山”[J]. 中州建设, 2005, 1：36-36
[17] 马纯杰, 陈春来. WTO和我国建筑法规[J]. 建筑, 2002, 1：9-11
[18] 丘健雄. 国济建筑工程項目中的风險管理[J]. 国际工程与劳务, 2004, 7：10-13
[19] 司明强. 我国建筑工程保險的現状与差距[J]. 上海保險, 2001, 1：8-10
[20] 孙燕. 试工企业成本控制的现状与完善[J]. 新疆财会, 2005, 3：63-64
[21] 田杰芳, 魏庆朝. 建筑业人身意外伤害保险探討[J]. 中國安全科学学報, 200, 14(1)：34-38
[22] 王梅玲. 建筑安全管理方法探索[J]. 建筑安全, 2005, 20(6)：43-45
[23] 王天祥. 解读建筑业意外伤害保险制度[J]. 建设科技(建设部), 2005, 2：46-47
[24] 温风荣, 徐学东, 吕式孝. 入世后大型建筑企业竞争圳略的研究[J]. 山东农业大学学報：自然科学版, 2005, 36(3)：437-440
[25] 向大强. 谈我国建筑业在市場全球化组件下的发展圳略[J]. 山西建筑, 2005, 31(1)：123-124
[26] 項睿, 郝生跃. 我国建筑业行业协会的展展研究[J]. 北京交通大学学報：社會科学版,

2005, 4(2) : 51-54

[27] 徐波, 王果英. 中国建筑业“走出去”的战略思考[J]. 建筑經濟, 2003, 6 : 6-9

[28] 杨娟. 我国市政债券的发展研究[J]. 中国金融电脑, 2005, 7 : 66-70, 73

[29] 赵进东. 我国建筑业应该实行“走出去”战略[J]. 和田师范高等专科学校学報 : 汉文版, 2004, 24(4) : 39-39

[30] 张文成. 中国建筑市場快速发展中的挑战与机遇[J]. 中国勘察設計, 2004, 5 : 4-7

[31] 赵振宇, 田金信. 建筑企业农民工管理存在的问题及对策[J]. 学术交流, 2004, 9:97-99

[32] Department of Architecture, Iowa State University. Q/Project Delivery. Arch 482/582, October 27-29, 2004, Professional Practice.

[33] 丁士昭. 国际工程項目管理模式的探討[J]. 土木工程学報(建设工程与管理分册), 2002.2

[34] 何伯森, 高佩杰. 从国际工程管理模式看我国的工程项目建设总承包. 港工技术[J], 1999.4

[35] 李世蓉, 吴明. 借监国外经验. 拓宽工程項目发包模式. 国际經濟合作[J]. 2001.6

[36] 张宗濂. 香泗铁路工程总承包得失之我見. 有色冶金设计与研究[J], 1996.2

[37] 朱巍. PPP模式在城市轨道交通建设中的应用. 綜合运输[J], 2004, (10)

[38] 张晶. PPP融資模式在我国交通基础設施建設中的应用分析[J]. 內蒙古科技与經濟, 2004, (14)

[39] 王灏. 加快 PPP 模式的研究与应用, 推东轨道交通市场化进程[J]. 宏观經濟研究, 2004, (1)

[40] Haiku Frank. Introduction to PPP, and PPP infrastructure development, 2000-11-29

[41] 中華人民共和国建筑法(第24条, 第4条), 1997中華人民共和國合同法, 第16章(第272条) ; 1999 中華人民共和国招标投标法(第4条), 1999

[42] 李學武. 国内外工程咨询比较[J]. 山西建筑, 2002. (5)

[43] 周子范. 加强沟通合作发展, 海峡两岸工程咨询企业交流洽谈会发言. 2004, (1)

[44] 熊华平. 李琳 我国工程咨询业的SWOT分析[J]. 中國工程咨询, 2005, (5)

[45] 中国工程咨询业开展 FIDIC 相关活动[J]. 中國工程咨询, 2005, (7)

[46] 王艳艳. 国际工程咨询业的发展及对中国工程咨询业的影响[J]. 中国工程咨询, 2005, (7)

[47] 陈志斌, 施建军. 区域R&活动統計分析与促进經濟发展对策研究[J]. 統计研究, 2003, (2)

[48] 覃成林. 区域R&D产业发展差发分析[J]. 中国软科学, 2002, (07)
[49] 吴慧娟. 推广十项新技术, 有利于转变建筑业增长方式[J] 广东建设信息, 2005, (5)
[50] 陈松. 日本建筑业的技术创新简介[J] 建筑经济, 1997, (2)
[51] 陈建国, 蔡文鹫. 加入WTO增强建筑业技术创新能力[J]. 建筑经济, 2001, (5)

劉秋雁 主編. 2004.「房地産開發與經營」. 上海：上海財經大學出版社

鄧鐵軍等主編. 1996.「現代建築業企業管理」長沙：湖南大學出版社

呂萍외. 2002.「房地産開發與經營)」. 北京：中國人民大學出版社

中國網－網上中國 http://www.china.org.cn/chinese/ 2003.10.24

中國房地産發展報告 http://china.org.cn/chinese/zhuanti/fdc/654846.htm

北京土地整理储备中心 http://www.bjtd.com

北京市规划委员会 http://www.bjghw.gov.cn

北京市规划委员会 大兴分局 http://www.dxgh.gov.cn

北京市规划委员会 昌平分局 http://hw.bjchp.gov.cn

北京市规划委员会 顺义分局 http://www.guihua.bjshy.gov.cn/

北京通州投资信息网 http://www.bjtzzs.gov.cn

上海羅店投资贸易网 http://www.luodian.com

上海國際汽車城 http://www.shautocity.com

松江新城 http://www.newcity.net.cn

박인성. 2004.「중국의 건설 및 부동산시장 구조 및 동향연구」. 한국건설산업연구원

박인성외, 2004.「중국의 도시계획 및 도시개발체제에 관한 연구」. 국토연구원

박인성. 2002.「중국건설시장의 투자환경과 진출전략에 관한 연구」. 안양: 국토연구원.

국토연구원/上海市城市規劃設計研究院. 2000. "서울과 상하이 대도시권의 주택문제 및 신도시 개발정책 비교연구"

[52] Nancy S. Cushman, C.H.Nam, and C. B. Tatum.Technology Transfer in BuildingConstruction: CaseofSeismicDesign.Journal of Construction Engineering and Management. Vol.118, No.1, March 1992

저자약력

연구진

• **박 인 성(朴寅星)**
중국 저장대학 토지관리학과 교수
중한부동산연구소 소장

• **張 蔚 文(Zhang, Wei-Wen)**
저장대학 토지관리학과 부교수
중한부동산연구소 연구위원(중국)

• **吳 宇 哲(Wu, Yu-Zhe)**
저장대학 토지관리학과 부교수
중한부동산연구소 연구위원(중국)

번역진

• **신 승 호**
저장대학 공공관리학원 토지관리학과 석사연구생
저장대학 중한부동산연구소 연구원

• **허 진 영**
동제대학교 경제관리학원 토지자원관리과 석사연구생

• **한 상 필**
동제대학교 건축도시계획학원 건축과 석사연구생

한미파슨스

- **김 종 훈 | 한미파슨스 사장**
  서울대학교 건축학과
  서강대학교 경영대학원

- **권오경 | 한미파슨스 상무**
  경희대학교 토목공학과
  연세대학교 경영대학원

- **이동열 | 한미파슨스 건설전략연구소 소장**
  명지대학교 건축공학과
  명지대학교 대학원(건축공학 석사 · 박사)